普通高等院校建筑电气与智能化专业规划教材

电气控制与 PLC 应用

主　编　崔继仁　张会清

副主编　姜永成　张保军

参　编　庞阿男　吴桂云　刘红云

U0283772

中国建材工业出版社

图书在版编目(CIP)数据

电气控制与 PLC 应用/崔继仁,张会清主编 . —北京:中国建材工业出版社,2016.1 (2021.6 重印)

普通高等院校建筑电气与智能化专业规划教材

ISBN 978-7-5160-1313-7

Ⅰ. ①电… Ⅱ. ①崔… ②张… Ⅲ. ①电气控制—高等学校—教材 ②PLC 技术—高等学校—教材

Ⅳ. ①TM571. 2 ②TM571. 6

中国版本图书馆 CIP 数据核字(2015)第 272059 号

内 容 简 介

本书注重教学需要和工程应用,内容主要包括常用低压电器、电气控制线路的基本规律及设计方法;可编程控制器组成、工作原理、指令系统和编程方法;西门子S7-200系列 PLC 及三菱 FX 系列 PLC 基本指令、顺序控制指令、功能指令和联网通信的编程方法及程序设计实例;可编程控制器系统设计与应用。每章配有适量习题和思考题。

本书具有理论与实际相结合和实用性强的特点,侧重应用技术,主要培养学生分析和设计电气控制线路的能力,使学生掌握 PLC 编程指令和 PLC 程序设计方法,具备在实际工程中应用 PLC 控制系统的能力。

本书可作为高等院校电气工程及其自动化、工业自动化、建筑电气与智能化、机电一体化、电子信息工程、应用电子、计算机应用及其他有关专业的教材,也可作为各类院校专科层次相关专业的教材,可供从事 PLC 控制系统设计和开发的科技人员参考,也可对西门子S7-200 以及三菱 FX 系列 PLC 的用户提供指导并作为培训教材使用。

电气控制与 PLC 应用

主 编 崔继仁 张会清

出版发行:中国建材工业出版社

地 址:北京市海淀区三里河路 1 号

邮 编:100044

经 销:全国各地新华书店

印 刷:北京雁林吉兆印刷有限公司

开 本:787mm×1092mm 1/16

印 张:25. 25

字 数:643 千字

版 次:2016 年 1 月第 1 版

印 次:2021 年 6 月第 2 次

定 价:**56. 00 元**

本社网址:www. jccbs. com. cn 微信公众号:zgjcgycbs

本书如出现印装质量问题,由我社网络直销部负责调换。联系电话:(010)88386906

前　言

随着计算机技术及通信技术的发展，电器元件的功能逐渐增强，不断向电子化、智能化和可通信化方向发展，继电器控制系统也不断变化、丰富和完善。

由于计算机技术和微电子技术的迅猛发展，可编程序控制器（PLC）作为以计算机技术为核心的通用自动控制器，已经广泛地应用于工业控制中。它通过用户存储的应用程序来控制生产过程，具有可靠性和稳定性高以及实时处理能力强的优点。PLC是计算机技术与继电器控制技术的有机结合，目前它已经成为当代工业自动化技术的三大支柱之一。

继电器控制系统和可编程序控制器是互相联系的、密不可分的，同属于电气控制系统这一体系范畴。为了进一步推广先进的电气控制新技术，作者以常用低压电器及其基本控制线路为基础，以现在最流行的、有较高性能价格比的西门子（SIEMENS）S7-200系列PLC和三菱FX系列PLC的应用技术为主要内容，编写了本书。

本书继电器控制系统部分以低压电器和基本控制环节为基础，着重介绍了继电器控制系统的设计思想与设计方法；可编程序控制器部分以西门子S7-200系列PLC和三菱FX系列PLC为例，深入浅出地介绍了各种编程方法，比较详细地介绍了利用可编程序控制器对典型控制电路的编程设计及应用实例，比较全面地介绍了PLC在工业设计与应用方面的理论知识和实践知识。

通过本教材的学习，应使学生达到掌握电气控制与PLC应用技术的能力，具体要求是：

（1）熟悉常用控制电器的结构原理和用途，达到正确使用和选用的目的，同时了解一些新型元器件的用途。

（2）熟练掌握电气控制线路的基本环节，具备阅读和分析电气控制线路和设计简单的电气控制线路的能力，并且能较好地掌握电气控制线路的简单设计法。

（3）熟悉可编程序控制器的基本组成和工作原理；熟练掌握可编程序控制器编程指令及编程方法，能够编制简单的控制程序。

（4）掌握可编程序控制器控制系统的设计步骤和方法。

本书由崔继仁、张会清负责全书的组织、统稿和改稿，崔继仁编写第13章，张会清编写第9章至第11章，姜永成编写第1章和第2章，吴桂云编写第3章和第4章，张保军编写第5章和第6章，庞阿男编写第7章和第8章，张会清和刘红云共同编写第12章。另外参加本书编写的还有徐斌山、王越男等。

另外，在本书的编写过程中得到了诸多同仁的大力支持与帮助，在此表示衷心的感谢。

由于作者水平有限，加之时间仓促，书中难免有错漏之处，恳请读者批评指正。

编者
2016年1月

目　　录

第1篇　电气控制技术

第3篇 S7-200PLC 指令系统及编程实例

第1篇 电气控制技术

第1章 常用低压电器

1.1 低压电器基本知识

1.1.1 电器概论

电器是根据外界施加的信号和要求，手动或自动地接通和断开电路，实现对电路或非电对象的检测、变换、调节、控制、切换和保护的电气元件或设备。根据我国对电压等级的划分，用于交流额定电压为1200V以下、直流额定电压为1500V以下的电路中的电器称为低压电器。高于这个电压范围的称为高压电器。

低压电器是电力拖动控制系统和低压供配电系统的基础组件，是电气控制系统的基础。因此，需要掌握低压电器的结构、工作原理、用途并能正确选择和合理使用。

1.1.2 低压电器分类

电器的用途广泛、功能多样、种类繁多、结构各异，分类方法也很多。

1. 按动作方式分类

（1）手动电器。用人力或依靠机械力进行操作的电器，例如控制按钮、行程开关等。

（2）自动电器。按照电或非电的信号自动完成动作指令的电器，例如接触器、继电器、电磁阀等。

2. 按用途分类

（1）控制电器。用于各种控制电路和控制系统的电器，例如接触器、继电器、启动器等。

（2）主令电器。用于自动控制系统中发送动作指令的电器，例如控制按钮、行程开关、转换开关等。

（3）保护电器。用于保护电路及用电设备的电器，例如熔断器、热继电器、保护继电器、避雷器等。

（4）执行电器。指用于完成某种动作或传动功能的电器，例如电磁铁、电磁离合器等。

（5）配电电器。用于电能的输送和分配的电器，例如断路器、隔离开关、刀开关等。

3. 按工作原理分类

（1）电磁式电器。依据电磁感应原理来工作的电器，例如接触器、电磁式继电器等。

（2）电子式电器。采用集成电路或电子元件构成的低压电器，例如电子式时间继电器等。

（3）非电量控制电器。依靠外力或非电物理量的变化而动作的电器，例如刀开关、行程开关、控制按钮、速度继电器、温度继电器等。

1.1.3　低压电器主要技术参数

衡量各类低压电器性能的指标，作为正确选择和合理使用低压电器的依据。

（1）额定绝缘电压。是由电器结构和材料等因素决定的标称电压值。

（2）额定工作电压。包括触头和吸引线圈正常工作的额定电压，是指低压电器在规定条件下长期工作时，能够正常工作的电压值。

（3）额定发热电流。是指电器处于非封闭状态下长时间工作，电器的各部件温度不超过极限值时所能承受的最大电流值。

（4）额定工作电流。是指在规定条件下，电器能够正常工作的电流值。亦即同一个电器在不同的使用条件下有不同的额定电流等级。

（5）通断能力。是指在规定的条件下，低压电器能够可靠接通和分断的最大电流值。通断能力与电器的额定电压、负载特性、灭弧方法等有关。对于有触头的电器，其主触头在接通时不应熔化，在分断时不应长时间燃弧。

（6）电器寿命。包括机械寿命和电气寿命，前者是指电器的机械零部件所能承受的无载操作次数，后者是指在规定的条件下电器的负载操作次数。

1.2　电磁式低压电器结构和工作原理

1.2.1　基本结构

电磁式低压电器在电气控制线路中使用广泛，其类型也很多，而各类电磁式低压电器在工作原理和结构上基本相同。电磁式低压电器一般都具有两个基本组成部分：感测元件和执行元件。感测元件用来接收外界输入的信号，并做出相应的反应，使执行元件做出相应的输出，从而实现控制的目的。从结构上看，主要包括电磁机构、触点和灭弧装置。电磁机构是电磁式低压电器的感测元件，它的作用是将电磁能量转换成机械能量，带动触点动作，从而实现电路的接通或分断。触点是一切有触点电器的执行部件，这些电器通过触点的动作来接通或断开被控制电路，所以要求触点的导电、导热性能良好。灭弧装置是消除电弧的部件，要求其结构及消除电弧的方法能达到规定的电器灭弧性能。

1.2.2　电磁机构

1. 结构形式

电磁机构由吸引线圈（励磁线圈）和磁路两部分组成。磁路包括铁芯、衔铁和空气隙。当吸引线圈通入电流后，产生磁场，磁通经铁芯、衔铁和工作气隙形成闭合回路，产生电磁吸力，将衔铁吸向铁芯。与此同时，衔铁还要受到的弹簧反作用力，只有当电磁吸力大于弹簧反作用力时，衔铁才能可靠地被铁芯吸住。按衔铁相对铁芯的动作方式分，有直动式、拍合式；按铁芯型式分，有 E 型、U 型等。其形式如图 1-1 所示。其中图 1-1 中（a）为 U 型，图 1-1（b）、（c）为 E 型。图 1-1（a）为衔铁绕棱角转动，磨损较小，铁芯用软铁，适用于直流接触器、继电器。图 1-1（b）为衔铁绕轴转动，铁芯用硅钢片制成，用于交流接触器。图 1-1（c）为衔铁直线运动，多用于交流接触器中。

按照通入吸引线圈的电流种类不同，可分为直流线圈和交流线圈，与之对应的就是直流电磁机构和交流电磁机构。

当交流线圈通入交流电源时，铁芯中存在磁滞损失和涡流损失，这样铁芯和线圈都要发热。为了减小由此造成的能量损失和温升，将交流电磁机构的铁芯用硅钢片叠成，并且吸引线圈设有骨架，使铁芯与线圈相互隔离，并将线圈制成短而厚的矮胖型，这样有利于铁芯和线圈的散热。

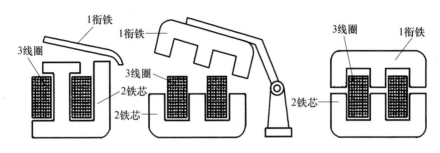

图 1-1　电磁机构的几种形式

(a) 拍合式；(b) 拍合式；(c) 直动式

对于直流电磁机构，当吸引线圈中通入直流电源时，铁芯中不存在磁滞损失和涡流损失，只有线圈本身的铜损，所以通常直流电磁机构的铁芯是用整块钢材或工程纯铁制成，而且它的吸引线圈做成高而薄的瘦高型，且不设线圈骨架，使线圈与铁芯直接接触，易于散热。

根据吸引线圈在电路中的连接方式不同，可分为并联线圈和串联线圈。并联线圈就是将吸引线圈并接在电源电压两端，因此它的特点是线圈匝数多，线径细，阻抗大。当将吸引线圈串接在电路中，便能反映电路中的电流情况。这时需要吸引线圈对电路中电流影响要小，所以串联线圈匝数要少，线径粗，这样阻抗比较小。

2. 工作原理

电磁机构的工作原理常用吸力特性和反力特性来表征。电磁机构使衔铁吸合的力与气隙长度的关系曲线称为吸力特性，它随励磁电流种类（交流或直流）、线圈连接方式（串联或并联）的不同而有所差异。电磁机构使衔铁释放（复位）的力与气隙长度的关系曲线称为反力特性。

(1) 反力特性

电磁机构使衔铁释放的力主要是弹簧的反力（忽略衔铁自身质量），弹簧的反力与其形变的位移 X 成正比，其反力特性可写成

$$F_{反} = K_1 X \tag{1-1}$$

考虑到动合触点闭合时超行程机构的弹力作用，上述反力特性如图 1-2 (c) 的曲线 3 所示，其中 δ_1 为电磁机构气隙的初始值；δ_2 为动、静触头开始接触时的气隙长度。由于超程机构的弹力作用，反力特性在 δ_2 处有一突变。

(2) 吸力特性

电磁吸引力可根据麦克斯韦公式计算得到，即

$$F = 4B^2 S \times 10^5 = \frac{B^2 S \times 10^7}{8\pi} \propto \Phi^2 \propto \frac{1}{\delta^2} \tag{1-2}$$

式中：F 为电磁铁磁极的表面吸力；B 为工作气隙磁感应强度；S 为铁芯截面积；Φ 为气隙磁通；δ 为磁路空气隙。

从式 (1-2) 中可以看出，电磁机构的吸力特性反映的是电磁吸力与气隙长短的关系。

1) 交流电磁机构。吸引线圈的阻抗主要取决于线圈的电抗（电阻相对很小），则

$$U \approx E = 4.44f\Phi \tag{1-3}$$

$$\Phi = U/4.44fN \tag{1-4}$$

式中：U 为线圈电压（V）；E 为线圈感应电动势（V）；f 为线圈外加电压的频率（Hz）；Φ 为气隙磁通（Wb）；N 为线圈匝数。

当频率 f、匝数 N 和外加电压 U 都为常数时，由式（1-4）可知磁通也为常数。根据式（1-2），此时电磁吸力 F 为常数（因为交流励磁时，电压、磁通都随时间做周期性变化，其电磁吸力也做周期变化，此处 F 为常数是指电磁吸力的幅值不变）。由于线圈外加电压 U 与气隙 δ 的变化无关，所以其吸力 F 也与气隙 δ 的大小无关。实际上，考虑到漏磁通的影响，吸力 F 随气隙 δ 的减小略有增加。其吸力特性如图 1-2（c）的曲线 2 所示，可以看出特性曲线比较平坦。

虽然交流电磁机构的气隙磁通 Φ 近似不变，但气隙磁阻 R_{m} 随气隙 δ 而变化。根据磁路定律可知，交流励磁线圈的电流 I 与气隙 δ 成正比。一般 E 形交流电磁机构，励磁线圈通电而衔铁尚未动作时，δ 最大，其电流可达到吸合后额定电流的 $10 \sim 15$ 倍，如果衔铁卡住不能吸合或者频繁动作，交流线圈很可能烧毁。所以在可靠性要求高或操作频繁的场合，一般不采用交流电磁机构。气隙磁通 Φ 的公式如式（1-5）所示，其中 μ_0 为磁导率。

$$\Phi = \frac{IN}{R_{\mathrm{m}}} = \frac{IN}{\dfrac{\delta}{\mu_0 S}} = \frac{(IN) \times (\mu_0 S)}{\delta} \tag{1-5}$$

2）直流电磁机构的吸力特性。直流电磁机构由直流电流励磁。若外加电压恒定，电磁吸力的大小只与气隙有关。此时

$$F \propto \Phi^2 \propto \frac{1}{\delta^2} \tag{1-6}$$

即直流电磁机构的吸力 F 与气隙的平方成反比。其吸力特性如图 1-2（c）的曲线 1 所示。可以看出特性曲线比较陡峭，它表明衔铁闭合前后吸力变化很大，气隙越小，吸力则越大。

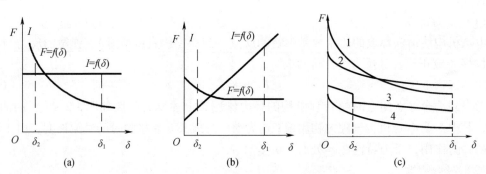

图 1-2　吸力特性和反力特性

（a）直流电磁机构吸力和电流特性；（b）交流电磁机构吸力和电流特性；

（c）吸力特性与反力特性配合

1—直流电磁机构吸力特性；2—交流电磁机构吸力特性；3—反力特性；4—剩磁吸力特性

由于衔铁闭合前后吸引线圈的电流不变，所以直流电磁机构适合于动作频繁的场合，且吸合后电磁吸力大，工作可靠性高。

需要指出的是，当直流电磁机构的吸引线圈断电时，磁势急速变为接近于零。电磁机构的磁通也发生相应的急剧变化，这会在励磁线圈中感生很大的反电动势。此反电动势可达线圈额定电压的 10～20 倍，易使线圈因过压而损坏。为此必须增加线圈放电回路，一般采用反并联二极管并加限流电阻来实现，如图 1-3 所示。

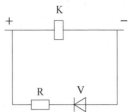

图 1-3　直流线圈并联放电电路

（3）吸力特性与反力特性的配合

电磁机构欲使衔铁吸合，在整个吸合过程中，吸力都必须大于反力。但也不能过大，否则衔铁吸合时运动速度过大，会产生很大的冲击力，使衔铁与铁芯柱端面造成严重的机械磨损。此外，过大的冲击力有可能使触点产生弹跳现象，导致触点的熔焊或磨损，降低触点的使用寿命。反映在特性图上就是要保持吸力特性在反力特性的上方且彼此靠近。对于直流电磁机构，当切断励磁电流以释放衔铁时，其反力特性必须大于剩磁吸力，才能保证衔铁可靠释放。

（4）短路环的作用

交流电磁铁的电磁吸力公式为

$$F = 4B^2 S \times 10^5 = 4S \times 10^5 B_{\mathrm{m}}^2 \sin^2 \omega t = 2B_{\mathrm{m}}^2 S \times 10^5 (1 - \cos 2\omega t)$$
$$= 2B_{\mathrm{m}}^2 S \times 10^5 - 2B_{\mathrm{m}}^2 S \times 10^5 \cos 2\omega t$$
$$= F_{\mathrm{av}} - F_{\mathrm{av}} \cos 2\omega t \tag{1-7}$$

从上面的公式中可以看出，对于单相交流电磁机构，电磁吸力是一个两倍于电源频率的周期性变量，并且交流电磁吸力是在最大值为 $2F_{\mathrm{av}}$ 和最小值为 0 的范围内以两倍于电源频率周期地变化的。如图 1-4 所示。因此在每一个周期内，必然有某一段时刻的吸力小于弹簧产生的反作用力。这时衔铁在反力作用下将开始释放，而当吸力再次大于反力时，衔铁又被吸合。如此周而复始，衔铁会产生振动。这种振动对电器工作十分不利，同时还会发出噪声。为此，必须采取措施消除振动。

解决这一问题的办法就是在铁芯端面上开一个槽，槽内嵌入一个铜质的短路环。这样铁芯中的磁通分为两部分 Φ_1 和 Φ_2，相对应的面积为 S_1 和 S_2，如图 1-5 所示。Φ_2 是原磁通与短路环中感生电流产生的磁通的叠加，并且相位上 Φ_2 滞后 Φ_1，则两部分磁通所产生的电磁吸力也有一个相位差，而电磁机构的吸力 F 为它们产生的吸力 F_1、F_2 的合力。这样，虽然 F_1、F_2 都有到达零值的时刻，但二者合成后的吸力却无零值的时刻。如果合成吸力在任一时刻都大于反力，就可消除振动和噪声。加短路环的电磁吸力如图 1-5 中的 F 所示。

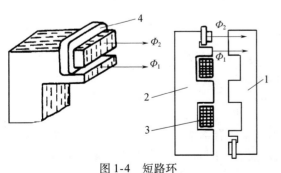

图 1-4　短路环

1—衔铁；2—铁芯；3—线圈；4—短路环

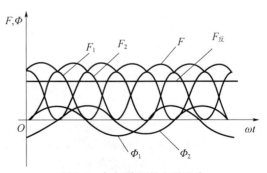

图 1-5　加短路环的电磁吸力

1.2.3　触点系统

1. 接触电阻

触点是一切有触点电器的执行部件，这些电器通过触点的动作来接通或断开被控制电路，所以要求触点的导电、导热性能良好。触点通常由动、静触点组合而成。触点在闭合状态下，动、静触点完全接触，并有工作电流通过时，称为电接触。电接触的情况将影响触点的工作可靠性和使用寿命。影响电接触工作情况的主要因素是触点的接触电阻。从宏观上看，触点在闭合状态下，动、静触点是完全闭合的，但是从微观上看，动、静触点只是表面的凸起点相互接触，这样在动、静触点的表面便形成一个过渡区域，这个过渡区域的电阻称为接触电阻。有些触点的材料是铜，铜的表面容易生成一层氧化膜，它将增大触点的接触电阻。如果触点之间的接触电阻较大，则会在电流流过触点时造成较大的电压降，这对弱电控制系统影响较严重。另外，电流流过触点时电阻损耗大，将使触点发热而致温度升高，严重时可使触点熔焊，这样既影响了工作可靠性，又降低了触点的寿命。触点的接触电阻不仅和触点接触形式有关，而且还与接触压力、触点材料及表面状况有关。

为了减小接触电阻，要注意以下问题：

① 要选择导电性好、耐磨性好的金属材料作触点，并使触点本身的电阻尽量减小；

② 要使触头接触得紧密一些；

③ 在使用过程中尽量保持触头清洁，在有条件的情况下应定期清理触头表面。

2. 触点接触形式

触点的接触形式有点接触（如球面对球面、球面对平面等）、线接触（如圆柱对平面、圆柱对圆柱等）和面接触（如平面对平面）三种，如图 1-6 所示。

三种接触形式中，点接触形式的触点只能用于小电流的电器中，如接触器的辅助触点和继电器的触点。线接触形式的触点接触区域是一条直线，其触点在通断过程中有滚动动作，这样可以清除触点表面的氧化膜。这种滚动接触多用于中等容量的触点，如接触器的主触点。面接触形式的触点允许通过较大的电流，一般在接触表面上镶有合金，以减小触点接触电阻和提高耐磨性，多用于较大容量接触器的主触点。

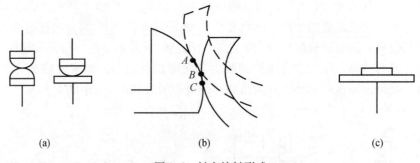

(a) (b) (c)

图 1-6　触点接触形式

（a）点接触；（b）线接触；（c）面接触

3. 触点结构形式

在常用的继电器和接触器中，触头的结构形式主要有单断点指形触头和双断点桥式触头两种。图 1-6（b）所示为单断点指形触头。其优点为：闭合、断开过程中有滚滑运动，能自动清除表面的氧化物，触点接触压力大，电动稳定性高。其缺点是：触点开距大，从而增大了电器体积；触点闭合时冲击能量大，不利于机械寿命的提高。

图 1-7 所示是双断点的桥式触点。两个触点串接在同一条电路中，构成一个桥路，电路的接通与断开是由两个触点共同完成的。为了使触点接触的紧密以减小接触电阻，消除刚开始接触时产生的振动，在触点上装有接触弹簧，并且在安装时动触点的弹簧已经被预先压缩了一段，有一个初压力 F_1。触点闭合后，弹簧在运动机构的作用下被进一步压缩从而产生一终压力 F_2。弹簧被进一步压缩的距离 L 就称为触点的超行程。桥式触点的优点是：具有两个有效灭弧区域，灭弧效果很好；触点开距小，使电器结构紧凑、体积小；触点闭合时冲击能量小，有利于提高机械寿命。这种触点的缺点是：触点不能自动净化，触点材料必须用银或银的合金；每个触点的接触压力小，电动稳定性较低。

触点按其原始状态（即线圈未通电）可分为动合触点和动断触点。原始状态时断开，线圈通电后闭合的触点称为动合触点。原始状态时闭合，线圈通电后断开的触点称为动断触点。线圈断电后所有触点复原。按触点控制电路的不同，可将其分为主触点和辅助触点。主触点用于接通或断开主电路，允许通过较大的电流；辅助触点用于接通或断开控制电路，只能通过较小的电流。

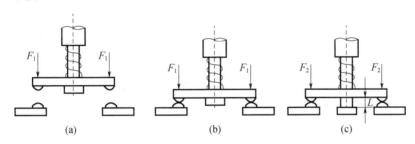

图 1-7　双断点桥式触点的结构

（a）打开位置；（b）初接触位置；（c）最终闭合位置

1.2.4　电弧及灭弧装置

1. 电弧

（1）电弧的产生

在自然环境中断开电路时，如果被断开电路的电流（电压）超过某一数值，则触头间隙中就会产生电弧。电弧实际上是一种气体放电现象。所谓气体放电，就是气体中有大量的带电粒子做定向运动。当动、静触点于通电状态下脱离接触的瞬间，动、静触点的间隙很小，电路电压几乎全部降落在触点之间，在触点间形成很高的电场强度，以致发生强电场发射。发射的自由电子在电场作用下向阳极加速运动。高速运动的电子撞击气体原子时产生撞击电离。电离出的电子在向阳极运动过程中又将撞击其他原子，又使其他原子电离。撞击电离的正离子则向阴极加速运动，撞在阴极上会使阴极温度逐渐升高，到达一定温度时，会发生热电子发射。热发射的电子又参与撞击电离。这样，在触头间隙中形成了炽热的电子流即电弧。显然，电压越高，电流越大，电弧功率也越大；弧区温度越高，游离程度越激烈，电弧亦越强。

（2）电弧的危害

电流通过这个游离区时所消耗的电能转换为热能和光能，产生高温及强光，使触点烧损，并使电路切断时间延长，甚至不能断开，造成严重事故。电弧的存在既烧损触点金属表面，降低电器的寿命，又延长电路的分断时间，所以必须迅速消除。

（3）电弧的消除

在电离进行的同时，也同样存在着消电离的现象。消电离可以通过正、负带电粒子的复合和扩散实现。通过上述电弧产生的物理过程可知，要想使电弧熄灭，应设法降低电弧温度和电场强度，以增强粒子的复合，来达到增强消电离的作用。

2. 灭弧装置及其灭弧方法

（1）多断点灭弧

图1-8中所示是桥式触点，其电流方向如图中所示。在动、静触点断开时，将产生电弧。利用右手定则判断出两电弧之间产生的磁场方向是"⊕"，再根据左手定则，电弧电流受到向外侧的电动力，使电弧向外运动并拉长，加快电弧的熄灭。这种灭弧方法效果较弱，一般交流继电器和小电流接触器采用这种方法灭弧。

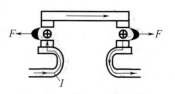

图1-8 多断点灭弧原理

（2）灭弧栅片灭弧

灭弧栅的示意图如图1-9所示。灭弧栅一般由多片镀铜薄钢片组成，片间距离约为2～5mm，彼此之间互相绝缘，安放在触点上方的灭弧室内。当动、静两触点之间产生电弧时，电弧周围产生磁场，由于钢片磁阻比空气磁阻小得多，因此，电弧被吸入栅片中，被分成多个串联的短电弧。交流电压过零时，电弧自然熄灭。电弧要重燃，每两片栅片之间必须要有150～250V电压。这样，一方面，电源电压不足以维持电弧，另一方面，由于栅片的散热作用，电弧自然熄灭后很难重燃。

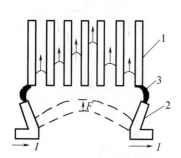

图1-9 栅片灭弧原理图
1—栅片；2—触点；3—电弧

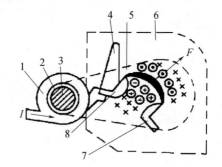

图1-10 磁吹式灭弧原理图
1—磁吹线圈；2—绝缘套；3—铁芯；4—引弧角；
5—导磁板；6—灭弧罩；7—动触点；8—静触点

（3）磁吹式灭弧

磁吹式灭弧的原理图如图1-10所示。在触点电路中串入了一吹弧线圈，它产生的磁通通过导磁夹片引向触点周围，当电流如图所示时，吹弧线圈产生的磁通方向为"×"；电弧本身产生的磁通方向用"⊙"和"⊕"表示。可见，在电弧下方产生的磁通与吹弧线圈产生的磁通是相加的，而电弧上方的磁通是相抵消的，电弧受到一向上方向的力 F，将电弧拉长并吹入到灭弧罩中，引弧角和静触点相连接，其作用是引导电弧向上运动，将热量传递给灭弧罩壁，促使电弧熄灭。这种灭弧装置是利用电弧电流本身灭弧，电弧电流越大，吹弧能力越强，且不受电路电流方向影响。它广泛地应用于直流接触器中。

（4）灭弧罩

灭弧罩通常是用耐弧陶土、石棉水泥或耐弧塑料制成。其作用是分隔各电路电弧，防止发生短路。同时由于电弧与灭弧罩接触，能使电弧迅速冷却而熄灭。上面介绍的磁吹式灭弧和灭弧栅都带有灭弧罩。

1.3　电磁式接触器

接触器由于体积小、价格低、维修方便等优点，是目前在电力拖动控制系统和自动控制系统中应用十分广泛的一种低压电器。它是用来频繁地接通和分断电动机主电路或其他负载电路的控制电器。它可以实现频繁的远距离自动控制。

接触器主要用来实现电动机的启动、制动、调速等功能，也可用于控制电热设备、电焊机、电容器组等其他负载。它有强大的执行机构，具有大容量的主触点，能接通和分断工作电流数倍的电流，具有迅速熄灭电弧的能力。它同时具有低压释放的能力。因此，即使在可编程控制器应用系统中，接触器一般也不能被取代。

接触器种类很多，按驱动力不同区分，有电磁式、气动式和液压式，以电磁式应用最广泛；按灭弧介质分，有空气式、油浸式和真空式接触器；按接触器主触点控制的电路中电流种类区分，有交流接触器和直流接触器两种；按其主触点的极数（即主触点的个数）区分，有单极、双极、三极、四极和五极等多种。本节介绍电磁式接触器。

1.3.1　接触器结构和工作原理

1. 接触器结构

接触器由电磁机构、触点系统、灭弧装置、反力装置和基座等几部分组成。交流接触器的结构示意图如图 1-11 所示，接触器的文字和图形符号如图 1-12 所示。

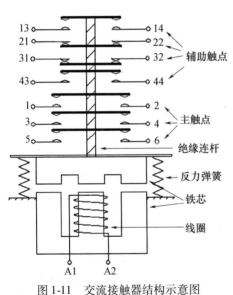

图 1-11　交流接触器结构示意图

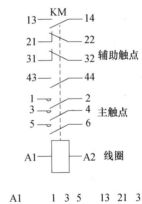

图 1-12　接触器的文字和图形符号

（1）电磁机构

与所有的电磁式低压电器一样，接触器的电磁机构由线圈、铁芯和衔铁组成。

（2）触点系统

从示意图上可以看出，接触器包括主触点和辅助触点。主触点上面通过大电流，直流接触器和 20A 以上的交流接触器均装设灭弧装置。辅助触点用于控制回路，通过的电流比较小。中、小容量的交流接触器的主、辅助触点一般都采用直动式双断点桥式结构设计，大容量的主触点采用指形触点。

（3）灭弧装置

交流接触器的主触点流过交流主回路电流，产生的电弧是交流电弧，常采用多纵缝灭弧装置灭弧。

（4）反力装置

该部分由释放弹簧和触点弹簧组成，且它们均不能进行弹簧松紧的调节。

（5）基座

该部分包括支架和底座，用于接触器的固定和安装。

2. 接触器工作原理

当交流接触器线圈通电后，在铁芯中产生磁通。由此在衔铁气隙处产生吸力，使衔铁产生闭合动作，主触点在衔铁的带动下闭合，于是接通了主电路。同时衔铁还带动辅助触点动作，使原来断开的辅助动合触点闭合，而原来闭合的辅助动断触点断开。当线圈断电或电压显著降低时，吸力消失或减弱，衔铁在释放弹簧作用下打开，主、辅触点又恢复到原来状态。这就是接触器的工作原理。

直流接触器的结构和工作原理与交流接触器基本相同，仅有电磁机构方面不同。直流接触器的主触点流过直流主回路电流，产生的电弧是直流电弧。由于直流电弧比交流电弧难以熄灭，因此直流接触器常采用磁吹式灭弧装置灭弧。

1.3.2　接触器基本参数

1. 接触器技术参数

（1）额定电压

接触器的额定电压是指主触点的额定工作电压。常用的额定电压值为 220V、380V、660V 等。

（2）额定电流

接触器的额定电流是指主触点上的额定工作电流。常用额定电流等级为 5A、10A、20A、40A、60A、100A、150A、250A、400A、600A。

（3）接通和分断能力

接通和分断能力即指最大接通电流和最大分断电流。最大接通电流是指触点闭合时不会造成触点熔焊时的最大电流值；最大分断电流是指触点断开时能可靠灭弧的最大电流。一般通断能力是额定电流的 5~10 倍。接触器的使用类别不同对主触点的接通和分断能力的要求也不同。

（4）线圈的额定电压

接触器正常工作时，吸引线圈上所加的电压值。一般该电压数值以及线圈的匝数、线径等数据均标于线包上，而不是标于接触器外壳铭牌上。选用时交流负载选用交流接触器，直流负载选用直流接触器，但频繁动作的交流负载可选用直流电磁线圈的交流接触器。

（5）操作频率

接触器在吸合瞬间，吸引线圈需消耗比较大的电流，如果操作频率过高，则会使线圈严重发热，影响接触器的正常使用。为此，规定了接触器的允许操作频率，一般为每小时允许操作次数的最大值。交流接触器最高为 600 次/h，直流接触器最高为 1200 次/h。

2. 接触器型号

我国生产的交流接触器常用的有 CJ10、CJ12、CJX1、CJ20 等系列及其派生系列产品，CJ10 系列及其改型产品已逐步被 CJ20、CJX 系列产品取代。我国引进较多的有德国西门子公司的 3TB 系列、BBC 公司的 B 系列交流接触器和法国 TE 公司的 LC1 系列等。

接触器的型号如下所示。

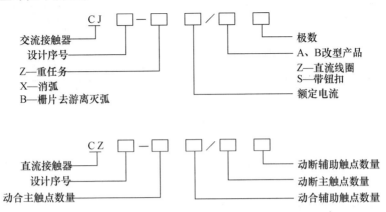

直流接触器常用于远距离接通和分断直流电压至 440V，直流电流至 1600A 的电力线路，并适用于直流电动机的频繁启动、停止、反转或反接制动。常用的有 CZ18、CZ22、CZ2 等系列直流接触器。

1.3.3 接触器选择

接触器使用广泛，但随使用场合及控制对象的不同，接触器的操作条件与工作繁重程度也不同。因此，必须对控制对象的工作情况以及接触器性能有一较全面的了解，才能做出正确的选择，保证接触器可靠运行并充分发挥其技术经济效果。为此，应根据以下原则选用接触器。

1. 确定基本型式

根据主触点电流性质确定选用直流接触器还是交流接触器。根据控制系统要求确定接触器的极数。

2. 确定基本参数

基本参数主要确定额定电压、额定电流、接通和分断能力和接触器线圈的额定电压等级。

（1）额定电压应大于或等于主电路工作电压。

（2）额定电流应大于或等于被控电路的额定电流。对于电动机负载，还应根据其运行方式适当增大或减小。

（3）吸引线圈的额定电压与频率要与所在控制电路的选用电压和频率相一致。

3. 确定接触器使用类别

根据接触器所控制负载的工作任务来选择相应使用类别的接触器。交流接触器按负荷种类一般分为一类、二类、三类和四类，分别记为 AC1、AC2、AC3 和 AC4。直流接触器按负荷种类一般分为一类、二类、三类，分别记为 DC1、DC2、DC3。常见的接触器的使用类别及典型用途如表 1-1 所示。

表 1-1 接触器的使用类别及典型用途

电流种类	使用类别	用途
交流	AC1	无感负载或微感负载（白炽灯、电阻炉）
	AC2	绕线式电动机的启动和停止
	AC3	笼型电动机的启动和停止
	AC4	笼型电动机的启动、反接制动、反向和点动

续表

电流种类	使用类别	用途
直流	DC1 DC2 DC3	无感负载或微感负载 并励电动机的启动、反接抽动、反向和点动 串励电动机的启动、反接制动、反向和点动

1.4　继　电　器

继电器是一种根据特定形式的输入信号来接通或断开小电流控制电路的自动控制电器。输入信号可以是电流、电压等电信号，也可以是温度、速度、时间等非电信号。当输入信号变化到某一定值时，继电器动作，其输出发生预定的阶跃变化。

继电器用于通、断小电流电路，其触点容量比较小，接在控制电路中，通常不采用灭弧装置，无主辅触点之分。继电器主要用于反应控制信号，是电气控制系统中的信号检测元件。接触器触点容量较大，用来通、断主电路，是电气控制系统中的执行元件。

继电器的种类很多，分类方法也很多：继电器根据输入信号的性质分为电流继电器、电压继电器、温度继电器、时间继电器、速度继电器等；根据输出形式分为有触点和无触点继电器；根据动作原理分为电磁式继电器、感应式继电器、电动式继电器、电子式继电器和热继电器等；根据使用范围分为控制继电器（用于电力拖动系统）和保护继电器（用于电力系统）。本节介绍几种常用的电磁式继电器。

1.4.1　继电器工作特性

无论哪一种继电器，都具备两个基本部分：一是能反应输入信号的感应部分；二是对被控电路实现通、断的执行部分。继电器的感应部分将输入信号变换成机械能，从而使执行部分实行对被控电路的通、断控制。

继电器的工作特性称为输入-输出特性，特性曲线为跳跃式的回环特性曲线，如图 1-13 所示。当输入量 x 由零增至 x_2 以前，继电器输出量 y 为零。当继电器输入量 x 由零增至 x_2 时，继电器吸合，通过其触点的输出量为 y_1，如果 x 再增大，y_1 保持不变。当 x 减小到 x_1，继电器释放，输出量由 y_1 降到零，x 再减小，输出量均为零。x_2 为继电器的吸合值，欲使继电器吸合，输入量必须大于或等于 x_2；x_1 为继电器的释放值，欲使继电器释放，输入量必须小于或等于 x_1。$K_f = x_1/x_2$ 称为继电器的返回系数，它是继电器重要参数之一。K_f 值是可以通过释放弹簧的松紧程度（拧紧时 K_f 增大，放松时 K_f 减小）或调整铁芯与衔铁之间非磁性垫片的厚度（增厚时 K_f 增大；减薄时 K_f 减小）进行调节的。不同的场合需要不同的 K_f 值。例如：一般继

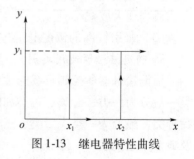

图 1-13　继电器特性曲线

电器要求低的返回系数，K_f 值应在 0.1 ~ 0.4 之间，这样当继电器吸合后，输入量波动较大时不致引起误动作；欠电压继电器则要求高的返回系数，K_f 值在 0.6 以上。

另一个重要参数是吸合时间和释放时间。吸合时间是指从线圈接受电信号到衔铁完全吸合所需的时间；释放时间是指从线圈失电到衔铁完全释放所需的时间。一般继电器的吸合时间与释放时间为 0.05 ~ 0.15s，快速继电器为 0.005 ~ 0.05s，它的大小影响继电器的操作频率。

1.4.2　电磁式继电器

电磁式继电器的结构和工作原理与接触器相似，也是由电磁机构、触点系统和反力装置组成。其结构原理图如图 1-14 所示。

常用的电磁式继电器有电压继电器、电流继电器和中间继电器。

1. 电磁式电压继电器

触点的动作与线圈的动作电压大小有关的继电器称为电压继电器。它用于电力拖控系统的电压保护和控制，使用时电压继电器的线圈与负载并联，为了反映负载电压大小，其线圈的匝数多而线径细。按线圈电流种类可分为交流和直流电压继电器；按吸合电压相对于额定电压的大小又分为过电压和欠电压继电器。

（1）过电压继电器。在电路中用于过电压保护。过电压继电器在正常工作时，电磁吸力不足以克服反力弹簧的反力，衔铁处于释放状态；当电压超过某一整定电压时，衔铁吸合，所以称为过电压继电器。实现过电压保护时，常使用其动断触点。因为直流电路不会产生波动较大的过电压现象，所以产品中没有直流过电压继电器。

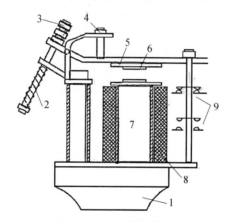

图 1-14　继电器结构图

1—底座；2—反力弹簧；3、4—调节螺钉；5—非磁性垫片；
6—衔铁；7—铁芯；8—电磁线圈；9—触点

（2）欠电压继电器。在电路中用于欠电压保护。欠电压继电器在正常工作时，衔铁处于吸合状态；当电压低于某一整定电压时，衔铁释放继电器。控制电路常使用欠电压继电器的动合触点。利用衔铁释放时，动合触点的归位，分断与它相连的电路，实现欠电压保护。

2. 电磁式电流继电器

触点的动作与线圈的动作电流大小有关的继电器称为电流继电器。它用于电力拖控系统的电流保护和控制。电流继电器与电压继电器在结构上的区别主要是线圈不同。电流继电器的线圈要与负载串联，由于要反映负载电流，所以电流继电器的线圈匝数少而线径粗。同样，按线圈电流种类可分为交流和直流电流继电器；按吸合电流相对于额定电流的大小又分为过电流和欠电流继电器。其动作原理与电压继电器相同，这里不做过多说明。

在选择电压和电流继电器时，首先需要注意线圈种类和电压等级与控制电路保持一致；还要考虑在控制电路中的作用；最后，按控制电路的要求选择触点的类型和数量。

电磁式电压继电器和电流继电器的图形符号和文字符号如图 1-15 所示。

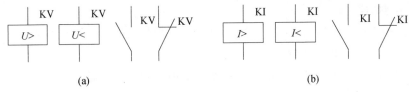

图 1-15　电压和电流继电器的文字和图形符号

（a）电压继电器；（b）电流继电器

3. 中间继电器

中间继电器在控制电路中的作用是将一个输入信号变成多个输出信号或将信号放大（增大触点数量）的继电器，在结构上就是一个电压继电器。当一个中间继电器的触点数量不够用时，也可以将两个中间继电器并联使用，以增加触点的数量。

中间继电器的文字符号和图形符号如图 1-16 所示。

常用的中间继电器有 JZ8 和 JZ14 系列，以 JZ8-62 为例，JZ 为中间继电器的代号，8 为设计序号，有 6 对动合触点，2 对动断触点。

图 1-16　中间继电器的
文字和图形符号

新型中间继电器触点在闭合过程中，其动、静触点间有一段滑擦、滚压过程。该过程可以有效地清除触点表面的各种生成膜及尘埃，减小了接触电阻，提高了接触可靠性。有的还装了防尘罩或采用密封结构，也是提高可靠性的措施。有些中间继电器安装在插座上，插座有多种型号可供选择；有些中间继电器可直接安装在导轨上，安装和拆卸均很方便。

1.4.3　时间继电器

从得到输入信号（线圈的通电或放电）开始，经过一定时间的延时后才输出信号（触点的闭合或断开）的继电器，称为时间继电器。时间继电器主要作为辅助电器元件，用于各种电气保护及自动装置中，使被控元件达到所需要的延时，应用十分广泛。这里指的延时区别于一般电磁式继电器线圈得到电信号到闭合的固有动作时间。时间继电器的延时方式有两种，即通电延时和断电延时。

通电延时：接受输入信号后延迟一定的时间，输出信号才发生变化；当输入信号消失后，输出瞬时复原。

断电延时：接受输入信号时，瞬时产生相应的输出信号；当输入信号消失后，延迟一定的时间，输出才复原。

时间继电器按工作原理分类，有电磁式、电动式、空气阻尼式、电子式等。其中，电子式时间继电器近几年发展十分迅速，这类时间继电器除执行器件为继电器外，其他部分均由电子元件组成，没有机械部件，因而具有寿命长、精度高、体积小、延时范围大、控制功率小等优点，已得到广泛应用。

时间继电器的文字符号和图形符号如图 1-17 所示。

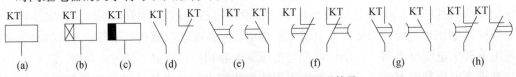

图 1-17　时间继电器的文字和图形符号

（a）一般线圈符号；（b）通电延时线圈；（c）断电延时线圈；（d）瞬动触点；（e）通电延时闭合动合触点；
（f）通电延时断开动断触点；（g）断电延时断开动合触点；（h）断电延时闭合动断触点

1. 直流电磁式时间继电器

直流电磁式时间继电器在直流电磁式电压继电器的铁芯上增加一个阻尼铜套，其结构示意图如图 1-18 所示。它是利用电磁阻尼原理产生延时的。由电磁感应定律可知，在继电器线圈通、断电过程中，铜套内将产生感应电动势，同时又有感应电流存在，此感应电流产生的磁通总是阻止原磁通的变化，因而产生了阻尼作用。当继电器通电时，由于衔铁处于释放位置，气隙大、磁阻大、磁通量变化小，铜套阻尼作用相对也小，因此，衔铁吸合时延时不显著（一般忽略不计）。而当继电器断电时，磁通量变化大，铜套阻尼作用也大，使衔铁延时释放而起到延时作用。因此，这种继电器仅用作断电延时。这种时间继电器延时较短，而且准确度较低，一般只用于要求不高的场合，如电动机的延时启动等。

2. 电子式时间继电器

晶体管时间继电器的工作原理：晶体管时间继电器除了执行继电器外，均由电子元件组成，没有机械部件，因而具有寿命长和精度高、体积小、延时范围大、调节范围宽、控制功率小等优点。

晶体管时间继电器是利用电容对电压变化的阻尼作用作为延时的基础。大多数阻容式延时电路有类似图 1-19 所示的结构形式。

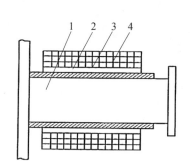

图 1-18　直流电磁式时间继电器结构图
1—铁芯；2—阻尼铜套；3—绝缘层；4—线圈

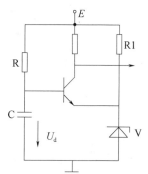

图 1-19　电子式时间继电器原理图

电路由四部分组成：阻容环节、鉴幅器、出口电路、电源。当接通电压 E 时，通过电阻 R 对电容 C 充电，电容上电压 U_c 按指数规律上升。当 U_c 上升到鉴幅器的门限电压 U_d 时，鉴幅器即输出开关信号至后级电路，使执行继电器动作。这样便产生了延时。

1.4.4　信号继电器

1. 温度继电器

当电动机发生过载电流时，会使其绕组温升过高。前已述及，热继电器可以起到对电动机过电流保护的作用。但即使电动机不过载，当电网电压不正常升高时，会导致铁损增加而使铁芯发热，这样也会使绕组温升过高；若电动机环境温度过高且通风不良等，也同样会使绕组温升过高。在这种情况下，若用热继电器，则不能正确反映电动机的故障状态。针对这几种情况，需要一种利用发热元件间接反映绕组温度并根据绕组温度进行动作的继电器，这种继电器称为温度继电器。

温度继电器一般埋设在电动机发热部位，如电动机定子槽内、绕组端部等，能直接反映该处的发热情况。无论是电动机本身出现过载电流引起温度升高，还是其他原因引起电动机温度升高，温度继电器都会动作，起到保护作用。它具有"全热保护"。

温度继电器大体上有两种类型：一种是双金属片式温度继电器；另一种是热敏电阻式温度继电器。

2. 液位继电器

某些锅炉和水柜需根据液位的高低变化来控制水泵电动机的启停，这一控制可由液位继电器来完成。

图 1-20 为液位继电器结构示意图。浮筒置于被控锅炉或水柜内，浮筒的一端有一根磁钢，锅炉外壁装有一对触点，动触点的一端也有一根磁钢，它与浮筒一端的磁钢相对应。当锅炉或水内的水位降低到极限值时，浮筒下落，使磁钢端绕支点 A 上翘。由于磁钢同性相斥的作用，使动触点的磁钢端被斥下落，通过支点 B 使触点 1-1 接通，2-2 断开。反之，水位升高到上限位置时，浮筒上浮使触点 2-2 接通，1-1 断开。显然，液位继电器的安装位置决定了被控的液位，它主要用于不精确的液位控制场合。

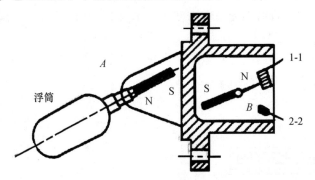

图 1-20 液位继电器结构示意图

3. 压力继电器

压力继电器广泛用于各种气压和液压控制系统中，通过检测气压或液压的变化，发出信号，控制电动机的启停，从而提供保护。

图 1-21 为一种简单的压力继电器结构示意图，由微动开关、给定装置、压力传送装置及继电器外壳等几部分组成。给定装置包括给定螺帽、平衡弹簧等。压力传送装置包括入油口管道接头、橡皮膜及滑杆等。当使用于机床润滑油泵的控制时，润滑油经管道接头入油口进入油管，将压力传送给橡皮膜，当油管内的压力达到某给定值时，橡皮膜便受力向上凸起，推动滑杆向上，压合微动开关，发出控制信号。旋转弹簧上面的给定螺帽，便可调节弹簧的松紧程度，改变动作压力的大小，以适应控制系统的需要。

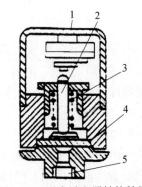

图 1-21 压力继电器结构简图
1—微动开关；2—滑杆；3—弹簧；
4—橡皮膜；5—入油口

4. 干簧继电器

干簧继电器由于其结构小巧、动作迅速、工作稳定、灵敏度高等优点，近年来得到广泛的应用。干簧继电器的主要部分是干簧管，它由一组或几组导磁簧片封装在惰性气体（如氦、氮等气体）的玻璃管中组成开关元件。导磁簧片又兼作接触簧片，即控制触点，也就是说，一组簧片起开关电路和磁路双重作用。图 1-22 为干簧继电器的结构原理图。在磁场作用下，干簧管中的两根簧片分别被磁化而相互吸引，接通电路。磁场消失后，簧片靠本身的弹性分开。

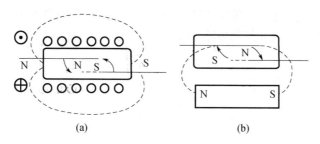

图 1-22　干簧继电器的结构原理

（a）利用线圈内磁场驱动继电器动作；（b）利用外磁场驱动继电器动作

1.4.5　固态继电器

固态继电器是一种无触点开关器件，具有结构紧凑，开关速度快，能与微电子逻辑电路兼容等特点，目前已广泛应用于各种自动控制仪器、计算机数据采集和处理系统、交通信号管理系统等。作为执行器件，固态继电器是一种能实现无触点通断的电器开关。

下面以交流型的 SSR 为例来说明它的工作原理。图 1-23 是它的工作原理框图，图中的部件①～④构成交流 SSR 的主体，从整体上看，SSR 只有两个输入端（A 和 B）及两个输出端（C 和 D），是一种四端器件。工作时只要在 A、B 上加上一定的控制信号，就可以控制 C、D 两端之间的"通"和"断"，实现"开关"的功能，其中耦合电路的功能是为 A、B 端输入的控制信号提供一个输入/输出端之间的通道，但又在电气上断开 SSR 中输入端和输出端之间的（电）联系，以防止输出端对输入端的影响。耦合电路用的元件是"光耦合器"，它动作灵敏、响应速度高、输入/输出端间的绝缘（耐压）等级高；由于输入端的负载是发光二极管，这使 SSR 的输入端很容易做到与输入信号电平相匹配，在使用时可直接与计算机输出接口相接，即受"1"与"0"的逻辑电平控制。触发电路的功能是产生合乎要求的触发信号，驱动开关电路④工作，但由于开关电路在不加特殊控制电路时，将产生射频干扰并以高次谐波或尖峰等污染电网，为此特设"过零控制电路"。所谓"过零"是指，当加入控制信号，交流电压过零时，SSR 即为通态；而当断开控制信号后，SSR 要等待交流电的正半周与负半周的交界点（零电位）时，SSR 才为断态。这种设计能防止高次谐波的干扰和对电网的污染。吸收电路是为防止从电源中传来的尖峰、浪涌（电压）对开关器件双向晶闸管的冲击和干扰（甚至误动作）而设计的，一般是用"R-C"串联吸收电路或非线性电阻（压敏电阻器）。

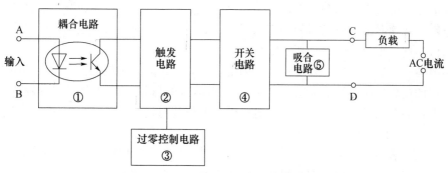

图 1-23　交流型 SSR 工作原理框图

图 1-24 是一种过零型固态继电器的电路原理图。由于采用了过零触发技术，此电路具

有电压过零时开启、电流过零时关断的特性，因此可使射频干扰降低到最低程度。该电路由信号输入电路、零电压检测和控制电路及双向晶闸管控制电路三部分组成。

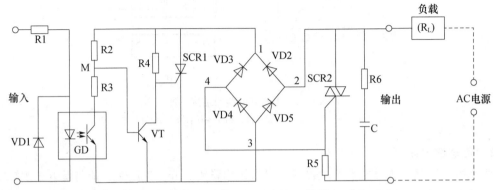

图 1-24　固态继电器的工作原理图

当无信号输入时，光电耦合器中的光敏三极管是截止的，电阻 R2 为晶体管 VT 提供基极注入电流，使 VT 饱和导通，它旁路了经由电阻 R4 流入晶闸管 SCR1 的触发电流，故 SCR1 截止，这时晶体管 VT 经桥式整流电路而引入的电流很小，不足以使双向晶闸管 SCR2 导通。

有信号时，光电耦合器中的光敏三极管就导通，但只有当交流负载电源电压接近零时，电压值较低，经过整流，R2 和 R3 分压点上的电压不足以使晶体管 VT 导通。而整流电压却经过 R4 为晶闸管 SCR1 提供了触发电流，故 SCR1 导通，这种状态相当于短路，电流很大，只要达到双向晶闸管的导通值，SCR2 便导通。一旦 SCR2 导通，不管输入信号是否存在，只有当电流过零时才能恢复关断。

上述触发过程仅出现在电压过零附近。因而若输入信号电压出现在过零触发点之后，当电阻 R2 和 R3 上的分压值早已超出晶体管 VT 导通需要的程度，VT 导通，从而旁路了晶闸管 SCR1 的触发电流。双向晶闸管 SCR2 在负载电压的这个半波中不再触发，而只有在下半波的电压过零附近。若输入信号仍保留，便自然进入导通状态；若输入信号消失，则不能再导通。在零点附近有一个很小的区域称为死区。电阻 R6 和 C 起浪涌抑制作用。

1.4.6　热继电器

电动机在实际运行中常遇到过载情况。若电动机过载不严重，时间较短，电动机绕组不超过允许温升，这种过载是允许的。但若过载时间长，过载电流大，电动机绕组的温升就会超过允许值，使电动机绕组绝缘老化，缩短电动机的使用寿命，严重时甚至会使电动机绕组烧毁。所以，必须对电动机进行长期过载保护，这样，既能充分发挥电动机的过载能力，又能在电动机出现严重过载时自动切断电路。

热继电器是利用电流的热效应原理，为电动机提供过载保护的保护电器。热继电器主要用于电动机的过载保护、断相保护、电流不平衡运行的保护及其他电气设备发热状态的控制。热继电器的发热元件有热惯性，在电路中不能作瞬时过载保护，更不能作短路保护。

1. 热继电器的结构与工作原理

（1）热继电器的结构

热继电器主要由热元件、双金属片、触点系统等组成。热元件由发热电阻丝组成。双金属片是热继电器的感测元件，它由两种不同线膨胀系数的金属片用机械碾压而成。由膨胀系数高的铁镍铬合金构成主动层，由膨胀系数小的铁镍合金构成被动层。双金属片在受热后向被动层一侧弯曲。

双金属片的加热方式有直接加热、间接加热和复合加热。直接加热就是把双金属片当作热元件，让电流直接通过；间接加热是用与双金属片无电联系的加热元件产生的热量来加热；复合加热是直接加热与间接加热两种加热方式的结合。双金属片受热弯曲，当弯曲到一定程度时，通过动作机构使触点动作。

（2）热继电器的工作原理

图 1-25 是热继电器的结构原理图。热继电器的发热元件应串接于电动机工作电路中。当电动机正常运行时，热元件产生的热量虽能使双金属片弯曲，但还不足以使继电器动作。当电动机过载时，热元件产生的热量增大，使双金属片弯曲位移增大，经过一定时间后，双金属片弯曲到推动导板 4，并通过补偿双金属片 5 将触点 9 和 6 分开，触点 9 和 6 为热继电器串于接触器线圈回路的动断触点，断开后使接触器线圈失电，接触器的主触点断开电动机的电源以保护电动机。

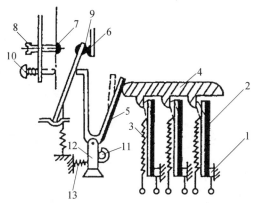

图 1-25　热继电器结构原理图

1—推杆；2—双金属片；3—发热元件；4—导板；

5—补偿双金属片；6—动断静触点；7—动合静触点；8—复位调节螺钉；

9—动触点；10—复位按钮；11—调节旋钮；12—支撑件；13—弹簧

调节旋钮是一个偏心轮，它与支撑件 12 构成一个杠杆，13 是一个压簧，转动偏心轮改变它的半径即可改变补偿双金属片 5 与导板 4 的接触距离，因而达到调节整定热继电器动作电流的目的。此外，靠调节复位螺钉 8 来改变动合触点 7 的位置使热继电器能工作在手动复位和自动复位两种工作状态。调试手动复位时，在故障排除后要按下复位按钮 10 才能使动触点恢复与静触点 6 相接触的位置。

2. 带断相保护的热继电器

三相电动机的一根接线松开或一相熔丝熔断，是造成三相异步电动机烧坏的主要原因之一。一相断路，电动机各相绕组电流的变化情况与电动机绕组的接法有关。如果热继电器所保护的电动机为Y形接法，当线路发生一相断电时，另外两相电流便增大很多，由于线电流等于相电流，流过电动机绕组的电流和流过热继电器的电流增加的比例相同，因此普通的两相或三相热继电器可以对此做出保护。

如果电动机是△形接法，电动机的相电流与线电流相等。发生一相断路时，电路中电流如图 1-26 所示。显然，全压下的那相电流 I_3 要大于另外两相电流 I_1 和 I_2，所以流过电动机绕组的电流和流过热继电器的电流增加比例不相同，而热元件又串联在电动机的电源进线中。当未断相的线电流达到额定电流时，在电动机绕组内部，电流较大的那一相绕组的故障电流将超过额定相电流，便有过热烧毁的危险。

所以△形接法必须采用带断相保护的热继电器。

带有断相保护的热继电器是在普通热继电器的基础上增加一个差动机构，对三个电流进行比较。差动式断相保护装置结构原理如图 1-27 所示。带断相的热继电器的导板为差动机构，由上导板、下导板及杠杆组成，它们之间都由转轴连接。图 1-27（a）为通电前机构各部件的位置。图 1-27（b）为正常通电时的位置，下导板在双金属片的推动下向左弯曲，但弯曲挠度不够，继电器不动作。图 1-27（c）是三相同时过载时的情况，三相双金属片同时向左弯曲，推动下导板向左移动，使继电器动作。图 1-27（d）是 C 相断线的情况，这时 C 相双金属片逐渐冷却降温，端部向右移动推动上导板向右移。而另外两相双金属片温度上升，端部向左弯曲，推动下导板继续向左移动。由于上、下导板一左一右移动，产生了差动作用，通过杠杆放大作用，使继电器迅速动作。由于差动作用，使热继电器在断相故障时加速动作，从而实现保护电动机的目的。

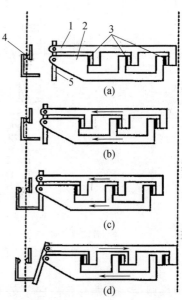

图 1-26　△形接法 C 相断路示意

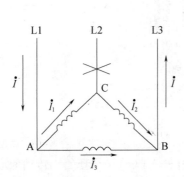

图 1-27　带断相保护的热继电器

（a）通电前；（b）三相正常通电；
（c）三相均匀过载；（d）L1 相断线
1—上导板；2—下导板；3—双金属片；
4—动断触点；5—杠杆

3. 热继电器的技术参数

热继电器的主要技术参数有额定电压、额定电流、相数、热元件编号、整定电流调节范围、有无断相保护等。

热继电器的额定电流是指允许通入的热元件的最大额定电流值。每一种额定电流的热继电器可分别装入若干种不同额定电流的热元件。热继电器的整定电流是指热继电器的热元件允许长期通过，但又不致引起热继电器动作的电流值。为了便于用户选择，某些型号中的不同整定电流的热元件需用不同编号来表示。对于某一热元件，可通过调节其电流旋钮，在一定范围内调节电流整定值。

常用的热继电器有 JRS1、JR20、JR165 等系列，引进产品有 ABB 公司的 T 系列、西门子公司的 3UA 系列等。

热继电器的发热元件和触点的文字符号和图形符号如图 1-28 所示。

4. 热继电器的选用

选用热继电器主要应考虑的因素有：额定电流或热元件的整定电流要求应大于被保护电路或设备的正常工作电流。作为电动机保护时，要考虑其型号、规格和特性，正常启动时的启动时间和启动电流、负载的性质等。对于绕组是星形联结的电动机，可选两相或三相结构的热继电器；对于绕组是三角形联结的电动机，应选择带断相保护的热继电器。

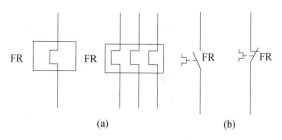

图 1-28 热继电器发热元件和触点图形符号
（a）发热元件；（b）辅助触点

（1）原则上热继电器的额定电流应按电动机的额定电流选择。对于过载能力较差的电动机，其配用的热继电器（主要是发热元件）的额定电流可适当小些。通常，选取热继电器的额定电流（实际上是选取发热元件的额定电流）为电动机额定电流的 60%～80%。

（2）在不频繁启动场合，要保证热继电器在电动机的启动过程中不产生误动作。通常，当电动机启动电流为其额定电流 6 倍以及启动时间不超过 6s 且很少连续启动时，就可按电动机的额定电流选取热继电器。

（3）当电动机为重复且短时工作制时，要注意确定热继电器的允许操作频率。因为热继电器的操作频率是很有限的，如果用它保护操作频率较高的电动机，效果很不理想，有时甚至不能使用。

对于可逆运行和频繁通断的电动机，不宜采用热继电器保护，必要时可以选用装入电动机内部的温度继电器。

1.5 主令电器

主令电器是电气控制系统中用于发送控制指令和转换控制命令的电器，可以实现控制电路的接通和断开，控制电动机的启动、停止、正转、反转等。主令电器种类很多，应用广泛。本节介绍几种常用的主令电器。

1.5.1 控制按钮

控制按钮是一种结构简单、应用广泛的主令电器。其作用通常是用来短时间地接通或断开小电流的控制电路，从而控制电动机或其他电器设备的运行。

控制按钮一般由按钮帽、复位弹簧、触点和外壳等部分组成，其结构如图 1-29 所示。当按下按钮时，先断开动断触点，而后接通动合触点。按钮释放后，在复位弹簧作用下使触点复位。按钮接线没有进线和出线之分，直接将所需的触点连入电路即可。为便于识别各个按钮的作用，避免误操作，通常将按钮帽做成不同颜色，其颜色有红、绿、黑、黄、蓝、白等，如红色表示停止按钮，绿色表示启动按钮等。

控制按钮的图形和文字符号如图 1-30 所示。控制按钮可做成单式（一个按钮）、复式（两个按钮）和三联式（有三个按钮）的形式。复合按钮带有联动的动合和动断触头，手指按下钮帽时，先断开动断触头，再闭合动合触头；手指松开，则动合触头和动断触头先后复位。

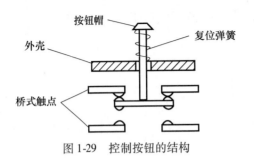

图 1-29　控制按钮的结构

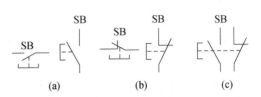

图 1-30　控制按钮的图形和文字符号
（a）动合按钮；（b）动断按钮；（c）复合按钮

1.5.2　行程开关

某些生产机械的运动状态的转换，是靠部件运行到一定位置时由行程开关发出信号进行自动控制的。例如，行车运动到终端位置自动停车，工作台在指定区域内的自动往返移动，都是由运动部件运动的位置或行程来控制的，这种控制称为行程控制。

行程控制是以行程开关代替按钮来控制生产机械的运行方向或行程长短。行程开关广泛应用于各类机床、起重机械以及轻工机械的行程控制。当生产机械运动到某一预定位置时，行程开关通过机械可动部分的动作，将机械信号转换为电信号，以实现对生产机械的控制，限制它们的动作和位置，借此对生产机械给以必要的保护。

行程开关按其结构可分为直动式（如 LX1、JLXK1 系列）、滚轮式（如 LX2、JLXK2 系列）和微动式（如 LXW-11、JLXK1-11 系列）三种。

直动式行程开关的结构原理如图 1-31 所示。其动作原理与按钮开关相同，但其触点的分合速度取决于生产机械的运行速度，不宜用于速度低于 0.4m/min 的场所。若速度小于 0.4m/min，则可采用滚轮式行程开关，其结构原理如图 1-32 所示。当被控机械上的撞块撞击带有滚轮的撞杆时，撞杆转向右边，带动凸轮转动，顶下推杆，使微动开关中的触点迅速动作。当运动机械返回时，在复位弹簧的作用下，各部分动作部件复位。当生产机械的行程比较小而作用力也小时，可采用具有瞬时动作和微小动作的微动开关，其结构原理如图 1-33 所示。

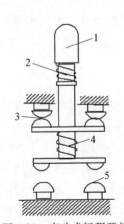

图 1-31　直动式行程开关
1—顶杆；2—弹簧；3—动断触点；
4—触点弹簧；5—动合触点

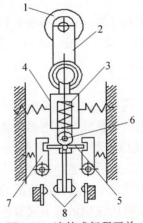

图 1-32　滚轮式行程开关
1—滚轮；2—上转臂；3—弹簧；
4—套架；5—触点推杆；6—小滑；
7—压板；8—触点

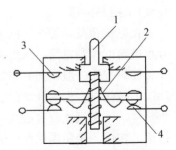

图 1-33　微动式行程开关
1—推杆；2—弯形片状弹簧；
3—动合触点；4—动断触点

行程开关的图形和文字符号如图 1-34 所示。

1.5.3　接近开关

随着电子技术的发展，出现了非接触式的行程开关，即接近开关。接近开关是一种无需与运动部件进行机械接触就可以进行检测的位置开关，这种接近开关不需要机械接触和施加任何压力即可动作，从而驱动执行机构或给采集装置提供信号。接近开关可以用于高速计数、测速、液面控制等。

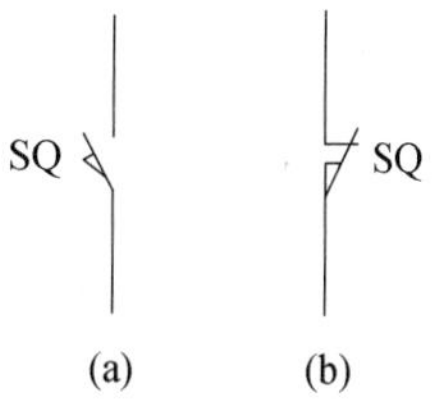

图 1-34　行程开关的
图形和文字符号
（a）动合触点；（b）动断触点

1. 电感式接近开关

电感式接近开关属于一种有开关量输出的位置传感器，它由 LC 高频振荡器、放大处理电路和开关电路组成，利用金属物体在接近这个能产生电磁场的振荡感应头时，使物体内部产生涡流。这个涡流反作用于接近开关，使接近开关振荡能力衰减，内部电路的参数发生变化，由此识别出有无金属物体接近，进而控制开关的通或断。这种接近开关所能检测的物体必须是金属导电体。

2. 电容式接近开关

电容式接近开关亦属于一种具有开关量输出的位置传感器，由电容式高频振荡器和电子电路组成。它的测量头通常是构成电容器的一个极板，而另一个极板是物体的本身，当物体移向接近开关时，物体和接近开关的介电常数发生变化，耦合电容值发生改变，产生振荡和停振便可控制开关的接通和关断。这种接近开关的检测物体，并不限于金属导体，也可以是绝缘的液体或粉状物体。

3. 霍尔式接近开关

当一块通有电流的金属或半导体薄片垂直地放在磁场中时，薄片的两端就会产生电位差，这种现象就称为霍尔效应。两端具有的电位差值称为霍尔电势 U，其表达式为

$$U = KIB/d$$

式中：K 为霍尔系数；I 为薄片中通过的电流；B 为外加磁场的磁感应强度；d 是薄片的厚度。

由此可见，霍尔效应的灵敏度高低与外加磁场的磁感应强度成正比的关系。霍尔开关就属于这种有源磁电转换器件，它是在霍尔效应原理的基础上，利用集成封装和组装工艺制作而成，它可方便地把磁输入信号转换成实际应用中的电信号，同时又具备工业场合实际应用易操作和可靠性的要求。霍尔开关的输入端是以磁感应强度 B 来表征的，当 B 值达到一定的程度（如 B_1）时，霍尔开关内部的触发器翻转，霍尔开关的输出电平状态也随之翻转。

接近开关的图形和文字符号如图 1-35 所示。

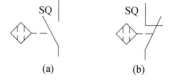

图 1-35　接近开关的图形和文字符号
（a）动合触点；（b）动断触点

1.5.4　光电开关

光电开关是光电接近开关的简称，它把发射端和接收端之间光的强弱变化转化为电流的变化以达到探测的目的。由于光电开关输出回路和输入回路是电隔离的（即电缘绝），所以它可以在许多场合得到应用。它具有体积小、功能多、寿命长、精度高、响应速度快、检测距离远以及抗电磁干扰能力强等优点，还可非接触、无损伤地检测和控制各种固体、液体、透明体、黑体、柔软体和烟雾等物质的状态和动作。目前，光电开关已被用作物位检测、液位控制、产品计数、宽度判别、速度检测、定长剪切、

信号延时、自动门传感、色标检出以及安全防护等诸多领域。

它是利用被检测物对光束的遮挡或反射，由同步回路选通电路，从而检测物体有无的。物体不限于金属，所有能反射光线的物体均可被检测。光电开关将输入电流在发射器上转换为光信号射出，接收器再根据接收到的光线的强弱或有无对目标物体进行探测。多数光电开关选用的是波长接近可见光的红外线光波型。

光电开关有以下几类：

1. 漫反射式光电开关

它是一种集发射器和接收器于一体的传感器，当有被检测物体经过时，物体将光电开关发射器发射的足够量的光线反射到接收器，于是光电开关就产生了开关信号。当被检测物体的表面光亮或其反光率极高时，漫反射式的光电开关是首选的检测模式。

2. 镜反射式光电开关

它亦集发射器与接收器于一体，光电开关发射器发出的光线经过反射镜反射回接收器，当被检测物体经过且完全阻断光线时，光电开关就产生了检测开关信号。

3. 对射式光电开关

它包含了在结构上相互分离且光轴相对放置的发射器和接收器，发射器发出的光线直接进入接收器，当被检测物体经过发射器和接收器之间且阻断光线时，光电开关就产生了开关信号。当检测物体为不透明时，对射式光电开关是最可靠的检测装置。

4. 槽式光电开关

它通常采用标准的 U 字形结构，其发射器和接收器分别位于 U 形槽的两边，并形成一光轴，当被检测物体经过 U 形槽且阻断光轴时，光电开关就产生了开关量信号。槽式光电开关比较适合检测高速运动的物体，并且它能分辨透明与半透明物体，使用安全可靠。

5. 光纤式光电开关

它采用塑料或玻璃光纤传感器来引导光线，可以对距离远的被检测物体进行检测。通常光纤传感器分为对射式和漫反射式。

图 1-36 所示是几种光电开关外形。

图 1-36　部分光电开关的外形

1.5.5　转换开关

转换开关是一种多挡式、控制多回路的主令电器。广泛应用于各种配电装置的电源隔离、电路转换、电动机远距离控制等，也常作为电压表、电流表的换相开关，还可用于控制小容量的电动机。

目前常用的转换开关主要有两大类，即万能转换开关和组合开关。两者的结构和工作原理基本相似，在某些应用场合可以相互替代。转换开关按结构可分为普通型、开启型和防护组合型等。按用途又分为主令控制和控制电动机两种。

转换开关一般采用组合式结构设计，由操作结构、定位系统、限位系统、接触系统、面板及手柄等组成。接触系统采用双断点桥式结构，并由各自的凸轮控制其通断；定位系统采用棘轮棘爪式结构，不同的棘轮和凸轮可组成不同的定位模式，从而得到不同的开关状态，即手柄在不同的转换角度时，触头的状态是不同的。

转换开关是由多组相同结构的触点组件叠装而成，图 1-37 为 LW12 系列转换开关某一层的结构原理。LW12 系列转换开关由操作结构、面板、手柄和数个触头等主要部件组成，用螺栓组成为一个整体。触头底座由 1 ~ 12 层组成，其中每层底座最多可装 4 对触头，并由底座中间的凸轮进行控制。由于每层凸轮可做成不同的形状，因此，当手柄转到不同位置时，通过凸轮的作用，可使各对触头按所需要的规律接通和分断。

转换开关手柄的操作位置是以角度来表示的，不同型号的转换开关，其手柄有不同的操作位置。这可从电气设备手册中万能转换开关的"定位特征表"中查找到。

转换开关的触点在电路图中的图形符号如图 1-38 所示。由于其触点的分合状态是与操作手柄的位置有关，因此，在电路图中除画出触点圆形符号之外，还应有操作手柄位置与触点分合状态的表示方法。其表示方法有两种，一种是在电路图中画虚线和画"·"的方法，如图 1-38（a）所示，即用虚线表示操作手柄的位置，用有无"·"表示触点的闭合和断开状态。例如，在触点图形符号下方的虚线位置上画"·"，则表示当操作手柄处于该位置时，该触点是处于闭合状态；若在虚线位置上未画"·"，则表示该触点是处于断开状态。另一种方法是，在电路图中既不画虚线也不画"·"，而是在触点图形符号上标出触点编号，再用接通表表示操作手柄于不同位置时的触点分合状态，如图 1-38（b）所示。在接通表中用有无"×"来表示操作手柄不同位置时触点的闭合和断开状态。

转换开关的主要参数有型式、手柄类型、操作图型式、工作电压、触头数量及其电流容量等，在产品说明书中都有详细说明。常用的转换开关有 LW5、LW6、LW8、LW9、LW12、LW16、VK、HZ 等系列，另外还有许多品牌的进口产品也在国内得到广泛应用。

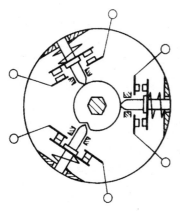

图 1-37　LW12 系列转换开关
某一层结构原理图

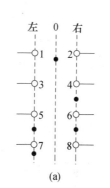

触点	位置		
一	左	0	右
1—2	×		
3—4			×
5—6	×		×
7—8	×		

(a)　　　　　　　　(b)

图 1-38　万能转换开关图形符号
（a）画"·"标记表示；（b）接通表表示

1.6　低压开关与断路器

1.6.1　低压开关

低压开关也称为低压隔离器，是在断开位置能实现符合规定的隔离电源功能的低压手动开关电器。它结构简单、应用较广。

1. 胶壳刀开关

胶壳刀开关由操作手柄、熔断丝、触刀、触刀座和底座等组成，如图 1-39 所示。胶壳的作用是防止操作时电弧飞出灼伤操作人员，并防止极间电弧造成电源短路。因此操作前一定要将胶壳安装好。熔断丝主要起短路和严重过电流保护作用。按刀数可分为单极、双极和三极。刀开关的文字和图形符号如图 1-40 所示。

刀开关在安装时，手柄要向上，不得倒装或平装，避免由于重力自由下落，而引起误动作和合闸。接线时，应将电源线接在上端，负载线接在下端，这样合闸后刀片与电源隔离，防止可能发生的意外事故。

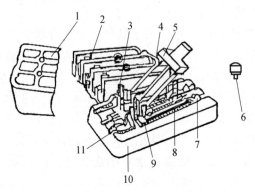 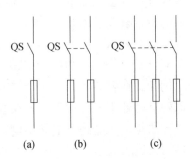

图 1-39　胶壳刀开关的结构图

1—上胶盖；2—下胶盖；3—触刀座；4—触刀；

5—磁柄；6—胶盖紧固螺帽；7—出线端子；

8—熔丝；9—触刀铰链；10—瓷底座；11—进线端子

图 1-40　刀开关的文字和图形符号

（a）单极；（b）双极；（c）三极

2. 熔断器式隔离器

熔断器式隔离器是一种新型电器，有多种结构型式，一般多由有填料熔断器和刀开关组合而成，广泛应用于开关柜或与终端电器配套的电器装置中，作为线路或用电设备的电源隔离开关及严重过载和短路保护之用。在回路正常供电的情况下，接通和切断电源由刀开关来承担，当线路或用电设备过载或短路时，熔断器的熔体熔断，及时切断故障电流。

1.6.2　低压断路器

低压断路器也称为自动空气开关。它不仅能接通和分断正常负载电流和过载电流，而且可以接通和分断短路电流。主要用于分配电能、不频繁地启动异步电动机以及对电源线路及电动机等的保护。当发生严重的过载、短路、断相、漏电等故障时能自动切断电路。它是低压配电线路应用非常广泛的一种保护电器。

1. 低压断路器结构

低压断路器由操作机构、触点、保护装置（各种脱扣器）、灭弧系统等组成。低压断路器的结构如图 1-41 所示。主触点是靠操作机构手动或电动合闸的，主触点闭合后，自由脱扣器机构将触头锁在合闸位置上。当电路发生故障时，通过各自的脱扣器使自由脱扣机构动作，自动跳闸实现保护作用。

（1）过电流脱扣器

过电流脱扣器的线圈与主电路串联。当流过断路器的电流在整定值以内时，过电流脱扣器 3 所产生的吸力不足以吸动衔铁。当电流超过整定值时，强磁场的吸力克服弹簧的拉力拉动衔铁，使自由脱扣机构动作，断路器跳闸，实现过流保护。

（2）失压脱扣器

失压脱扣器的线圈与电源并联。失压脱扣器 6 的工作过程与过电流脱扣器恰恰相反。当电源电压在额定电压时，失压脱扣器产生的磁力足以将衔铁吸合，使断路器保持在合闸状态。当电源电压下降到低于整定值或降为零时，在弹簧的作用下衔铁释放，自由脱扣机构动作而切断电源。

（3）热脱扣器

热脱扣器的热元件与电源串联。热脱扣器 5 的作用和工作原理与前面介绍的热继电器相同。

（4）分励脱扣器

分励脱扣器 4 用于远距离操作。在正常工作时，其线圈是断电的，在需要远方操作时，使线圈通电，其电磁机构使自由脱扣机构动作，断路器跳闸。

低压断路器的文字和图形符号如图 1-42 所示。

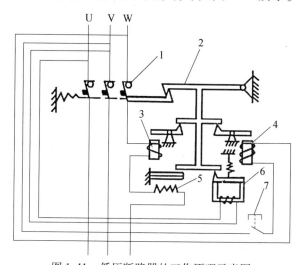

图 1-41　低压断路器的工作原理示意图

1—主触点；2—自由脱扣器；3—过电流脱扣器；

4—分励脱扣器；5—热脱扣器；6—失压脱扣器；7—试验按钮

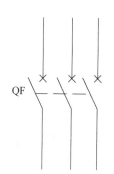

图 1-42　低压断路器的
文字和图形符号

2. 低压断路器主要类型

（1）万能式低压断路器。具有绝缘衬底的框架结构底座，所有的构件组装在一起，用于配电网络的保护。主要型号有 DW10 和 DW15 两个系列。

（2）装置式低压断路器。它又称塑料外壳式低压断路器，具有用模压绝缘材料制成的封闭型外壳，将所有构件组装在一起。用作配电网络的保护和电动机、照明电路及电热器等控制开关。主要型号有 DZ5、DZ10、DZ20 等系列。

（3）模块化小型断路器。模块化小型断路器由操作机构、热脱扣器、电磁脱扣器、触头系统、灭弧室等部件组成，所有部件都置于一个绝缘壳中。在结构上具有外形尺寸模块化（9mm 的倍数）和安装导轨化的特点，即单极断路器的模块宽度为 18mm，凸颈高度为 45mm，它安装在标准的 35mm×15mm 电器安装轨上，利用断路器后面的安装槽及带弹簧的夹紧卡子定位，拆卸方便。该系列断路器可作为线路和交流电动机等的电源控制开关及过载、短路等保护用。广泛应用于工矿企业、建筑及家庭等场所。常用型号有 C45、DZ47、S、DZ187、XA、MC 等系列。

（4）智能化断路器。传统的断路器的保护功能是利用了热磁效应原理，通过机械系统的动作来实现的。智能化断路器的特征是采用了以微处理器或单片机为核心的智能控制器（智能脱扣器）。它不仅具备普通断路器的各种保护功能，同时还具备实时显示电路中的各种电气参数（电流、电压、功率因数等），对电路进行在线监视、测量、试验、自诊断、通信等功能，能够对各种保护功能的动作参数进行显示、设定和修改，将电路动作时的故障参数存储在非易失存储器中以便查询。主要型号有 DW45、DW40、DW914（AH）、DW18（AE-S）、DW48、DW19（3WE）、DW17（ME）等。

3. 低压断路器的选择

（1）额定电流和额定电压应大于或等于线路、设备的正常工作电压和工作电流。

（2）热脱扣器的整定电流应与所控制负载（如电动机）的额定电流一致。

（3）欠电压脱扣器的额定电压等于线路的额定电压。

（4）过电流脱扣器的额定电流大于或等于线路的最大负载电流。

对于单台电动机来说，可按下式计算

$$I_Z = kI_q \tag{1-8}$$

式中：k 为安全系数，可取 $1.5 \sim 1.7$；I_q 为电动机的启动电流。

对于多台电动机来说，可按下式计算

$$I_Z = k(I_{q \cdot max} + \sum I_{er}) \tag{1-9}$$

式中：k 也可取 $1.5 \sim 1.7$；$I_{q \cdot max}$ 为最大一台电动机的启动电流；I_{er} 为其中任意一台电动机的额定电流。

1.6.3　漏电保护器

1. 漏电保护器的概念

漏电电流动作保护器，简称漏电保护器，又称剩余电流保护器（RCD），俗称漏电开关，主要是用来在设备发生漏电故障时以及对有致命危险的人身触电进行保护。

2. 漏电保护器的结构组成

漏电保护器主要由三部分组成：检测元件、中间放大环节、操作执行机构。

（1）检测元件。由零序互感器组成，检测漏电电流，并发出信号。

（2）放大环节。将微弱的漏电信号放大，按装置不同（放大部件可采用机械装置或电子装置），构成电磁式保护器和电子式保护器。

（3）执行机构。收到信号后，主开关由闭合位置转换到断开位置，从而切断电源，是被保护电路脱离电网的跳闸部件。

3. 漏电保护器的工作原理

漏电保护器可分为电压型和电流型两大类，这里介绍常用的电流型漏电保护器的原理。普通电流型漏电保护器的原理如图 1-43 所示。保护器由零序电流互感器、电子放大器、晶闸管和脱扣器等部分组成。零序电流互感器是关键器件，其构造和原理跟普通电流互感器基本相同，零序电流互感器的一次绕组是绞合在一起的 4 根线（3 根火线 1 根零线），而普通电流互感器的一次绕组只是 1 根火线。一次绕组的 4 根线要全部穿过互感器的铁芯，4 根线的一端接电源的主开关，另一端接负载。

正常情况下，不管三相负载平衡与否，同一时刻 4 根线的电流和（矢量和）都为零，4 根线的合成磁通也为零，故零序电流互感器的二次绕组没有输出信号。当火线对地漏电时，如图 1-43 中人体触电时，触电电流经大地和接地装置回到中性点。这样同一时刻 4 根线的电流和不再为零，产生了剩余电流，剩余电流使铁芯中有磁通通过，从而互感器的二次绕组有电流信号输出。互感器输出的微弱电流信号输入到电子放大器 6 进行放大，放大器的输出信号用作晶闸管 7 的触发信号，触发信号使晶闸管导通，晶闸管的导通电流流过脱扣器线圈

8，使脱扣器动作而将主开关 2 断开。压敏电阻 5 的阻值随其端电压的升高而降低，压敏电阻的作用是稳定放大器 6 的电源电压。上述电路是针对三相四线制、中性点接地供电系统的，这种漏电保护器也适用于三相三线制、双相两线制和单相两线制，也适用于不接地系统。

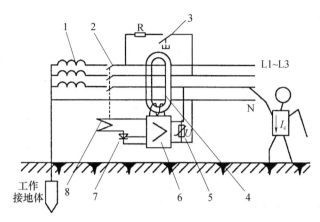

图 1-43 电流型漏电保护器的原理

1—供电变压器；2—主开关；3—试验按钮；4—零序电流互感器；

5—压敏电阻；6—放大器；7—晶闸管；8—脱扣器

接地式电流型漏电保护器是特殊的电流型漏电保护器，其原理和上述普通电流型保护器基本相同，如图 1-44 所示，但是接线方法有区别。二者的区别是：普通电流型漏电保护器的零序电流互感器连接在主电路中，而接地式电流型漏电保护器把零序电流互感器的一次绕组串联在变压器中性点的接地线中。这种漏电保护器是我国自行研制的新型保护器，适用于变压器中性点接地的供电系统，是按用一台漏电保护器对系统进行总保护的要求设计的，经济实用，特别适用于农村电网，小型施工工地也可以采用。

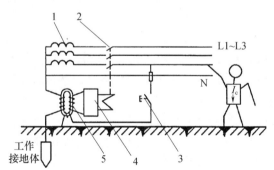

图 1-44 接地式漏电保护器的原理

1—供电变压器；2—主开关；3—试验按钮；

4—电磁式漏电脱扣器；5—零序电流互感器

4. 漏电保护器的种类

按动作方式可分为电压动作型和电流动作型；按动作机构分可为开关式和继电器式；按极数和线数分为单极二线、二极、二极三线；按动作灵敏度可分为高灵敏度、中灵敏度和低灵敏度；按动作时间可分为快速型、延时型和反时限型。

5. 漏电保护器的选用

选择漏电保护器应按照使用目的和根据作业条件选用。

按保护目的选用：① 以防止人身触电为目的。安装在线路末端，选用高灵敏度、快速型漏电保护器。② 以防止触电为目的与设备接地并用的分支线路，选用中灵敏度、快速型漏电保护器。③ 用以防止由漏电引起的火灾和保护线路、设备为目的的干线，应选用中灵敏度、延时型漏电保护器。

按供电方式选用：① 保护单相线路（设备）时，选用单极二线或二极漏电保护器。② 保护三相线路（设备）时，选用三极产品。③ 既有三相又有单相时，选用三极四线或四极产品。在选定漏电保护器的极数时，必须与被保护的线路的线数相适应。

1.7　熔　断　器

熔断器是一种结构简单、价格低廉、使用十分广泛的保护电器。它是利用电流热效应原理和发热元件热熔断的原理而设计的，在电路中主要起短路保护作用。

1.7.1　熔断器结构和工作特性

1. 结构

熔断器在结构上主要由熔断管（或盖、座）、熔体及导电部件等部分组成。其中熔断管一般由硬质纤维或瓷质绝缘材料制成半封闭式或封闭式管状外壳，熔体则装于其内，其作用是便于安装熔体和有利于熔体熔断时熄灭电弧。熔体是由不同金属材料（铅锡合金、锌、铜或银）制成丝状、带状、片状或笼状，是熔断器主要部分。它既是感测元件又是执行元件。使用时，熔体串接于被保护电路。

2. 工作特性

熔体是串接在保护电路中的，当电路发生短路或严重过电流时，通过熔体的电流使其发热，当达到熔化温度时，熔体自行熔断，起到分断故障电路的作用。而在正常工作时，熔体通过额定电流下不应该熔断，这就要求最小熔化电流必须要大于额定电流。

熔断器的保护特性称为熔断器的安秒特性，即熔断器的熔断电流 I 与熔化时间 t 的关系。我们知道，$t \propto 1/I^2$，所以安秒特性曲线具有反时限特性，如图 1-45 所示。图中，I_r 为最小熔化电流，就是熔体通过该电流时能够熔化的最小电流，所以 $I_N < I_r$。

通常 I_r 与 I_N 之比称为熔断器的熔化系数，即 $K_r = I_r/I_N$。它是表征熔断器保护小倍数过载时灵敏度的指标。K_r 小时对小倍数过载保护有利，但也不宜太小。

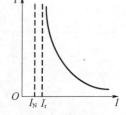

图 1-45　熔断器的
安妙特性曲线

熔化系数主要取决于熔体的材料和工作温度以及它的结构。根据熔断器在电路中起保护作用的侧重点是不同的，可以选择不同熔体材料的熔断器。若侧重过载保护，可以选择熔体采用低熔点的金属材料（如铅、锡、铅锡合金及锌等），熔化时所需热量小，故熔化系数较小，但分断能力较低。若侧重短路保护，熔体则要采用高熔点的金属材料（如铝、铜和银等），熔化时所需热量大，故熔化系数大，分断能力较高。

1.7.2　熔断器类型

熔断器的种类很多，按结构来分有瓷插式、螺旋式、密封管式。按用途来分有一般工业用熔断器、半导体器件保护用熔断器、快速熔断器和特殊熔断器（如断相自动显示熔断器、自复式熔断器等）。

1. 插入式熔断器

这种熔断器一般用于 380V 及以下电压等级的线路末端或分支电路中，作为配电支线或电气设备的短路保护用及高倍数过电流保护。其熔体主要是软铅丝和铜丝。其结构如图 1-46 所示。

2. 螺旋式熔断器

螺旋式熔断器由瓷座、熔体、瓷帽等组成。结构图如图 1-47 所示。熔体是一个瓷管，内装有石英砂和熔丝，熔丝的两端焊在熔体两端的导电金属端盖上，其上端盖中有一个染有红漆的熔断指示器。当熔体熔断时，熔断指示器弹出、脱落，透过瓷帽上的玻璃孔可以看见。熔断器熔断后，只要更换熔体即可。这种熔断器主要应用于工矿企业低压配电设备、机械设备的电气控制系统中，用于短路和过电流保护。

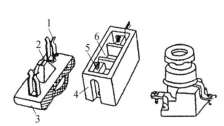

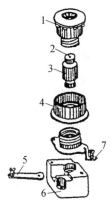

图 1-46　瓷插式熔断器结构图
1—动触片；2—熔体；3—瓷盖；
4—瓷底；5—静触点；6—灭弧室

图 1-47　螺旋式熔断器结构图
1—瓷帽；2—指示器；3—熔断管；4—瓷套；
5—下接线端；6—瓷底座；7—上接线端

3. 密封管式熔断器

封闭式熔断器分有填料熔断器和无填料熔断器两种，如图 1-48 和图 1-49 所示。有填料熔断器一般用方形瓷管，内装石英砂及熔体，分断能力强，用于电压等级 500V 以下、电流等级 1kA 以下的电路中。无填料密闭式熔断器将熔体装入密闭式圆筒中，分断能力稍小，用于 500V 以下、600A 以下电力网或配电设备中。

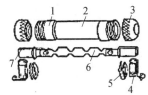

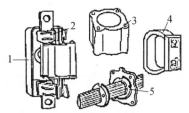

图 1-48　有填料密封管式熔断器
1—铜圈；2—熔断管；3—管帽；4—插座；
5—特殊垫圈；6—熔体；7—熔片

图 1-49　无填料密封管式熔断器
1—瓷底座；2—弹簧片；3—管体；
4—绝缘手柄；5—熔体

4. 快速熔断器

它主要用于半导体整流元件或整流装置的短路保护。由于半导体元件的过载能力很低，只能在极短时间内承受较大的过载电流，因此要求短路保护具有快速熔断的能力。快速熔断器的结构和有填料封闭式熔断器基本相同，但熔体材料和形状不同，它是以银片冲制的有 V 形深槽的变截面熔体。

5. 自复熔断器

采用金属钠作熔体，在常温下电阻很小。当电路发生短路故障时，短路电流产生高温使钠迅速汽化，汽态钠呈现高阻态，从而限制了短路电流。当短路电流消失后，温度下降，金属钠恢复原来的良好导电性能。自复熔断器只能限制短路电流，不能真正分断电路。其优点是不必更换熔体，能重复使用。

1.7.3　熔断器选择原则

熔断器的选择主要是选择熔断器的种类、额定电压、额定电流和熔体的额定电流等。选择时，要根据实际使用情况确定熔断器的类型。熔断器的额定电压应大于或等于实际电路的工作电压，因此确定熔体电流是选择熔断器的主要任务，具体有下列几条原则：

1）电路上、下两级都装设熔断器时，为使两级保护相互配合良好，熔断器的熔体额定电流比下一级大 1~2 级差。

2）对于照明线路或电阻炉等没有冲击性电流的负载，熔体的额定电流（I_{rN}）应大于或等于电路的工作电流（I_N），即 $I_{rN} \geq I_N$。

3）保护一台异步电动机时，考虑电动机冲击电流的影响，熔体的额定电流按下式计算

$$I_{rN} \geq (1.5 - 2.5)I_N$$

4）保护多台异步电动机时，若各台电动机不同时启动，则应按下式计算

$$I_{rN} \geq (1.5 - 2.5)I_{Nmax} + \sum I_N$$

式中：I_{Nmax} 为容量最大的一台电动机的额定电流；$\sum I_N$ 为其余电动机额定电流的总和。

习题与思考题

1. 何谓电磁式电器的吸力特性与反力特性？吸力特性与反力特性之间应满足怎样的配合关系？

2. 交流接触器在衔铁吸合前的瞬间，为什么在线圈中产生很大的冲击电流？直流接触器会不会出现这种现象？为什么？

3. 单相交流电磁铁的短路环断裂或脱落后，在工作中会有什么现象？为什么？

4. 交流电磁线圈误接入直流电源，直流电磁线圈误接入交流电源，会发生什么问题？为什么？

5. 在接触器标准中规定其适用工作制有什么意义？

6. 交流接触器在运行中有时在线圈断电后，衔铁仍掉不下来，电动机不能停止，这时应如何处理？故障原因在哪里？应如何排除？

7. 常用的灭弧方法有哪些？

8. 继电器和接触器有何区别？

9. 电压、电流继电器各在电路中起什么作用？它们的线圈和触点各接于什么电路中？如何调节电压（电流）继电器的返回系数？

10. 时间继电器和中间继电器在控制电路中各起什么作用？如何选用时间继电器和中间继电器？

11. 中间继电器与接触器有何异同?

12. 热继电器在电路中的作用是什么? 带断相保护和不带断相保护的三相式热继电器各用在什么场合?

13. 当出现通风不良或环境温度过高而使电动机过热时, 能否采用热继电器进行保护?

14. 温度继电器为什么能实现全热保护?

15. 熔断器的额定电流和熔体的额定电流二者有何区别?

16. 控制按钮、转换开关、行程开关、接近开关、光电开关在电路中各起什么作用?

第 2 章　电气控制电路

2.1　电气控制电路图图形、文字符号及绘制原则

电气控制线路是由许多电器元件按一定的控制要求连接起来的。在图中用不同的图形符号来表示各种电器元件，用不同的文字符号来说明图形符号所代表的电器元件的基本名称、用途、编号等信息。电气控制线路应该根据简明易懂的原则，采用国家规定的标准，用统一规定的图形符号、文字符号和标准画法进行绘制。

2.1.1　电气图形符号和文字符号

电气控制系统图、电器元件的图形符号和文字符号必须符合国家标准规定。国家标准局参照国际电工委员会（IEC）颁布的标准，制定了我国电气设备有关国家标准 GB/T 4728《电气简图用图形符号》及 GB/T 6988《电气技术用文件的编制》。规定从 1990 年 1 月 1 日起，电气控制线路中的图形和文字符号必须符合最新的国家标准。

2.1.2　电气控制电路绘制原则

电气控制电路表示方法有：电气原理图、安装接线图和电器布置图。由于它们的用途不同，绘制原则也有差别。电器布置图是按照电器实际位置绘制的分布图，安装接线图是实际接线的线路图，这种线路便于安装。电气原理图是根据工作原理而绘制的。其目的是为了便于阅读和分析控制线路。它是电器元件的展开图，包括所有电器元件的导电部件和接线端子，但并不按照电器元件的实际布置位置来绘制，也不反映电器元件的实际大小。

根据学生学习和实际需要，本书重点介绍电气原理。下面以图 2-1 所示的某机床的电

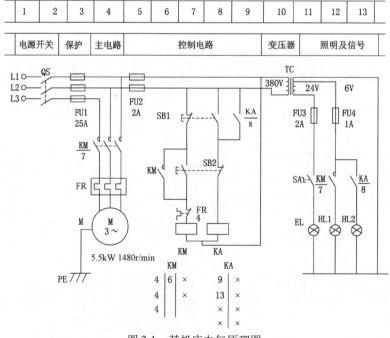

图 2-1　某机床电气原理图

气原理图为例，来说明电气原理图的规定画法和应注意的事项。

1. 绘制电气原理图时应遵循的原则

电气原理图一般分主电路和辅助电路两部分。主电路是电气控制线路中大电流通过的部分，包括从电源到电动机之间相连的电器元件，一般由组合开关、主熔断器、接触器主触点、热继电器的热元件和电动机等组成。辅助电路是控制线路中除主电路以外的电路，其流过的电流比较小。辅助电路包括控制电路、照明电路、信号电路和保护电路。其中控制电路是由按钮、接触器和继电器的线圈及辅助触点、热继电器触点、保护电器触点等组成。

绘制电气原理图应遵循以下原则：

（1）所有电机、电器等元件都应采用国家统一规定的图形符号和文字符号来表示。

（2）电气原理图中电器元件的布局，应根据便于阅读的原则安排。主电路用粗实线绘制在图面的左侧或上方，辅助电路也用粗实线绘制在图面的右侧或下方。无论主电路还是辅助电电路，均按功能布置，尽可能按动作顺序从上到下、从左到右排列。

（3）电气原理图中，当同一电器元件的不同部件（如线圈、触点）分散在不同位置时，为了表示是同一元件，要在电器元件的不同部件处标注统一的文字符号。对于同类器件，要在其文字符号后加数字序号来区别。如两个时间继电器，可用 KT1、KT2 来区别。

（4）电气原理图中，所有电器均按没有通电或没有外力作用时的状态画出，即按自然状态画出。对于继电器、接触器的触点，按其线圈不通电时的状态画出；对于按钮、行程开关等触点，按未受外力作用时的状态画出；控制器按手柄处于零位时的状态画出。

（5）电气原理图中，应尽量减少线条和避免线条交叉。各导线之间有电联系时，在导线交点处画实心圆点。根据图面布置需要，可将图形符号旋转绘制，一般逆时针方向旋转90°，但文字符号不可倒置。

2. 画面图域的划分

图纸上方的 1、2、3 等数字是图区的编号，它是为了便于检索电气线路，方便阅读分析从而避免遗漏设置的。图区编号也可设置在图的下方。

图区编号下方的文字表明它对应的下方元件或电路的功能，使读者能清楚地知道某个元件或某部分电路的功能，以利于理解全部电路的工作原理。

3. 符号位置的索引

符号位置的索引用图号、页次和图区编号的组合索引法，索引代号的组成如下：

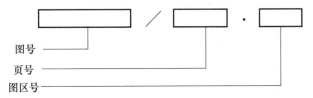

图号是指当某设备的电气原理图按功能多册装订时，每册的编号，一般用数字表示。

当某一元件相关的各符号元素出现在不同图号的图纸上，而当每个图号仅有一页图纸时，索引代号中可省略"页号"及分隔符"·"。

当某一元件相关的各符号元素出现在同一图号的图纸上，而该图号有几张图纸时，可省略"图号"和分隔符"/"。

当某一元件相关的各符号元素出现在只有一张图纸的不同图区时，索引代号只用"图区"表示。

如图 2-1 图区 3 中的 KM 动合触点下面的"7"即为最简单的索引代号。它指出了继电器 KM 的线圈位置在图区 7。

图 2-1 中接触器 KM 线圈及继电器 KA 线圈下方的文字是接触器 KM 和继电器 KA 相应触点的索引。在原理图中相应线圈下方，给出触点的图形符号，并在下面标明相应触点的索引代码，且对未使用的触点用"×"表明，有时也可采用省略的表示方法。

对接触器，上述表示法中各栏的含义如表 2-1 所示。

表 2-1　接触器各栏意义

左　栏	中　栏	右　栏
主触点所在的图区号	辅助动合触点所在的图区号	辅助动断触点所在的图区号

对继电器，上述表示法中各栏的含义如表 2-2 所示。

表 2-2　继电器各栏意义

左　栏	右　栏
辅助动合触点所在的图区号	辅助动断触点所在的图区号

2.2　三相笼型异步电动机的基本控制电路

三相异步电机按转子结构的不同，可分为笼型和绕线式两种。笼型转子的异步电动机结构简单、运行可靠、重量轻、价格便宜，得到了广泛的应用，所以本章主要讲解三相笼型异步电动机的控制线路。本节着重讲解电气控制线路的基本规律，即按联锁控制的规律和按控制过程的变化参量进行控制的规律。

2.2.1　单向全压启动控制电路

三相异步电动机的启动控制有直接启动、降压启动和软启动等方式。直接启动又称为全压启动，即启动时电源电压全部施加在电动机定子绕组上。在电源容量足够大时，小容量笼型电动机可直接启动。直接启动的优点是电气设备少，线路简单。缺点是启动电流大，引起供电系统电压波动，干扰其他用电设备的正常工作。

电机能否直接全压启动，有一定规定：用电单位如有独立的变压器，则在电动机启动频繁时，电动机容量小于变压器容量的 20% 时允许直接启动；如果电动机不经常启动，它的容量小于变压器容量的 30% 时允许直接启动。如果没有独立的变压器（与照明共用），电动机直接启动时所产生的电压降不应超过线路电压的 5%，一般小容量的异步电动机，如 10kW 以下的都采用全压直接启动。

1. 点动控制

某些生产机械在安装或维修后常常需要试车或调整，即所谓的"点动"控制。图 2-2 中，主电路由刀开关 QS、熔断器 FU1、接触器 KM 的主触点、热继电器 FR 的热元件和电动机 M 构成；控制电路由启动按钮 SB 和交流接触器线圈 KM 组成。当按下启动按钮时，KM 线圈通电，KM 主触点闭合，电动机转动；松开按钮后，按钮自动复位，KM 线圈断电使电动机停止转动。

2. 连续控制

在实际生产中，往往要求电动机实现长时间连续转动，即连续运行，又称为长动控制。图 2-3 所示为三相笼型异步电动机连续运行控制线路。主电路由刀开关 QS、熔断器 FU1、接触器 KM 的主触点、热继电器 FR 的热元件和电动机 M 构成。控制电路由热继电器 FR 的动断触点、停止按钮 SB1、启动按钮 SB2、接触器 KM 动合触点和线圈组成。

由图 2-3 可以看出，接触器 KM 的辅助动合触点是并接于启动按钮的，这样，当手松开 SB2 时，按钮在复位弹簧的作用下自动复位时，接触器 KM 的线圈通过其辅助动合触点的闭合仍继续保持通电，从而保证电动机的连续运行。这种通过主令电器的动合触点和接触器（继电器）本身的动合触点相并联而使线圈保持通电的控制方式，称为自锁。起到自锁作用的辅助动合触点称自锁触点。由于有自锁的存在，可以使电动机连续运行；当停止信号出现后，由于自锁回路断开而不能自行启动。

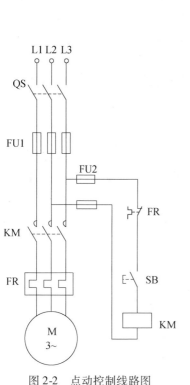

图 2-2　点动控制线路图

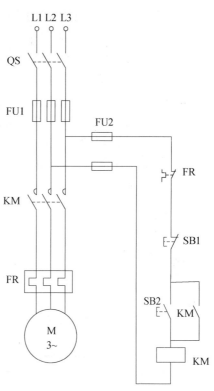

图 2-3　单向全压启动、停止控制电路

图 2-3 的工作过程如下：

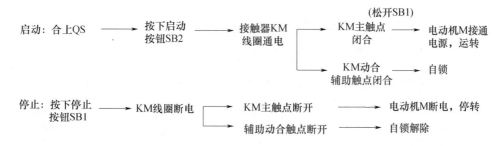

3. 保护环节

（1）短路保护。发生短路时，短路电流会产生力效应和热效应，对电动机产生损害，因此当线路发生短路时，必须要可靠迅速地切断短路电流。图 2-2 中，FU1 作为主电路的短路保护，控制电路的短路保护是靠 FU2 实现的。虽然熔断器熔体的熔化电流不太稳定，但是在动作准确度和自动化程度要求不高的场合通常使用熔断器作为线路的短路保护。

（2）过载保护。电动机长期超载运行，会造成电动机绕组温升超过其允许值而损坏，通常要采取过载保护。热继电器 FR 用作控制线路的电动机过载保护，它具有如同电动机过载特性一样的反时限特性。由于热继电器是根据发热元件的热惯性设计的，热惯性较大，在过载电流通过一定时间后才能动作，不能做瞬时过载保护。控制电路中放置了 FR 的动断触点，只有过载时间比较长时，热继电器动作，FR 的动断触点断开，接触器 KM 线圈失电，主触点 KM 断开主电路，电动机停止运转，从而实现了电动机的过载保护。

（3）失压和欠压保护。控制线路的失压和欠压保护是靠接触器本身实现的。当电源电压低到一定程度或失电时，接触器 KM 的电磁吸力小于反力，电磁机构会释放，主触点把主电源断开，电动机停止运转。这时如果电源恢复，由于控制电路失去自锁，电动机不会自行启动。只有操作人员再次按下启动按钮 SB2，电动机才会重新启动。

短路、过载、失压和欠压保护是三相笼型异步电动机常用的保护环节，若控制要求有其他保护，则需要在控制线路中安装具体的保护。

4. 既能点动又能连续运行控制

图 2-4 为既能实现连续运行，又能实现点动的控制线路图。

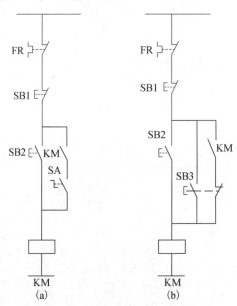

图 2-4　连续与点动控制线路

（a）采用控制开关 SA 实现控制；（b）采用复合按钮 SB3 实现控制

图 2-4（a）采用控制开关 SA 实现控制的工作过程如下：

点动控制时：先把SA打开，断开自锁电路 ── 按动SB2 ── KM线圈通电 ── 电动机M点动；

长动控制时：把SA合上 ── 按动SB2 ── KM线圈通电，自锁触点闭合 ── 电动机M实现长动。

图 2-4（b）采用复合按钮 SB3 实现控制，工作过程如下：

点动控制时：按动复合按钮SB3，断开自锁回路 ——→ KM线圈通电 ——→ 电动机M点动；

长动控制时：按动连续按钮SB2 ——→ KM线圈通电，自锁触点闭合 ——→ 电动机M长动运行。

2.2.2　正反转控制电路

各种生产机械常常要求能上下、左右、前后等相反方向的运动，如工作台的前进、后退，电梯的上升、下降等，就要求电动机能可逆运行。根据三相异步电动机的原理可知，若将电动机三相电源进线中的任意两相对调，产生相反方向的旋转磁场，便可实现电动机反向运转。因此，可通过两个接触器改变电动机定子绕组的电源相序来实现。其线路如图 2-5 所示。

图 2-5（b）所示是由两个单向控制线路简单并联起来的，按下正转启动按钮 SB2 时，电动机正转；按下反转启动按钮 SB3 时，电动机反转。但如果误操作同时按下两个按钮，正反向接触器主触点同时闭合，将会使电动机绕组短路，如图中虚线所示。因此，任何时候都只能允许一个接触器通电工作。这就需要在电动机的正反转之间需要有一种互锁关系——相互制约的关系。

可以将正反向接触器的动断辅助触点互串在对方之路当中，如图 2-5（c）所示。此时，任一接触器线圈先通电后，则另一线圈电路中的辅助动断触点立即断开，切断另一线圈得电条件。这种相互制约的连锁关系称为互锁。

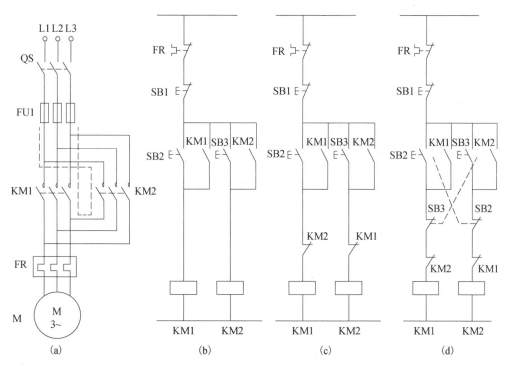

图 2-5　电动机正反转接线原理图

（a）主电路；（b）无互锁控制；（c）正—停—反控制；（d）正—反—停控制

图 2-5（c）的工作原理如下：

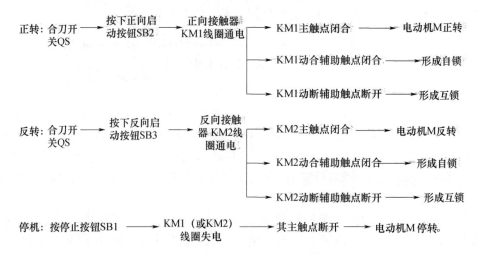

在上述工作原理中，若想实现正反转运行的切换，必须要先停止正转运行，再按反转按钮才行，反之亦然。所以这个电路称为"正—停—反"电路。

有些生产工艺中，希望能直接实现正、反转的切换。为此，可以将图 2-5（c）稍做修改，采用两个复合按钮来控制。如图 2-5（d）所示。在这个控制线路图中，既有接触器的互锁，又有按钮的互锁，这样就保证了电路的可靠工作。正转启动按钮 SB2 的动合触点用来使正转接触器 KM1 的线圈通电，其动断触点串接在反转接触器 KM2 线圈的电路中，用来使之释放。反转启动按钮 SB3 的作用同 SB2 一样。复合按钮是先断后合的，也就是先断开动断触点来切断另一电路的得电条件，再闭合动合触点来接通本电路，因此，需要改变电动机的运转方向时，不必按下停止按钮，便能直接按下正、反转按钮实现运转方向的改变。

2.2.3　自动循环控制电路

在生产实践中，有些生产机械的工作台需要自动往复运动，如龙门刨床、导轨磨床等。正、反转是实现自动循环的基本环节。

如图 2-6（a）所示，要求小车在 A、B 两点之间做往复运动，当 A 处行程开关故障，小车能停在 C 处；当 B 处行程开关故障，小车要能停在 D 处。在该控制环节中，它是利用行程开关实现往复运动控制的，通常称为行程控制。

KM1 为小车左行接触器线圈，KM2 为小车右行接触器线圈。首先，小车最基本要实现正、反转，所以基本电路就是图 2-6（c）。同时，当小车左行到 A 处时，小车碰到行程开关 SQ1，左行停止并启动右行，所以 A 点处行程开关对于 KM1 线圈回路来说相当于一个停止按钮的作用，因此在 KM1 回路中要串接一个 SQ1 的动断辅助触点；而对于 KM2 线圈回路来说，A 点的行程开关则起到了启动按钮的作用，因此在 KM2 回路的启动按钮 SB3 处要并联 SQ1 的动合辅助触点。同理，SQ2 的动断辅助触点要串接在 KM2 回路中，而其动合辅助触点要并联在 SB2 上。若 A 处行程开关故障，要求能停在 C 点，所以 SQ3 也应当起到停止左行的作用，因此 SQ3 的动合辅助触点要串接在 KM1 回路中。D 点与 C 点作用相同，也应同样放置。工作原理请读者自行分析。

机械式的行程开关容易损坏，现在多用接近开关或光电开关来取代行程开关实现行程控制。这种电路只适用于电动机容量较小、循环周期较长的拖动系统中。另外，在选择接触器容量时应比一般情况下选择的容量大一些。

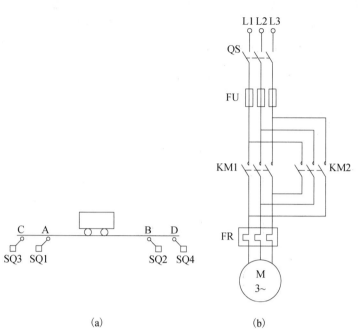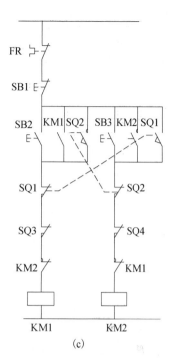

图 2-6 自动循环往复控制接线原理图
（a）工作示意图；（b）主电路；（c）控制电路

2.2.4 多地控制电路

有些生产设备通常需要在两地或两地以上的地点进行控制操作。如有些场合，为了能够集中管理，在中央控制台进行控制，而在每台设备检修或故障时，又要能在设备旁边控制。

在一个地点进行控制的时候，用一组启动和停止按钮，不难想象，在多地控制时就需要多组启动和停止按钮。同时要求这些多组按钮的连接原则必须是：任何地点都能启动，所以启动（动合）按钮要并联；任何地点都能停止，停止（动断）按钮应串联。图 2-7 是实现三地控制的控制电路，这一原则也适应更多地点的控制。

2.2.5 顺序控制电路

实际生产中，有些拖动系统中多台电动机要实现先后顺序工作，也就是控制对象对控制线路提出了按顺序工作的联锁要求。如图 2-8 所示，M1 为油泵电动机，M2 为主拖动电动机。要求油泵先启动，然后主拖动电动机再启动。控制电路中，将控

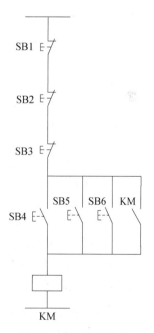

图 2-7 多地控制线路

制油泵电动机的接触器 KM1 的动合辅助触点串入控制主拖动电动机的接触器 KM2 的线圈电路中，只有当 KM1 先启动之后，KM1 的动合辅助触点闭合后，KM2 才能启动，从而可以实现按顺序工作的联锁要求。依此类推，可以得到多个需要顺序控制的线路图。

图 2-8（b）图的启动工作原理如下：

合上刀开关QS ——→ 按下启动按钮SB2 ——→ 接触器KM1通电——→ 电动机M1启动——→ KM2电路

中KM1动合辅助触点闭合 ——→ 按下启动按钮SB4 ——→ 接触器KM2通电 ——→ 电动机M2启动。

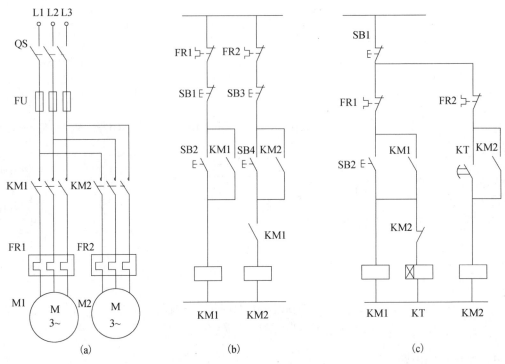

图 2-8　实现顺序工作的控制线路

（a）主电路；（b）按钮控制；（c）时间控制

　　图 2-8（b）中采用时间继电器，即要求 M1 启动后 t（s）M2 自行启动。可利用时间继电器的延时闭合动合触点来实现。按启动按钮 SB2，接触器 KM1 线圈通电并自锁，电动机 M1 启动，同时时间继电器 KT 线圈也通电。定时 t（s）到，时间继电器延时闭合的动合触点 KT 闭合，接触器 KM2 线圈通电并自锁，电动机 M2 启动，同时接触器 KM2 的动断触点切断了时间继电器 KT 的线圈电源。

　　有些生产机械除了必须按顺序启动外，还要求按一定的顺序停止，如皮带运输机，启动时，应先启动 M1，再启动 M2；停止时，应先停 M2，再停 M1，这样才不会造成物料在皮带上的堆积，即要"顺序启动，逆序停止"。要实现这个控制要求，只需在顺序启动控制电路图的基础上，将接触器 KM2 的一个辅助动合触点并接在停止按钮 SB1 的两端。如图 2-9 所示。这样，只有先按下 SB3，电动机 M2 先停后，并接在停止按钮 SB1 两端的 KM2 的辅助动合触点打开，此时再按下 SB1，M1 电动机才能停止，达到逆序停止的要求。

　　通过上面的例子可以看出，实现联锁控制的基本方法是采用反映某一运动的联锁触点控制另一运动的

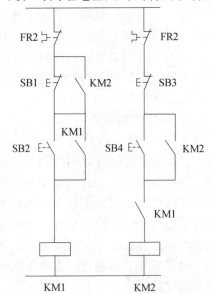

图 2-9　顺序启动、逆序停止控制线路

相应电器，从而达到联锁工作的要求。

其普遍规律是：

（1）要求甲接触器动作而乙接触器不能动作，则必须将甲接触器的动断辅助触点串接在乙接触器的线圈电路中。

（2）要求甲接触器动作后乙接触器才能动作，则必须将甲接触器的动合辅助触点串接在乙接触器的线圈电路中。

（3）要求乙接触器线圈先断电释放后才能使甲接触器线圈断电释放，则必须将乙接触器的动合辅助触点与甲接触器的线圈电路中的停止按钮的动断触点并联。

2.3 三相笼型异步电动机降压启动控制电路

通常小容量的三相异步电动机均采用直接启动方式。较大容量的笼型异步电动机（大于 10kW）直接启动时，启动电流较大，会对电网产生冲击，所以必须采用降压方式来启动。即启动时将电压降低后再加在电动机定子绕组上，启动后再将电压恢复到额定值。通过降低电压可以减小启动电流，但是同时也降低了启动转矩，因此此方法适用于空载或轻载启动。

降压启动方式有定子电路串电阻、星形—三角形、自耦变压器、延边三角形和使用软启动器等多种。其中定子电路串电阻和延边三角形方法已基本不用，本节主要讲述星形—三角形、自耦变压器降压启动和使用软启动器的方法。

2.3.1 星形—三角形（丫－△）降压启动控制电路

星形—三角形降压启动仅用于正常运行时为三角形绕组的电动机。启动时时，将电动机定子绕组连接成星形（丫），此时电动机每相绕组的电压是电源电压的 $1/\sqrt{3}$，所以启动转矩是三角形（△）接法的 1/3，启动电流也是三角形启动时的 1/3，达到了减小启动电流的目的。启动后，再将绕组换成三角形接法，电动机在额定电压下工作。

星形—三角形降压启动控制线路如图 2-10 所示。启动过程由时间继电器控制。

图 2-10（c）的工作过程如下：

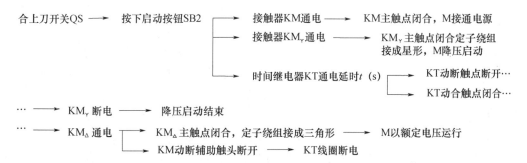

星形—三角形降压启动方法投资少，线路简单，启动电流对电网冲击小，但同时启动转矩只是原来三角形启动时的 1/3，所以这种启动方法适用于小容量电动机和电动机在空载或轻载启动的场合。

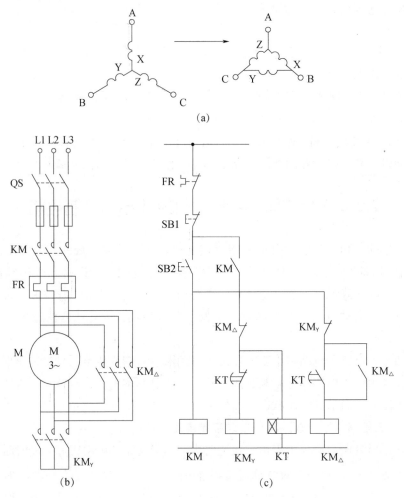

图 2-10　星形—三角形降压启动的接线原理图

（a）绕组转换电路；（b）主电路；（c）控制线路

2.3.2　自耦变压器降压启动控制电路

该控制方法是在电动机的定子绕组中串入自耦变压器，启动时，将电压降低后的自耦变压器的二次侧电压加到电动机的定子绕组上，启动完毕便将自耦变压器短接，此时电源电压（自耦变压器的原边电压）直接加到定子绕组，电动机全压运行。自耦变压器二次侧有 2 ~ 3 组抽头（$40\% U_N$、$60\% U_N$ 和 $80\% U_N$）工作人员可根据负载选择不同的启动电压。串自耦变压器降压启动的控制线路如图 2-11 所示。启动时间由时间继电器设定。其动作原理与图 2-10 类似，读者可自行分析。

串联自耦变压器启动的优点是：启动时对电网的电流冲击小，功率损耗小，启动转矩可通过改变抽头的位置得到改变。缺点是：自耦变压器相对结构复杂，价格较高，且不允许频繁启动。这种方式主要用于启动较大容量的电动机。

综合以上几种启动方法可见，一般均按照时间原则实现降压启动。由于这种线路工作可靠，受外界因素如负载，飞轮转动惯量以及电网电压的影响较小，线路比较简单，因而在电动机启动控制线路中多采用时间控制其启动过程。

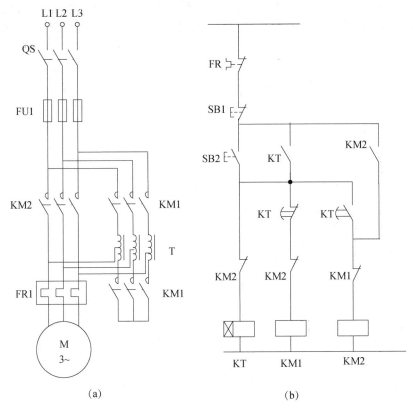

图 2-11 串自耦变压器降压启动的接线原理图

(a) 主电路；(b) 控制电路

2.3.3 软启动器降压启动控制电路

传统的三相异步电动机的启动线路比较简单，不需要增加额外启动设备，但其启动电流冲击一般还很大，启动转矩较小而且固定不可调；电动机停机时都采用控制接触器触点断开，切掉电动机电源，电动机自由停车，这样也会造成剧烈的电网波动和机械冲击。因此这些方法经常用于对启动要求不高的场合。

在一些对启动要求较高的场合，可选用软启动装置。其主要特点是：具有软启动和软停车功能，启动电流、启动转矩可调，另外还具有电动机的多种保护等功能。

1. 软启动器的工作原理

软启动器是利用电力电子技术与自动控制技术（包括计算机技术）结合起来的控制技术。它由功率半导体器件和其他电子元器件组成。其内部原理图如图 2-12 所示。

当电动机启动时，由电子电路控制晶闸管的导通角，使电动机的端电压以设定的速度逐渐升高，一直升到全电压，使电动机实现无冲击启动到控制电动机软启动的过程。当电动机启动完成并达到额定电压时，使三相旁路接触器闭合，电动机直接投入电网运行。在电动机停机时，也通过控制晶闸管的导通角，使电动机端电压慢慢降低至零，从而实现软停机。

软启动的特性是：

（1）启动电流以一定的斜率上升至设定值，对电网无冲击。

（2）启动过程中引入电流负反馈，启动电流上升至设定值后，使电动机启动平稳。

（3）不受电网电压波动的影响。由于软启动以电流为设定值，电网电压上下波动时，通过增减晶闸管的导通角，调节电动机的端电压，仍可维持启动电流恒值，保证电动机正常启动。

（4）针对不同负载对电动机的要求，可以无级调整启动电流设定值，改变电动机启动时间，实现最佳启动时间控制。

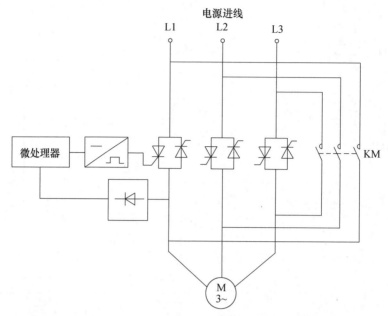

图 2-12　软启动器内部原理图

由于软启动器对电流实时监测，因此还具有对电动机和软启动器本身的热保护、限制转矩和电流冲击、三相电源不平衡、缺相、断相等保护功能，并可实时检测并显示如电流、电压、功率因数等参数。

软启动器的启、停方式如下：

（1）电压斜坡软启动。启动电机时，软启动器的电压快速升至 U_1，然后在设定时间 t 内逐渐上升，电动机随着电压上升不断加速，达到额定电压和额定转速时，启动过程完成。

（2）限流启动。启动电动机时，软启动器的输出电压迅速增加，直到输出电流达到限定值，保持输出电流不大于该值，电压逐步升高，使电动机加速，当达到额定电压、额定转速时，输出电流迅速下降至额定电流，启动过程完成。该方式用于某些需快速启动的负载电动机。

（3）斜坡限流启动。启动电动机时，输出电压在设定时间内平稳上升，同时输出电流以一定的速率增加，当启动电流增至限定值 I_L 时，保持电流恒定，直至启动完成。该方式适用于泵类及风机类负载电动机。

（4）软停车。在该方式下停止电动机时，电动机的输出电压由额定电压在设定的软停时间内逐步降低至零，停车过程完成。该方式常用于水泵负载，它成功地解决了传统停车过程中的"水锤"现象。

（5）制动停车。当电动机需要快速停机时，软启动器具有能耗制动功能。在实施能耗制动时，软启动器向电动机定子绕组通入直流电，由于软启动器是通过晶闸管对电动机供电，因此很容易通过改变晶闸管的控制方式而得到直流电。通过调节加入的制动电流幅值和时间来调节制动时间。

2. 软启动器的控制线路

目前国内外软启动器，产品的型号很多，如德国西门子公司的 3RW40、44 型；ABB 公司的 PSA、PSD 和 PS-DH 型;法国施奈德公司的 Altistart 46、Altistart 48 型等。

下面以施奈德公司生产的 Altistart 48 型软启动器为例,介绍软启动器的典型应用。Altistart 48 型软启动器有标准负载和重型负载应用两大类,额定电流 17~1200 A,电动机功率 4~1200kW。它提供电动机的软启动和减速功能,同时还具备与控制系统通信的功能。Altistart 48 高性能的算法对提高设备的可用性、安全性和设置易用性起了显著作用。独有的 Altistart 转矩控制,在加速和减速期间对电动机的转矩进行线性控制。具有对电动机和软启动器本身的热保护、PTC 直接热保护、连续运行的欠载和过电流等保护,启动时间检测和电动机预热的功能;具有实时检测并显示电气参数、负载状况和运行时间,并提供模拟输出信号;提供本地端子控制接口和远程控制 RS-485 通信接口。通过人机对话操作盘或通过 PC 机与通信接口连接,可显示和修改系统配置、参数。

三相异步电动机用软启动器启动控制线路如图 2-13 所示。图中 CL1 和 CL2 是软启动器的电源接线端子;L1、L2、L3 是主电源接线端子;T1、T2、T3 是启动时与晶闸管连接的端子;A2、B2、C2 为启动结束后接于旁路接触器的端子;端子 LO + 与 +24V 相连代表电源取自软启动器内部电源;LO1、LO2 是软启动器的逻辑输出,可设置成电动机过热和过流报警;AO1 是模拟输出;PCT1、PCT2 作为 PCT 传感器的输入端。

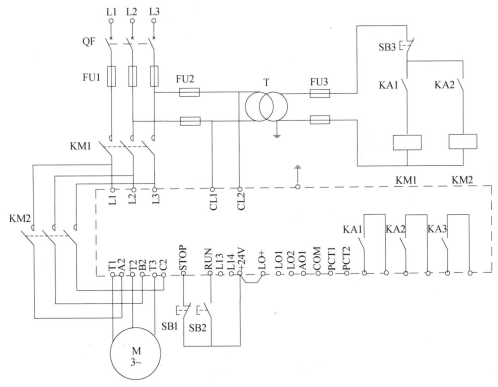

图 2-13　三相异步电动机用软启动器启动控制线路

RUN 和 STOP 是软启动、软停车控制信号,接线方式可以有三种:三线制控制、二线制控制和通信远程制控制。图中接法为三线制控制,要求输入信号是脉冲输入端;二线制控制将 RUN 和 STOP 短接后,再通过开关或继电器等的触点与 +24V 电源连接,输入信号是电平信号;而将 STOP 和 +24V 电源直接短接,即可实现通过 PC 或 PLC 对软启动器进行控制。

KA1、KA2 和 KA3 为输出继电器。KA1 为可编程输出继电器,可设置成故障继电器或隔离继电器。若 KA1 设置为故障继电器，则当软启动器控制电源上电时，KA1 闭合；当软启动器发生故障时，KA1 断开；若 KA1 设置为隔离继电器，则当软启动器接收到启动信号时，KA1 闭合；当软启动器软停车结束时，或软启动器在自由停车模式下接收到停车信号时，或在运行过程中出现故障时，KA1 断开。KA2 为启动结束继电器，当软启动器完成启动过程后，KA2 闭合；当软启动器接收到停车信号或出现故障时，KA2 断开。

图 2-13 中 KA1 设置为隔离继电器。此软启动器接有进线接触器 KA1。当 QF 合闸，按启动按钮 SB2，则 KA1 触点闭合，KM1 线圈通电，使其主触点闭合，主电源加入软启动器。电动机按设定的启动方式启动，当启动完成后，内部继电器 KA2 动合触点闭合，KM2 接触器线圈吸合，电动机转由旁路接触器 KM2 触点供电，同时将软启动器内部的功率晶闸管短接，电动机通过接触器由电网直接供电。但此时过载、过流等保护仍起作用，KA1 相当于保护继电器的触点。若发生过载、过流，则切断接触器 KM1 电源，则软启动器进线电源切除。因此电动机不需要额外增加过载保护电路。正常停车时，按停车按钮 SB1，停止指令使 KA2 触点断开，旁路接触器 KM2 跳闸，使电动机软停车，软停车结束后，KA1 触点断开。按钮 SB3 为紧急停车用，当按下 SB3 时，接触器 KM1、KM2 线圈失电，软启动器内部的 KA1 和 KA2 触点复位，电动机自由停转。

从节约资金出发，用一台软启动器可以对多台电动机进行软启动、软停车控制，但要注意的是使用软启动器在同一时刻只能对一台电动机进行软启动或软停止，多台电动机不能同时启动或停车。其主电路如图 2-14 所示。

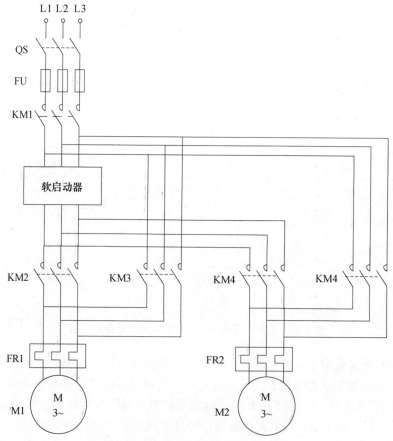

图 2-14　用一台软启动器控制两台电动机

2.4 三相笼型异步电动机制动控制电路

当按下停止按钮，三相异步电动机切除电源，由于惯性作用，转子要经过一段时间才能完全停止旋转，这往往不能适应某些生产机械工艺的要求，对生产率的提高和工作安全等方面都有不良的影响。为了能使运动部件准确停车、准确定位、迅速停车，因此要求对电动机进行制动控制。制动控制方法一般有两大类：机械制动和电气制动。机械制动是用机械装置施加外力强迫电动机迅速停车；电气制动实质上是当电动机停车时，给电动机加上一个与原来旋转方向相反的制动转矩，迫使电动机转速迅速下降。下面着重介绍电气制动控制线路，它包括反接制动和能耗制动。

2.4.1 反接制动控制电路

反接制动是利用改变电动机电源的相序，使定子绕组产生相反方向的旋转磁场，因而产生制动转矩的一种制动方法，所以主电路与正、反转控制电路相类似。在反接制动时，定子绕组产生相反方向的旋转磁场，即转子与定子旋转磁场的相对速度近于两倍的同步转速，所以定子绕组中流过的反接制动电流相当于全电压直接启动时电流的两倍，因此反接制动特点之一是制动迅速、效果好，但制动电流对电网的冲击大，一般要在电动机定子电路中串入反接制动电阻，限制制动电流。在反接制动过程中，电动机的热损耗比较大，所以也限制了异步电动机每小时内反接制动的次数。

需要注意的是，反接制动的转矩与原来相反，所以当电动机转速接近零时，必须立即断开电源，否则电动机会反向旋转。在制动过程中，电流、转速和时间三个参变量都在变化，通常取速度和时间作为控制信号。这里介绍选取速度作为参变量控制反接制动的方法，为此采用了速度继电器来检测电动机的速度变化。三相异步电动机单向反接制动的控制线路图如图2-15所示。在

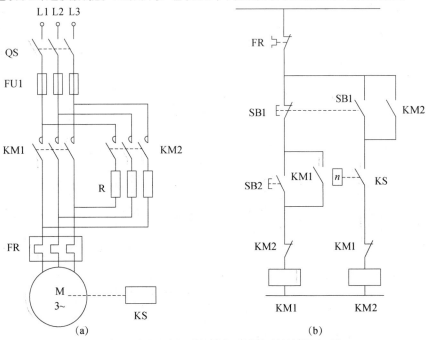

图 2-15 采用速度原则的单向反接制动的接线原理图

（a）主电路；（b）控制电路

$120 \sim 3000 \text{r/min}$ 范围内速度继电器触点动作，当转速低于 100r/min 时，其触点恢复原位。

图 2-15 的工作过程如下：

合上刀开关QS ⟶ 按下启动按钮SB2 ⟶ 接触器KM1线圈通电并自锁 ⟶ 电动机启动运行，速度继电器KS动合触点闭合，为制动做准备。

制动时，按下复合按钮SB1 ⟶ KM1线圈断电 ⟶ KM2通电（KS动合开触头尚未打开）⟶ KM2主触点闭合，定子绕组串入限流电阻R进行反接制动 ⟶ n约等于100r/min时，KS动合触点断开 ⟶ KM2线圈断电，电动机制动结束。

2.4.2　能耗制动控制线路

电动机的能耗制动就是在电动机断开三相交流电源后，在电动机的定子绕组上加一个直流电流，在定子内形成一固定磁场，利用转子感应电流与静止磁场的作用以达到制动的目的。能耗制动可以用时间原则来控制，也可以用速度原则进行控制。这里介绍选取时间作为参变量控制能耗制动的方法。

三相异步电动机单向能耗制动的控制线路图如图 2-16 所示。

图 2-16 的工作过程如下：

启动时：合上刀开关QS ⟶ 按下启动按钮SB2 ⟶ 接触器KM1通电 ⟶ 电动机M启动运行。

制动时：按下复合按钮SB1 ⟶ KM1断电 ⟶ 电动机M交流电源断开 ⟶ KM2通电…

⟶ M 两相定子绕组通入直流电，开始能耗制动

⟶ KT通电t(s)后 ⟶ KT动断触头断开 ⟶ KM2失电 ⟶ M直流电切断，能耗制动结束

⟶ KT断电

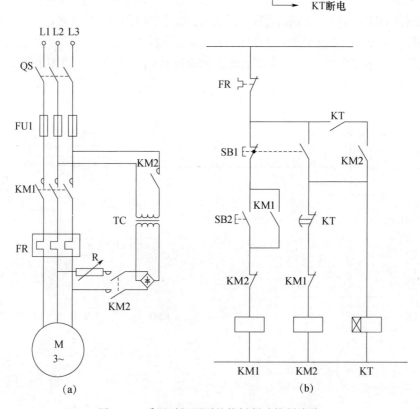

图 2-16　采用时间原则的能耗制动控制线路

（a）主电路；（b）控制电路

能耗制动同样可以采用速度原则，控制电路原理与图 2-15 相同，请读者自己画出控制线路图。

图 2-17 为电动机按时间原则控制的可逆运行的能耗制动控制线路图。在其正常的正向运转过程中，需要停止时，可按下停止按钮 SB1，使 KM1 断电，KM3 和 KT 线圈通电并自锁。KM3 动断触点断开，起着锁住电动机启动电路的作用；KM3 动合触点闭合，使直流电压加至定子绕组，电动机进行正向能耗制动。电动机正向转速迅速下降，当其接近于零时，时间继电器延时打开的动断触点 KT 断开接触器 KM3 线圈电源。由于 KM3 动合辅助触点的复位，时间继电器 KT 线圈也随之失电，电动机正向能耗制动结束。反向启动与反向能耗制动的过程与上述正向情况相同。

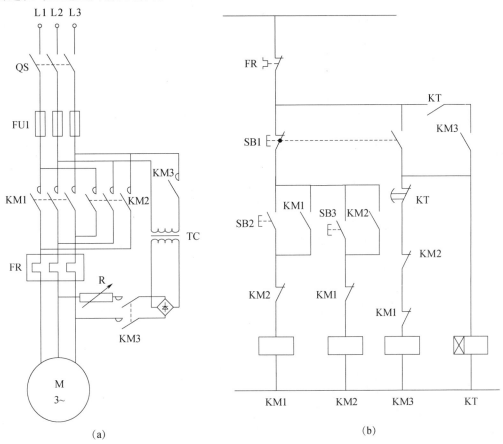

图 2-17　采用时间原则的可逆运行的能耗制动控制线路
（a）主电路；（b）控制电路

对于 10kW 以下的电动机，在制动要求不高的场合，可采用无变压器单相半波整流能耗制动控制线路，如图 2-18 所示。

按时间原则控制的能耗制动，一般适用于负载转速比较稳定的生产机械上。对于那些能够通过传动系统来实现负载速度变换或者加工零件经常变动的生产机械来说，采用速度原则控制的能耗制动则较为合适。

能耗制动比反接制动消耗的能量少，其制动电流也比反接制动电流小得多，但能耗制动的制动效果不及反接制动明显，同时还需要一个直流电源，控制线路相对比较复杂，一般适用于电动机容量较大和启动、制动频繁的场合。

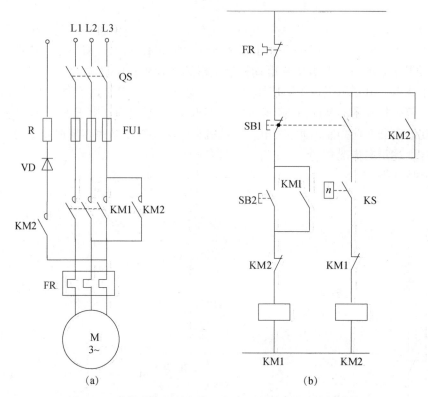

图 2-18　采用速度原则的单相半波整流能耗制动控制线路

（a）主电路；（b）控制电路

2.5　三相笼型异步电动机转速控制电路

三相异步电动机的转速公式

$$n = n_0(1 - s) = \frac{60f_1}{p}(1 - s) \tag{2-1}$$

式中：n_0 为电动机同步转速；p 为极对数；s 为转差率；f_1 为电源频率。

根据公式，得出三相异步电动机的调速可使用改变电动机定子绕组的磁极对数，改变电源频率 f_1 或改变转差率 s 的方式。下面主要介绍变极调速和变频调速两种。

2.5.1　变极调速控制电路

三相笼型电动机采用改变磁极对数调速。当改变定子极数时，转子极数也同时改变。笼型转子本身没有固定的极数，它的极数随定子极数而定。电动机变极调速的优点是：它既适用于恒功率负载，又适用于恒转矩负载，线路简单，维修方便；缺点是：有级调速且价格昂贵。

变极电动机一般有双速、三速、四速之分，双速电动机定子装有一套绕组，而三速、四速则为两套绕组。

双速电动机三相绕组连接如图 2-19 所示。图 2-19（a）为三角形（四极，低速）与双星形（二极，高速）接法，属于恒功率调速；图 2-19（b）为星形（四极，低速）与双星形（二极，高速）接法，属于恒转矩调速。

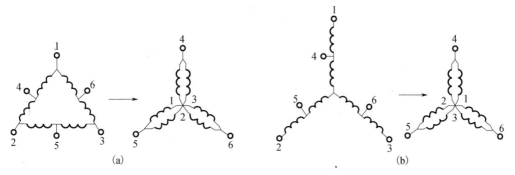

图 2-19　双速电动机定子绕组接线图

（a）三角形—双星形转换；（b）星形—双星形转换

双速电动机的调速控制线路如图 2-20 所示。

图 2-20 的工作过程如下：

低速运行：按下低速按钮SB2 ──→ KM1通电并自锁 ──→ KM1主触点闭合 ──→ 电动机M联结成三角形低速运行

高速运行：按下低速按钮SB3 ──→ KM1通电自锁，同时KT通电 ──→ 电动机M先联结成三角形以低速启动 ──→

···延时 t（s）┌─→ KT动断触点断开 ──→ KM1断电

　　　　　　└─→ KT动合触点闭合 ──→ KM2、KM3通电自锁 ──→ 电动机联结成双星形高速运行

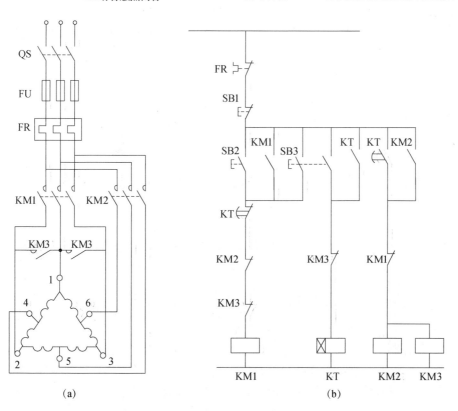

（a）

（b）

图 2-20　双速电动机的调速控制线路

（a）主电路；（b）控制电路

双速电动机的调速控制线路也可如图 2-21 所示，工作过程请读者自行分析。

双速电动机调速的优点是可以适应不同负载性质要求，线路简单，维修方便；缺点是有级调速且价格较高。通常使用时与机械变速配合使用，以扩大其调速范围。

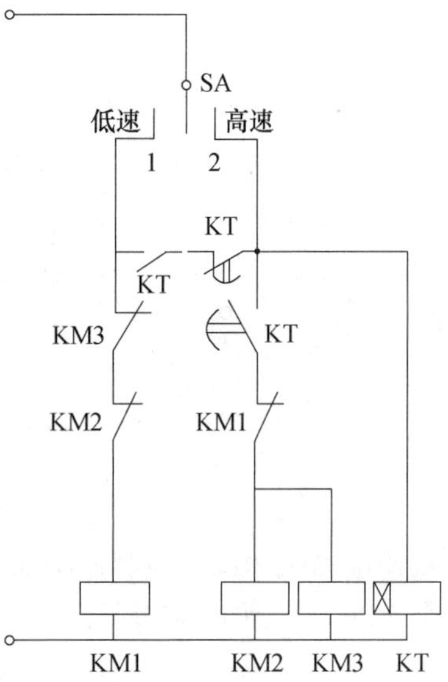

2.5.2　变频调速控制电路

在工程中，笼型电动机在电动机总数量中占主导部分。因此对笼型电动机的调速控制成为电动机调速的主要内容之一。

由电动机理论可知，三相异步电动机定子每相电动势的有效值为

$$E_1 = 4.44 f_1 N_1 \Phi \qquad (2\text{-}2)$$

如果不计定子阻抗压降，则

$$U_1 \approx E_1 = 4.44 f_1 N_1 \Phi \qquad (2\text{-}3)$$

由式（2-3）可见，若端电压 U_1 不变，则随着 f_1 的升高，气隙磁通将减小。又由转矩公式

$$T = C_M \Phi I_2 \cos\varphi_2 \qquad (2\text{-}4)$$

图 2-21　双速电动机实现调速的控制电路

可以看出，Φ 的减小势必会导致电动机允许输出转矩的下降，降低电动机的出力。同时，电动机的最大转矩也将降低，严重时会使电动机堵转。若维持端电压 U_1 不变而减小 f_1，则气隙磁通 Φ 将增加。这就会使磁路饱和，励磁电流上升，导致铁损急剧增加，这也是不允许的。因此，在许多场合，要求在调频的同时改变定子电压 U_1，以维持 Φ 接近不变。

1. 变频调速的控制方式

（1）V/F 控制

根据式（2-1），改变频率就能实现调速。但当电动机转速、频率发生改变时，电动机内部阻抗也发生改变，仅调低频率就会出现弱励磁从而引起转矩下降，调高频率会出现过励磁引起磁饱和，使电动机效率、功率因数大幅下降，因此变频调速过程就以维持电动机气隙磁通不变为原则。

V/F 控制就是这样的一种控制方式，即改变电动机频率的同时控制变频器输出电压，使磁通保持一定。V/F 控制多用于通风机、水泵类负载等场合。

（2）转差频率控制

在异步电动机中，同步转速 n_0 和电动机实际转速 n 的差与 n_0 之比称为转差率。n_0 对应于 f_1，n 对应于 f，f 是电动机实际转动频率，则 $2\pi f_1 = \omega_0$，$2\pi f = \omega$

$$\Delta\omega = \omega_0 - \omega \qquad (2\text{-}5)$$

根据拖动理论可知，电动机转矩 T 正比于气隙磁通的平方，正比于转差频率 $\Delta\omega$，通过调节转差频率 $\Delta\omega$，即可调节转矩，最终实现转速的调速。

（3）矢量控制

可以很容易地控制他励直流电动机的转速，并且得到优良的静、动态特性，这是因为直流电动机数学模型简单，主要是物理量间关系解耦，电动机转速便于控制。而三相异步电动机数学模型十分复杂，电动机转速不便于控制。矢量控制变频调速的基本思想之一就是要建立一个新的模型，这个新的模型既等效于原来的三相电动机，也等效于一个直流电动机。

矢量控制是这样的一种控制方式，即将供给异步电动机的定子电流在理论上分成两部分：产生磁场的电流分量（磁场电流）和与磁场相垂直、产生转矩的电流分量（转矩电流）。该磁场电流、转矩电流与直流电动机的磁场电流、电枢电流相当。在直流电动机中，利用整流子和电刷机械换向，使两者保持垂直，并且可分别供电。对异步电动机来讲，其定子电流在电动机内部，利用电磁感应作用，可在电气上分解为磁场电流和垂直的转矩电流。

矢量控制方式使交流异步电动机具有与直流电动机相同的控制性能。目前采用这种控制方式的变频器已广泛应用于生产实际中。

2. 变频器

通过改变定子供电频率，电动机转速可得到宽范围的无级调节。给电动机定子提供频率可变电源的设备就是变频器。变频器是变频调速系统的核心部分。变频器与电动机完美的控制配合构成了性能优良的变频调速系统。

目前实用化的变频器种类很多，ABB 公司生产的 ACS800、ACS1000，丹佛斯公司的VLT 7000 等，下面以西门子 MICROMASTER 440 为例来说明变频器的使用。

MICROMASTER 440 是一种集多种功能于一体的变频器，它适用于电动机需要调速的各种场合。它可通过数字操作面板或通过远程操作器方式，修改其内置参数。主要特点是：内置多种运行控制方式；快速电流限制，实现无跳闸运行；内置式制动斩波器，实现直流注入制动；具有 PID 控制功能的闭环控制，控制器参数可自动整定；多组参数设定且可相互切换，变频器可用于控制多个交替工作的生产过程；多功能数字、模拟输入/输出口，可任意定义其功能和具有完善的保护功能。

变频器内部功能方框图如图 2-22 所示。此变频器共有 20 多个控制端子，分为 4 类：输入信号端子、频率模拟设定输入端子、监视信号输出端子和通信端子。

DIN1 ~ DIN6 为数字输入端子，一般用于变频器外部控制，其具体功能由相应设置决定。

例如，出厂时设置 DIN1 为正向运行，DIN2 为反向运行等，根据需要通过修改参数可改变功能。使用输入信号端子可以完成对电动机的正反转控制、复位、多级速度设定、自由停车、点动等控制操作。PTC 端子用于电动机内置 PTC 测温保护，为 PTC 传感器输入端。

AIN1、AIN2 为模拟信号输入端子，分别作为频率给定信号和闭环时反馈信号输入。变频器提供了 3 种频率模拟设定方式：外接电位器设定、0 ~ 10V 电压设定和 4 ~ 20mA 电流设定。当用电压或电流设定时，最大的电压或电流对应变频器输出频率设定的最大值。变频器有两路频率设定通道，开环控制时只用 AIN1 通道，闭环控制时使用 AIN2 通道作为反馈输入，两路模拟设定进行叠加。

输出信号的作用是对变频器运行状态的指示，或向上位机提供这些信息。KA、KA2 KA3 为继电器输出，其功能也是可编程的，如故障报警、状态指示等。AOUT1、AOUT2 端子为模拟量输出 0 ~ 20mA 信号，其功能也是可编程的，用于输出指示运行频率、电流等。

P + 、N − 为通信接口端子，是一个标准的 RS-485 接口。通过此通信接口，可以实现对变频器的远程控制，包括运行/停止及频率设定控制，也可以与端子控制进行组合完成对变频器的控制。

变频器可使用数字操作面板控制，也可使用端子控制，或使用 RS-485 通信接口对其远程控制。

应用实例如图 2-23 所示。此线路实现电动机的正反向运行、调速和点动功能。根据功能要求，首先要对变频器编程并修改参数。根据控制要求选择合适的运行方式，如线性 V/F 控制、无传感器矢量控制等；频率设定值信号源选择模拟输入。选择控制端子的功能，将变频器 DIN1、DIN2、DIN3 和 DIN4 端子分别设置为正转运行、反转运行、正向点动和反向点动功能。除此以外还要设置如斜坡上升时间、斜坡下降时间等参数，更详细的参数设定方法可参见变频器的使用手册。

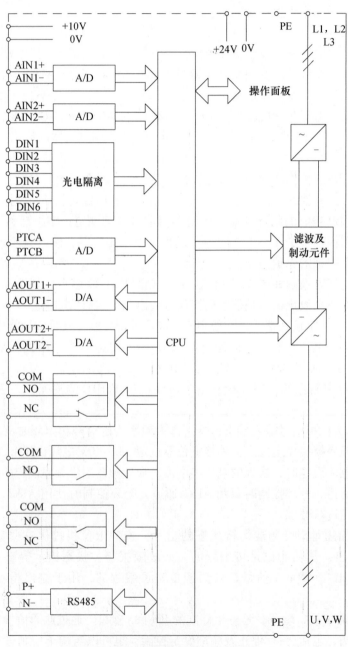

图 2-22　变频器内部功能方框图

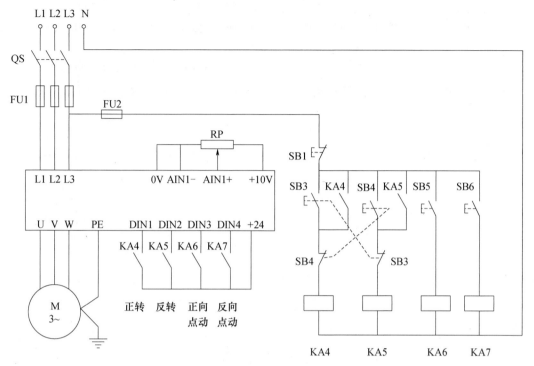

图 2-23　变频器控制的可逆调速系统控制线路

在图 2-23 中，SB3、SB4 为正、反向运行控制按钮，运行频率由电位器 RP 给定。SB5、SB6 为正、反向点动运行控制按钮，点动运行频率可由变频器内部设置。按钮 SB1 为总停止控制。

2.6　电气控制电路设计方法

2.6.1　设计法分类

继电接触器控制系统控制线路简单经济、维护方便、抗干扰能力强等优点，在各种机械的控制中使用比较广泛，所以必须要正确地设计电气控制线路（主电路和控制电路），合理选择各种电器元件，才能保证生产设备加工工艺的要求。一般情况下，人们所说的电气控制线路设计主要指的是控制电路的设计。

电气控制线路的设计通常有两种方法，即一般设计法和逻辑设计法。这里着重介绍一般设计法。

1. 一般设计法简介

一般设计法又称为经验设计法。它主要是根据生产工艺要求，利用各种典型的线路环节，直接设计控制电路。这种方法比较简单，但要求设计人员必须熟悉大量的控制线路，掌握多种典型线路的设计资料，同时具有丰富的经验，在设计过程中往往还要经过多次反复的修改、试验，才能使线路符合设计的要求。即使这样，设计出来的线路可能还不是最简，所用的电气触点不一定最少，所得出的方案也不一定是最佳方案。

一般设计法的几个主要原则如下：

（1）最大限度地满足生产机械和工艺对电气控制线路的要求。

（2）在满足生产要求的前提下，控制线路力求简单、经济、安全可靠，应做到以下几点。

① 尽量减少电器的数量。尽量选用相同型号的电器和标准件，以减少备品量；尽量选用标准的、常用的或经过实际考验过的线路和环节。

② 尽量减少控制线路中电源的种类。尽可能直接采用电网电压，以省去控制变压器。

③ 尽量缩短连接导线的长度和数量。设计控制线路时，应考虑各个元件之间的实际接线。

如图 2-24（a）接线是不合理的，因为按钮在操作台或面板上，而接触器在电气柜内，这样接线就需要由电气柜二次引出接到操作台的按钮上。改为图 2-24（b）后，可减少一些引出线。

图 2-24　电器连接图

（a）不合理；（b）合理

④ 正确连接触点。在控制电路中，应尽量将所有触点接在线圈的左端或上端，而线圈的右端或下端直接接到电源的另一根母线上（左右端和上下端是针对控制电路水平绘制或垂直绘制而言的）。这样可以减少线路内产生虚假回路的可能性，还可以简化电气柜的出线。

⑤ 正确连接电器的线圈。在交流控制电路中不能串联两个电器的线圈，如图 2-25（a）所示。因为每一个线圈上所分到的电压与线圈阻抗成正比，两个电器动作总是有先有后，不可能同时吸合。例如交流接触器 KM2 吸合，由于 KM2 的磁路闭合，线圈的电感显著增加，因而在该线圈上的电压降也显著增大，从而使另一接触器 KM1 的线圈电压达不到动作电压。因此两个电器需要同时动作时，其线圈应该并联起来，如图 2-25（b）所示。

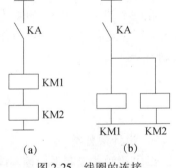

图 2-25　线圈的连接

（a）错误；（b）正确

⑥ 元器件的连接应尽量减少多个元件依次通电后才接通另一个电器元件的情况。在图 2-26（a）中，线圈 KA3 的接通要经过 KA、KA1、KA2 三个动合触点。改接成图 2-26（b）后，则每一对线圈通电只需要经过一对动合触点，工作较可靠。

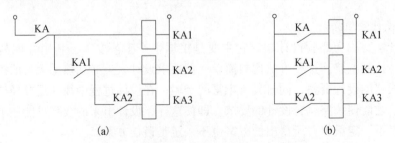

图 2-26　减少多个电器元件依次通电的接线

（a）错误；（b）正确

⑦ 避免出现寄生电路。在控制线路的设计中，要注意避免产生寄生电路（或叫假电路）。图 2-27 所示是一个具有指示灯和热保护的电动机正反转电路。正常工作时，该控制线路能完成正反转启动、停止和信号指示，但当电动机过载，热继电器动作时，控制线路就可能出现不能释放的故障。例如此时电动机正转，FR 动作其动断触点断开，由于有指示灯的存在，如图中虚线所示，可能使 KM1 不能释放，起不到电动机过载保护的作用。

⑧ 要注意电器之间的联锁和其他安全保护环节。在实际工作中，一般设计法还有许多要注意的地方，本书不再详细介绍。

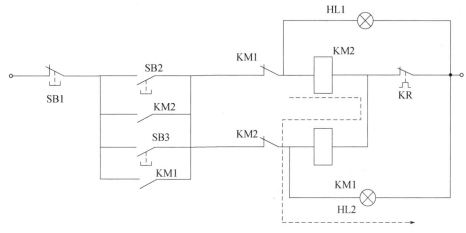

图 2-27　寄生电路

2. 逻辑设计法

逻辑设计法是主要依据逻辑代数这一数学工具来分析、化简、设计电器控制线路的方法。它是根据生产工艺的要求，将执行元件需要的工作信号以及主令电器的接通与断开状态看成逻辑变量，并根据控制要求将它们之间的关系用逻辑函数关系式来表达；然后再运用逻辑函数基本公式和运算规律进行简化，使之成为需要的最简"与"、"或"关系式，根据最简式画出电路结构图；最后再做进一步的检查和完善，即能获得需要的控制线路。

一般的控制线路中，电器的线圈或触点的工作存在着两个物理状态。例如，接触器、继电器线圈的通电与断电，触点的闭合与断开。这两个物理状态是相互对立的。在逻辑代数中，把这种两个对立的物理状态的量称为逻辑变量。在继电接触式控制线路中，每一个接触器或继电器的线圈、触点以及控制按钮的触点都相当于一个逻辑变量，它们都具有两个对立的物理状态，故可采用逻辑"0"和逻辑"1"来表示。图 2-28 所示为启—保—停电路。

图 2-28　启—保—停电路

线路中 SB1 为启动信号按钮，SB2 为关断信号按钮，KA 的动合触点为自保持信号。它的逻辑函数为

$$F_{KA} = (SB1 + KA) \cdot \overline{SB2} \qquad (2-6)$$

若把 KA 替换成一般控制对象 K，启动/关断信号换成一般形式 X，则式（2-6）的开关逻辑函数的一般形式为

$$F_K = (X_{开} + K) \cdot \overline{X_{关}} \qquad (2-7)$$

扩展到一般控制对象：

$X_{开}$为控制对象的开启信号，应选取在开启边界线上发生状态改变的逻辑变量；$X_{关}$为控制对象的关断信号，应选取在控制对象关闭边界线上发生状态改变的逻辑变量。在线路图中使用的触点 K 为输出对象本身的动合触点，属于控制对象的内部反馈逻辑变量，起自锁作用，以维持控制对象得电后的吸合状态。

$X_{开}$和$X_{关}$一般要选短信号，这样可以有效防止启、停信号波动的影响，保证了系统的可靠性。

在某些实际应用中，为进一步增加系统的可靠性和安全性，$X_{开}$和$X_{关}$往往带有约束条件，如图 2-29 所示。

其逻辑函数为

$$F_K = (X_{开} \cdot X_{开约} + K) \cdot (\overline{X_{关}} + \overline{X_{关约}}) \qquad (2-8)$$

式（2-8）基本上全面代表了控制对象的输出逻辑函数。由式（2-8）可以看出，对开启信号来说，开启的主令信号不止一个，还需要具备其他条件才能开启；对关断信号来说，关断的主令信号也不止一个，还需要具备其他的关断条件才能关断。这样就增加了系统的可靠性和安全性。当然 $X_{开约}$ 和 $X_{关约}$ 也不一定同时存在，有时也可能 $X_{开约}$ 或 $X_{关约}$ 不止一个，关键是要具体问题具体分析。

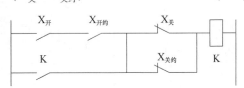

图 2-29　带约束条件的控制对象开关逻辑电路

2.6.2　一般设计法举例

【例 2-1】现有三皮带运输机由三台电动机 M1、M2、M3 驱动，要求启动顺序为：先启动 M1，经 T1 后启动 M2，再经 T2 后启动 M3；停车时要求：先停 M3，经 T3 后再停 M2，再经 T4 后停 M1。三台电动机使用的接触器分别为 KM1、KM2 和 KM3。试设计皮带运输机的启/停控制线路。

题目分析：该系统有一个启动按钮（SB1）和一个停止按钮（SB2），另外要用四个时间继电器 KT1、KT2、KT3 和 KT4。其定时值依次为 T1、T2、T3 和 T4。工作顺序如图 2-30 所示。

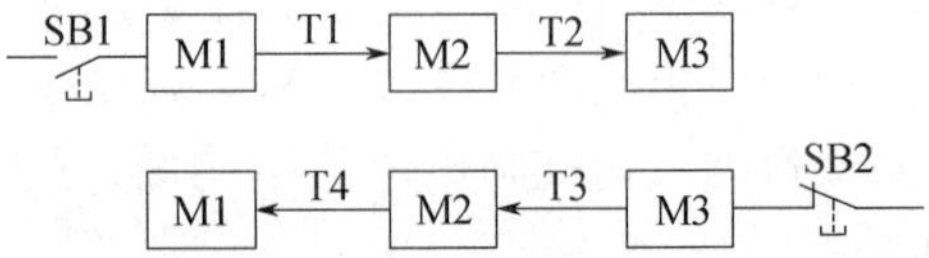

解题分析：从图 2-30 可以看出，M1 的启动信号为 SB1，停止信号为 KT4 计时到；M2 的启动信号为 KT1 计时到，停止信号为 KT3 计时到；M3 的启动信号为 KT2 计时到，停止信号为 SB2。

图 2-30　三台电动机工作顺序

在设计时，考虑到启/停信号要用短信号，所以要注意对定时器及时复位。该系统的电气控制线路原理如图 2-31 所示。

图 2-31 中的 KT1、KT2 线圈上方串联了接触器 KM2 和 KM3 的动断触点，这是为了得到启动短信号而采取的措施；而 KT2、KT1 线圈上的动断触点 KT3 和 KT4 的作用是为了防止 KM3 和 KM2 断电后，KT2 和 KT1 的线圈重新得电而采取的措施。因为若 T2 < T3 或 T1 < T4 时，有可能造成 KM3 和 KM2 重新启动。设计中的难点是找出 KT3、KT4 开始工作的条件，以及 KT1、KT2 的逻辑。本例中没有考虑时间继电器触点的数量是否够用的问题，实际选型时必须考虑这一点。

FR1 ~ FR3 分别为三台电动机的热继电器动断触点，它是为了防止过载而采取的措施。若对过载没有太多要求，则可把它们去掉。

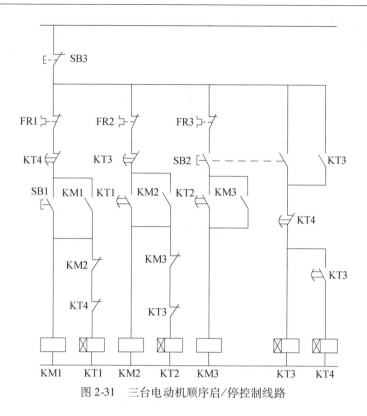

图 2-31　三台电动机顺序启/停控制线路

【例 2-2】 钻削加工时刀架的自动循环电路设计。具体要求如下：

（1）自动循环。即刀架能自动地由位置 1 移动到位置 2 进行钻削加工并自动退回到位置 1；

（2）无进给切削。即刀具到达位置 2 时不再进给，但钻头继续旋转进行无进给切削以提高工件加工精度；

（3）快速停车。当刀架退出后要求快速停车以减少辅助工时。

明确生产工艺要求后则可以进行线路的设计。

1. 设计主电路

要求刀架能自动循环，故电动机能实现正、反向运转，所以主电路中要有两个接触器以改变电源相序，主电路如图 2-32 所示。

2. 设计控制电路

（1）基本部分

基本部分应包括启动、停止、正反向接触器组成，还包括自锁环节和互锁环节；刀架能在位置 1 和位置 2 两点实现自动循环。这里要采用 SQ1 和 SQ2 两个行程开关作为测量刀架运动到相应位置的元件，由它们发出控制信号通过接触器控制电动机运行，运行到位置 2（SQ2）要自动返回，而运行到位置 1（SQ1）要停止。其控制线路如图 2-33 所示。

（2）无进给切削

生产工艺要求，在刀架前进到位置 2 时，为了提高加工精度，刀架要进行无进给切削一段时间后，再后退到位置 1。所以在位置 2 处要采用时间控制原则实现无进给切削控制。

当刀架到达位置 2 时，压动行程开关 SQ2，SQ2 的动断触点断开，正向运行停止，刀架不再进给（但刀头继续转动切削），同时 SQ2 的动合触点闭合使时间继电器 KT 通电，到达预定时间后，KT 的延时闭合动合触点闭合，使反向接触器 KM2 通电，刀架后退。无进给控制线路如图 2-34 所示。

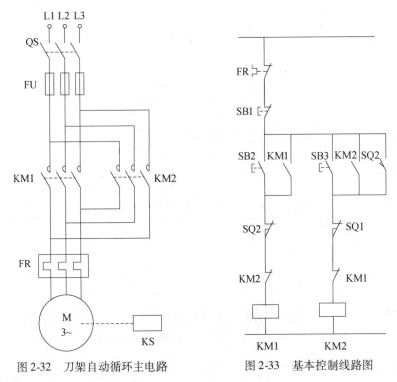

图 2-32　刀架自动循环主电路　　　　　图 2-33　基本控制线路图

（3）快速停车

对于笼型异步电动机来说，通常采用反接制动。下面采用速度继电器来实现反接制动。KS1 和 KS2 分别是速度继电器 KS 的正向和反向的触点。控制线路如图 2-35 所示。

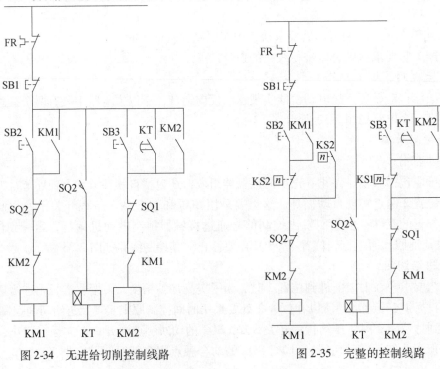

图 2-34　无进给切削控制线路　　　　　图 2-35　完整的控制线路

习题与思考题

1. 三台电动机，第一台电动机启动 10s 后，第二台电动机自行启动，运行 5s 后，第一台电动机停止，同时第三台电动机自行启动，运行 15s 后，电动机全部停止。

2. 某三相笼型异步电动机单向运转，要求启动电流不能过大，制动时要快速停车。试设计主电路和控制电路，并要求有必要的保护。

3. 某水泵由笼型电动机拖动，采用降压启动，要求三处都能启停，试设计主电路和控制电路。

4. 变频调速有哪两种控制方式？请简要说明。

5. 小车由异步电动机拖动，其工作过程如下：小车由原位开始前进，到终点后停止，停留 20s 后自动返回原位停止，在前进或倒退途中任意位置都能停止或启动。

6. 某机床主轴由一台三相笼型异步电动机拖动，润滑油泵由另一台三相笼型异步电动机拖动，均采用直接启动，工艺要求是：

（1）主轴必须在润滑油泵启动后，才能启动；

（2）主轴为正向运转，为调试方便，要求能正、反向点动；

（3）主轴停止后，才允许润滑油泵停止；

（4）具有必要的电气保护。

试设计主电路和控制电路，并对设计的电路进行简单说明。

7. M1 和 M2 均为三相笼型异步电动机，可直接启动，按下列要求设计主电路和控制电路：

（1）M1 先启动，经一段时间后 M2 自行启动；

（2）M2 启动后，M1 立即停车；

（3）M2 能单独停车；

（4）M1 和 M2 均能点动。

8. 设计一小车运行控制线路，小车由异步电动机拖动，其动作程序如下：

（1）小车由原位开始前进，到终端后自动停止；

（2）在终端停留 2min 后自动返回原位停止；

（3）要求能在前进或后退途中任意位置都能停止或启动。

9. 某三相笼型异步电动机单向运转，要求采用自耦变压器降压启动。试设计主电路和控制电路，并要求有必要的保护。

10. 某三相笼型异步电动机单向运转，要求采用星形—三角形降压启动。试设计主电路和控制电路，并要求有必要的保护。

11. 三相笼型异步电动机有哪几种电气制动方式？各有什么特点和适用场合？

12. 三相笼型异步电动机的调速方法有哪几种？

第2篇 可编程序控制器原理

第3章 可编程序控制器概述

3.1 PLC产生、发展与用途

3.1.1 PLC产生

以往的电气控制装置即继电器控制系统主要采用继电器、接触器或电子元器件来实现，由连接导线将这些元器件按照一定的控制方式组合在一起，以完成一定的控制功能。它结构简单、容易掌握、价格便宜，在一定的范围内能够满足控制要求。但这种控制方式的电气装置体积大，接线复杂，故障率高，需要经常地、定时地进行检修维护。并且当生产工艺或对象需要改变时，就需重新进行硬件组合、增减元器件、改变接线，使用起来不灵活。

20世纪60年代初，美国的汽车制造业竞争激烈，产品更新换代的周期越来越短，其生产线必须随之频繁地变更。传统的继电器控制很难适应频繁变动的生产线，因此人们对控制装置提出了更高的要求，即经济、可靠、通用、易变、易修。

1968年，美国通用汽车（GM）公司为适应生产工艺不断更新的需要，提出一种设想：把计算机的功能完善、通用、灵活等优点与继电器控制系统的简单易懂、操作方便、价格便宜等优点结合起来，制成一种通用控制装置。这种通用控制装置把计算机的编程方法和程序输入方式加以简化并采用面向控制过程、面向对象的语言编程，使不熟悉计算机的人也能方便地使用。美国数字设备公司（DEC）根据这一设想，于1969年研制成功了第一台PDP-14可编程序控制器。该设备用计算机作为核心设备，用存储的程序控制代替了原来的接线程序控制。其控制功能是通过存储在计算机中的程序来实现的，这就是人们常说的存储程序控制。由于当时主要用于顺序控制，只能进行逻辑运算，故称为可编程序逻辑控制器（Programmable Logic Controller，PLC）。

这项新技术的成功使用，在工业界产生了巨大影响，发展极为迅速。1971年，日本研制成功了日本第一台DCS-8可编程序控制器。1973~1974年，德国和法国也研制出了可编程序控制器。我国于1977年研制成功了以MC14500微处理器为核心的可编程序控制器，并开始在工业中应用。

进入20世纪80年代，随着大规模和超大规模集成电路等微电子技术和计算机技术的迅猛发展，也使得可编程序控制器逐步形成了具有特色的多种系列产品。系统中不仅使用了大量的开关量，也使用了模拟量，其功能已经远远超出逻辑控制、顺序控制的应用范围，故称为可编程序控制器（Programmable Controller，PC）。但由于PC容易和个人计算机（Personal Computer，PC）混淆，所以人们还沿用PLC作为可编程控制器的英文缩写名字。可编程序控制器一直在发展中，因此到现在为止，还未能对其下一个明确的定义。

国际电工委员会（IEC）曾于 1982 年 11 月颁发了可编程序控制器标准草案第一稿，1985 年 1 月发表了第二稿，1987 年 2 月在可编程序控制器国际标准草案第三稿中，对可编程序控制器定义如下："可编程序控制器是一种数字运算操作的电子系统，专为工业环境下应用而设计。它采用可编程序的存储器，用来在其内部存储执行逻辑运算、顺序控制、定时、计数和算术运算等操作的指令，并通过数字式、模拟式的输入和输出控制各种机械或生产过程。可编程序控制器及其有关外部设备，都按易于与工业控制系统联成一个整体，易于扩充其功能的原则设计。"

定义强调了可编程序控制器是"数字运算操作的电子系统"，具有"存储器"，具有运算"指令"，可见它是一种计算机，而且是"专为工业环境下应用而设计"的工业计算机。因此，可编程序控制器能直接应用于工业环境，它必须具有很强的抗干扰能力，广泛的适应能力和应用范围。这也是区别于一般微机控制系统的一个重要特性。同时它还具有"数字式、模拟式的输入和输出"的能力，"易于与工业控制系统联成一个整体"，易于"扩充"。

3.1.2　PLC 发展趋势

PLC 总的发展趋势是向高集成度、小体积、大容量、高速度、易使用、高性能方向发展。具体表现在以下几个方面。

1. 向小型化、专用化、低成本方向发展

随着微电子技术的发展，新型器件大幅度的提高功能和降低价格，小型 PLC 结构更为紧凑，相当于一本精装书的大小，操作使用十分简便。PLC 的功能不断增加，将原来大、中型 PLC 才有的功能部分地移植到小型 PLC 上，如模拟量处理、数据通信和复杂的功能指令等，但价格不断下降，真正成为现代电气控制系统中不可替代的控制装置。

2. 向大容量、高速度方向发展

大型 PLC 采用多微处理器系统，有的采用了 32 位微处理器，可同时进行多任务操作，处理速度提高，特别是增强了过程控制和数据处理的功能。另外，存储容量大大增加。

3. 智能型 I/O 模块和现场安装的发展

智能 I/O 模块是以微处理器和存储器为基础的功能部件，它们的 CPU 与 PLC 的主 CPU 并行工作，占用主 CPU 的时间很少，有利于提高 PLC 的扫描速度。另外，为了减少系统配线，减少 I/O 信号在长线传输时带来的干扰，很多 PLC 将 I/O 模块直接安装在控制现场，通过通信电缆或光缆与主 CPU 进行数据通信，使得现场仪表、传感器、执行器和智能 I/O 模块一体化。

4. 编程软件图形化及组态软件与 PLC 的软件化

为了给用户提供一个友好、方便、高效的编程界面，大多数 PLC 公司均开发了图形化的编程软件，使用户控制逻辑的表达更加直观、明了，操作也更加方便；组态软件可以方便地进行工业控制流程的实时和动态监控，完成报警，绘制历史曲线并能进行各种复杂的控制功能，同时可节约控制系统的设计时间，提高系统的可靠性，目前已有很多家厂商推出了在 PC 上运行的可实现 PLC 功能的组态软件包。

3.1.3　PLC 用途

在 PLC 的发展初期由于其价格高于继电器控制装置，使得其应用受到限制。但最近十多年来，PLC 的应用面越来越广，其主要原因是：一方面由于微处理器芯片及有关元件的价格大幅度下降，使得 PLC 的成本下降；另一方面 PLC 的功能大大增强，它也能解决复杂的计算和通信问题。目前 PLC 在国内外已广泛应用于钢铁、采矿、水泥、石油、化工、电力、

机械制造、汽车、装卸、造纸、纺织、环保和娱乐等行业。PLC 的应用范围通常可分成以下五类。

1. 顺序控制

这是 PLC 应用最广泛的领域，也是最适合 PLC 使用的领域。它用来取代传统的继电器顺序控制。PLC 应用于单机控制、多机群控、生产自动线控制等。例如：注塑机械、印刷机械、订书机械、包装机械、切纸机械、组合机床、磨床、装配生产线、电镀流水线及电梯控制等。

2. 运动控制

PLC 制造商目前已提供了拖动步进电机或伺服电机的单轴或多轴位置控制模块，在多数情况下，PLC 把描述目标位置的数据发送给控制模块，其输出移动一轴或数轴以达到目标位置。每个轴移动时，位置控制模块保持适当的速度和加速度，确保运动平滑。

相对来说，位置控制模块比 CNC（计算机数字控制）装置体积更小，价格更低，速度更快，操作更方便。

3. 过程控制

PLC 还能控制大量的物理参数，例如：温度、流量、压力、液位和速度。PID 模块提供了使 PLC 具有闭环控制的功能，即一个具有 PID 控制能力的 PLC 可用于过程控制。当过程控制中某个变量出现偏差时，PID 控制算法会计算出正确的控制量，把输出值保持在设定值上。

4. 数据处理

在机械加工中，PLC 作为主要的控制和管理系统用于 CNC 系统中，可以完成大量的数据处理工作。

5. 通信网络

PLC 的通信包括主机与远程 I/O 之间的通信、多台 PLC 之间的通信、PLC 和其他智能控制设备（如计算机、变频器、数控装置）之间的通信。PLC 与其他智能控制设备一起，可以组成"集中管理、分散控制"的分布式控制系统。

3.2　PLC 特点、分类及技术指标

3.2.1　PLC 特点

1. 可靠性高，抗干扰能力强

为了满足工业生产对控制设备安全性可靠性的要求，PLC 采用了微电子技术，大量的开关动作是由无触点的半导体电路来完成的，在结构上对工业生产环境进行了温度、环境湿度、粉尘、振动等方面的考虑；在硬件上采用隔离、滤波、屏蔽、接地等抗干扰措施；在软件上采用故障诊断、数据保护等措施。这些都使 PLC 具有较高的抗干扰能力。目前各个厂家生产的 PLC，其平均无故障时间都大大超过了 IEC 规定的 10 万 h，有的甚至达到了几十万小时。

2. 通用灵活

PLC 产品已经系列化，结构形式多种多样，在机型上有很大的选择余地。另外，PLC 及外围模块品种多，用户可以根据不同任务的要求，选择不同的组件灵活组合成不同硬件结构的控制装置。更重要的是，PLC 控制系统中，其主要功能是通过程序实现的，在需要改变设

备的控制功能时，只需要修改程序，而修改接线的工作量是很小的。这一点上，一般继电器控制是很难实现的。

3. 编程简单方便

PLC 应用程序的编制和调试非常方便，编程可采用与继电接触器控制电路十分相似的梯形图语言，这种编程语言形象直观，容易掌握，即使没有计算机知识的人也很容易掌握。另外，顺序功能图（SFC）是一种结构块控制流程图，使编程更加简单方便。

4. 功能完善，扩展能力强

PLC 的输入/输出系统功能完善，性能可靠，能够适应于各种形式和性质的开关量和模拟量的输入/输出。PLC 的功能单元能方便地实现 D/A、A/D 转换以及 PID 运算，实现过程控制、数字控制等功能。它还可以和其他微机系统、控制设备共同组成分布式或分散式控制系统，能够很好地满足各种类控制的需要。

5. 设计、施工、调试的周期短，维护方便

在继电接触器控制系统中的中间继电器、时间继电器、计数器等电器元件在 PLC 控制系统中是以"软元件"形式出现的，并且又用程序代替了硬接线，安装接线工作量少，工作人员也可提前根据具体的控制要求在 PLC 到货之前进行编程，大大缩短了施工周期。

PLC 体积小，重量轻，便于安装。PLC 具有完善的自诊断及监视等功能，对于其内部的工作状态、通信状态、I/O 点状态、异常状态和电源状态都有显示。工作人员通过它可以查出故障原因，便于迅速处理。

由于 PLC 具有上述特点，使得 PLC 的应用范围极为广泛，可以说只要有工厂，有控制要求就会有 PLC 的应用。

3.2.2　PLC 分类

PLC 是由现代化大生产的需要而产生的，PLC 的分类也必然要符合现代化生产的需求。一般来说，可以从三个角度对 PLC 进行分类。其一是从 PLC 的控制规模大小去分类，其二是从 PLC 的性能高低去分类，其三是从 PLC 的结构特点去分类。

1. 按 PLC 的 I/O 点数分类

（1）小型 PLC

小型 PLC 一般 I/O 点数小于 256 点，单 CPU，8 位或 16 位处理器，用户存储器容量4KB 以下，一般以开关量控制为主。由于其控制点数不多，其控制功能有一定局限性。但是，它小巧、灵活，可以直接安装在电气控制柜内，很适合于单机控制或小型系统的控制。德国 SIEMENS 公司的 S7-200 系列、日本三菱 FX 系列等均属于小型机。

（2）中型 PLC

中型 PLC 一般 I/O 点数在 256 ~ 2048 点之间，双 CPU 或多 CPU，用户存储器容量 2 ~ 8KB 或更大。它具有开关量和模拟量的控制功能，还具有更强的数字计算能力。由于其控制点数较多，控制功能很强，它可用于对设备进行直接控制，还可以对多个下一级的 PLC 进行监控，适合于中型或大型控制系统的控制。德国 SIEMENS 公司的 S7-300 系列、日本 OMRON 公司的 C200H 系列、日本三菱公司的 Q 系列的部分机型均属于中型机。

（3）大型 PLC

大型 PLC 一般 I/O 点数大于 2048 点，双 CPU 或多 CPU，16 位或者 32 位处理器，用户存储器容量 8 ~ 16KB 或更大。由于其控制点数多，控制功能很强，有很强的计算能力，同时，由于其运行速度很高，不仅能完成较复杂的算术运算，还能进行复杂的矩阵运算。它不

仅可用于对设备进行直接控制，还可以对多个下一级的 PLC 进行监控，组成一个集中分散的生产过程控制系统。大型机适用于设备自动化过程、过程自动化控制和过程监控系统。SIEMENS 公司的 S7-400 系列、OMRON 公司的 CVM1 和 CS1 系列、日本三菱公司的 Q 系列的部分机型均属于大型机。

2. 按 PLC 的控制性能分类

PLC 可以分为高档机、中档机和低档机。

（1）低档机

这类 PLC 具有基本的控制功能和一般的运算能力，工作速度比较低，能带的输入和输出模块的数量比较少，输入和输出模块的种类也比较少。这类 PLC 只适合于小规模的简单控制。在联网中一般适合作从站使用。例如，德国 SIEMENS 公司的 S7-200 系列就属于这一类。

（2）中档机

这类 PLC 具有较强的控制功能和较强的运算能力。它不仅能完成一般的逻辑运算，也能完成比较复杂的三角函数、指数和 PID 运算，工作速度比较快，能带的输入输出模块的数量也比较多，输入和输出模块的种类也比较多。这类 PLC 不仅能完成小型的控制，也可以完成较大规模的控制任务。在联网中既可以作从站，也可以作主站。例如，德国 SIEMENS 公司生产的 S7-300 就属于这一类。

（3）高档机

这类 PLC 具有强大的控制功能和强大的运算能力。它不仅能完成逻辑运算、三角函数运算、指数运算和 PID 运算，还能进行复杂的矩阵运算，工作速度很快，能带的输入输出模块的数量很多，输入和输出模块的种类也很全面。这类 PLC 不仅能完成中等规模的控制工程，也可以完成规模很大的控制任务，在联网中一般作主站使用。例如，德国 SIEMENS 公司生产的 S7-400 就属于这一类。

3. 按 PLC 的结构分类

PLC 根据结构可分为整体式、组合式两类。

（1）整体式

整体式结构的 PLC 把电源、CPU、存储器、I/O 系统紧凑地安装在一个标准机壳内，构成一个整体，构成 PLC 的基本单元。一个基本单元就是一台完整的 PLC，可以实现各种控制。控制点数不符合需要时，可再接扩展单元，扩展单元不带 CPU。由基本单元和若干扩展单元组成较大的系统。整体式结构的特点是非常紧凑、体积小、成本低、安装方便，其缺点是输入与输出点数有限定的比例。小型机多为整体式结构。例如，德国 SIEMENS 公司的 S7-200 系列和日本三菱公司的 FX 系列 PLC 为整体式结构。整体式 PLC 组成如图 3-1 所示。

（2）组合式

组合式结构的 PLC 是把 PLC 系统的各个组成部分按功能分成若干个模块，如 CPU 模块、输入模块、输出模块、电源模块等，将这些模块插在框架或基板上即可。其中各模块功能比较单一，模块的种类却日趋丰富。例如，一些 PLC 除了基本的 I/O 模块外，还有一些特殊功能模块，像温度检测模块、位置检测模块、PID 控制模块、通信模块等等。组合式结构的 PLC 采用搭积木的方式，在一块基板上插上所需模块组成控制系统。组合式结构的 PLC 特点是 CPU、输入、输出均为独立的模块，模块尺寸统一，安装整齐，I/O 点选型自由、安装调试、扩展、维修方便。中型机和大型机多为组合式结构。例如，SIEMENS 公司

S7-300、S7-400 系列以及日本三菱 Q 系列 PLC 就属于组合式结构。组合式 PLC 组成如图 3-2 所示。模块之间通过底板上的总线相互联系。CPU 与各扩展模块之间若通过电缆连接，距离一般不超过 10m。

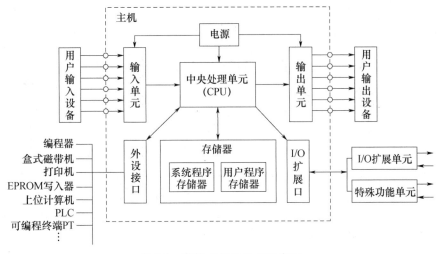

图 3-1　整体式 PLC 组成示意图

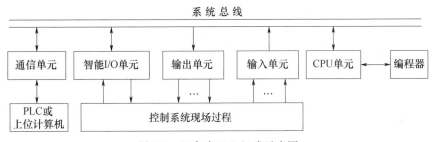

图 3-2　组合式 PLC 组成示意图

3.2.3　PLC 技术指标

PLC 的技术指标包括硬件指标和软件指标。

1. 硬件指标

硬件指标包括一般指标、输入特性和输出特性。

一般指标主要体现在环境温度、环境湿度、使用环境、抗振、抗冲击、抗噪声、抗干扰和耐压等性能上。

输入特性主要体现在输入电路的隔离程度、输入灵敏度、响应时间和所需电源等性能上。

输出特性主要体现在回路构成（这里指的是继电器输出、晶体管输出或是晶闸管输出）、回路隔离、最大负载、最小负载、响应时间和外部电源等性能上。

2. 软件指标

软件指标主要包括程序容量、编程语言、通信功能、运行速度、指令类型、元件种类和数量等。

程序容量是指 PLC 的内存和外存大小，一般从几千字节到上百千字节。存储器的类型一般为 RAM、EPROM 和 EEPROM。

编程语言是指有多少种语言支持编制用户程序。PLC 编程语言很多，有梯形图、语句表、顺序功能图和功能块图等几种基本语言。多一种编程语言会使编制用户程序更快捷、更方便。

通信功能是指 PLC 是否具有通信能力，具有何种通信能力。一般可分为远程 I/O 通信、计算机通信、点对点通信、高速总线、MAP 网等。当前，通信能力是衡量 PLC 性能的一项主要指标。

运行速度是指操作处理时间的长短，可以用基本指令执行时间来衡量，时间越短越好，一般在微秒级以下。指令的功能越强大，说明 PLC 的性能越佳。

元件的种类和数量的多少不仅反映了 PLC 的性能，也说明了 PLC 的规模。输入输出元件的数量说明 PLC 的 I/O 能力，输入输出元件的类型（直流、交流、模拟量、高速计数、定位、PID）多少，说明 PLC 性能的高低。

3. 主要性能指标介绍

（1）存储容量

存储容量指用户程序存储器的容量。存储容量决定了 PLC 可以容纳的用户程序的长短，一般以字节为单位来计算。每 1024 个字节为 1KB。中、小型 PLC 的存储容量一般在 8KB 以下，大型 PLC 的存储容量可达到 256KB ~ 2MB。也有的 PLC 用存放用户程序指令的条数来表示容量，一般中、小型 PLC 存储指令的条数为 2K 条。

（2）输入/输出（I/O）点数

I/O 点数指输入点及输出点数之和。I/O 点数越多，外部可接入的输入器件和输出器件就越多，控制规模就越大。因此 I/O 点数是衡量 PLC 规模的指标。国际上流行将 I/O 总点数在 64 点及 64 点以下的 PLC 称为微型 PLC；256 点以下的 PLC 称为小型 PLC；总点数在 256 ~ 2048 点之间的 PLC 称为中型 PLC；总点数在 2048 点以上的 PLC 称为大型机等。

（3）扫描速度

扫描速度是指 PLC 执行程序的速度。一般以执行 1KB 所用的时间来衡量扫描速度。由于不同功能的指令执行速度差别较大，目前也有以布尔指令的执行速度表征 PLC 工作快慢的。有些品牌的 PLC 在用户手册中给出执行各种指令所用的时间，可以通过比较各种 PLC 执行类似操作所用的时间来衡量 CPU 工作速度的快慢。

（4）指令的功能和数量

指令功能的强弱及数量的多少涉及 PLC 能力的强弱，一般说来编程指令种类及条数越多，处理能力、控制能力就越强，用户程序的编制也就越容易。

（5）内部元件的种类及数量

在编制程序时，需要用到大量的内部元件来存储变量、中间结果、定时计数信息、模块设置参数及各种标志位等。这类元件的种类及数量越多，表示 PLC 的信息处理能力越强。

（6）智能单元的数量

为了完成一些特殊的控制任务，PLC 厂商都为自己的产品设计了专用的智能单元，如模拟量控制单元、定位控制单元、速度控制单元以及通信工作单元等。智能单元种类的多少和功能的强弱是衡量 PLC 产品水平高低的重要指标。

（7）扩展能力

PLC 的扩展能力含 I/O 点数的扩展、存储容量的扩展、联网功能的扩展及各种功能模块的连接扩展等。绝大部分 PLC 可以用 I/O 扩展单元进行 I/O 点数的扩展；有的 PLC 可以使用各种功能模块进行功能扩展。但 PLC 的扩展功能总是有限制的。

在了解 PLC 的指标体系的前提下，就可以根据具体控制工程的要求，从众多 PLC 中选取合适的 PLC 类型。

3.3　PLC 与其他控制系统的比较

3.3.1　其他计算机控制装置的特点

（1）个人计算机。有很强的数据处理能力和图形显示功能，有丰富的软件支持，但是对环境的要求很高，抗干扰能力不强，一般不适合在工业现场使用。

（2）单片机。只是一片集成电路，不能直接将它与外部 I/O 信号相连；需要附加一些配套的集成电路和 I/O 接口电路，硬件设计、软件设计工作量相当大，要求设计者具有较强的计算机领域的理论知识和实践经验。

（3）工业控制计算机。目前比较流行的是 PC 总线工控机，与个人计算机兼容。工控机是在通用微机的基础上发展起来的，有实时操作系统的支持，在要求快速、实时性强、功能复杂的领域中占有优势。

3.3.2　PLC 与继电器控制系统的比较

PLC 控制系统与电气控制系统相比，不同之处主要体现在以下七个方面：

（1）从控制功能上看，两者均可用于开关量逻辑控制，继电器控制系统的控制功能是用硬件继电器实现的，PLC 的控制功能主要由软件实现；继电器控制系统控制功能有限，PLC 还具有顺序控制、运动控制、数据处理、闭环控制和通信联网诸多功能，控制功能全面。

（2）从控制方法上看，继电器控制系统控制逻辑采用硬件接线，利用继电器机械触点的串联或并联等组合成控制逻辑，其连线多且复杂、体积大、功耗大，系统构成后，想再改变或增加功能较为困难。另外，继电器的触点数量有限，所以继电器控制系统的灵活性和可扩展性受到很大限制。而 PLC 采用了计算机技术，其控制逻辑是以程序的方式存放在存储器中，要改变控制逻辑只需改变程序，因而很容易改变或增加系统功能；系统连线少、体积小、功耗小，而且 PLC 所谓"软继电器"实质上是存储器单元的状态，所以"软继电器"的触点数量是无限的，PLC 系统的灵活性和可扩展性好。

（3）从工作方式上看，在继电器控制电路中，当电源接通时，电路中所有继电器都处于受制约状态，即该吸合的继电器都同时吸合，不该吸合的继电器受某种条件限制而不能吸合，这种工作方式称为并行工作方式。而 PLC 的用户程序是按一定顺序循环执行，所以各软继电器都处于周期性循环扫描接通中，受同一条件制约的各个继电器的动作次序决定于程序扫描顺序，这种工作方式称为串行工作方式。

（4）从控制速度上看，继电器控制系统依靠机械触点的动作以实现控制，工作频率低，机械触点还会出现抖动问题。而 PLC 通过程序指令控制半导体电路来实现控制的，速度快，程序指令执行时间在微秒级，且不会出现触点抖动问题。

（5）从定时和计数控制上看，继电器控制系统采用时间继电器的延时动作进行时间控制，时间继电器的延时时间易受环境温度和温度变化的影响，定时精度不高。而 PLC 采用半导体集成电路作定时器，时钟脉冲由晶体振荡器产生，精度高，定时范围宽，用户可根据需要在程序中设定定时值，修改方便，不受环境的影响，且 PLC 具有计数功能，而继电器控制系统一般不具备计数功能。

（6）从可靠性和可维护性上看，由于电器控制系统使用了大量的机械触点，其存在机械磨损、电弧烧伤等，寿命短，系统的连线多，所以可靠性和可维护性较差。而 PLC 大量的开关动作由无触点的半导体电路来完成，其寿命长、可靠性高，PLC 还具有自诊断功能，能查出自身的故障，随时显示给操作人员，并能动态地监视控制程序的执行情况，为现场调试和维护提供了方便。

（7）从设计与调试周期上看，设计复杂控制系统的梯形图要比设计相同功能的继电器电路图占用的时间少得多；继电器系统要在硬件安装、接线完全完成后才能进行调试，发现问题后修改电路占用的时间也很多；PLC 控制系统的开关柜制作、现场施工和梯形图设计可以同时进行，梯形图可以在实验室模拟调试，发现问题后修改非常方便。

3.3.3　PLC 与 DCS 的比较

1. PLC 与 DCS 的不同之处

（1）从发展来看，PLC 的发展基于制造业的现场控制需求，是由继电器逻辑控制发展而来，PLC 从开始就强调的是逻辑运算能力，在开关量处理、顺序控制方面具有一定的优势；DCS 的发展基于流程工业的连续过程控制和监控，是由回路仪表系统发展而来，DCS 从先天性来说较为侧重仪表的控制，在回路调节、模拟量控制方面具有一定的优势。

（2）从控制来看，面向对象不同，PLC 面向一般工业控制领域，通用性强；DCS 偏重过程控制，面向流程工业领域，DCS 强调连续过程控制的精度，可实现 PID、前馈、串级、多级、模糊、自适应等复杂控制。

2. PLC 与 DCS 的相似之处

（1）从功能来看，随着计算机技术的发展，PLC 增加了数值运算、PID 闭环调节功能，并具有与个人计算机或小型计算机联网的功能；DCS 也加强了开关量顺序控制功能，使用梯形图语言。

（2）从系统结构来看，PLC 与 DCS 的基本结构相似。小型应用的 PLC 一般使用触摸屏，大规模应用的 PLC 全面使用计算机系统。和 DCS 一样，控制器与 IO 站使用现场总线。如果使用多台计算机，系统结构就会和 DCS 一样，上位机平台使用以太网结构。

（3）从发展方向来看，小型化的 PLC 将向更专业化的方向发展，例如，功能更加有针对性，对应用的环境更有针对性等等。大型的 PLC 与 DCS 的界线逐步淡化，甚至完全融合。

由此可见，PLC 与 DCS 在发展中互相渗透，互为补充，彼此越来越近。就自动化控制系统的发展趋势来看，全分布式计算机控制系统必然会得到迅速的发展。它将综合 PLC 与 DCS 各自的优势，并把二者有机地结合起来，形成一种新型的全分布式计算机控制系统。

3.4　PLC 组成和工作原理

3.4.1　PLC 组成

PLC 实质上是一种工业控制计算机，所以 PLC 与计算机的组成十分相似，从硬件结构上看，它也有中央处理器（CPU）、存储器、输入/输出（I/O）接口等。

1. 中央处理器（CPU）单元

与一般计算机一样，中央处理单元是 PLC 的主要组成部分，由大规模或超大规模的集成电路微处理芯片构成，是系统的控制中枢。它按 PLC 中系统程序赋予的功能指挥 PLC 有条不紊地进行工作，它的主要功能是：

（1）接收并存储从编程器键入的用户程序和数据，以扫描方式通过 I/O 部件接收现场各输入装置的状态或数据，并分别存入输入映像寄存器或数据存储器中。

（2）检查电源、存储器、I/O 以及警戒定时器的状态，并诊断用户程序的语法错误。

（3）当 PLC 投入运行时，从用户程序存储器中逐条读取指令，经过命令解释并按指令规定的任务进行数据传送、逻辑或算术运算等，并根据运算结果更新有关标志位的状态和输出映像寄存器的内容；等到所有用户程序扫描执行完毕后，再经输出部件实现输出控制、制表打印或数据通信等功能。

PLC 中的中央处理单元多数使用 8 ~ 32 位字长的单片机。CPU 的性能关系到 PLC 处理控制信号的能力与速度，CPU 位数越高，系统处理的信息量越大，运算速度也越快。PLC 的功能是随着 CPU 芯片技术的发展而提高和增强的。

2. 存储器单元

PLC 的存储器包括系统存储器和用户存储器两部分。

系统存储器用来存放由 PLC 生产厂家编写的系统程序，并固化在 ROM 内，用户不能直接更改。它使 PLC 具有基本的功能，能够完成 PLC 设计者规定的各项工作。系统程序质量的好坏，很大程度上决定了 PLC 的性能，其内容主要包括三部分：

第一部分为系统管理程序。它主要控制 PLC 的运行，使整个 PLC 按部就班地工作。

第二部分为用户指令解释程序。通过用户指令解释程序，将 PLC 的编程语言变为机器语言指令，再由 CPU 执行这些指令。

第三部分为标准程序模块与系统调用。它包括许多不同功能的子程序及其调用管理程序，如完成输入、输出及特殊运算等的子程序。PLC 的具体工作都是由这部分程序来完成的，这部分程序的多少也决定了 PLC 性能的高低。

用户存储器包括用户程序存储器（程序区）和数据存储器（数据区）两部分。用户程序存储器用来存放用户针对具体控制任务用规定的 PLC 编程语言编写的各种用户程序。用户程序存储器根据所选用的存储器类型的不同，可以是 RAM（有掉电保护）、EPROM 或 EEPROM 存储，其内容可以由用户任意修改或增删。用户数据存储器可以用来存放（记忆）用户程序中所使用器件的 ON/OFF 状态和数值、数据等。它的大小关系到用户程序容量的大小，是反映 PLC 性能的重要指标之一。

3. 输入/输出单元

输入/输出单元是 PLC 与现场输入输出设备或其他外部设备之间的连接部件。PLC 通过输入模块把工业设备或生产过程的状态或信息读入中央处理单元，通过用户程序的运算和处理，把结果通过输出模块输出给执行单元。

输入单元接收和采集两种类型的输入信号：一是由限位开关、操作按钮、选择开关、行程开关等开关量输入信号；二是电位器和其他一些传感器等传来的模拟量输入信号。输出映像寄存器由输出点相对应的触发器组成，输出接口电路将其由弱电控制信号转换成现场需要的强电信号输出，从而驱动电磁阀、接触器、指示灯等被控设备。

（1）开关量输入接口电路

为防止各种干扰信号和高电压信号进入 PLC，影响其可靠性或造成设备损坏，现场输入接口电路一般由光电耦合电路进行隔离。光电耦合电路的关键器件是光耦合器，一般由发光二极管和光电三极管组成。

通常 PLC 的输入类型可以是直流、交流和交直流。输入电路的电源可由外部供给，有的也可由 PLC 内部提供。图 3-3 为开关量直流输入电路。

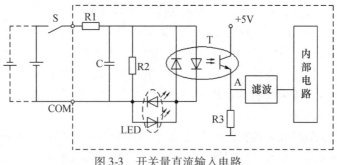

图 3-3　开关量直流输入电路

（2）开关量输出接口电路

输出接口电路通常有三种类型：继电器输出型、晶闸管输出型和晶体管输出型。每种输出电路都采用电气隔离技术，电源由外部提供，输出电流一般为 0.5～2A，输出电流的额定值与负载的性质有关。图 3-4 为这三种类型的开关量输出电路。继电器输出型为有触点输出方式，用于接通或断开开关频率较低的直流负载或交流负载回路（低速大功率）；晶闸管输出型为无触点输出方式，用于接通或断开开关频率较高的交流电源负载（高速大功率）；晶

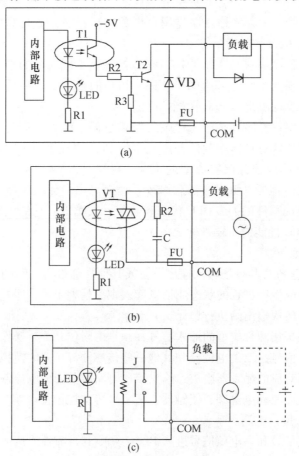

图 3-4　开关量输出电路

（a）晶体管输出；（b）双向晶闸管输出；（c）继电器输出

体管输出型为无触点输出方式，用于接通或断开开关频率较高的直流电源负载（高速小功率）。

由于输入和输出端是靠光信号耦合的，在电气上是完全隔离的，因此输出端的信号不会反馈到输入端，也不会产生地线干扰或其他串扰，因此 PLC 具有很高的可靠性和极强的抗干扰能力。

4. 电源部分

PLC 一般使用 220V 的交流电源。小型整体式的 PLC 内部有一个开关稳压电源，一方面为 PLC 的中央处理器（CPU）、存储器等电路提供 5V 直流电源，使 PLC 能正常工作，另一方面为外部输入元件提供 24V 直流电源。

电源部件的位置形式可有多种，对于整体式结构的 PLC，通常电源封装到机壳内部；对于模块式 PLC，有的采用单独电源模块，有的将电源与 CPU 封装到一个模块中。

5. 接口单元

接口单元包括扩展接口、编程器接口、存储器接口和通信接口。

扩展接口是用于扩展输入输出单元的。它使 PLC 的控制规模配置得更加灵活。这种扩展接口实际上为总线形式，可以配置开关量的 I/O 单元，也可配置如模拟量、高速计数等特殊 I/O 单元和通信适配器等。

编程器接口是连接编程器的，PLC 本体通常不带编程器。为了能对 PLC 编程及监控，PLC 上专门设置有编程器接口。通过这个接口可以接各种形式的编程装置，还可以利用此接口做通信、监控工作。

存储器接口是为了扩展存储区而设置的。用于扩展用户程序存储区和用户数据参数存储区，可以根据使用的需要扩展存储器。其内部也是接到总线上的。

通信接口是为了在微机与 PLC、PLC 与 PLC 之间建立通信网络而设立的接口。

6. 外部设备

PLC 的外部设备主要有编程器、文本显示器、操作面板、打印机等等。

PLC 正常使用时，通常不需编程器，因此将编程器设计为独立的部件。编程器的档次很多，性能、价格都相差很悬殊。编程器至少包括一个键盘、一些数码字符显示器。这里的键盘不是微型机上的那种键盘，而是直接表示 PLC 指令系统的键盘，因而使用很方便，其显示部分可以显示程序地址序号、指令的操作码和操作数。它具有输入编辑、检索程序的功能，同时还具有系统监控的功能，有些还设有存储转接插口用于将 PLC 中的程序转存到诸如盒带、软盘等存储介质中去。这种编程器的缺点就是无法用梯形图图形的方式输入、编辑和监控运行程序。档次较高的编程器就设置了小型液晶显示器，用于图形编辑和监控。这种编程器对于习惯于使用梯形图的人员来说，无疑方便了许多。目前，PLC 的编程、监控多采用先进的编程软件在个人计算机上操作，PLC 和个人计算机之间则用通信电缆连接，使 PLC 的编程、监控达到真正意义上的简单、方便、快捷。

操作面板和文本显示器不仅是一个用于显示系统信息的显示器，还是一个操作控制单元。它可以在执行程序的过程中修改某个量的数值，也可直接设置输入或输出量，以便立即启动或停止一台外部设备的运行。

打印机可以把过程参数和运行结果以文字形式输出。

3.4.2　PLC 工作原理

1. PLC 与继电器控制系统的区别

继电器控制系统是一种硬件逻辑系统，如图 3-5（a）所示，它的三条支路是并行工作的，当按下按钮 SB1，中间继电器 KA 得电，KA 的两个动合触点闭合，接触器 KM1、KM2 同时得电并产生动作。所以继电器控制系统采用的是并行工作方式。

而 PLC 是一种工业控制计算机，与普通计算机一样，属于串行工作方式。如图 3-5（b）所示。CPU 是以分时操作方式来处理各项任务的，计算机在每一瞬间只能做一件事，所以程序的执行是按程序顺序依次完成相应各电器的动作。由于运算速度极高，各电器的动作几乎是同时完成的，但实际输入 - 输出的响应是有滞后的。当按下 SB1，而没有按下 SB2 时，I0.0、I0.1 两个动合触点闭合，PLC 内部继电器 M0.0 工作，并使 PLC 的继电器 Q0.0 和 Q0.1 接通，但是由于 PLC 是串行工作的，致使 M0.0、Q0.0、Q0.1 的接通都不是同时的。

应当指出，在存储程序控制中的梯形图虽然与接线程序控制中的继电器接线十分相像，但是它们的本质是截然不同的。一个是接线，另一个是 PLC 的程序。

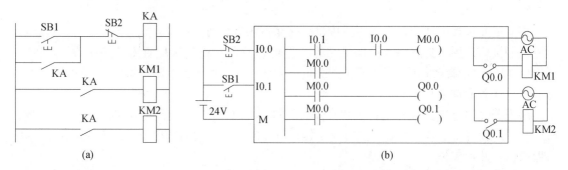

图 3-5　PLC 控制系统与继电接触器控制系统的比较

（a）继电器控制系统图；（b）用 PLC 实现控制功能的接线示意图

2. PLC 工作方式

PLC 是按集中输入、集中输出、不断的周期性循环扫描的方式进行工作的。每一次扫描所用的时间称为扫描周期或工作周期。CPU 从第一条指令执行开始，按顺序逐条地执行用户程序直到用户程序结束，然后返回第一条指令开始新的一轮扫描。PLC 就是这样周而复始地重复上述循环扫描的。

执行用户程序时，需要各种现场信息，这些现场信息已接到 PLC 的输入端，PLC 采集现场信息即采集输入信号有以下两种方式：

（1）集中采样输入方式。一般在扫描周期的开始或结束将所有输入信号（输入元件的通/断状态）采集并存放到输入映像寄存器中。执行用户程序所需的输入状态均在输入映像寄存器中取用，而不能直接到输入端或输入模块中去取。

（2）立即输入方式。随程序的执行需要到哪一个信号就直接从输入端或输出端模块取用这个输入状态，如"立即输入指令"就是这样，此时输入映像寄存器的内容不变，到下一次集中采样输入时才变化。

同样，PLC 对外部的输出控制也有以下两种方式：

（1）集中输出方式。是把执行用户程序所得的所有输出结果，先后全部存放在输出映像寄存器中，执行完用户程序后所有输出结果一次性向输出端或输出模块输出，使输出部件动作。

（2）立即输出方式。是执行用户程序时将该结果向输出端或输出模块输出，如"立即输出指令"就是这样，此时输出映像寄存器的内容也更新。

3. PLC 工作过程

PLC 工作的全过程可用图 3-6 所示的运行原理框图来表示。整个过程可分为三部分。

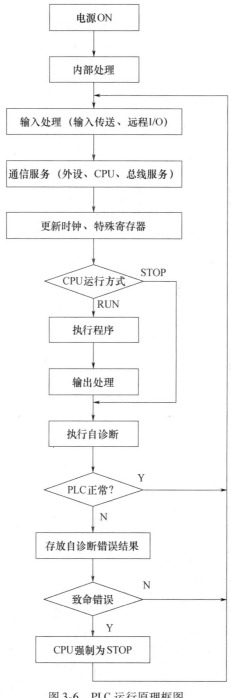

图 3-6　PLC 运行原理框图

　　第一部分是上电处理。机器上电后对 PLC 系统进行一次初始化，包括硬件初始化、I/O 模块配置检查、停电保持范围设定及其他初始化处理等。

　　第二部分是扫描过程。PLC 上电处理完成以后进入扫描工作过程。先完成输入处理，其次完成与其他外设的通信处理，再次进行时钟、特殊寄存器更新。当 CPU 处于 STOP 方式时，转入执行自诊断检查。当 CPU 处于 RUN 方式时，还要完成用户程序的执行和输出处理，再转入执行自诊断检查。

第三部分是出错处理。PLC 每扫描一次，就会执行一次自诊断检查，确定 PLC 自身的动作是否正常，如 CPU、电池电压、程序存储器、I/O 模块和通信等是否异常或出错。如检查出异常时，CPU 面板上的 LED 及异常继电器会接通，在特殊寄存器中会存入出错代码；当出现致命错误时，CPU 被强制为 STOP 方式，所有的扫描便停止。

4. PLC 典型的扫描周期

当 PLC 处于正常运行时，它将不断重复图中的扫描过程，不断循环扫描地工作下去。分析上述扫描过程，如果对远程 I/O 特殊模块和其他通信服务暂不考虑，这样扫描过程就只剩下"输入采样"、"程序执行"和"输出刷新"三个阶段。下面就对这三个阶段进行分析，PLC 典型的扫描周期如图 3-7 所示（不考虑立即输入、立即输出情况）。

（1）输入采样阶段

PLC 以扫描方式按顺序将所有输入信号读入到输入映像寄存器中存储。在本工作周期内这个采样结果的内容不会改变，在 PLC 执行程序时被使用，直到下一个周期输入采样阶段才更新。

（2）程序执行阶段

PLC 按顺序从上到下、从左到右逐条扫描每条指令，并分别从输入映像寄存器和元件映像寄存器中获得所需的数据进行运算、处理，再将程序执行的结果写入到元件映像寄存器中保存。但这个结果在全部程序未执行完毕之前不会送到输出端口上。

（3）输出刷新阶段

在执行完用户所有程序后，PLC 将输出映像寄存器中的内容送入到寄存输出状态的输出锁存器中，再去驱动用户设备。

PLC 运行正常时，扫描周期的长短与 CPU 的运算速度、与 I/O 点的情况、与用户应用程序的长短及编程情况等有关。不同型号的 PLC，循环扫描周期在 0.5～100ms 之间。通常用 PLC 执行 1KB 指令所需时间来说明其扫描速度（一般 1～10ms/KB）。

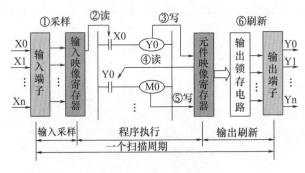

图 3-7　PLC 扫描工作过程

5. 关于可编程序控制器的时间滞后问题

PLC 循环扫描工作方式的特点：提高了抗干扰能力，增强了系统可靠性；但同时降低了系统的响应速度，造成了输出与输入的滞后。从 PLC 的工作原理可以看出，输入信号的变化能否改变其在输入映像区的状态，主要取决于两点。一点是输入信号的变化要经过输入模块的转化才能进入 PLC 内部，这就是说要经过一定的延时才能进到 PLC 内部，这一延时称为输入延时。另一点是进入 PLC 的信号只有在 PLC 处在输入刷新时才能把输入的状态读到 PLC 的 CPU 输入映像区。只有经过上述两个延时，CPU 才有可能读入输入信号的状态。

当 PLC 根据用户程序的运算操作，把运算结果赋予输出端时也需要延时。第一个延时是必须等到输出刷新时，才能将运算结果送入输出映像区的输出信号锁存器中，这是需要延时的。第二个延时是输出锁存器的状态要通过输出模块的转换才能成为输出端的信号，这个转换需要的时间称为输出延时。只有经过上述两个延时，CPU 才有可能把输出信号的状态传递到输出端子。

从上述分析可知，PLC 对输入和输出信号的响应是有延时的，这就是滞后现象。对一般的工业控制，这种滞后是完全允许的。为了确保 PLC 在任何情况下都能正常无误地工作，一般情况下，输入信号的脉冲宽度必须大于一个扫描周期。

另外，还应该注意一个问题是，输出信号的状态是在输出刷新时才送出的。因此，在一个程序中，当给一个输出端多次赋值时，中间状态将改变输出映像区。只有最后一次赋值才能送到输出端。这就是常说的执行指令的后者优先。

3.5 PLC 编程语言

PLC 为用户提供了完整的编程语言，以适应编制用户程序的需要。PLC 提供的编程语言通常有梯形图、语句表、功能图和功能块图。下面以 S7-200 系列 PLC 为例加以说明。

3.5.1 梯形图（LAD）

梯形图（Ladder）编程语言是从继电器控制系统原理图的基础上演变而来的。PLC 的梯形图与继电器控制系统梯形图的基本思想是一致的，只是在使用符号和表达方式上有一定区别。

图 3-8 是典型的梯形示意图。左右两条垂直的线称为母线。母线之间是触点的逻辑连接和线圈的输出。

梯形图的一个关键概念是"能流"（Power Flow），这只是概念上的"能流"。图 3-8 中，把左边的母线假想为电源"火线"，而把右边的母线（虚线所示）假想为电源"零线"。如果有"能流"从左至右流向线圈，则线圈被激励。如没有"能流"，则线圈未被激励。

"能流"可以通过被激励（ON）的常开接点和未被激励（OFF）的常闭接点自左向右流。"能流"在任何时候都不会通过接点自右向左流。在图 3-8 中，当 1、2、3 接点都接通后，线圈 Q 才能通电（被激励），只要其中一个接点不接通，线圈就不会通电；而 4、5 接点中任何一个接通，线圈 M 就被激励。

要强调指出的是，引入"能流"的概念，仅仅是为了和继电接触器控制系统相比较，来对梯形图有一个深入的认识，其实"能流"在梯形图中是不存在的。

梯形图语言简单、明了，易于理解，是所有编程语言的首选。

3.5.2 语句表（STL）

语句表（Statements List）类似于计算机中的助记符语言，它是 PLC 最基础的编程语言。所谓语句表编程，是用一个或几个容易记忆的字符来代表 PLC 的某种操作功能。其中的指令则是由操作码和操作数组成。其中操作码指出了指令的功能，操作数指出了指令所用的元件或数据。

图 3-9 是一个简单的 PLC 程序，图 3-9（a）是梯形图程序，图 3-9（b）是相应的语句表。例如其中的 A　I0.1，A 是操作码，代表该指令要与前面的部分相与，I0.1 是操作数，指明触点的存储区域。

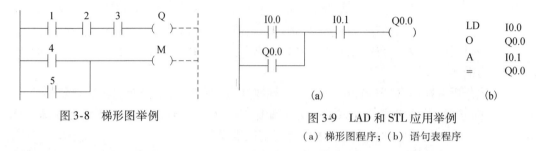

图 3-8　梯形图举例

图 3-9　LAD 和 STL 应用举例

（a）梯形图程序；（b）语句表程序

3.5.3　顺序功能流程图（SFC）

顺序功能流程图（Sequence Function Chart）编程是一种图形化的编程方法，亦称功能图。使用它可以对具有并行、选择等复杂结构的系统进行编程，许多 PLC 都提供了用于 SFC 编程的指令。

3.5.4　功能块图（FBD）

S7-200 的 PLC 专门提供了功能块图（Function Block Diagram）编程语言，是类似于电子线路的逻辑电路图的一种编程语言。图 3-10 为 FBD 的一个简单使用例子。

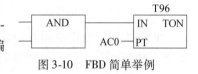

图 3-10　FBD 简单举例

3.6　PLC 的硬件系统

S7-200 PLC 是德国西门子公司生产的一种整体式小型 PLC。它具有紧凑的设计、良好的扩展性、低廉的价格、丰富的功能模块以及强大的指令系统，特别是 S7-200CPU22×系列 PLC（它是 CPU21×系列的替代产品），由于它具有多种功能模块和人机界面（HMI）可供选择，所以系统的集成非常方便，并且可以很容易地组成 PLC 网络。同时它具有功能齐全的编程和工业控制组态软件，使得在完成控制系统的设计时更加简单，几乎可以完成任何功能的控制任务。本节以此机型介绍 PLC 的硬件系统组成。

3.6.1　PLC 系统组成

SIMATIC S7-200 系列 PLC 可以单机运行，也可以进行输入/输出和功能模块的扩展。它可靠性高，运行速度快，功能强，有极丰富的指令集，具有强大的多种集成功能和实时特性，其性价比非常高，所以它在各行各业中的应用得到迅速推广，在中小规模的控制领域是较为理想的控制设备。

1. 硬件系统基本构成

S7-200 PLC 硬件系统的配置方式采用整体式加积木式，即主机中包含一定数量的输入/输出（I/O）点，同时还可以扩展 I/O 模块和各种功能模块。主要包括以下几部分：

（1）基本单元。基本单元（Basic Unit）有时又称为 CPU 模块，也有的称为主机或本机。它包括 CPU、存储器、基本输入/输出点和电源等，是 PLC 的主要部分。实际上它就是一个完整的控制系统，可以单独完成一定的控制任务。

（2）扩展单元。扩展单元是对基本单元的输入、输出口进行扩展，不能单独使用，需和基本单元相连接使用。主机 I/O 点数量不能满足控制系统的要求时，用户可以根据需要扩展各种 I/O 模块，所能连接的扩展单元的数量和实际所能使用的 I/O 点数是由多种因素共同决定的。

（3）特殊功能模块。当需要完成某些特殊功能的控制任务时，需要扩展功能模块。它们是完成某种特殊控制任务的一些装置。

（4）相关设备。相关设备是为充分和方便地利用系统的硬件和软件资源而开发和使用的一些设备，主要有编程设备、人机操作界面和网络设备等。

（5）工业软件。工业软件是为更好地管理和使用这些设备而开发的与之相配套的程序，它主要由标准工具、工程工具、运行软件和人机接口软件等几大类构成。

2. 主机结构及性能特点

CPU 22 × 系列 PLC 主机（CPU 模块）的外形如图 3-11 所示。S7-200 的 CPU 模块包括一个中央处理单元、电源以及数字 I/O 点，这些都被集成在一个紧凑、独立的设备中。CPU 负责执行程序，输入部分从现场设备中采集信号，输出部分则输出控制信号，驱动外部负载。

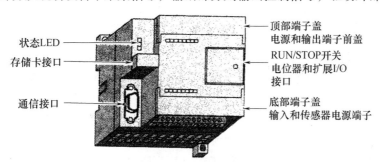

图 3-11　CPU22 × 系列 PLC 的 CPU 外形图

它具有如下五种不同结构配置的 CPU 单元。

（1）CPU 221。它有 6 输入/4 输出，I/O 共计 10 点，无扩展能力，程序和数据存储容量较小，有一定的高速计数处理能力，非常适合于少点数的控制系统。

（2）CPU 222。它有 8 输入/6 输出，I/O 共计 14 点。和 CPU 221 相比，可以进行一定模拟量的控制和 2 个模块的扩展，因此是应用更广泛的全功能控制器。

（3）CPU 224。它有 14 输入/10 输出，I/O 共计 24 点。和前两者相比，存储容量扩大了一倍，它可以有 7 个扩展模块，有内置时钟，有更强的模拟量和高速计数的处理能力，是使用最多的 S7-200 产品。

（4）CPU 226。它有 24 输入/16 输出，I/O 共计 40 点，和 CPU 224 相比，增加了通信口的数量，通信能力大大增强。它可用于点数较多、要求较高的小型或中型控制系统。

（5）CPU 226XM。这是西门子公司后来推出的一种增强型主机，它在用户程序存储容量和数据存储容量上进行了扩展，其他指标和 CPU226 相同。

3. 输入/输出的扩展

当 CPU 的 I/O 点数不够用或需要进行特殊功能的控制时，就要进行 I/O 扩展。I/O 扩展包括 I/O 点数的扩展和功能模块的扩展。不同的 CPU 有不同的扩展规范，它主要受 CPU 的功能限制。

（1）I/O 扩展模块

用户可以使用主机 I/O 和扩展 I/O 模块。S7-200 系列 CPU 提供一定数量的主机数字量

I/O 点，但在主机 I/O 点数不够的情况下，就必须使用扩展模块的 I/O 点。

典型的数字量输入/输出扩展模块有：

输入扩展模块 EM221 有两种：8 点 DC 输入、8 点 AC 输入。

输出扩展模块 EM222 有三种：8 点 DC 晶体管输出、8 点 AC 输出、8 点继电器输出。

输入/输出混合扩展模块 EM223 有六种：分别为 4 点（8 点、16 点）DC 输入/4 点（8 点、16 点）DC 输出、4 点（8 点、16 点）DC 输入/4 点（8 点、16 点）继电器输出。

（2）功能扩展模块

当需要完成某些特殊功能的控制任务时，CPU 主机可以扩展特殊功能模块。典型的特殊功能模块有模拟量输入/输出扩展模块和特殊功能模块。

模拟量输入扩展模块 EM231 有 3 种：4 路模拟量输入、2 路热电阻输入和 4 路热电偶输入；模拟量输出扩展模块 EM232 具有 2 路模拟量输出；模拟量输入/输出扩展模块 EM235 具有 4 路模拟量输入/1 路模拟量输出。

功能模块有 EM253 位置控制模块、EM277 PROFIBUS-DP 模块、EM241 调制解调器模块等。

3.6.2 I/O 地址分配与接线

1. I/O 点数扩展和编址

CPU22× 系列的每种主机所提供的本机 I/O 地址时固定，进行扩展时，可以在 CPU 右边连接多个扩展模块，每个扩展模块的组态地址编号取决于各个模块的类型和该模块在 I/O 链中所处的位置。编址方法是同种类型输入或输出点的模块在链中按与主机的位置而递增，其他类型模块的有无以及所处的位置不影响本类型模块的编号。

如 S7-200 PLC 的 CPU224 的基本单元内含 14 点 DC 输入/10 点 DC 输出，编址是以字节（8 位）为单位连续的，且输入和输出信号各自独立排序。如果需要扩展，则可以依次连接扩展单元 1、扩展单元 2，最多可连接 7 个扩展单元。如果 CPU224 连接输入 8 点扩展单元 1 和输出 8 点扩展单元 2，如图 3-12 所示，其编址如下：

S7-200 基本单元内输入信号的编址：

I0.0、I0.1、…、I0.4、I0.5、I0.6、I0.7、I1.0、I1.1、…、I1.4、I1.5。

S7-200 基本单元内输出信号的编址：

Q0.0、Q0.1、…、Q0.4、Q0.5、Q0.6、Q0.7、Q1.0、Q1.1。

S7-200 扩展单元 1 输入信号的编址：

I2.0、I2.1、…、I2.4、I2.5、I2.6、I2.7。

S7-200 扩展单元 2 输出信号的编址：

Q2.0、Q2.1、…、Q2.4、Q2.5、Q2.6、Q2.7。

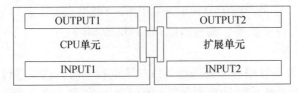

图 3-12 CPU224 的扩展配置

2. 外端子接线图

外端子为 PLC 输入、输出、外电源的连接点。从图 3-13 和图 3-14 中可以看出，PLC 各个接线口都有编号，且输入、输出口都是分组安排的。

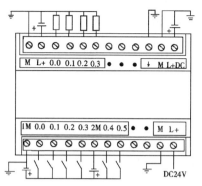

图 3-13　CPU221 的 DC 输入/DC 输出接线

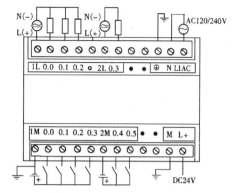

图 3-14　CPU221 的 DC 输入/继电器输出接线

3.7　PLC 数据存储区及寻址方式

3.7.1　数据存储区分配

　　PLC 在运行时需要处理的数据类型和功能各种各样。这些不同类型的数据被存放在不同的存储空间，从而形成不同的数据区。SIEMENS S7-200 PLC 的数据区可以分为数字量输入和输出映像区、模拟量输入和输出映像区、变量存储器区、顺序控制继电器、位存储器区、特殊存储器区、定时器存储器区、计数器存储器区、局部存储器区、高速计数器区和累加器区，分别用 I、Q、T、C、SM 等来表示。存储器区域编排采用区域号加区域内编号的方式。

　　1. 数字量输入继电器（I）

　　输入继电器和 PLC 的输入端子与之相连，它用于接收外部的开关信号。输入继电器一般采用八进制编号，一个端子占用一个点。当外部的开关信号闭合，则输入继电器的线圈得电，在程序中其动合触点闭合，动断触点断开。这些触点可以在编程时任意使用，使用次数不受限制。编程时注意输入继电器不能由程序驱动，其触点也不能直接输出带动负载。

　　PLC 是按照集中输入、集中输出、不断的周期性循环扫描的方式进行工作的。在每个扫描周期的开始，PLC 对各输入点进行采样，并把采样值送到输入映像寄存器。PLC 在接下来的本周期各阶段不再改变输入映像寄存器中的值，直到下一个扫描周期的输入采样阶段。

　　输入继电器如图 3-15 所示。输入继电器共有 128 点。输入继电器的每个位地址，包括存储器标识符、字节地址及位号三部分。存储器标识符为"I"，字节地址为整数部分，位号为小数部分。例如 I1.0 表明这个输入点是第 1 个字节的第 0 位。

　　2. 数字量输出继电器（Q）

　　输出继电器是 PLC 向外部负载发出控制命令的窗口，在 PLC 上均有输出端子与之对应。当通过程序使得输出继电器接通时，PLC 上的输出端开关闭合，它可以作为控制外部负载的开关信号。同时在程序中其动合触点闭合，动断触点断开。这些触点可以在编程时任意使用，使用次数不受限制。

　　在每个扫描周期的输入采样、程序执行等阶段，并不把输出结果信号直接送到输出继电器，而只是送到输出映像寄存器，只有在每个扫描周期的末尾才将输出映像寄存器中的结果几乎同时送到输出锁存器，对输出点进行刷新。

输出继电器如图 3-16 所示。输出继电器共有 128 点。输出继电器的每个位地址，包括存储器标识符、字节地址及位号三部分。存储器标识符为"Q"，字节地址为整数部分，位号为小数部分。例如 Q0.1 表明这个输出点是第 0 个字节的第 1 位。

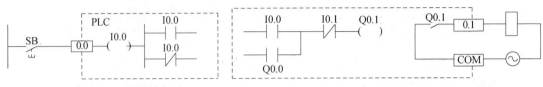

图 3-15　输入继电器示意图　　　　　图 3-16　输出继电器示意图

3. 模拟量输入映像寄存器（AI）、模拟量输出映像寄存器（AQ）

模拟量输入电路用以实现模拟量/数字量（A/D）之间的转换，而模拟量输出电路用以实现数字量/模拟量（D/A）之间的转换。

在模拟量输入/输出映像寄存器中，数字量的长度为 1 个字长（16 位），且从偶数号字节进行编址来存取转换过的模拟量值，如 0、2、4、6、8 等。编址内容包括元件名称、数据长度和起始字节的地址，如 AIW6、AQW12 等。

PLC 对这两种寄存器的存取方式不同的是，模拟量输入寄存器只能进行读取操作，而对模拟量输出寄存器只能进行写入操作。

4. 辅助继电器（M）

通用辅助继电器的作用和继电接触器控制系统中的中间继电器相同，它在 PLC 中没有输入/输出端与之对应，因此它的触点不能驱动外部负载。它主要是在逻辑运算中起着存储一些中间操作信息的作用。

5. 定时器（T）

定时器是可编程序控制器中重要的编程元件，是累计时间增量的内部器件，作用相当于时间继电器。电气自动控制的大部分领域都需要用定时器进行时间控制，灵活地使用定时器可以编制出复杂动作的控制程序。

定时器的工作过程与继电接触式控制系统的时间继电器基本相同，但它没有瞬动触点。使用时要提前输入时间预设值。

6. 计数器（C）

计数器用来累计输入脉冲的个数，经常用来对产品进行计数或进行特定功能的编程。使用时要提前输入它的设定值（计数的个数）。

7. 特殊继电器（SM）

有些辅助继电器具有特殊功能或用来存储系统的状态变量、有关的控制参数和信息，人们称其为特殊继电器。用户可以通过特殊标志来沟通 PLC 与被控对象之间的信息，如可以读取程序运行过程中的设备状态和运算结果信息，利用这些信息实现一定的控制动作。用户也可通过直接设置某些特殊继电器位来使设备实现某种功能。例如：

SM0.0　运行监控，在运行过程时始终为 1；

SM0.1　首次扫描为 1，以后为 0，常用来对程序进行初始化，属只读型；

SM0.2　当 RAM 数据丢失时为 1，保持一个扫描周期，可作错误存储器位；

SM0.3　开机进入 RUN 时为 ON 一个扫描周期，可在不断电的情况下代替 SM0.1 的功能；

SM0.4　分脉冲，30s 闭合/30s 断开；

SM0.5　秒脉冲，0.5s 闭合/0.5s 断开；

SM0.6　扫描时钟脉冲，闭合 1 个扫描周期/断开 1 个扫描周期，交替循环；

SM0.7　开关放置在 RUN 位置时为 1，在 TERM 位置时为 0，常用在自由口通信处理中。

8. 变量存储器（V）

变量存储器用来存储变量。它可以存放程序执行过程中控制逻辑操作的中间结果，也可以使用变量存储器来保存与工序或任务相关的其他数据。在进行数据处理时，变量存储器会被经常使用。

9. 局部变量存储器（L）

局部变量存储器用来存放局部变量。局部变量与变量存储器所存储的全局变量十分相似，主要区别在于全局变量是全局有效的，而局部变量是局部有效的。全局有效是指同一个变量可以被任何程序（包括主程序、子程序和中断程序）访问；而局部有效是指变量只和特定的程序相关联。

S7-200 PLC 提供 64 个字节的局部存储器，其中 60 个可以作暂时存储器或给子程序传递参数。主程序、子程序和中断程序都有 64 个字节的局部存储器可以使用。不同程序的局部存储器不能互相访问。机器在运行时，根据需要动态地分配局部存储器，在执行主程序时，分配给子程序或中断程序的局部变量存储区是不存在的，当子程序调用或出现中断时，需要为之分配局部存储器，新的局部存储器可以是曾经分配给其他程序块的同一个局部存储器。

10. 顺序控制继电器（S）

有些 PLC 中也把顺序控制继电器称为状态器。顺序控制继电器主要用在顺序控制或步进控制中。

11. 高速计数器（HC）

高速计数器的工作原理与普通计数器基本相同，只是它用来累计比主机扫描速率更快的高速脉冲。高速计数器的当前值是一个双字长（32 位）的整数，且为只读值。高速计数器的数量很少，编址时只用名称 HC 和编号，如 HC2。

12. 累加器（AC）

S7-200 PLC 提供 4 个 32 位累加器，分别为 AC0、AC1、AC2、AC3。累加器（AC）是用来暂存数据的寄存器。它可以用来存放数据如运算数据、中间数据和结果数据，也可用来向子程序传递参数，或从子程序返回参数。使用时只表示出累加器的地址编号，如 AC0。累加器可进行读、写两种操作。累加器的可用长度为 32 位，数据长度可以是字节、字或双字，但实际应用时，数据长度取决于进出累加器的数据类型。

3.7.2　寻址方式

1. 直接寻址

编程软元件在存储区中的位置都是固定的，S7-200 采用分区结合字节序号编址。另外，作为工业控制计算机，PLC 处理的数据可以是二进制数中的一位，也可以是一个字节、两个字节或多个字节的各种码制的数字。这样就有了依数据长度不同引出的寻址方式。

（1）位寻址（bit）

位寻址也称字节·位寻址，一个字节占有 8 个位。使用时必须指定元件名称、字节地址和位号。图 3-17 为字节·位寻址的例子。字节·位寻址一般用来表示"开关量"或"逻辑量"。

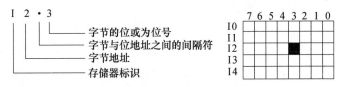

图 3-17　字节·位寻址

可以进行这种方式位寻址的编程元件有：I、Q、M、SM、L、V、、S。

（2）字节、字和双字寻址

对字节、字和双字数据，直接寻址时需指明元件名称、数据类型和存储区域内的首字节地址。图 3-18 是以变量存储器（V）为例分别存取 3 种长度数据的比较。

可以用此方式进行寻址的元件有：I、Q、M、SM、L、V、S、AI、AQ。

当采用字节寻址、字寻址、双字寻址时，某地址存储单元中所存放的一般为一个具体的数据，可以是数字也可以是字符串，数字可以为二进制、十进制、十六进制及实数。

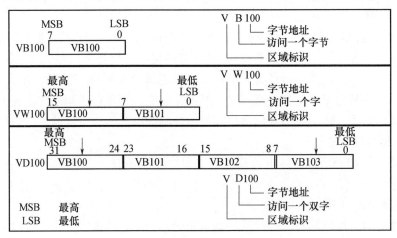

图 3-18　字节、字、双字对同一地址存取操作的比较

2. 间接寻址

间接寻址方式是指数据存放在存储器或寄存器中，在指令中只出现所需数据所在单元的内存地址的地址。存储单元地址的地址又称为地址指针。间接寻址以双字的形式存储其他存储区的地址，只能用 V 存储器、L 存储器或者累加器作为指针。

可以用指针进行间接寻址的存储区有：I、Q、M、V、S、T、C。其中 T 和 C 仅仅是当前值可以进行间接寻址，而对独立的位值和模拟量值不能进行间接寻址。

使用间接寻址方式存取数据的过程如下：

（1）建立指针

使用间接寻址对某个存储器单元读、写时，首先要建立地址指针。可作为指针的存储区有：V、L、AC。指针为双字长，必须用双字传送指令（MOVD），将存储器所要访问单元的地址装入用来作为指针的存储器单元或寄存器，装入的是地址而不是数据本身。格式如下：

$$\text{MOVD \quad \&VB100, VD204}$$

其中，"&"为地址符号，它与单元编号结合使用表示所对应单元的 32 位物理地址；

VB100 只是一个直接地址编号，并不是它的物理地址。指令中的第二个地址数据长度必须是双字长，如 VD、LD 和 AC 等。

（2）用指针来存取数据

在操作数的前面加"＊"表示该操作数为一个指针。如图 3-19 所示，AC1 为指针，用来存放要访问的操作数的地址。在这个例子中，存于 VB200、VB201 中的数据被传送到 AC0 中去。

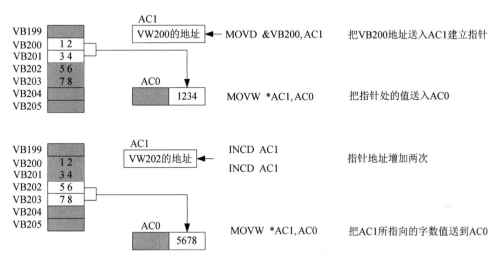

图 3-19　建立指针，存取数据及修改指针

（3）修改指针

连续存储数据时，可以通过修改指针后很容易存取其紧接的数据。简单的数学运算指令，如加法、减法、自增和自减等指令可以用来修改指针。在修改指针时，要记住访问数据的长度：存取字节时，指针加 1；存取字时，指针加 2；存取双字时，指针加 4。

习题与思考题

1. PLC 有什么特点？

2. PLC 与继电接触式控制系统相比有哪些异同？

3. 构成 PLC 的主要部件有哪些？各部分主要作用是什么？

4. PLC 是按什么样的工作方式进行工作的？它的中心工作过程分哪几个阶段？

5. PLC 中软继电器的主要特点是什么？

6. S7-200 系列 PLC 主机中有哪些主要编程元件？

7. 间接寻址包括几个步骤？试举例说明。

8. 一个控制系统需要 12 点数字量输入、30 点数字量输出、7 点模拟量输入和 2 点模拟量输出。试问：

（1）可以选用 S7-200 系列 PLC 的哪种主机型号？

（2）如何选择扩展模块？

（3）各模块按什么顺序连接到主机？请画出连接图。

9. 说明 PLC 梯形图的能流概念。

10. 说明基本单元和扩展单元在使用上的区别。

11. 造成 PLC 的输入/输出滞后现象的主要原因是什么？可采取哪些措施缩短这种滞后时间？

12. 什么是 PLC 的扫描周期？其扫描过程分为几个阶段？各完成什么任务？

第 3 篇　S7-200PLC 指令系统及编程实例

第 4 章　S7-200PLC 基本指令及编程实例

PLC 可采用梯形图（LAD）、语句表（STL）、功能块图（FBD）和高级语言等编程语言。但梯形图和语句表一直是它最基本也最常用的编程语言。梯形图直接起源于继电接触器控制系统，其规则充分体现了电气技术人员的习惯。语句表则是 PLC 最基础的编程语言。本章介绍 S7-200 系列 PLC 的基本逻辑指令、定时器指令及计数器指令，并介绍常用典型电路编程及应用实例。

4.1　基本逻辑指令

梯形图与语句表是 PLC 程序中最常用的两种编程语言，它们之间有着密切的对应关系。在下面讲解指令和举例的时候，主要用到了梯形图指令（LAD），S7-200 PLC 用 LAD 编程时以每个独立的网络块（Network）为单位，所有的网络块组合在一起就是梯形图程序，这也是 S7-200 PLC 的特点。

触点和线圈是梯形图最基本的元素，从元件角度出发，触点及线圈是元件的组成部分，线圈得电则该元件的动合触点闭合，动断触点断开；反之，线圈失电则动合触点恢复断开，动断触点恢复闭合。从梯形图的结构而言，触点是线圈的工作条件，线圈的动作是触点运算的结果。

4.1.1　位逻辑指令

1. 逻辑取及线圈驱动指令（LD、LDN 和 ＝）

LD（Load）：取指令。用于网络块逻辑运算开始的动合触点与母线的连接。

LDN（Load Not）：取反指令。用于网络块逻辑运算开始的动断触点与母线的连接。

＝（Out）：线圈驱动指令。

使用说明（图 4-1）：

（1）LD、LDN 指令不止是用于网络块逻辑计算开始时与母线相连的动合和动断触点，在分支电路块的开始也要使用 LD、LDN 指令，与后面要讲的 ALD、OLD 指令配合完成块电路的编程。

（2）并联的 ＝ 指令可连续使用任意次。

（3）在同一程序中不能使用双线圈输出，即同一个元器件在同一程序中只使用一次 ＝ 指令。

LD、LDN 操作数：I、Q、M、SM、T、C、V、S 和 L。

OUT 操作数：Q、M、SM、T、C、V、S 和 L。T 和 C 也作为输出线圈，但在 S7-200 PLC 中输出时不是以使用 "＝" 指令形式出现（见定时器和计数器指令）。

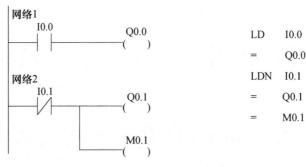

图 4-1　LD、LDN、= 电路

2. 触点串联指令（A、AN）

A（And）：与指令。用于单个动合触点与其他程序段的串联连接。

AN（And Not）：与反指令。用于单个动断触点与其他程序段的串联连接。

使用说明（图 4-2）：

（1）A、AN 是单个触点串联连接指令，可连续使用。但在用梯形图编程时会受到打印宽度和屏幕显示的限制。S7-200 PLC 的编程软件中规定的串联触点使用上限为 11 个。

（2）图 4-2 中所示的连续输出电路，可以反复使用 "=" 指令，但次序必须正确，不然就不能连续使用 "=" 指令编程了。图 4-3 所示的电路就不属于连续输出电路。

操作数：I、Q、M、SM、T、C、V、S 和 L。

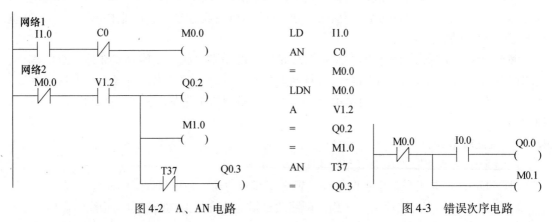

图 4-2　A、AN 电路　　　　　　　　　　　　　　图 4-3　错误次序电路

3. 触点并联指令（O、ON）

O（OR.）：或指令。用于单个动合触点与其他程序段的并联连接。

ON（Or Not）：或反指令。用于单个常闭触点与其他程序段的并联连接。

使用说明（图 4-4）：

单个触点的 O、ON 指令可连续使用。

操作数：I、Q、M、SM、T、C、V、S 和 L。

4. 串联电路块的并联连接指令（OLD）

两个以上触点串联形成的支路称为串联电路块。

OLD（Or Load）：或块指令。用于串联电路块的并联连接。

使用说明（图 4-5）：

（1）除在网络块逻辑运算的开始使用 LD 或 LDN 指令外，在块电路的开始也要使用 LD

和 LDN 指令。

（2）每完成一次块电路的并联时要写上 OLD 指令。

操作数：OLD 指令无操作数。

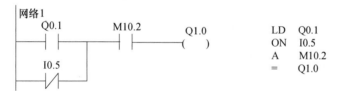

图 4-4　O、ON 电路

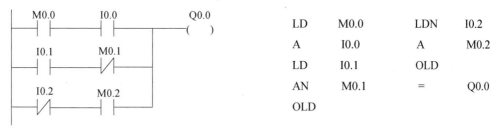

图 4-5　OLD 电路

5. 并联电路块的串联连接指令（ALD）

两条以上支路并联形成的电路称为并联电路块。

ALD（And Load）：与块指令。用于并联电路块的串联连接。

使用说明（图 4-6）：

（1）在块电路开始时要使用 LD 和 LDN 指令。

（2）在每完成一次块电路的串联连接后要写上 ALD 指令。

操作数：ALD 指令无操作数。

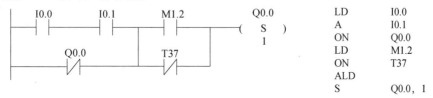

图 4-6　ALD 电路

6. 置位/复位指令（S、R）

置位（Set）/复位（Reset）指令的 LAD 和 STL 形式以及功能如表 4-1 所示。

表 4-1　置位/复位指令说明

指令名称	LAD	STL	功能	操作数范围及类型
置位指令	bit ——（ S ） N	S bit, N	从 bit 开始的 N 个元件置 1 并保持	N：VB、IB、QB、MB、SMB、SB、LB、AC、常数、＊VD、＊AC 和＊LD。一般情况下使用常数（N：1～255）。 　S/R：I、Q、M、SM、T、C、V、S 和 L
复位指令	bit ——（ R ） N	R bit, N	从 bit 开始的 N 个元件清 0 并保持	

使用说明（图 4-7）：

（1）对位元件来说一旦被置位，就保持在通电状态，除非对它复位；而一旦被复位就保持在断电状态，除非再对它置位。

（2）S/R 指令可以互换次序使用，但由于 PLC 采用扫描工作方式，所以写在后面的指令具有优先权。图 4-7 中，若 I0.0 和 I0.1 同时为 1，则 Q0.0 肯定处于复位状态而为 0。

（3）如果对计数器和定时器复位，则计数器和定时器的当前值被清零。

操作数：Q、M、SM、V、S、L。

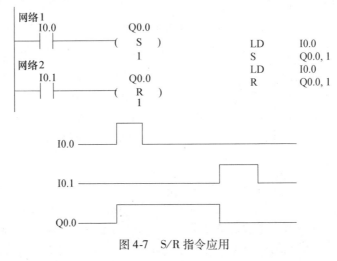

图 4-7　S/R 指令应用

7. RS 触发器指令

RS 触发器指令包括两条指令。

SR（Set Dominant Bistable）：置位优先触发器指令。当置位信号（S1）和复位信号（R）都为真时，输出为真。

RS（Reset Dominant Bistable）：复位优先触发器指令。当置位信号（S）和复位信号（R1）都为真时，输出为假。

RS 触发器指令的 LAD 形式如图 4-8 所示。网络 1 为 SR 指令，网络 2 为 RS 指令。Bit 参数用于指定被置位或者被复位的 BOOL 参数。RS 触发器指令没有 STL 形式，但可通过编

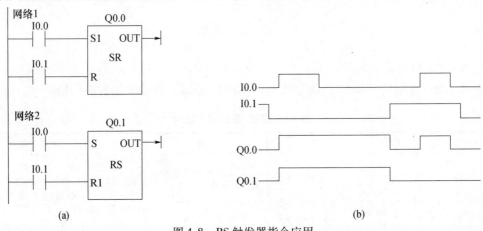

图 4-8　RS 触发器指令应用

（a）梯形图；（b）时序图

程软件把 LAD 形式转换成 STL 形式，不过很难读懂。所以建议如果使用 RS 触发器指令，最好使用 LAD 形式。

RS 触发器指令及真值表如表 4-2 所示。

表4-2　触发器指令说明

指令名称	S1	R	输出	操作数范围及类型
置位优先触发器指令（S1） bit ─| S1　OUT |─ SR ─| R	0	0	保持前一状态	R/S：I、Q、V、M、SM、S、T、C。 Bit：I、Q、V、M 和 S
	0	1	0	
	1	0	1	
	1	1	1	
复位优先触发器指令（R1） bit ─| S　OUT |─ RS ─| R1	S	R1	输出	
	0	0	保持前一状态	
	0	1	0	
	1	0	1	
	1	1	0	

8. 立即指令

立即指令是针对 PLC 输入/输出的快速响应而设置的，它不受 PLC 循环扫描工作方式的影响，允许对输入和输出点进行快速直接存取。当用立即指令读取输入点的状态时，立即触点可不受扫描周期的影响，对 I 进行操作，相应的输入映像寄存器中的值并未更新；当用立即指令访问输出点时，对 Q 直接进行操作，新值同时写到 PLC 的物理输出点和相应的输出映像寄存器。立即指令的名称和使用说明如表 4-3 所示。

表4-3　立即指令说明

指令名称	语句表		梯形图	使用说明
立即取	LDI	bit	bit ─| I |─	bit 只能为 I
立即取反	LDNI	bit		
立即或	OI	bit		
立即或反	ONI	bit	bit ─|/I|─	
立即与	AI	bit		
立即与反	ANI	bit		
立即输出	= I	bit	bit ─（ I ）─	bit 只能为 Q
立即置位	SI	bit，N	bit ─（ SI ）─ N	1. bit 只能为 Q 2. N：1~128 3. N 的操作数同 S/R 指令
立即复位	RI	bit，N	bit ─（ RI ）─ N	

图 4-9 所示为立即指令的用法。

9. 边沿脉冲指令

边沿脉冲指令为 EU（Edge Up）、ED（Edge Down）。正跳变指令（EU）用来检测由 0

到 1 的正跳变并产生一个宽度为一个扫描周期的脉冲；负跳变指令（ED）用来检测由 1 到 0 的负跳变并产生一个宽度为一个扫描周期的脉冲。

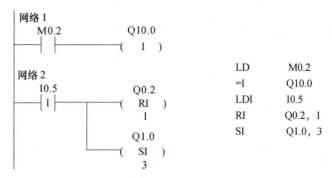

图 4-9　立即指令应用

边沿脉冲指令的使用及说明如表 4-4 所示。

表 4-4　边沿脉冲指令说明

指令名称	梯形图	语句表	功能	说明
上升沿脉冲	─┤ P ├─	EU	在上升沿产生脉冲	无操作数
下降沿脉冲	─┤ N ├─	ED	在下降沿产生脉冲	

边沿脉冲指令 EU/ED 使用举例如图 4-10 所示。

EU 指令对其之前的逻辑运算结果的上升沿产生了一个宽度为一个扫描周期的脉冲，如图 4-10 中的 M0.0。ED 指令对逻辑运算结果的下降沿产生了一个宽度为一个扫描周期的脉冲，如图 4-10 中的 M0.1。脉冲指令常用于启动及关断条件的判定以及配合功能指令完成一些逻辑控制任务。

10. NOT 及 NOP 指令

（1）取反指令 NOT

将复杂逻辑结果取反，也就是当到达取反指令的能流为 1 时，经过取反指令后能流为 0；当到达取反指令的能流为 0 时，经过取反指令后能流为 1。取反指令的应用如图 4-11 所示。

操作数：取反指令无操作数。

（2）空操作指令 NOP（No Operation）

该指令很少被使用，最有可能用在跳转指令的结束处，或在调试程序中使用。该指令对用户程序的执行没有影响，其 LAD 和 STL 形式如下：

STL 形式：NOP　N

LAD 形式：
```
        N
      ┌─────┐
──────┤ NOP │
      └─────┘
```

操作数：N 的范围为 0～255。

11. 比较指令

比较指令是将两个数值或字符串按指定条件进行比较，条件成立时，触点就闭合，后面的电路被接通。否则比较触点断开，后面的电路不接通。换句话说，比较触点相当于一个有条件的动合触点，当比较关系成立时，触点闭合；当不成立时，触点断开。在实际应用中，比较指令为上、下限控制以及数值条件判断提供了方便。

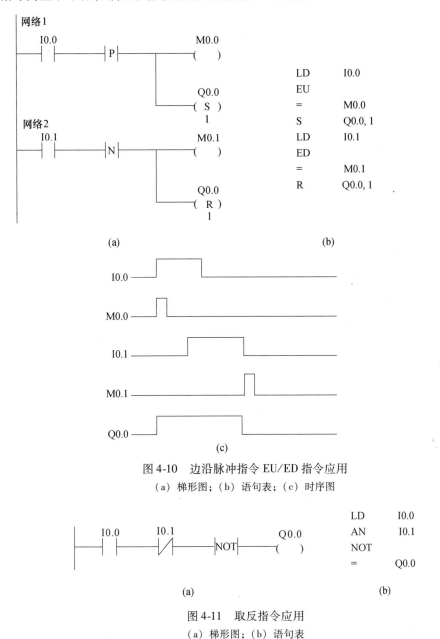

图 4-10　边沿脉冲指令 EU/ED 指令应用

（a）梯形图；（b）语句表；（c）时序图

图 4-11　取反指令应用

（a）梯形图；（b）语句表

比较指令的类型有：字节比较、整数比较、双字整数比较、实数比较和字符串比较。

数值比较指令的运算符有：=、>=、<、<=、>和<>等6种，而字符串比较指令只有=和<>两种。

比较指令是以触点的形式出现在梯形图中的，因而对比较指令可进行 LD、A 和 O 编程。

比较指令的 LAD 和 STL 形式如表 4-5 所示。

表 4-5　数值比较指令

触点的基本指令 （以字节比较为例）	从母线取用比较触点	串联比较触点	并联比较触点
——| == B |—— ——| < > B |—— ——| >= B |—— ——| > B |—— ——| <= B |—— ——| < B |——	IN1 |——| == B |—— IN2	bit　　　IN1 |——| |——| == B |—— 　　　　IN2	bit ——| |—— IN1 | == B | IN2
	LDB = ，LDB < > LDB > = ，LDB > LDB < = ，LDB <	AB = ，AB < > AB > = ，AB > AB < = ，AB <	OB = ，OB < > OB > = ，OB > OB < = ，OB <
操作数的含义及范围	字节比较操作数 IN1/IN2：IB、QB、MB、SMB、VB、SB、LB、AC、常数、＊VD、＊AC、＊LD。 字比较操作数 IN1/IN2：IW、QW、MW、SMW、T、C、VW、LW、AIW、AC 常数、＊VD、＊AC、＊LD。 双字比较操作数 IN1/TN2：ID、QD、MD、SMD、VD、LD、HC、AC、常数、＊VD、＊AC、＊LD。 实数比较操作数 IN1/IN2：ID、QD、MD、SMD、VD、LD、AC、常数、＊VD、＊AC、＊LD。 OUT：I、Q、V、M、SM、S、T、C、L		

说明：字符串比较指令在 PLC　CPU1.2 1 和 Micro/WIN3 2 V3.2 以上版本中才有。字符串的长度不能超过 254 个字符。

字节比较用于比较两个字节型整数值 IN1 和 IN2 的大小，字节比较是无符号的。整数比较用于比较两个一个字长的整数值 IN1 和 IN2 的大小，整数比较是有符号的，其范围是 16#8000 ~ 16#7FFF。

双字整数比较用于比较两个双字长整数值 IN1 和 IN2 的大小。它们的比较也是有符号的，其范围是 16#80000000 ~ 16#7FFFFFFF。

实数比较用于比较两个双字长实数值 IN1 和 IN2 的大小，实数比较是有符号的。负实数范围为 $-1.175495E-38 ~ -3.402823E+38$，正实数范围是 $+1.175495E-38 ~ +3.402823E+38$。

4.1.2　定时器指令

1. 定时器介绍

定时器是 PLC 中最常用的元器件之一，其功能和继电接触器控制系统中的时间继电器相同，都起到延时的作用。不同的是，PLC 中的定时器只有延时触点，无瞬动触点。S7-200 PLC 为用户提供了三种类型的定时器：接通延时定时器（TON）、有记忆接通延时定时器（TONR）和断开延时定时器（TOF）。

定时器的编号用定时器的名称和它的常数编号（最大数为 255）来表示，即 T×××，如 T40。

定时器编程时要预置定时值，在运行过程中当定时器的使能输入端条件满足时，当前值从 0 开始按一定的单位增加；当定时器的当前值到达设定值时，定时器发生动作，从而满足各种定时逻辑控制的需要。

定时器的分辨率和定时时间的计算：

单位时间的时间增量称为定时器的分辨率。S7-200 PLC 定时器有 3 个分辨率等级：1ms、10ms 和 100ms。

定时器定时时间 T 的计算公式为

$$T = PT \times S$$

式中：T 为实际定时时间；PT 为预置值；S 为分辨率。

例如：TON 指令使用 T37（为 100ms 的定时器），设定值为 100，则实际定时时间为

$$T = 100 \times 100\text{ms} = 10000\text{ms}$$

每个定时器都有一个 16bit 当前值寄存器和一个 1bit 状态位：T – bit（反映其触点状态）。当前值寄存器存储定时器当前所累计的时间。状态位与其他继电器的输出相似。当定时器的当前值达到设定值 PT 时，定时器的触点动作。

2. 定时器指令使用说明

(1) 接通延时定时器 TON（On-Delay Timer）

接通延时定时器用于单一时间间隔的定时。上电周期或首次扫描时，定时器位为 OFF，当前值为 0。输入端接通时，定时器位为 OFF，当前值从 0 开始计时，当前值达到设定值时，定时器位为 ON，当前值仍连续计数到 32767。输入端断开，定时器自动复位，即定时器位为 OFF，当前值为 0。

(2) 记忆接通延时定时器 TONR（Retentive On-Delay Timer）

顾名思义，记忆接通延时定时器具有记忆功能，它用于对许多间隔的累计定时。上电周期或首次扫描时，定时器位为 OFF，当前值保持在掉电前的值。当输入端接通时，当前值从上次的保持值继续计时；当累计当前值达到设定值时，定时器位为 ON，当前值可继续计数到 32767。需要注意的是，TONR 定时器只能用复位指令 R 对其进行复位操作。TONR 复位后，定时器位为 OFF，当前值为 0。掌握好对 TONR 的复位及启动是使用好 TONR 指令的关键。

(3) 断开延时定时器 TOF（Off-Delay Timer）

断开延时定时器用于断电后的单一间隔时间计时。上电周期或首次扫描时，定时器位为 OFF，当前值为 0。输入端接通时，定时器位为 ON，当前值为 0。当输入端由接通到断开时，定时器开始计时。当达到设定值时，定时器位为 OFF，当前值等于设定值，停止计时。输入端再次由 OFF→ON 时，TOF 复位，这时 TOF 的位为 ON，当前值为 0。如果输入端再从 ON→OFF，则 TOF 可实现再次启动。

定时器指令如表 4-6 所示。

表 4-6　定时器指令说明

定时器类型	接通延时定时器	记忆接通延时定时器	断开延时定时器
指令的表达形式	???? IN　TON ??? – PT　??ms TON　T×××, PT	???? IN　TONR ??? – PT　??ms TONR　T×××, PT	???? IN　TOF ??? – PT　??ms TOF　T×××, PT
操作数的范围及类型	定时器编号 N：0～255。 IN：I、Q、M、SM、T、C、V、S、L（位）。 PT：IW、QW、MW、SMW、VW、SW、LW、AIW、T、C、常数、AC、*VD、*AC、*LD		

3. 应用举例

图 4-12 为三种类型定时器的基本使用举例。

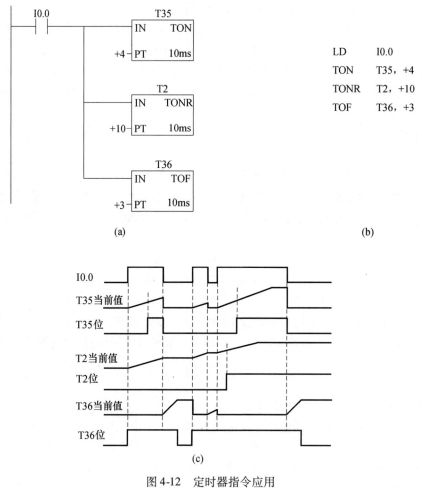

(a)　　　　　　　　　　　　　　　　　　(b)

(c)

图 4-12　定时器指令应用

（a）梯形图；（b）语句表；（c）时序图

4.1.3　计数器指令

计数器用来累计输入脉冲的次数，在实际应用中用来对产品进行计数或完成复杂的逻辑控制任务。计数器的使用和定时器基本相似，编程时输入它的计数设定值，计数器累计它的脉冲输入端信号上升沿的个数。当计数值达到设定值时，计数器发生动作，以便完成计数控制任务。

S7-200 系列 PLC 的计数器有 3 种：增计数器 CTU、增减计数器 CTUD 和减计数器 CTD。

计数器的编号用计数器名称和数字（0~255）组成，即 C×××，如 C6。

与定时器相似，每个计数器都有一个 16bit 当前值寄存器和一个 1bit 状态位：C-bit（反映其触点状态）。计数器当前值用来存储计数器当前所累计的脉冲个数，最大数值为 32767。计数器状态位和继电器一样是一个开关量，表示计数器是否发生动作的状态。当计数器的当前值达到设定值时，该位被置位为 ON。

计数器指令的 LAD 和 STL 格式如表 4-7 所示。

表 4-7　计数器的指令说明

计数器指令类型	增计数器指令	增减计数器指令	减计数器指令
指令的表达形式	CU　CTU R PV	CU　CTUD CD R PV	CD　CTD LD PV
操作数的范围及类型	计数器标号 N：0 ~ 255。 CU、CD、LD、R：I、Q、M、SM、T、C、V、S、L（位）。 PV：IW、QW、MW、SMW、VW、SW、LW、AIW、T、C、常数、AC、＊VD、＊AC、 ＊LD		

1. 增计数器 CTU（Count Up）

首次扫描时，计数器状态位为 OFF，当前值为 0。在计数脉冲输入端 CU 的每个上升沿，计数器计数 1 次，当前值增加一个数。当前值达到设定值时，计数器状态位为 ON，当前值可继续计数到 32767 后停止计数。复位输入端有效或对计数器执行复位指令，计数器自动复位，即计数器状态位为 OFF，当前值为 0。图 4-13 为增计数器的用法。

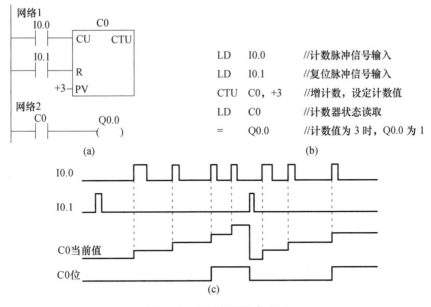

图 4-13　增计数器指令应用
（a）梯形图；（b）语句表；（c）时序图

注意：在语句表中，CU、R 的编程顺序不能错误。

2. 增减计数器 CTUD（Count Up/Down）

增减计数器有两个计数脉冲输入端：CU 输入端用于递增计数，CD 输入端用于递减计数。首次扫描时，计数器状态位为 OFF，当前值为 0。CU 输入的每个上升沿，计数器当前值增加一个数；CD 输入的每个上升沿，都使计数器当前值减小一个数，当前值达到设定值时，计数器状态位为 ON。

增减计数器当前值计数到 32767（最大值）后，下一个 CU 输入的上升沿将使当前值跳变为最小值（−32768）；当前值达到最小值 −32768 后，下一个 CD 输入的上升沿将使当前值跳变为最大值 32767。复位输入端有效或使用复位指令对计数器执行复位操作后，计数器自动复位，即计数器状态位为 OFF，当前值为 0。图 4-14 为增减计数器的用法。

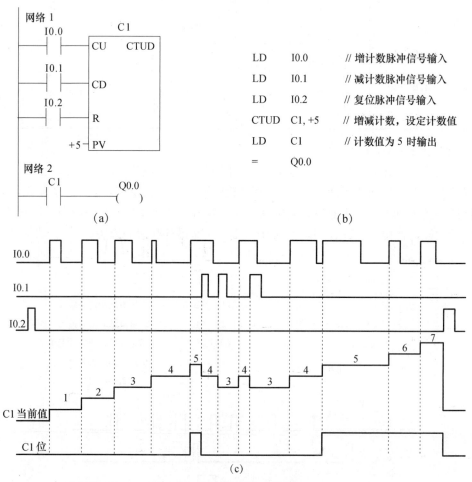

图 4-14 增减计数器指令应用
(a) 梯形图；(b) 语句表；(c) 时序图

3. 减计数器 CTD（Count Down）

首次扫描时，计数器状态位为 ON，当前值为预设定值 PV。对 CD 输入端的每个上升沿计数器计数 1 次，当前值减少一个数，当前值减小到 0 时，计数器位置位为 ON，复位输入端有效或对计数器执行复位指令，计数器自动复位，即计数器位 OFF，当前值复位为设定值。图 4-15 为减计数器的用法。

注意：减计数器的复位端是 LD，而不是 R。在语句表中，对应梯形图 CD 和 LD 端子的 LD 指令的操作数顺序不能错误。

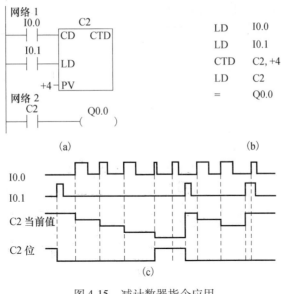

图 4-15　减计数器指令应用

(a) 梯形图；(b) 语句表；(c) 时序图

4.1.4　逻辑堆栈指令

堆栈这个概念在计算机中是一个十分重要的概念。堆栈就是一个特殊的数据存储区，最深部的数据称为栈底数据，顶部的数据称为栈顶数据，见图 4-16 中的 iv0。PLC 有些操作往往需要把当前的一些数据送到堆栈中保存，待需要的时候再把存入的数据取出来。这就是常说的入栈和出栈，也称为压栈和弹出。S7-200 PLC 在编程时就可能会用到堆栈指令。例如，逻辑操作中块的与和块的或操作、子程序操作、顺控操作、高速计数器操作、中断操作等都会接触到堆栈。S7-200 PLC 堆栈有 9 层，见图 4-16 中 iv0 ~ iv8。

西门子公司的系统手册中把 ALD、OLD、LPS、LRD、LPP 和 LDS 等指令都归纳为栈操作指令。其中 ALD（与块指令）和 OLD（或块指令）前面已经介绍过，下面分别介绍其余四条指令。

1. 逻辑入栈 LPS、逻辑读栈 LRD 和逻辑出栈 LPP 指令

这三条指令也称为多重输出指令，主要用于一些复杂逻辑的输出处理。

LPS（Logic Push）：逻辑入栈指令（分支电路开始指令）。从堆栈使用上来讲，LPS 指令的作用是把栈顶值复制后压入堆栈，栈底的值被推出并消失。从梯形图中的分支结构中可以形象地看出，它用于生成一条新的母线，其左侧为原来的主逻辑块，右侧为新的从逻辑块，因此可以直接编程。

LRD（Logic Read）：逻辑读栈指令。从堆栈使用上来讲，LRD 读取最近的 LPS 压入堆栈的内容，即复制堆栈中的第二个值到栈顶，而堆栈本身不进行 Push 和 Pop 工作，但旧的栈顶的值被新的复制值所取代。在梯形图分支结构中，当新母线左侧为主逻辑块时，LPS 开始右侧的第一个从逻辑块编程，LRD 开始第二个以后的从逻辑块编程。

LPP（Logic Pop）：逻辑出栈指令（分支电路结束指令）。从堆栈使用上来讲，LPP 把栈顶值弹出，堆栈内容依次上移。在梯形图分支结构中，LPP 用于 LPS 产生的新母线右侧的最后一个从逻辑块编程，它在读取完离它最近的 LPS 压入堆栈内容的同时复位该条新母线。

LDS（Load Stack）：装入堆栈指令。它的功能是复制堆栈中的第 N 个值到栈顶，而栈底

丢失。装入堆栈指令的有效操作数为 0 ~ 8。

例如，执行指令 LDS　3，该指令执行后堆栈发生变化的情况如图 4-16（d）所示。

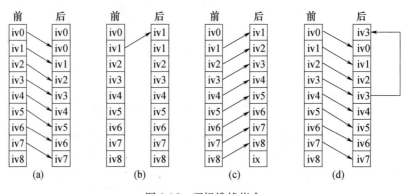

图 4-16　逻辑堆栈指令

（a）LPS；（b）LRD；（c）LPP；（d）LDS

使用说明：

（1）由于受堆栈空间的限制（9 层堆栈），LPS、LPP 指令连续使用时应少于 9 次。

（2）LPS 和 LPP 指令必须成对使用，它们之间可以使用 LRD 指令。

操作数：LPS、LRD、LPP 指令无操作数。

2. 堆栈指令应用

逻辑堆栈指令应用如图 4-17 所示。

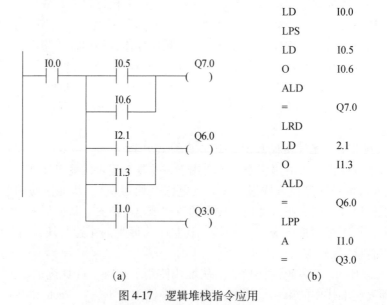

LD	I0.0
LPS	
LD	I0.5
O	I0.6
ALD	
=	Q7.0
LRD	
LD	2.1
O	I1.3
ALD	
=	Q6.0
LPP	
A	I1.0
=	Q3.0

（a）　　　　　　　　　　　（b）

图 4-17　逻辑堆栈指令应用

（a）梯形图；（b）语句表

4.2　编 辑 规 则

4.2.1　梯形图编程基本规则

梯形图编程的基本规则如下：

（1）PLC 内部元器件触点的使用次数是无限制的。

（2）梯形图的每一行都是从左边母线开始，然后是各种触点的逻辑连接，最后以线圈或指令盒结束，触点不能放在线圈的右边。但当以有能量传递的指令盒结束时，可以使用 AENO 指令在其后面连接指令盒（较少使用）。

（3）线圈和指令盒一般不能直接连接在左边的母线上，如需要的话可通过特殊的中间继电器 SM0.0（常 ON 特殊中间继电器）完成，如图 4-18 所示。

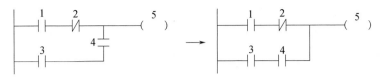

图 4-18　梯形图画法示例一

（4）在同一程序中，同一编号的线圈使用两次及两次以上称为双线圈输出。双线圈输出非常容易引起误动作，所以应避免使用。S7-200 PLC 中不允许双线圈输出。

（5）在手工编写梯形图程序时，触点应画在水平线上，不要画在垂直线上，这样容易确认它和其他触点的关系，如图 4-19 所示。

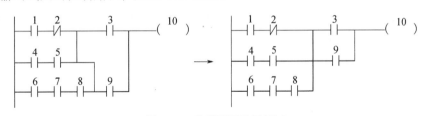

图 4-19　梯形图画法示例二

（6）不包含触点的分支线条应放在垂直方向，不要放在水平方向，以便于识别触点的组合和对输出线圈的控制路径，如图 4-20 所示。

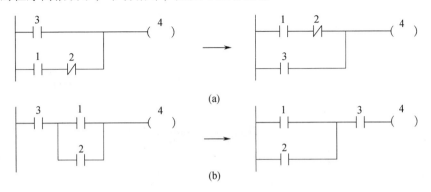

图 4-20　梯形图画法示例三

（7）应把串联多的电路块尽量放在最上边，把并联多的电路块尽量放在最左边，这样会使编制的程序简洁明了，节省指令，如图 4-21 所示。

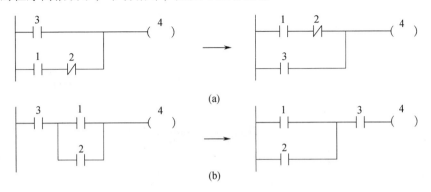

（a）

（b）

图 4-21　梯形图画法示例四

（a）把串联多的电路块放在最上边；（b）把并联多的电路块放在最左边

（8）图 4-22 所示为梯形图的推荐画法。

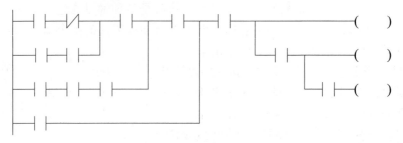

图 4-22　梯形图推荐画法

4.2.2　语句表编辑规则

有许多场合需要由梯形图转换成语句表，这要根据梯形图上的符号及符号间的位置关系正确地选取指令及注意正确的表达顺序。

（1）列写指令的顺序务必按从左到右、自上而下的原则进行。

（2）在处理较复杂的触点结构时，如触点块的串联、并联或堆栈相关指令，指令表的表达顺序为：先写出参与因素的内容，再表达参与因素间的关系。

梯形图转换成语句表指令的编辑规则如图 4-23 所示，转换后的语句表如图 4-24 所示。

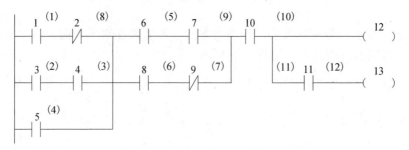

图 4-23　梯形图转换成语句表的编辑规则

(1)	LD	1	(4)	O	5	(7)	OLD	
	AN	2	(5)	LD	6	(8)	ALD	
(2)	LD	3		A	7	(9)	A	10
	A	4	(6)	LD	8	(10)	=	12
(3)	OLD			AN	9	(11)	A	11
(12)	=	13						

图 4-24　语句表指令

4.3　典型电路及编程实例

4.3.1　典型电路

1. 固定间隔的脉冲输出电路

在输入信号为 1 时，要求产生一个固定间隔的脉冲输出电路，且脉冲的间隔可调，如图 4-25 所示。

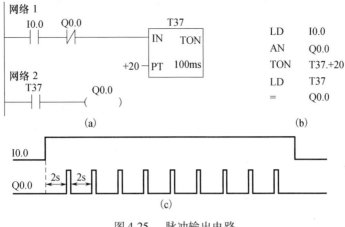

图 4-25   脉冲输出电路

（a）梯形图；（b）语句表；（c）时序图

2. 自制脉冲源的设计

在实际应用中，经常会遇到需要产生一个周期确定而占空比可调的脉冲系列，这样脉冲用两个接通延时的定时器即可实现。设计一个周期为 10s、占空比为 0.5 的脉冲系列，该脉冲的产生由输入端 I1.0 控制，如图 4-26 所示。

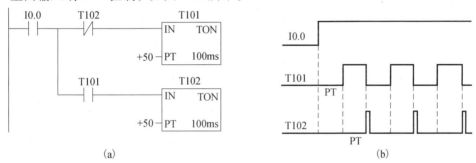

图 4-26   自制脉冲源的编程

（a）梯形图；（b）时序图

分析：采用定时器 T101 和 T102 组成，如图 4-26 所示。当 I0.0 由 0 变为 1 时，因 T102 的非是接通的，故 T101 被启动并且开始计时，当 T101 的当前值 PV 达到设定值 PT 时，T101 的状态由 0 变为 1。由于 T101 为 1 状态，这时 T102 被启动，T102 开始计时，当 T102 的当前值 PV 达到其设定值 PT 时，T102 瞬间由 0 变为 1 状态。T102 的 1 状态使得 T101 的启动信号变为 0 状态，则 T101 的当前值 PV = 0，T101 的状态变为 0。T101 的 0 状态使得 T102 变为 0，则又重新启动 T101 开始了下一个周期的运行。从以上分析可知，T102 计时开始到 T102 的 SV 值达到 PT 期间 T101 的状态为 1，这个脉冲宽度取决于 T102 的 PT 值，而 T101 计时开始到达到设定值期间 T101 的状态为 0，两个定时器的 PT 相加就是脉冲的周期。

如果 T101 的设定值由 VW0 提供，T102 的设定值由 VW2 提供，就组成了周期 $T =$（VW0）+（VW2），占空比 $\tau =$（VW2）$/T$ 的脉冲序列。

3. 定时器和计数器的扩展电路

（1）计数器的扩展

如前所述，一个计数器最大计数值为 32767。在实际应用中，如果计数范围超过该值，就需要对计数器的计数范围进行扩展，方法是将两个计数器串联使用，此时，计数器的计数个数是：$n_1 + n_2$。图 4-27 为计数器扩展电路的程序。

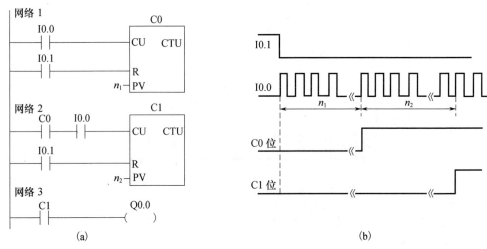

图 4-27　计数器的扩展电路

（a）梯形图；（b）时序图

（2）长延时定时器 1

S7-200 PLC 中的定时器最长定时时间不到 1h，但在一些实际应用中，往往需要几小时甚至几天或更长时间的定时控制，这样仅用一个定时器就不能完成该任务。同样可以使用两个定时器串联的方法，图 4-28 为该电路的梯形图程序，经过 T37 和 T38 两个定时器延时的总和时间后将输出 Q0.0 置位。

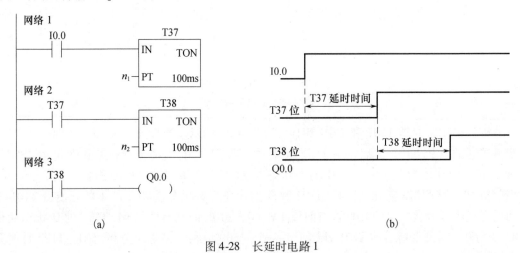

图 4-28　长延时电路 1

（a）梯形图；（b）时序图

（3）长延时定时器 2

除将两个定时器进行串联得到长延时定时器外，还可以用定时器和计数器连接，得到以等效倍乘的定时器。图 4-29 为该电路的梯形图程序。

在该梯形图中，T37 用来产生一个固定时间间隔的脉冲信号，时间间隔由 n_1 决定。同时 T37 作为计数器 C1 的计数脉冲输入端，即每隔 100ms × n_1 计一个数，那么当 C1 到达其计数个数后，Q0.0 才能置位成 ON。所以，该梯形图中总的延时时间 $T = 100ms \times n_1 \times n_2$。

使用时，应注意计数器复位输入端逻辑的设计，要保证能准确及时复位。该例中，SM0.1 和 I0.1 为外置复位信号。当 C1 计数到 n_2 时，在下一个扫描周期，它的动合触点使自己复位。

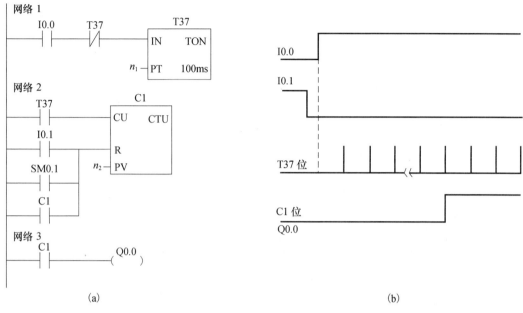

图 4-29　长延时电路 2
（a）梯形图；（b）时序图

4.3.2　编程实例

【例 4-1】抢答器

儿童两名，青年学生一名和教授 2 人组成 3 组抢答。儿童任意一人按钮均可抢得，教授需要二人同时按钮可抢得，在主持人按钮同时宣布开始后 10s 内有人抢答则幸运彩球转动。

表 4-8 给出 PLC I/O 端子分配表。梯形图如图 4-30 所示。从梯形图中可以看出，每个网络都可以看成基本的启—保—停电路，只不过条件相对复杂一些。进行设计时，首先要对题目分析，按照条件分类，找出各种联锁关系等。如本例中，可以看出有儿童抢得、学生抢得、教授抢得及彩球机转动 4 个输出，找出每个产生每个输出的条件，如学生抢得必须是学生按下抢答按钮且另外两组均没抢得的情况下才能有输出。同时还要注意各个输出之间相互制约的条件和辅助部分。

表 4-8　I/O 分配表

输入端子	输出端子	其他器件
儿童按钮：I0.1、I0.2 学生按钮：I0.3 教授按钮：I0.4、I0.5 主持人开始按钮：I1.1（自锁） 主持人复位按钮：I1.2	指示灯：Q1.1 Q1.2 Q1.3 彩　球：Q1.4	T37

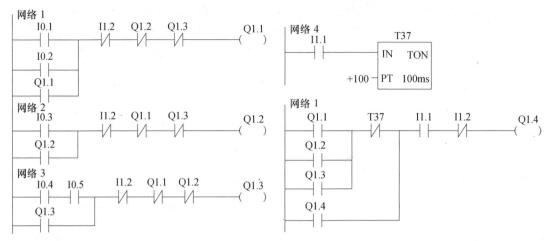

图 4-30　抢答器梯形图

【例 4-2】 小车送料装置

图 4-31 所示是一个供料控制系统。运料小车负责向 4 个料仓送料，送料路上从左向右共有 4 个料仓（1 号仓 ~ 4 号仓）位置开关，其信号分别由 PLC 的输入端 I0.0、I0.1、I0.2、I0.3 检测。当信号状态为 1 时，说明运料小车到达该位置，否则说明小车没有在这个位置。小车行走受两个信号的驱动，Q0.0 驱动小车左行，Q0.1 驱动小车右行。料仓要料信号由 4 个手动按钮发出，从左到右（1 号仓 ~ 4 号仓）分别为 I0.4、I0.5、I0.6、I0.7。试设计一个驱动小车自动运料的控制程序。

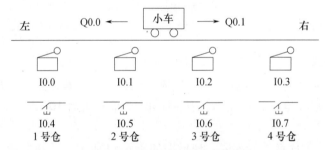

图 4-31　供料控制系统示意图

为了设计运料小车的控制程序，首先要对小车的驱动条件进行分析。这里要抓住三点：其一是要料料仓的位置（由 M0.0 ~ M0.3 决定）；其二是运料小车当前所处的位置（由 I0.0 ~ I0.3 决定）；其三是运料小车的右行、左行、停止控制（由 Q0.0 和 Q0.1 决定）。

小车送料装置 PLC I/O 分配表如表 4-9 所示。

表 4-9　I/O 分配表

输入端子		输出端子
I0.0　1 号仓位置　　I0.4　1 号仓要料		
I0.1　2 号仓位置　　I0.5　2 号仓要料		Q0.0　小车左行
I0.2　3 号仓位置　　I0.6　3 号仓要料		Q0.1　小车右行
I0.3　4 号仓位置　　I0.7　4 号仓要料		

运料小车右行条件：小车在 1、2、3 号仓位，4 号仓要料；小车在 1、2 号仓位，3 号仓

要料；小车在 1 号仓位，2 号仓要料为小车右行条件。

运料小车左行条件：小车在 4、3、2 号仓位，1 号仓要料；小车在 4、3 号仓位，2 号仓要料；小车在 4 号仓位，3 号仓要料为小车左行条件。

运料小车停止条件：要料仓位与小车的车位相同时，应该是小车的停止条件。

运料小车的互锁条件：小车右行时不允许左行启动，同样小车左行时也不允许右行启动。

料仓要料状态的编程：要料信号取决于 I0.4 到 I0.7，这些信号都是手动按钮产生的。实际中可能会出现多个按钮同时要料的情况，为了能确定把要料权交哪个料仓，必须要确定排队规则。本设计中采取要料时刻不相同时，先要料者优先。要料时刻相同时，料仓号小者优先的规则。程序中使用 M 继电器来代表料仓要料状态。其中 M0.0 ~ M0.3 分别代表 1 号料仓 ~ 4 号料仓的要料状态。梯形图中的头 4 个支路就用上述规则送料的编程。

小车停止状态的编程：梯形图中第 5 条支路是小车到位停止的编程。有小车停止以后，要清除料仓要料状态信号。

小车右行的编程：梯形图中第 6 条支路是小车右行的编程。

小车左行的编程：梯形图中第 7 条支路是小车左行的编程。

控制程序的梯形图如图 4-32 所示。

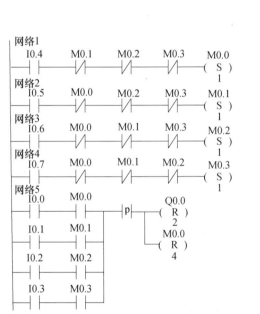

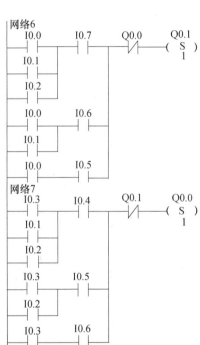

图 4-32　供料控制系统的控制程序

【例 4-3】按钮控制人行道交通灯

（1）控制描述。人行道交通灯时序如图 4-33 所示。通常车道上只允许车辆通行，道口处车道指示灯保持绿灯亮（Q0.2 = 1），这时不允许人跨越车道，人行道指示灯保持红灯亮（Q0.3 = 1）。在车道两侧各设有一个人行道开关，当有人想通过人行横道时，需要用手按动"走人行道"开关，要"走人行道"信号通过 I0.0 送到 PLC 中，PLC 在接到有人要"走人行道"时，开始执行所述时序程序。

当有行人要通过横道（I0.0 = 1）时，车道的绿灯继续保持亮 30s；然后绿灯灭而黄灯亮（Q0.1 = 1）10s，10s 过后，红灯亮（Q0.0 = 1），车辆停。当车道红灯亮 5s 后，人行道的红灯灭（Q0.3 = 0），绿灯亮（Q0.4 = 1）25s，行人可以过横道，这 25s 的后 5s 人行道的绿灯应闪烁，表示行人通行时间就要到了。人行道绿灯闪烁之后，人行道红灯亮，再过 5s 车道绿灯亮，恢复车辆通行。一个控制时序结束。直到下一个人行道开关被按下，再启动"走人行道"的时序程序。

I/O 分配表如表 4-10 所示。

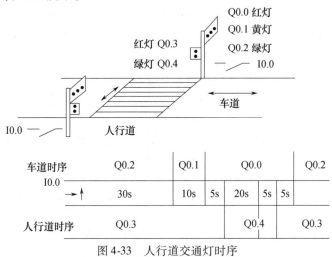

图 4-33　人行道交通灯时序

表 4-10　I/O 分配表

输入端子	输出端子	
人行道按钮：I0.0	车道红灯：Q0.0 车道黄灯：Q0.1 车道绿灯：Q0.2	人行道红灯：Q0.3 人行道绿灯：Q0.4

（2）控制程序分析。图 4-34 给出了梯形图表示的程序。系统的启动是由 I0.0（要走人行道）输入开始，根据时序图的要求，由定时器 T101、T102、T103、T104 组成 30s、40s、45s 和 65s 延时。

时序控制中的人行道闪烁 5s 的控制可以用 S7-200 中的特殊继电器 SM0.5（秒时钟脉冲）和计数器 C0 实现控制，因 C0 的增计数输入是一个秒脉冲，故当其 SV = PV 时，C0 为 1，事实上，C0 = 1 还意味着时序已经到了第 70s。

车道绿灯的时间由两段组成，其一是周期开始头 30s，这段可以由 M0.0 和 T101 的非相与实现；其二是在控制周期之外，可以由 M0.0 的非实现。

车道黄灯亮的时间是从第 30s 到第 40s，这段时间可以由 T101 和 T102 的非相与实现。

车道红灯亮的时间是从第 45s 到周期结束，这可以由 T103 和 T105 的非相与实现。

人行道红灯亮的时间由三段组成，其一是从周期开始到第 45s，这段可以由 M0.0 和 T103 的非相与实现；其二是人行道绿灯闪烁之后 5s，这可以由 M0.0 和 C0 相与控制；其三是周期之外，可以由 M0.0 的非控制。

人行道绿灯亮的时间由两段组成，其一是从第 45s 开始到第 65s，这段可以由 T103 和 T104 的非相与实现；其二是人行道绿灯闪烁是从第 65s 开始到 C0 = 1，这可以由 T104 和 C0 的非相与以后再和 SM0.5 相与控制。

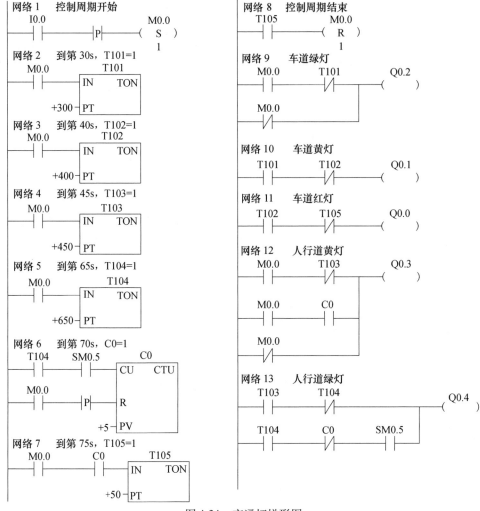

图 4-34　交通灯梯形图

【例 4-4】传送带

(1) 控制要求。控制要求启动开关闭合（I0.0 = 1），运货车到位（I0.2 = 1），传送带（由 Q0.0 控制）开始传送工件，件数检测仪在没有工件通过时，I0.1 = 1，当有工件经过时，I0.1 = 0。当件数检测仪检测到三个工件时，推板机（由 Q0.1 控制）推动工件到运货车，此时传送带停止传送。当工件到运货车（行程可以由时间控制）推板返回，传送带又开始传送走，计数器复位，并准备再重新计数。运货车的控制暂不考虑。传送带控制示意图见图 4-35 所示。I/O 分配表见表 4-11 所示。

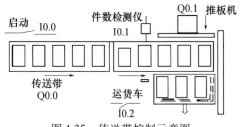

图 4-35　传送带控制示意图

表 4-11　I/O 分配表

输　入		输　　出	
启动开关	I0.0	传送带电动机接触器	Q0.0
计数光电开关	I0.1	推板机接触器	Q0.1
运货车位置开关	I0.2		

（2）程序设计。

主程序·OB1·

```
Network  1        //传送带启动条件为系统启动(I0.0)、运货车(I0.2)到位、推
                    板机(Q0.1)停止
LD     I0.0       //按下启动开关,I0.0=1
A      I0.2       //运货车到位,I0.2=1
AN     Q0.1       //推板机停止,Q0.1=0
=      Q0.0       //传送带工作,Q0.0=1
Network  2        //设置件数检测信号计数器C0
LD     I0.0       //按下启动开关,I0.0=1
A      I0.1       //工件通过检测仪,I0.1由0变为1之后又回为0
ED                // I0.1的负跳变形成计数器的输入脉冲
LD     I0.0       //按下启动开关
EU                //按下启动开关时刻出现的正跳变脉冲
LD     Q0.1       //推板机推板
EU                //推板机推板时刻出现的正跳变脉冲
OLD               //按下启动开关或推板机推板,形成计数器的复位信号
CTU    C0, +3     //C3为工件计数器,PV=3
Network  3        //设定推板机Q0.1的启动,条件为C0的当前值等于3
LDW=   C0, +3     //计数器C3的计数值=3
EU                //正跳变
S      Q0.1,1     //传送带通过3个工件,推板机推板
Network  4        //设定推板机返回时间,由定时器T101(20s)确定
LD     Q0.1       //推板机动作,Q0.1=1
TON    T101, +200 //T101延时20s
Network  5        //设定推板机返回条件,定时器T101延时(20s)到推板机返回
LD     T101       //T101时间到
R      Q0.1,1     //复位推板机(推板机退回)
```

（3）程序注释。其中，Network 1 的功能是：设定传送带（Q0.0）启动条件为系统启动开关（I0.0）闭合，运货车（I0.2）到位，推板机（Q0.1）停止。Network 2 的功能是：设定计数器 C0 的计数脉冲为件数检测仪信号 I0.1 由 1 变为 0；计数器复位信号为启动信号 I0.0 由 0 变为 1 或运货车启动（Q0.1=1）；设定 C0 为增计数器，设定值为 3。Network 3 的功能是：设定推板机 Q0.1 的启动条件为 C0 的当前值等于 3。Network 4 的功能是：设定推板机推板的行程由定时器 T101 的延时（20s）来确定。Network 5 的功能是：设定定时器 T101 延时（20s）到，推板机返回（Q0.1=0）。

习题与思考题

1. S7-200 PLC 中共有几种分辨率的定时器？它们的刷新方式有何不同？S7-200 PLC 中

共有几种类型的定时器？对它们执行复位指令后，它们的当前值和位的状态是什么？

2. S7-200 PLC 中共有几种形式的计数器？对它们执行复位指令后，它们的当前值和位的状态是什么？

3. 写出图 4-36 所示梯形图的语句表。

4. 写出图 4-37 所示梯形图的语句表。

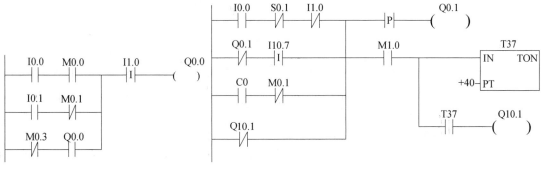

图 4-36　梯形图　　　　　　　　　　　　　图 4-37　梯形图

5. 写出下列语句表所对应的梯形图。

LD	I0.0	A	M0.1	OLD	
O	I0.1	LD	M0.2	ALD	
LD	M0.0	AN	M0.3	=	Q0.0

6. 试设计一个 30h40min 的长延时电路程序。

7. 试设计一个照明灯的控制程序。当按下接在 I0.0 上的按钮后，接在 Q0.0 上的照明灯可发光 30s。如果在这段时间内又有人按下按钮，则时间间隔从头开始。这样可确保在最后一次按完按钮后，灯光可维持 30s 的照明。

8. 试设计一个抢答器电路程序。出题人提出问题，3 个答题人按动按钮，仅仅是最早按的人面前的信号灯亮。然后出题人按动复位按钮后，引出下一个问题。

9. 设计一个对锅炉鼓风机和引风机控制的梯形图程序。控制要求如下：

（1）开机时首先启动引风机，10s 后自动启动鼓风机；

（2）停止时，立即关断鼓风机，经 20s 后自动关断引风机。

10. 用基本逻辑指令设计小车自动循环往复运动控制的梯形图程序，并画出 PLC 的外部连接图。

11. 试设计三分频、六分频的梯形图。

12. 试用接通延时型定时器设计一个延时接通延时断开电路。

第5章 S7-200PLC顺序控制指令及编程实例

5.1 功能图及顺序控制指令

5.1.1 功能图

功能图又称为功能流程图或状态转移图，它是一种描述顺序控制系统的图形表示方法。它能完整地描述控制系统的工作过程、功能和特性，是分析、设计电气控制系统控制程序的重要工具。

对于复杂的控制过程，可将它分割为一个个小状态，每个状态是相互独立、稳定的情形。下一个状态和本状态之间存在一定的转移条件，当本状态完成且满足转移条件，便自动进行下一个状态。这样便把复杂的控制过程分成各个相对简单的小状态，分别对小状态编程，再依次将这些小状态连接起来，就能完成整个的控制过程了。所以，功能图主要由"状态"、"转移"及有向线段等元素组成。

1. 状态

功能图中的状态符号如图5-1所示。矩形框中可写上该状态的编号或代码。状态的右端要标明该状态所完成的动作。初始状态的图形符号为双线的矩形框，如图5-2所示。在实际使用时，有时画单线矩形框，有时画一条横线表示功能图的开始。

2. 转移

为了说明从一个状态到另一个状态的变化，要用转移概念，即用一个有向线段来表示转移的方向。两个状态之间的有向线段上再用一段横线表示这一转移条件。转移的符号如图5-3所示。

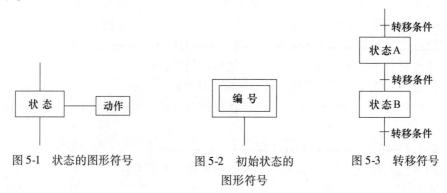

图5-1 状态的图形符号　　　图5-2 初始状态的　　　图5-3 转移符号
　　　　　　　　　　　　　　　　 图形符号

5.1.2 顺序控制指令

1. 介绍

顺序控制指令是PLC生产厂家为用户提供的可使功能图编程简单化和规范化的指令。S7-200的顺序控制包括四个指令。其一是顺控开始指令（SCR），其二是顺控转移指令（SCRT），其三是顺控结束指令（SCRE），其四是条件顺控结束指令（CSCRE）。顺控程序段是从SCR开始到SCRE结束。它们的STL形式、LAD形式和功能如表5-1所示。

表 5-1　顺序控制指令的形式及功能

指令表达形式				操作数
顺序开始指令 bit SCR LSCR　S-bit	状态转移指令 bit ——(SCRT) SCRT　S-bit	顺序结束指令 —(SCRE) SCRE	条件结束指令 CSCRE	S-bit：S

从表 5-1 中可以看出，顺序控制指令的操作对象为顺控继电器 S，S 也称为状态器，每一个 S 位都表示功能图中的一种状态。S 的范围为：S0.0 ~ S31.7。注意：使用的是 S 的位信息。从 LSCR 指令开始到 SCRE 指令结束的所有指令组成一个顺序控制继电器（SCR）段。LSCR 指令标记一个 SCR 段的开始，当该段的状态器置位时，允许该 SCR 段工作。SCR段必须用 SCRE 指令结束。当 SCRT 指令的输入端有效时，一方面置位下一个 SCR 段的状态器，以便使下一个 SCR 段开始工作；另一方面又同时使该段的状态器复位，使该段停止工作。由此可以总结出每一个 SCR 程序段一般有以下三种功能：

（1）驱动处理。即在该段状态器有效时，要做什么工作，有时也可能不做任何工作。

（2）指定转移条件和目标。即满足什么条件后状态转移到何处。

（3）转移源自动复位功能。状态发生转移后，置位下一个状态的同时，自动复位原状态。

注意：CSCRE 指令在 CPU V1.2 1 以上的版本中才有，而且只能进行 STL 形式编程，使用它可以结束正在执行的 SCR 段，使条件发生处和 SCRE 之间的指令不再执行。该指令不影响 S 位和堆栈。使用 CSCRE 指令后会改变正在进行的状态转移操作，所以要谨慎使用。

2. 举例说明

在使用功能图编程时，应先画出功能图，然后对应于功能图画出梯形图。图 5-4 为顺序控制指令使用的一个简单例子。

小车初始位置停止在 SQ1（I0.1）处，当按下启动按钮 SB1（I0.0）时，小车右行（Q0.0），到达 SQ2（I0.2）处再左行（Q0.1），返回到初始位置后停止。直到下次再按下启动按钮。

根据控制要求可以看出，本题有以下几个状态：

（1）初始状态 S0.0。小车初始停止在 SQ1（I0.1）处，另外，当小车左行到 SQ1 时，也要停止在该处，所以完成一个周期后，状态图要返回到初始状态。

（2）右行状态 S0.1。当小车接受启动命令后，即按下启动按钮 SB1（I0.0）时，小车要右行（Q0.0）。

（3）左行状态 S0.2。当小车右行过程中，碰到右限位开关 SQ2（I0.2）时，小车要停止右行自动进入到左行状态。。

转移条件如下：

（1）从状态 S0.0 进入到状态 S0.1，关键是判断启动按钮 SB1 是否被按下。所以，SB1是两个状态之间的转移条件。

（2）S0.1 和 S0.2 两个状态之间的转换是看小车是否到达 SQ2 处。所以，它是这两个状态的转移条件。

（3）小车在左行过程中，若碰到 SQ1 的话，就要返回到初始状态，所以 SQ1 又是 S0.2和 S0.0 的转移条件。

　　根据分析，可以得出功能图如图 5-4（b）所示。根据功能图，便可以很简单地得出梯形图和语句表了。

　　注意：在 SCR 段输出时，常用特殊中间继电器 SM0.0（常 ON 继电器）执行 SCR 段的输出操作。因为线圈不能直接和母线相连，所以必须借助于一个常 ON 的 SM0.0 来完成任务。

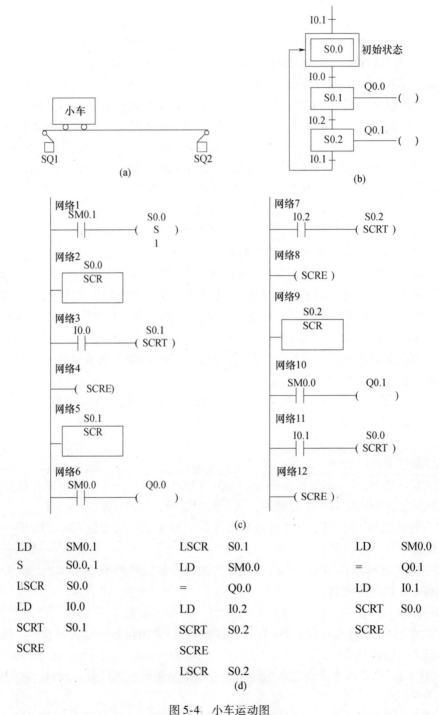

图 5-4　小车运动图

(a) 工作示意图；(b) 状态图；(c) 梯形图；(d) 语句表

3. 顺序控制指令使用说明

（1）顺控指令仅对元件 S 有效，顺控继电器 S 也具有一般继电器的功能，所以对它能够使用其他指令。

（2）SCR 段程序能否执行取决于该状态器（S）是否被置位，SCRE 与下一个 LSCR 之间的指令逻辑不影响下一个 SCR 段程序的执行。

（3）不能把同一个 S 位用于不同程序中，例如：如果在主程序中用了 S0.1，则在子程序中就不能再使用它。

（4）在 SCR 段中不能使用 JMP 和 LBL 指令，就是说不允许跳入、跳出或在内部跳转，但可以在 SCR 段附近使用跳转和标号指令。

（5）在 SCR 段中不能使用 FOR、NEXI 和 END 指令。

（6）在状态发生转移后，所有的 SCR 段的元器件一般也要复位，如果希望继续输出，可使用置位/复位指令。

（7）在使用功能图时，状态器的编号可以不按顺序编排。

5.2　功能图主要类型

S7-200 系列 PLC 的 CPU 含有 256 个顺序控制继电器用于顺序控制。S7-200 包含顺序控制指令，可以模仿控制进程的步骤，对程序逻辑分块；可以将程序分成单个流程的顺序步骤，也可同时激活多个流程；可以使单个流程有条件地分成多支单个流程，也可以使多个流程有条件地重新汇集成单个流程，从而对一个复杂的工程可以十分方便地编制控制程序。

5.2.1　单流程

这是最简单的功能图，其动作是一个接一个地完成。每个状态仅连接一个转移，每个转移也仅连接一个状态。图 5-5 为单流程。

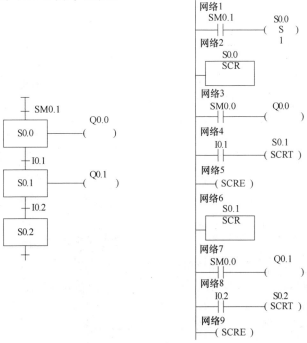

图 5-5　单流程举例

5.2.2　选择分支

在生产实际中，对具有多流程的工作要进行流程选择或者分支选择，即针对运行情况依照一定控制在几种运行情况中选择其一的流程。选择分支和联接的功能图、梯形图如图 5-6 所

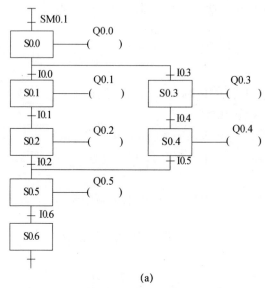

(a)

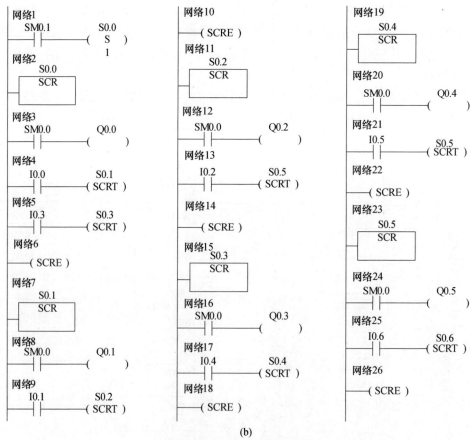

(b)

图 5-6　选择分支和联接举例

(a) 功能图；(b) 梯形图

示。从图中可以看出，选择分支的选择开关在分支侧，仅一个开关能接通，所以仅能接通一个分支。从汇合来看，选择分支只要运行中的分支运行到了最后状态且满足汇合条件即可汇合。

5.2.3　并行分支

　　一个顺序控制状态流分成两个或多个不同分支控制状态流，这就是并行分支。当一个控制状态流分成多个分支时，所有的分支控制状态流必须同时激活。所以并行分支的开关在公共侧，只要开关接通，各并行分支同时接通。在并行分支汇合时，所有的分支控制状态流必须都是完成的，并且要满足汇合条件才能汇合。图 5-7 为并行分支和联接的功能图和梯形

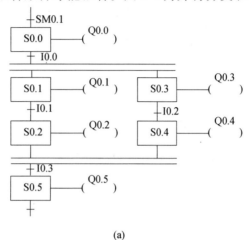

(a)

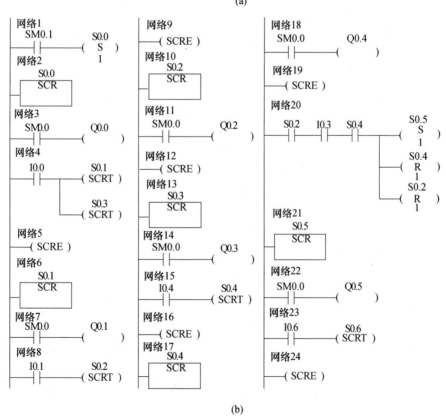

(b)

图 5-7　并行分支和联接举例

（a）功能图；（b）梯形图

图。需要注意，在状态 S0.2 和 S0.4 的 SCR 程序段中，由于没有使用 SCRT 指令，所以 S0.2 和 S0.4 的复位不能自动进行，最后要用复位指令对其进行复位。并行分支一般用双水平线表示，同时结束若干个顺序也用双水平线表示。

5.2.4　跳转和循环

单一顺序、并发和选择是功能图的基本形式。多数情况下，这些基本形式是混合出现的，跳转和循环是其典型代表。图 5-8 为跳转和循环的功能图、梯形图。

图中，I1.0 为 OFF 时进行局部循环操作，I1.0 为 ON 时则正常顺序执行；I1.1 为 ON 时正向跳转，I1.1 为 OFF 时则正常顺序执行；I1.2 为 OFF 时进行多周期循环操作，I1.2 为 ON 时则进行单周期循环操作。

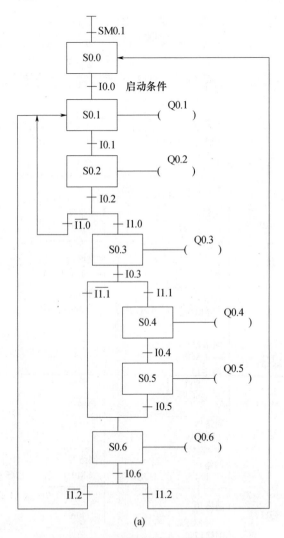

(a)

图 5-8　跳转和循环举例

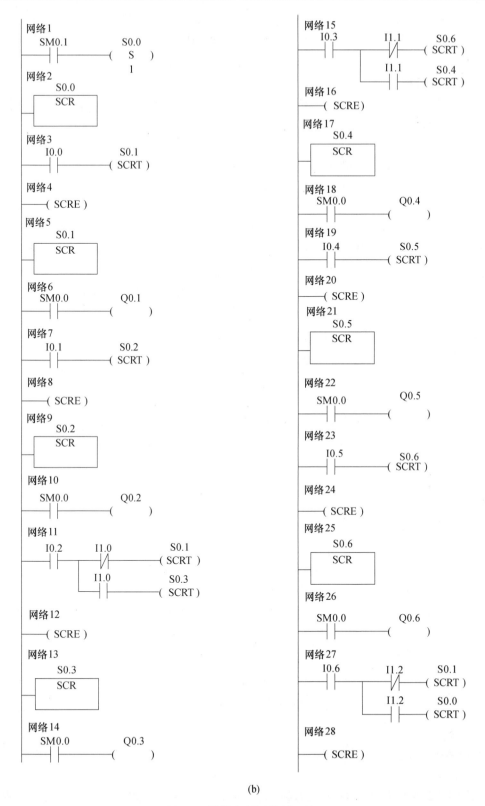

(b)

图 5-8　跳转和循环举例（续）

（a）功能图；（b）梯形图

5.3　编　程　实　例

5.3.1　布料车控制

布料车的工作行程按照"进二退一"的方式往返行驶于位置之间，使得物料在传送带上分布更加合理。

1. 控制要求

分单周循环控制和连续循环控制两种工作方式。

（1）单周期循环控制要求。按下单周期循环控制按钮 SB1，布料车由起始位置，即光电开关 SQ1 处，向右运行到光电开关 SQ3 处，然后向左运行回到光电开关 SQ2 处，然后再向右运行到行程开关 SQ4 处，再向左运行到光电开关 SQ2 处，然后向右运行到光电开关 SQ3 处，最后向左运行回到开始位置，光电开关 SQ1 处停止，完成单周期循环控制过程。

（2）连续循环控制要求。按下连续循环控制按钮 SB2，布料车将反复执行单周期循环控制过程，按下停止按钮 SB3 后，布料车运行到开始位置，即光电开关 SQ1 处停止。

（3）工艺流程图及 I/O 分配。如图 5-9 所示。

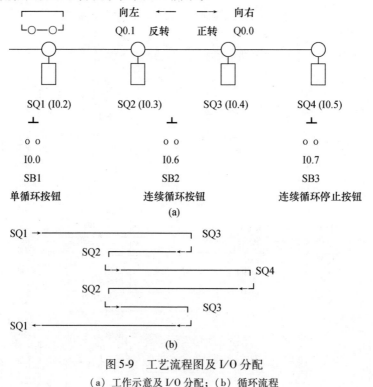

图 5-9　工艺流程图及 I/O 分配

（a）工作示意及 I/O 分配；（b）循环流程

2. 状态流程图

状态流程图如图 5-10 所示。

3. 梯形图程序

梯形图如图 5-11 所示。网络 1 为连续循环控制逻辑，是典型的"启—保—停"电路，满足条件时，置位标志位 M1.0；网络 3 ~ 5 为单循环控制与连续循环控制选择逻辑；网络6 ~ 29 为单一条件的右行或左行控制逻辑；网络 30 ~ 31 为带互锁的右行或左行综合控制逻辑。

SM0.1
S0.0
I0.0+I0.6
SB1+SB2
S0.1
M0.1(右行)
I0.4
SQ3
S0.2
M0.2(左行)
I0.3
SQ2
S0.3
M0.3(右行)
I0.5
SQ4
S0.4
M0.4(左行)
I0.3
SQ2
S0.5
M0.5(右行)
I0.4
SQ3
S0.6
M0.6(左行)
I0.2
SQ1
M1.0
M1.0=(I0.6+M1.0)·I0.7
M1.0

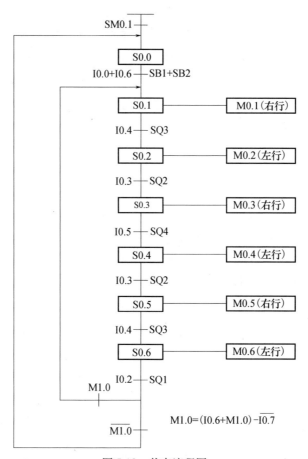

图 5-10　状态流程图

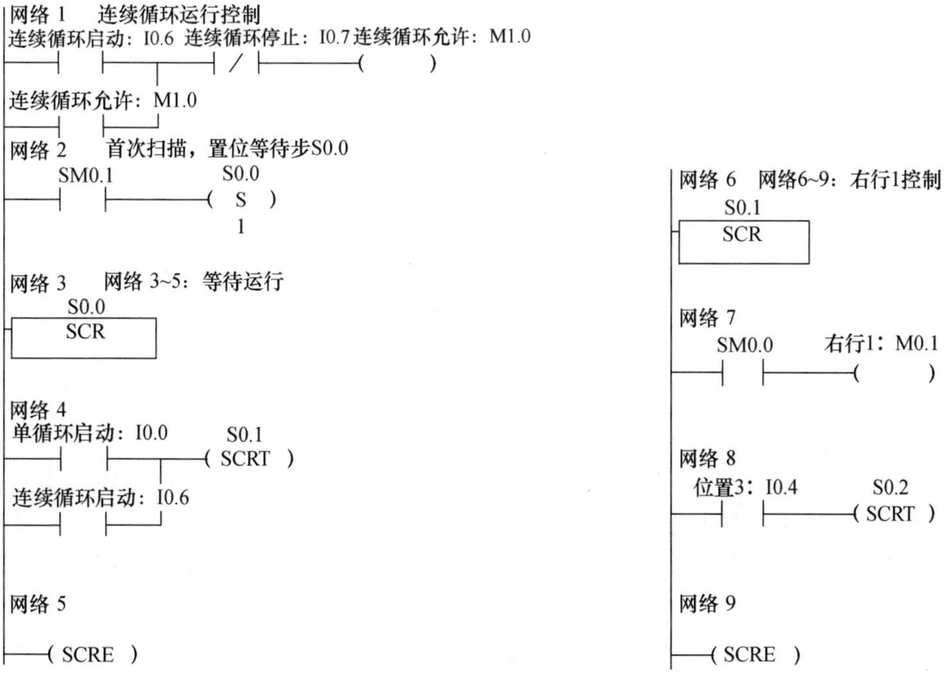

网络 1　连续循环运行控制
连续循环启动：I0.6 连续循环停止：I0.7 连续循环允许：M1.0
连续循环允许：M1.0
网络 2　首次扫描，置位等待步S0.0
SM0.1
S0.0
S
1
网络 3　网络 3~5：等待运行
S0.0
SCR
网络 4
单循环启动：I0.0
S0.1
SCRT
连续循环启动：I0.6
网络 5
SCRE
网络 6　网络6~9：右行1控制
S0.1
SCR
网络 7
SM0.0
右行1：M0.1
网络 8
位置3：I0.4
S0.2
SCRT
网络 9
SCRE

图 5-11　梯形图

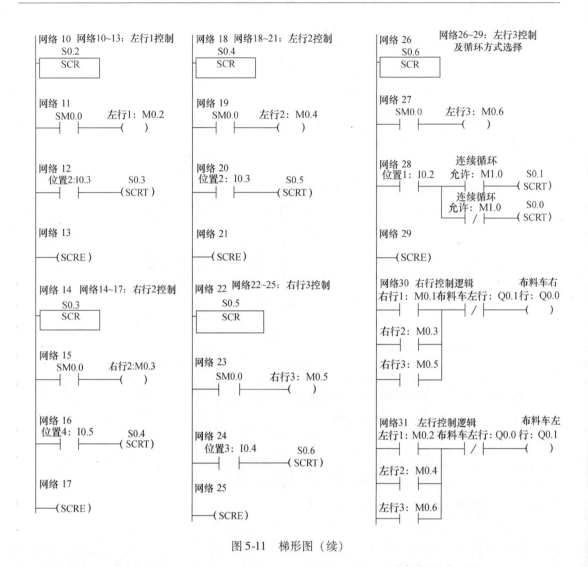

图 5-11　梯形图（续）

5.3.2　人行道交通灯控制

1. 控制要求

见第 4 章例 4-3 及图 4-33 所示。本章应用顺序控制指令进行编程。

2. 状态流程图

状态流程图如图 5-12 所示。按钮没有被按下时，车道的绿灯（Q0.2）和人行道的红灯（Q0.3）一直点亮。当马路两侧的按钮 I0.0 或 I0.1 被按下时，马路和人行道进入到各自的控制状态，所以，此例中使用并行分支，状态转移到 S0.1 和 S0.4，车道绿灯将继续亮 30s，时间到，T37 ON，其动合触点闭合，状态转移到 S0.2，车道黄灯（Q0.1）亮且 T38 开始计时，时间到，转移条件成立，转移到 S0.3，车道红灯（Q0.0）亮，亮 5s 后，T39 计时到，此时人行道的绿灯（Q0.4）亮，而车道红灯继续亮，到达 T47 的计时时间 20s 后，转移到 S0.6，S0.6 和 S0.7 是两个定时各为 0.5s 的状态，目的是让人行道绿灯一直闪烁，闪烁完成后，转移到 S1.0 状态，人行道红灯亮，且 T50 开始定时，5s 后，定时时间到，此时由于并行分支的转移条件满足，状态转移到初始状态 S0.0，此次操作结束。

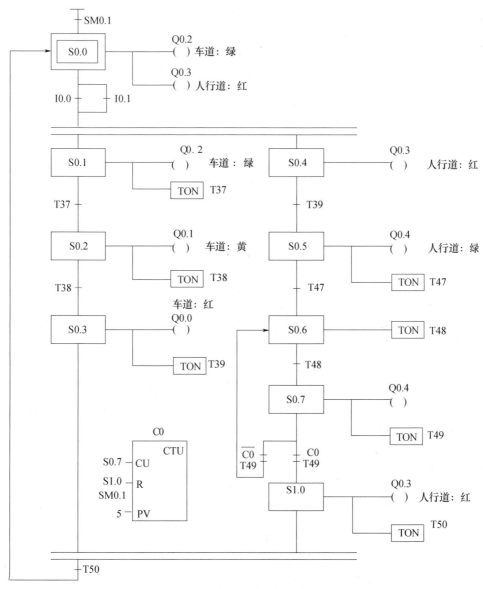

图 5-12　人行道交通灯流程图

3. 梯形图

人行道交通灯梯形图如图 5-13 所示。

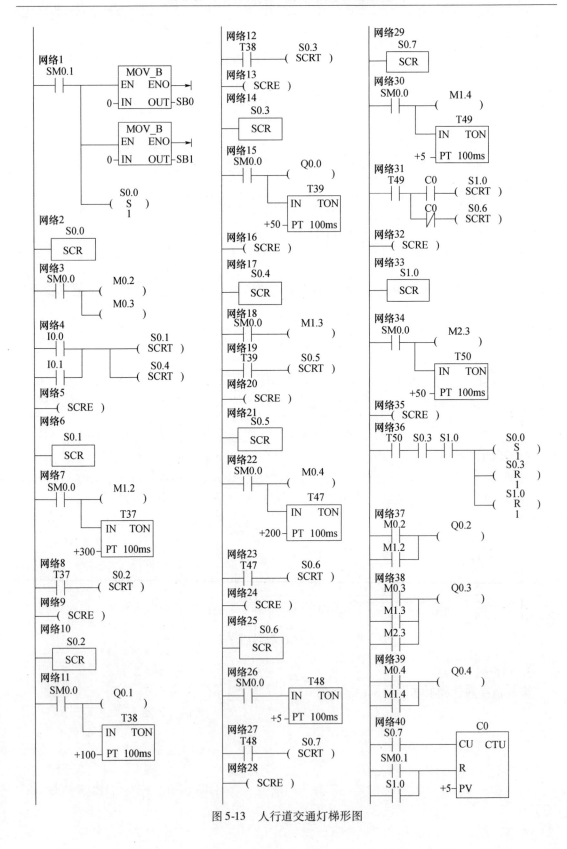

图 5-13　人行道交通灯梯形图

习题与思考题

1. 什么是功能图？功能图主要由哪些元素组成？

2. 功能图的主要类型有哪些？

3. 本书利用电气原理图设计了"三台电动机顺序启动/停止"的例子，请用 PLC 一般指令和功能图设计该例题，试比较它们的设计原理、方法和结果的异同。

4. 小车在初始状态时停在中间，限位开关 I0.0 为 ON，按下启动按钮 I0.3，小车按图 5-14 所示的顺序运动，最后返回并停在初始位置。画出控制系统的顺序功能图。

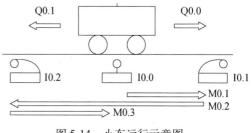

图 5-14　小车运行示意图

5. 初始状态时某冲压机的冲压头停在上面，限位开关 I0.2 为 ON，按下启动按钮 I0.0，输出位 Q0.0 控制的电磁阀线圈通电并保持，冲压头下行。压到工件后压力升高，压力继电器动作，使输入位 I0.1 变为 ON，用 T37 保压延时 5s 后，Q0.0 OFF，Q0.1 ON，上行电磁阀线圈通电，冲压头上行。返回到初始位置时碰到限位开关 I0.2，系统回到初始状态，Q0.1 OFF，冲压头停止上行。画出控制系统的顺序功能图。

6. 多个传送带启动和停止如图 5-15 所示。启动按钮按下后，电动机 M1 接通。I0.1 接通后电动机 M2 接通，当 I0.2 接通后电动机 M1 停止，其他传送带动作类推。设计其功能图和梯形图。

7. 根据图 4-35 中传送带控制要求，试设计其功能图和梯形图。

8. 某自动剪板机的松连有电动机驱动，送料电动机由接触器 KM 控制，压钳的下行和复位由液压电磁阀 YV1 和 YV3 控制，剪刀的下行和复位由液压电磁阀 YV2 和 YV4 控制，SQ1～SQ5 是限位开关，如图 5-16 所示。

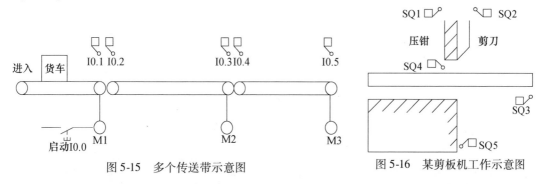

图 5-15　多个传送带示意图　　　　　图 5-16　某剪板机工作示意图

当压钳和剪刀在原位（即压钳在上限位 SQ1 处，剪刀在上限位 SQ2 处），按下启动按钮后，自动按以下顺序动作：

电动机送料，板料右行至 SQ3 处停止──→压钳下行──→至 SQ4 处将料板压紧、剪刀下行剪板──→板料剪断落至 SQ5 处，压钳和剪刀上行复位，回到原位，等待下次启动。

根据题意，试设计功能图和梯形图。

9. 两极传送带启动和停止如图 5-17 所示。启动按钮按下后，电动机 M1 接通，到达

I0. 1 后，I0. 1 接通，启动电动机 M2；到达 I0. 2 后，M1 停止；到达 I0. 3 后，M2 停止。再次按下启动按钮开始下次工作。试设计功能图和梯形图。

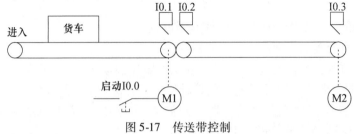

图 5-17　传送带控制

第6章 S7-200PLC 基本功能指令及编程实例

6.1 功能指令基本概念

功能指令大大增强了 PLC 的工业应用能力，也使 PLC 的编程工作更加接近普通计算机。相对基本指令，功能指令有许多的特殊性。和基本指令类似，功能指令具有梯形图及指令表等表达形式。由于功能指令的内涵主要是指令要完成什么功能，而不含表达梯形图符号间相互关系的成分，功能指令的梯形图符号多为功能框。

6.1.1 功能框及指令的标题

梯形图中功能指令多用功能框表达。功能框顶部标有该指令的标题。如表 6-1 所示，表中 "MOV-B" 及字节传送指令。标题一般由两个部分组成，前部为指令的助记符，后部为参与运算的数据类型。如表中 "B" 表示字节。另外常见的 "I" 表示为整数，"DI" 为双整数，"R" 表示实数，"W" 表示字，"DW" 表示双字等。

6.1.2 语句表达格式

语句表式一般也分为两个部分，第一部分为助记符，一般和功能框中指令标题相同，也可能不同，如整数加法指令中使用 "MOVB" 表示字节传送。第二部分为参加运算的数据地址或数据，也有无数据的功能指令语句。

6.1.3 操作数

操作数是功能指令涉及或产生的数据。功能框及语句中用 "IN" 及 "OUT" 表示的即为操作数。操作数又分为源操作数和目标操作数。目标操作数是指令执行后将改变其内容的操作数。从梯形图符号来说，功能框左边的操作数通常是源操作数，功能框右边的操作数为目标操作数，如加指令梯形图符号中 "IN" 为源操作数，"OUT" 为目标操作数。有时目标操作数和源操作数可以使用同一存储单元。

操作数的类型及长度必须和指令相配合。S7-200 系列 PLC 的数据存储单元有 I、Q、M、V、SM、S 等多种类型，长度表达形式有字节、字、双字多种。

6.1.4 指令的执行

功能框中以 "EN" 表示的输入为指令执行的条件。在梯形图中，"EN" 连接的为编程触点的组合。从能流的角度出发，当触点组合满足能流达到功能框的条件时，该功能框所表示的指令就得以执行。

6.1.5 ENO 状态

某些功能指令框右侧设有 ENO 使能输出，它是 LAD 及 FDB 功能框的布尔输出。如使能输入 EN 有能流并且指令被正常执行，ENO 输出将会使能流传递给下一个元素。如果指令输出有错，ENO 则为 0。

6.1.6 指令适用机型

功能指令并不是所有机型都适用，不同的 CPU 型号可适用的功能指令范围不尽相同。

6.2 基本功能指令及编程实例

功能指令种类很多，但与汇编语言相似。在学习过程中，一般不必准确记忆其详细用法，大致了解 S7-200 有哪些功能指令后，到实际使用时可查阅相关手册。

6.2.1　传送类指令

该指令用来完成各存储单元之间进行一个或多个数据的传送，分为单个数据传送或多个连续字块的传送。传送指令用于存储单元的清零、程序初始化等场合。

1. 单个数据的传送

单个数据的传送包括字节、字、双字和实数传送。在使能输入端有效时，把一个单字节数据（字、双字和实数）在不改变原值的情况下，由 IN 传送到 OUT 所指定的存储单元。表 6-1 给出了以上指令的表达形式及操作数。

表 6-1　字节、字、双字和实数传送指令

项目	字节传送	字传送	双字传送	实数传送
指令表达形式	MOV_B ─EN　ENO─ ─IN　OUT─ MOVB IN, OUT	MOV_W ─EN　ENO─ ─IN　OUT─ MOVW IN, OUT	MOV_DW ─EN　ENO─ ─IN　OUT─ MOVD IN, OUT	MOV_R ─EN　ENO─ ─IN　OUT─ MOVR IN, OUT
操作数含义及范围	IN：VB、IB、QB、MB、SMB、LB、AC、常数、*VD、*AC、*LD。 OUT：VB、IB、QB、MB、SMB、LB、AC、*VD、*AC、*LD	IN：VW、IW、QW、MW、SMW、LW、T、C、AIW、AC、常数、*VD、*AC、*LD。 OUT：VW、IW、QW、MW、SMW、LW、T、C、AQW、AC、*VD、*AC、*LD	IN：VD、ID、QD、MD、SMD、LD、HC、&VB、&IB、&QB、&MB、&SB、&T、&C、AC、常数、*VD、*AC、*LD。 OUT：VD、ID、QD、MD、SMD、LD、AC、*VD、*AC、*LD	IN：VD、ID、QD、MD、SMD、LD、AC、常数、*VD、*AC、*LD。 OUT：VD、ID、QD、MD、SMD、LD、AC、*VD、*AC、*LD
EN	I、Q、M、T、C、SM、V、S、L（位）			

使 ENO = 0 的错误条件：间接寻址（0006）。

2. 字节立即传送指令

字节立即传送指令就像位指令中的立即指令一样，用于输入和输出的立即处理。包括字节立即读指令和字节立即写指令。字节立即读指令（BIR）读物理输入 IN，并存入 OUT，刷新过程映像寄存器。字节立即写指令（BIW）从存储器 IN 读取数据，写入物理输出，同时刷新相应的过程映像区，它用于把计算出的结果立即输出到负载。字节立即传送指令如表 6-2 所示。

表 6-2　字节立即传送指令

项目	字节立即读指令	字节立即写指令
指令表达形式	MOV_BIR ─EN　ENO─ ─IN　OUT─ BIR IN, OUT	MOV_BIW ─EN　ENO─ ─IN　OUT─ BIW IN, OUT
操作数含义及范围	IN：IB、*VD、*AC、*LD。 OUT：IB、QB、VB、MB、SMB、SB、LB、AC、*VD、*AC、*LD	IN：IB、QB、VB、MB、SMB、SB、LB、AC、*VD、*AC、*LD。 OUT：QB、*VD、*AC、*LD
EN	I、Q、M、T、C、SM、V、S、L（位）	

使 ENO = 0 的错误条件：间接寻址（0006），不能访问扩展模块。

3. 块传送指令

块传送包括字节块、字块和双字块的传送。

功能描述：在使能输入端有效时，把源操作数起始地址 IN 的 N 个数据传送到目标操作数 OUT 的起始地址中。块传送指令如表 6-3 所示。

使 ENO = 0 的错误条件：间接寻址（0006），操作数超出范围（0091）。

【例 6-1】块传送举例。使用块传送指令，把 VB0 到 VB1 两个字节的内容传送到 VB10 到 VB11 单元中，启动信号为 I0.0。这时 IN 数据应为 VB0，N 应为 2，OUT 数据应为 VB10，如图 6-1 所示。

表 6-3　块传送指令

项目	字节的块传送	字的块传送	双字的块传送
指令表达形式	BLKMOV_B EN　ENO IN　OUT N BMB　IN, OUT, N	BLKMOV_W EN　ENO IN　OUT N BMW　IN, OUT, N	BLKMOV_D EN　ENO IN　OUT N BMD　IN, OUT, N
操作数含义及范围	IN：VB、IB、QB、MB、SMB、LB、*VD、*AC、*LD。 OUT：VB、1B、QB、MB、SMB、LB、*VD、*AC、*LD	IN：VW、IW、QW、MW、SMW、LW、T、C、AIW、*VD、*AC、*LD。 OUT：VW、IW、OW、MW、SMW、LW、T、C、AQW、*VD、*AC、*LD	IN：VD、ID、QD、MD、SMD、LD、*VD、*AC、*LD。 OUT：VD、ID、QD、MD、SMD、LD、*VD、*AC、*LD
EN	I、Q、M、T、C、SM、V、S、L（位）		

图 6-1　块传送指令示例

4. 字节交换指令

字节交换指令将字型输入数据 IN 的高字节和低字节进行交换。指令使用如表 6-4 所示。

表 6-4　字节交换指令

指令表达形式	操作数含义及范围
SWAP EN　ENO IN SWAP　IN	IN：VW、IW、QW、MW、SW、SMW、LW、T、C、AC、*VD、*AC、*LD

使 ENO = 0 的错误条件：间接寻址（0006）。

【例 6-2】字节交换指令示例如图 6-2 所示。

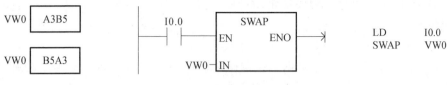

图 6-2　字节交换指令示例

6.2.2　移位与循环指令

该类指令包括移位、循环和移位寄存器指令。移位指令在程序中可方便某些运算的实现，如对 2 的乘法和除法运算；可用于取出数据中的有效数字；移位寄存器可实现步进控制。在该类指令中，LAD 与 STL 指令格式中的缩写表示是不同的。

1. 移位指令（Shift）

该指令有左移和右移两种。该指令是将输入 IN 左移或右移 N 位后，把结果输出到 OUT 中。移出位自动补零。根据所移位数的长度不同可分为字节型、字型和双字型。如果所需移位次数大于或等于 8（字节）、16（字）、32（双字）这些移位实际最大值，则按最大值移位。移位数据存储单元的移出端与 SM1.1（溢出）相连，所以最后被移出的位被放到 SM1.1 位存储单元。如果移位操作的结果是 0，零存储器位（SM1.0）就置位。字节的移位是无符号的，对于字和双字操作，当使用有符号的数据时，符号位也被移动。表 6-5 给出了以上指令的表达形式及操作数。

表 6-5　字节、字、双字移位指令

项目	字节左移指令	字节右移指令	字左移指令	字右移指令	双字左移指令	双字右移指令
指令表达形式	SHL_B —EN　ENO— —IN　OUT— —N SLB　OUT, N	SHR_B —EN　ENO— —IN　OUT— —N SRB　OUT, N	SHL_W —EN　ENO— —IN　OUT— —N SLW　OUT, N	SHR_W —EN　ENO— —IN　OUT— —N SRW　OUT, N	SHL_DW —EN　ENO— —IN　OUT— —N SLD　OUT, N	SHR_DW —EN　ENO— —IN　OUT— —N SRD　OUT, N
操作数含义及范围	IN/OUT: IB、QB、VB、MB、SB、SMB、LB、AC、＊VD、＊AC、＊LD		IN：VW、IW、QW、MW、SW、SMW、LW、T、C、AIW、AC、常数、＊VD、＊AC、＊LD。 OUT：VW、IW、QW、MW、SW、SMW、LW、T、C、AIW、AC、＊VD、＊AC、＊LD		IN：VD、ID、QD、MD、SD、SMD、LD、HC、AC、常数、＊VD、＊AC、＊LD。 OUT：VD、ID、QD、MD、SD、SMD、LD、AC、＊VD、＊AC、＊LD	
	N: VB、IB、QB、MB、SB、SMB、LB、AC、常数、＊VD、＊AC、＊LD					

使 ENO＝0 的错误条件：间接寻址（0006）。受影响的 SM 标志位：零（SM1.0），溢出（SM1.1）。

2. 循环移位指令（Rotate）

循环移位指令包括循环左移和循环右移。该指令是把输入端 IN 循环左移或右移 N 位，把结果输出到 OUT 中。循环移位位数的长度分别为字节、字或双字。循环数据存储单元的移出端与另一端相连，同时又与 SM1.1（溢出）相连，所以最后被移出的位移到另一端的同时，也被放到 SM1.1 位存储单元。如果移位次数设定值大于 8（字节）、16（字）、32（双字），则在执行循环移位之前，系统先对设定值取以数据长度为底的模，用小于数据长度的结果作为实际循环移位的次数。字节的操作是无符号的，对于字和双字操作，当使用有符号的数据时，符号位也被移动。表 6-6 给出了以上指令的表达形式及操作数。

表 6-6　循环移位指令

项目	字节左移指令	字节右移指令	字左移指令	字右移指令	双字左移指令	双字右移指令
指令表达形式	ROL_B EN　ENO IN 　OUT N RLB　OUT, N	ROR_B EN　ENO IN 　OUT N RRB　OUT, N	ROL_W EN　ENO IN 　OUT N RLW　OUT, N	ROR_W EN　ENO IN 　OUT N RRW　OUT, N	ROL_DW EN　ENO IN 　OUT N RLD OUT, N	ROR_DW EN　ENO IN 　OUT N RRD OUT, N
操作数含义及范围	IN/OUT: IB、QB、VB、MB、SB、SMB、LB、AC、＊VD、＊AC、＊LD		IN: VW、IW、QW、MW、SW、SMW、LW、T、C、AIW、AC、常数、＊VD、＊AC、＊LD。 OUT: VW、IW、QW、MW、SW、SMW、LW、T、C、AIW、AC、＊VD、＊AC、＊LD		IN: VD、ID、QD、MD、SD、SMD、LD、HC、AC、常数、＊VD、＊AC、＊LD。 OUT: VD、ID、QD、MD、SD、SMD、LD、AC、＊VD、＊AC、＊LD	
	N: VB、IB、QB、MB、SB、SMB、LB、AC、常数、＊VD、＊AC、＊LD					

使 ENO =0 的错误条件：间接寻址（0006）。受影响的 SM 标志位：零（SM1.0），溢出（SM1.1）。

3. 寄存器移位指令（Shift Register）

该指令在梯形图中有 3 个数据输入端。DATA 为数值输入，将该位的值移入移位寄存器；S_BIT 为移位寄存器的最低位端；N 指定移位寄存器的长度和方向，最大长度为 64 位，N 为 + 时左移，移位是从最低字节的最低位（S_BIT）移入，从最高字节的最高位移出；N 为 – 时右移，移位是从最高字节的最高位移入，从最低字节的最低位（S_BIT）移出。移位寄存器存储单元的移出端与 SM1.1（溢出）相连，最后被移出的位放在 SM1.1 位。移位时，移出位进入 SM1.1，另一端自动补上 DATA 移入位的值。每次使能输入有效时，在每个扫描周期内，整个移位寄存器移动一位。所以要用边沿跳变指令来控制使能端的状态，不然该指令就失去了应用的意义。表 6-7 给出了该指令的表达形式及操作数。

表 6-7　移位寄存器指令

指令表达形式	操作数含义及范围
SHRB EN　ENO DATA S_BIT N SHRB　DATA, S-BIT, N	DATA/S_BIT: I、Q、M、SM、T、C、V、S、L（位）。 N: IB、QB、MB、VB、SB、SMB、LB、AC、＊VD、＊AC、＊LD、常数

使 ENO =0 的错误条件：间接寻址（0006）。受影响的 SM 标志位：零（SM1.0），溢出（SM1.1）。

操作数超出范围（0091）。

最高位的计算方法：[N 的绝对值 –1 +（S_BIT 的位号）] /8，余数即是最高位的位号，商与 S_BIT 的字节号之和即是最高位的字节号。如果 S_BIT 是 V33.4，N 是 14，则（14 –1 +4）/8 =2 余 1。所以，最高位字节号算法是：33 +2 =35，位号为 1，即移位寄存器的最高位是 V35.1。

【例6-3】移位和循环移位指令示例如图6-3所示。

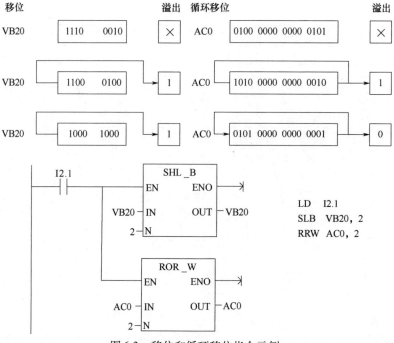

图6-3　移位和循环移位指令示例

【例6-4】移位寄存器指令示例如图6-4所示。

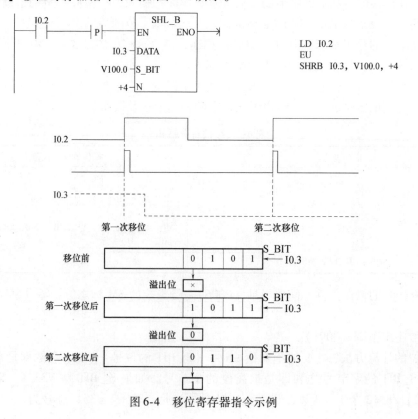

图6-4　移位寄存器指令示例

6.2.3　数学运算指令

PLC 普遍具备较强的运算功能，包含四则运算指令、数学功能指令及递增、递减指令。S7-200 对算术运算指令来说，在使用时要注意存储单元的分配。在用 LAD 编程时，IN1、IN2 和 OUT 可以使用不一样的存储单元，这样编写出的程序比较清晰易懂。但在用 STL 方式编程时，OUT 要和其中的一个操作数使用同一个存储单元，所以不太直观。因此建议大家在使用算术指令和数学指令时，最好用 LAD 形式编程。

1. 四则运算指令

（1）加法/乘法运算

整数、双整数、实数的加法/乘法运算是将原操作数运算后产生的结果存储在 OUT 中，操作数数据类型不发生变化。而常规乘法是两个 16 位整数相乘，产生一个 32 位结果。

在梯形图中，当加法允许信号 EN = 1 时，被加数（被乘数）IN1 与加数（乘数）IN2 相加（乘），其结果传送到 OUT 中，即 IN1 + IN2 = OUT（IN1 × IN2 = OUT）；在语句表中，要先将加数（乘数）送到 OUT 中，然后把 OUT 中的数据和 IN1 中的数据进行相加（乘），并将其结果传送到 OUT 中，即在 STL 中，IN1 + OUT = OUT（IN1 × OUT = OUT）。表 6-8、表 6-9 给出了以上指令的表达形式及操作数。

表 6-8　加法运算指令

项目	整数加	双整数加	实数加
指令表达形式	ADD_I EN ENO IN1 OUT IN2 +I IN1, OUT	ADD_DI EN ENO IN1 OUT IN2 +D IN1, OUT	ADD_R EN ENO IN1 OUT IN2 +R IN1, OUT
操作数含义及范围	IN1/IN2：VW、IW、QW、MW、SW、SMW、AIW、T、C、AC、*VD、*AC、*LD、常数。OUT：VW、IW、QW、MW、SW、SMW、LW、T、C、AC、*VD、*AC、*LD	IN1/IN2：VD、ID、QD、MD、AC、SMD、SD、HC、*VD、*AC、*LD、常数。OUT：VD、ID、QD、MD、AC、SMD、SD、HC、*VD、*AC、*LD	IN1/IN2：VD、ID、QD、MD、AC、SMD、SD、HC、*VD、*AC、*LD、常数。OUT：VD、ID、QD、MD、AC、LD、SMD、SD、HC、*VD、*AC、*LD

使 ENO = 0 的错误条件：间接寻址（0006），溢出（SM1.1）。受影响的 SM 标志位：零（SM1.0），溢出（SM1.1）。

表 6-9　乘法运算指令

项目	整数乘	双整数乘	实数乘	常规乘法
指令表达形式	MUL_I EN ENO IN1 OUT IN2 *I IN1, OUT	MUL_DI EN ENO IN1 OUT IN2 *D IN1, OUT	MUL_R EN ENO IN1 OUT IN2 *R IN1, OUT	MUL EN ENO IN1 OUT IN2 MUL IN1, OUT
操作数含义及范围	IN1/IN2：VW、IW、QW、MW、SW、SMW、AIW、T、C、AC、*VD、*AC、*LD、常数。OUT：VW、IW、QW、MW、SW、SMW、LW、T、C、AC、*VD、*AC、*LD	IN1/IN2：VD、ID、QD、MD、AC、SMD、SD、HC、*VD、*AC、*LD、常数。OUT：VD、ID、QD、MD、AC、SMD、SD、HC、*VD、*AC、*LD	IN1/IN2：VD、ID、QD、MD、AC、SMD、SD、HC、*VD、*AC、*LD、常数。OUT：VD、ID、QD、MD、AC、LD、SMD、SD、HC、*VD、*AC、*LD	IN1/IN2：VW、IW、QW、MW、SW、SMW、LW、AC、AIW、T、C、常数、*VD、*AC、*LD。OUT：VD、ID、QD、MD、SMD、SD、LD、AC、*VD、*LD、*AC

使 ENO = 0 的错误条件：间接寻址（0006），溢出（SM1.1）。受影响的 SM 标志位：零（SM1.0），溢出（SM1.1），负（SM1.2）。

（2）减法/除法运算指令

整数、双整数、实数的减法/除法运算是将源操作数运算后产生的结果存储在 OUT 中。整数、双整数除法不保留小数。而常规除法是两个 16 位整数相除，产生一个 32 位结果，其中高 16 位存储余数，低 16 位存储商。

在梯形图表示中，当减法允许信号 EN = 1 时，被减数（被除数）IN1 与减数（除数）IN2 相减（除），其结果传送到 OUT 中，即 IN1 – IN2 = OUT（IN1/IN2 = OUT）；在语句表表示中，要先将被减数（被除数）送到 OUT 中，然后把 OUT 中的数据和 IN1 中的数据进行相减（除），并将其结果传送到 OUT 中，即在 STL 中，OUT – IN1 = OUT（OUT/IN1 = OUT）。表 6-10、表 6-11 给出了以上指令的表达形式及操作数。

注意：用语句表编程与梯形图稍有不同。如果被减数不在 OUT 中，首先要利用传送指令把被减数传送到 OUT 中，然后执行减法操作，把 OUT 的内容与减数相减，其结果存入 OUT 中。

表 6-10　减法运算指令

项目	整数减	双整数减	实数减
指令表达形式	SUB_I EN　ENO IN1　OUT IN2 – I　IN1, OUT	SUB_DI EN　ENO IN1　OUT IN2 – D　IN1, OUT	SUB_R EN　ENO IN1　OUT IN2 – R　IN1, OUT
操作数含义及范围	IN1/IN2：VW、IW、QW、MW、SW、SMW、AIW、T、C、AC、*VD、*AC、*LD、常数。 OUT：VW、IW、QW、MW、SW、SMW、LW、T、C、AC、*VD、*AC、*LD	IN1/IN2：VD、ID、QD、MD、AC、SMD、SD、HC、*VD、*AC、*LD、常数。 OUT：VD、ID、QD、MD、AC、SMD、SD、HC、*VD、*AC、*LD	IN1/IN2：VD、ID、QD、MD、AC、SMD、SD、HC、*VD、*AC、*LD、常数。 OUT：VD、ID、QD、MD、AC、LD、SMD、SD、HC、*VD、*AC、*LD

使 ENO = 0 的错误条件：间接寻址（0006），溢出（SM1.1）。受影响的 SM 标志位：零（SM1.0），负（SM1.2）。

表 6-11　除法运算指令

项目	整数除	双整数除	实数除	常规除法
指令表达形式	DIV_I EN　ENO IN1　OUT IN2 /I　IN1, OUT	DIV_DI EN　ENO IN1　OUT IN2 /D　IN1, OUT	DIV_R EN　ENO IN1　OUT IN2 /R　IN1, OUT	DIV EN　ENO IN1　OUT IN2 DIV　IN1, OUT
操作数含义及范围	IN1/IN2：VW、IW、QW、MW、SW、SMW、AIW、T、C、AC、*VD、*AC、*LD、常数。 OUT：VW、IW、QW、MW、SW、SMW、LW、T、C、AC、*VD、*AC、*LD	IN1/IN2：VD、ID、QD、MD、AC、SMD、SD、HC、*VD、*AC、*LD、常数。 OUT：VD、ID、QD、MD、AC、SMD、SD、HC、*VD、*AC、*LD	IN1/IN2：VD、ID、QD、MD、AC、SMD、SD、HC、*VD、*AC、*LD、常数。 OUT：VD、ID、QD、MD、AC、LD、SMD、SD、HC、*VD、*AC、*LD	IN1/IN2：VW、IW、QW、MW、SW、SMW、LW、AC、AIW、T、C、常数、*VD、*AC、*LD。 OUT：VD、ID、QD、MD、SMD、SD、LD、AC、*VD、*LD、*AC

使 ENO = 0 的错误条件：间接寻址（0006），溢出（SM1.1）。受影响的 SM 标志位：零（SM1.0），溢出（SM1.1），负（SM1.2），被 0 除（SM1.3）。

【例 6-5】四则运算指令示例如图 6-5 所示。

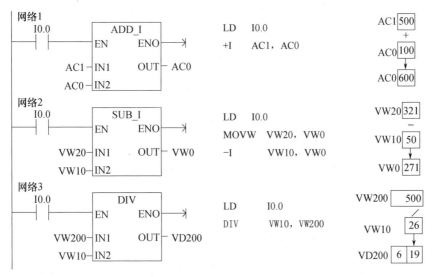

图 6-5　四则运算指令

2. 递增/递减指令

字节、字、双字的递增/递减指令是把源操作数加 1 或减 1，并把结果存放到 OUT 中。其中字节增减是无符号数，字和双字增减是有符号数。

在 LAD 中，IN + 1 = OUT，IN − 1 = OUT；在 STL 中，OUT + 1 = OUT，OUT − 1 = OUT，说明 IN 和 OUT 使用相同的存储单元。表 6-12 给出了递增/递减指令的表达形式及操作数。

表 6-12　递增/递减指令

项目	字节加 1	字节减 1	字加 1	字减 1	双字加 1	双字减 1
指令表达形式	INC_B ─EN　ENO─ ─IN　OUT─ INCB　OUT	DEC_B ─EN　ENO─ ─IN　OUT─ INCW　OUT	INC_W ─EN　ENO─ ─IN　OUT─ INCD　OUT	DEC_W ─EN　ENO─ ─IN　OUT─ DECB　OUT	INC_DW ─EN　ENO─ ─IN　OUT─ DECW　OUT	DEC_DW ─EN　ENO─ ─IN　OUT─ DECD　OUT
操作数含义及范围	IN：IB、QB、VB、MB、SMB、LB、AC、常数、＊VD、＊AC、＊LD。 OUT：IB、QB、VB、MB、SMB、LB、AC、＊VD、＊AC、＊LD		IN：IW、QW、VW、MW、SW、SMW、AC、AIW、LW、T、C、常数、＊VD、＊AC、＊LD。 OUT：IW、QW、VW、MW、SW、SMW、AC、LW、T、C、＊VD、＊AC、＊LD		IN：ID、QD、VD、MD、SD、SMD、LD、AC、HC、常数、＊VD、＊AC、＊LD。 OUT：VD、ID、QD、MD、SD、SMD、LD、AC、＊VD、＊AC、＊LD	

使 ENO = 0 的错误条件：间接寻址（0006），溢出（SM1.1）。受影响的 SM 标志位：零（SM1.0），溢出（SM1.1），负（SM1.2）。

3. 数学功能指令

S7-200 PLC 指令的数学函数指令有：平方根、自然对数、指数、正弦、余弦和正切，其中正弦、余弦和正切指令计算角度值 IN 的三角函数值，输入角度为弧度值。平方根指令

（Square Root）把一个双字长（32 位）的实数 IN 开平方，得到 32 位的实数结果送到 OUT。自然对数指令（Natural Logarithm）将一个双字长（32 位）的实数 IN 取自然对数，得到 32 位的实数结果送到 OUT。指数指令（Natural Exponential）将一个双字长（32 位）的实数 IN 取以 e 为底的指数，得到 32 位的实数结果送到 OUT。运算输入输出数据都为实数。结果大于 32 位二进制数表示的范围时产生溢出。表 6-13 给出了以上指令的表达形式及操作数。

表 6-13　数学功能指令

项目	平方根	自然指数	自然对数	正弦	余弦	正切
指令表达形式	SQRT EN　ENO IN　OUT SQRTIN, OUT	EXP EN　ENO IN　OUT EXP IN, OUT	LN EN　ENO IN　OUT LN IN, OUT	SIN EN　ENO IN　OUT SIN IN, OUT	COS EN　ENO IN　OUT COSIN, OUT	TAN EN　ENO IN　OUT TN IN, OUT
操作数含义及范围	IN：ID、QD、VD、MD、SD、SMD、LD、AC、常数、＊VD、＊AC、＊LD。 OUT：VD、ID、QD、MD、SD、SMD、LD、AC、＊VD、＊AC、＊LD					

使 ENO = 0 的错误条件：间接寻址（0006），溢出（SM1.1）。受影响的 SM 标志位：零（SM1.0），溢出（SM1.1），负（SM1.2）。

【例 6-6】求以 10 为底的 50（存于 VD0）的常用对数，结果放到 AC0，运算程序如图 6-6所示。

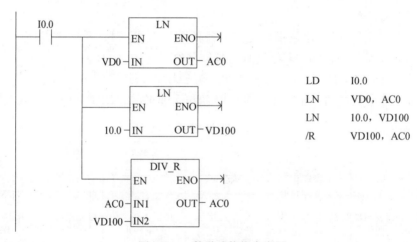

图 6-6　数学功能指令应用

6.2.4　逻辑运算指令

逻辑运算指令对逻辑数（无符号数）对应位间的逻辑操作，包括逻辑与、逻辑或、逻辑异或和取反等。参与运算的操作数可以是字节、字或双字。

1. 逻辑与指令

在 LAD 中，当逻辑与允许信号 EN = 1 时，IN1 和 IN2 按位与，其结果传送到 OUT 中。

在 STL 中，IN1 和 OUT 按位与，其结果传送到 OUT 中，即 OUT 与 IN2 使用一个存储单元。表 6-14 给出了以上指令的表达形式及操作数。

使 ENO = 0 的错误条件：间接寻址（0006）。受影响的 SM 标志位：零（SM1.0）。

2. 逻辑或指令

在 LAD 中，当逻辑或允许信号 EN = 1 时，IN1 和 IN2 按位或，其结果传送到 OUT 中。

表 6-14　逻辑与指令

项目	字节与	字与	双字与
指令表达形式	WAND_B EN　ENO IN1　OUT IN2 ANDB　IN1，IN2	WAND_W EN　ENO IN1　OUT IN2 ANDW　IN1，IN2	WAND_DW EN　ENO IN1　OUT IN2 ANDD　IN1，IN2
操作数含义及范围	IN1/IN2：VB、IB、QB、MB、SB、SMB、LB、AC、常数、*VD、*AC、*LD。 OUT：VB、IB、QB、MB、SB、SMB、LB、AC、*VD、*AC、*LD	IN1/IN2：VW、IW、QW、MW、SW、SMW、LW、T、C、AIW、AC、常数、*VD、*AC、*LD。 OUT：VW、IW、QW、MW、SW、SMW、LW、T、C、AC、*VD、*AC、*LD	IN1/IN2：VD、ID、QD、MD、SD、SMD、AC、LD、HC、常数、*VD、*AC、*LD。 OUT：VD、ID、QD、MD、SD、SMB、AC、LD、*VD、*AC、*LD

在 STL 中，IN1 和 OUT 按位或，其结果传送到 OUT 中，即 OUT 与 IN2 使用一个存储单元。

表 6-15 给出了以上指令的表达形式及操作数。

表 6-15　逻辑或指令

项目	字节或	字或	双字或
指令表达形式	WOR_B EN　ENO IN1　OUT IN2 ORB　IN1，IN2	WOR_W EN　ENO IN1　OUT IN2 ORW　IN1，IN2	WOR_DW EN　ENO IN1　OUT IN2 ORD　IN1，IN2
操作数含义及范围	IN1/IN2：VB、IB、QB、MB、SB、SMB、LB、AC、常数、*VD、*AC、*LD。 OUT：VB、IB、QB、MB、SB、SMB、LB、AC、*VD、*AC、*LD	IN1/IN2：VW、IW、QW、MW、SW、SMW、LW、T、C、AIW、AC、常数、*VD、*AC、*LD。 OUT：VW、IW、QW、MW、SW、SMW、LW、T、C、AC、*VD、*AC、*LD	IN1/IN2：VD、ID、QD、MD、SD、SMD、AC、LD、HC、常数、*VD、*AC、*LD。 OUT：VD、ID、QD、MD、SD、SMB、AC、LD、*VD、*AC、*LD

使 ENO = 0 的错误条件：间接寻址（0006）。受影响的 SM 标志位：零（SM1.0）。

3. 逻辑异或运算指令

表 6-16　逻辑异或指令

项目	字节异或	字异或	双字异或
指令表达形式	WXOR_B EN　ENO IN1　OUT IN2 XORB　IN1，IN2	WXOR_W EN　ENO IN1　OUT IN2 XORW　IN1，IN2	WXOR_DW EN　ENO IN1　OUT IN2 XORD　IN1，IN2
操作数含义及范围	IN1/IN2：VB、IB、QB、MB、SB、SMB、LB、AC、常数、*VD、*AC、*LD。 OUT：VB、IB、QB、MB、SB、SMB、LB、AC、*VD、*AC、*LD	IN1/IN2：VW、IW、QW、MW、SW、SMW、LW、T、C、AIW、AC、常数、*VD、*AC、*LD。 OUT：VW、IW、QW、MW、SW、SMW、LW、T、C、AC、*VD、*AC、*LD	IN1/IN2：VD、ID、QD、MD、SD、SMD、AC、LD、HC、常数、*VD、*AC、*LD。 OUT：VD、ID、QD、MD、SD、SMB、AC、LD、*VD、*AC、*LD

使 ENO = 0 的错误条件：间接寻址（0006）。受影响的 SM 标志位：零（SM1.0）。

在 LAD 中，当逻辑异或允许信号 EN = 1 时，IN1 和 IN2 按位异或，其结果传送到 OUT 中。

在 STL 中，IN1 和 OUT 按位异或，其结果传送到 OUT 中，即 OUT 与 IN2 使用一个存储单元。表 6-16 给出了以上指令的表达形式及操作数。

4. 取反指令

在 LAD 中，当取反允许信号 EN = 1 时，IN 取反，其结果传送到 OUT 中。

在 STL 中，将 OUT 取反，其结果传送到 OUT 中，即 IN 和 OUT 使用一个存储单元。表 6-17 给出了以上指令的表达形式及操作数。

表 6-17　取反指令

项目	字节取反	字取反	双字取反
指令表达形式	INV_B ─EN　ENO─ ─IN　OUT─ INVB　IN	INV_W ─EN　ENO─ ─IN　OUT─ INVW　IN	INV_DW ─EN　ENO─ ─IN　OUT─ INVD　IN
操作数含义及范围	IN1/IN2：VB、IB、QB、MB、SB、SMB、LB、AC、常数、*VD、*AC、*LD。 OUT：VB、IB、QB、MB、SB、SMB、LB、AC、*VD、*AC、*LD	IN1/IN2：VW、IW、QW、MW、SW、SMW、LW、T、C、AIW、AC、常数、*VD、*AC、*LD。 OUT：VW、IW、QW、MW、SW、SMW、LW、T、C、AC、*VD、*AC、*LD	IN1/IN2：VD、ID、QD、MD、SD、SMD、AC、LD、HC、常数、*VD、*AC、*LD。 OUT：VD、ID、QD、MD、SD、SMB、AC、LD、*VD、*AC、*LD

使 ENO = 0 的错误条件：间接寻址（0006）。受影响的 SM 标志位：零（SM1.0）。

【例 6-7】 逻辑运算指令应用如图 6-7 所示。

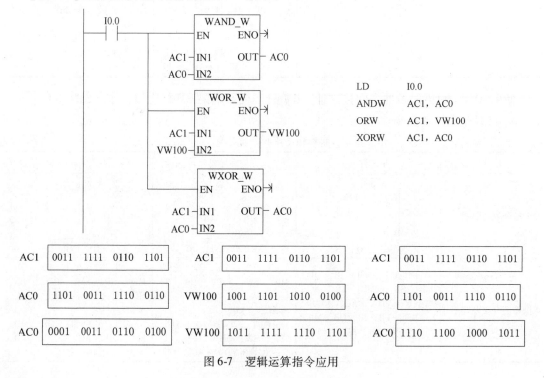

图 6-7　逻辑运算指令应用

6.2.5　表指令

表指令是存储器指定区域中数据的管理指令。表的首地址和第二个字地址所对应的单元分别存放两个表参数（最大填表数 TL 和实际填表数 EC），之后是最多 100 个填表数据。表只对字型数据存储。表指令在数据的记录、监控等方面具有明显的意义。

1. 填表指令

填表指令（ATT）可以向表（TBL）中填入一个数值（DATA）。该指令在梯形图中有 2 个数据输入端，即 DATA 为数值输入，指出将被存储的字型数据；TBL 为表格的首地址，用以指明被访问的表格。当向表添加数据允许信号 EN＝1 时，将一个数据 DATA 添加到表 TBL 的末尾。每次将新数据添加到表中时，实际填表数 EC 的值自动加 1。表 6-18 给出了填表指令的表达形式及操作数。

表 6-18　填表指令

指令表达形式	操作数含义及范围	
	DATA	TBL
AD_T_TBL ─EN　ENO─ ─DATA ─TBL ATT　DATA, TABLE	VW、IW、QW、MW、SW、SMW、LW、T、C、AIW、AC、常数、*VD、*AC、*LD	VW、IW、QW、MW、SW、SMW、LW、T、C、*VD、*AC、*LD

【例 6-8】填表指令应用如图 6-8 所示，向表添加数据的指令应用如图 6-9 所示。

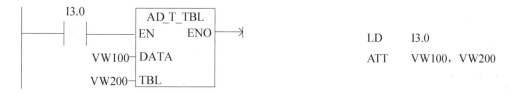

```
        I3.0          AD_T_TBL
     ───┤ ├───      ──EN    ENO──      LD      I3.0
                                        ATT     VW100，VW200
              VW100──DATA
              VW200──TBL
```

图 6-8　填表指令应用

	执行前			执行后
VW100	0100			
VW200	0006		VW200	0006
VW202	0002		VW202	0003
VW204	7542		VW204	7542
VW206	0001		VW206	0001
VW208	××××		VW208	0100
VW210	××××		VW210	××××
VW212	××××		VW212	××××
VW214	××××		VW214	××××

图 6-9　向表添加数据的指令应用

2. 取表指令

从表中取出一个字型数据可有两种方式：先进先出式和后进先出式。一个数据从表中取出之后，表的实际填表数 EC 值减 1。两种方式的指令在梯形图中有 2 个数据端：输入端 TBL 为表格的首地址，用以指明访问的表格；输出端 DATA 指明数值取出后要存放的目标单元。

（1）先进先出指令（First-In-First-Out）

在梯形图和语句表表示中，当先进先出指令允许信号 EN = 1 时，将表 TBL 的第一个数据项（不是第一个字）移出，并将它送到 DATA 指定的存储单元中。表中其余的数据项都向前移动一个位置，同时 EC 的值减 1。

（2）后进先出指令（Last-In-First-Out）

在梯形图和语句表表示中，当后进先出指令允许信号 EN = 1 时，将表 TBL 的最后一个数据项从表中被移出，并将它送到 DATA 指定的存储单元中，同时 EC 的值减 1。

表 6-19 给出了取表指令的表达形式及操作数。

表 6-19　取表指令

指令表达形式		操作数含义及范围	
先进先出指令	后进先出指令	TBL	DATA
FIFO EN　ENO TBL　DATA FIFO　TBL, DATA	LIFO EN　ENO TBL　DATA LIFO　TBL, DATA	VW、IW、QW、MW、SW、SMW、LW、T、C、* VD、* AC、* LD	VW、IW、QW、MW、SW、SMW、LW、T、C、AQW、AC、* VD、* AC、* LD

使 ENO = 0 的错误条件：间接寻址（0006），表空（SM1.5），操作数超出范围（0091）。受影响的 SM 标志位：如果试图从空表中取走一个数值，则特殊标志寄存器位 SM1.5 置位。

【例 6-9】取表指令应用如图 6-10 所示。

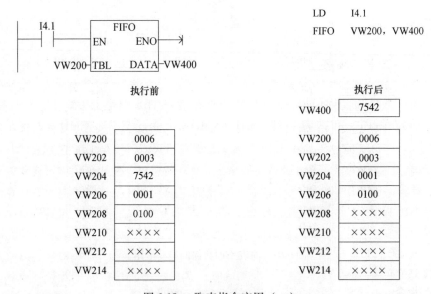

图 6-10　取表指令应用（一）

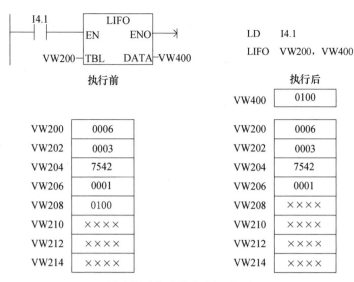

图 6-10　取表指令应用（二）

3. 查表指令

通过表查找指令可以从数据表中找出符合条件数据的表中编号，编号范围为 0 ~ 99。在梯形图中有 4 个数据输入端，TBL 为表格的首地址；PTN 是用来描述查表条件时进行比较的数据；CMD 是比较运算符"?"的编码，它是一个 1 ~ 4 的数值，分别代表 =、< >、< 和 >运算符；INDX 用来存放表中符合查找条件的数据的地址。

表 6-20　查表指令的表达形式及操作数

指令表达形式		操作数含义及范围
TBL_FIND ─ EN　ENO ─ ─ TBL ─ PTN ─ INDX ─ CMD	FND =　　　TBL, PTN, INDX FND < >　　TBL, PTN, INDX FND <　　　TBL, PTN, INDX FND >　　　TBL, PTN, INDX	TBL：VW、IW、QW、MW、S'MW、T、C、* VD、* AC、* LD。 PTN：VW、IW、QW、MW、SMw、A1W、IW、T、C、AC、常数、* VD、* AC、* LD。 INDX：VW、IW、QW、T、C、MW、SMW、LW、T、C、AC、* VD、* AC、* LD

当搜索表中数据项允许信号 EN = 1 时，从搜索表 TBL 中由 INDX 设定的数据开始项开始，依据给定值 PTN 和搜索条件 CMD（CMD = 1 表示等于，CMD = 2 表示不等于，CMD = 3 表示小于，CMD = 4 表示大于）进行搜索。每搜索过一个数据项，INDX 自动加 1。如果找到一个符合条件的数据项，则 INDX 中指明该数据项在表中的位置。如果一个符合条件的数据项也找不到，则 INDX 的值等于数据表的长度。为了搜索下一个符合条件的值，在再次使用 TBL_ FIND 指令之前，须先将 INDX 加 1。表 6-20 给出了查表指令的表达形式及操作数。

【例 6-10】查表指令应用如图 6-11 所示。

4. 填充指令

存储器填充指令用来将字型输入数据 IN 填充到从输出 OUT 所指的单元开始的 N 个字存储器单元。填表指令如表 6-21 所示。

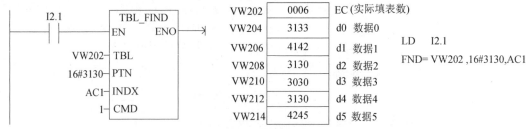

VW202	0006	EC (实际填表数)
VW204	3133	d0 数据0
VW206	4142	d1 数据1
VW208	3130	d2 数据2
VW210	3030	d3 数据3
VW212	3130	d4 数据4
VW214	4245	d5 数据5

```
LD     I2.1
FND= VW202 ,16#3130,AC1
```

图 6-11　搜索表中数据项指令的工作原理

表 6-21　填表指令的表达形式及操作数

指令表达形式	操作数含义及范围
FILL EN　ENO IN　OUT N FILL　IN, OUT, N	EN: I、Q、M、T、C、SM、V、S、L。 IN: VW、IW、QW、MW、SW、SMW、LW、AIW、T、C、AC、常数、*VD、*AC、*LD。 N: VB、IB、QB、MB、SB、SMB、LB、AC、常数、*VD、*AC、*LD。 OUT: VW、1W、QW、MW、SW、SMW、LW、T、C、AQW、*VD、*AC、*LD

6.2.6　转换指令

编程中要用到不同长度及各种编码方式的数据，因此对操作数的类型进行转换，含数据长度转换和编码方式转换。

1. 数据类型转换指令

（1）字节转换为整数。字节 IN 被转换成整数，其结果传送到 OUT 中。由于字节是没有符号的，所以没有符号扩展位。

（2）整数转换为字节。整数 IN 被转换成字节，其结果传送到 OUT 中。如果要转换的数据太大，溢出标志位被置位且输出保持不变。

（3）整数转换为双整数。将整数值转换成双整数，其结果传送到 OUT 中。符号位扩展到高字节中。

（4）双整数转换为整数。将双整数值转换成整数，其结果传送到 OUT 中。如果要转换的数据太大，溢出标志位被置位且输出保持不变。

（5）双整数转换为实数。将一个 32 位符号整数值转换成一个 32 位实数，其结果传送到 OUT 中。以上数据类型转换指令的表达形式及操作数如表 6-22 所示。

表 6-22　转换指令 1

项目		字节转换为整数	整数转换为字节	整数转换为双整数	双整数转换为整数	双整数转换为实数
指令表达形式		B_I EN　ENO IN　OUT BTI　IN, OUT	I_B EN　ENO IN　OUT ITB　IN, OUT	I_DI EN　ENO IN　OUT ITD　IN, OUT	DI_I EN　ENO IN　OUT DTI　IN, OUT	DI_R EN　ENO IN　OUT DTR　IN, OUT
操作数含义及范围	IN	BYTE: VB、IB、QB、MB、SB、SMB、AC、LB、常数、*VD、*AC、*LD				
		WORD: VW、IW、QW、MW、SW、SMW、LW、T、C、AIW、AC、常数、*VD、*AC、*LD				
		DINT: VD、ID、QD、MD、SMD、AC、LD、*VD、*AC、SD、*LD				
		REAL: VD、ID、QD、MD、SMD、AC、LD、HC、常数、*VD、*AC、SD、LD				
	OUT	BYTE: VB、IB、QB、MB、SB、SMB、AC、LB、*VD、*AC、*LD				
		WORD: VW、IW、QW、MW、SW、SMW、LW、T、C、AC、*VD、*AC、*LD				
		DINT、REAL: VD、ID、QD、MD、SMD、AC、LD、*VD、*AC、SD、*LD				

（6）实数转换为双整数。指令有两条：ROUND（四舍五入）和 TRUNC（取整）。

ROUND：将实数（IN）按照四舍五入转换成 32 位有符号整数，其结果传送到 OUT 中。

TRUNC：将实数（IN）转换成 32 位有符号整数，只有整数的部分被转换，舍去小数部分。如果转换的值是无效的实数，或者太大而无法表示，溢出标志位被置位且输出保持不变。

注意：整数转换为实数，首先使用 I_ DI 指令转换成双整数，再使用 DI_ R 指令转换成实数。实数转换位双整数指令如表 6-23 所示。

2. 码制转换

（1）整数转换为 BCD 码。将整数 IN（0～9999）被转换成 BCD 码，其结果存到 OUT 中。

（2）BCD 码转换为整数。将 BCD 码 IN（0～9999）转换成整数，其结果存到 OUT 中。

表 6-23　转换指令 2

项目	四舍五入指令	取整指令	BCD 码转换为整数	整数转换为 BCD 码	段码指令
指令表达形式	ROUND — EN　ENO — — IN　OUT — ROUND　IN, OUT	TRUNC — EN　ENO — — IN　OUT — TRANC　IN, OUT	BCD_I — EN　ENO — — IN　OUT — BCDI　OUT	I_BCD — EN　ENO — — IN　OUT — IBCD　OUT	SEG — EN　ENO — — IN　OUT — SEG　IN, OUT
操作数含义及范围	IN：VD、ID、QD、MD、SMD、AC、LD、＊VD、＊AC、SD、＊LD、常数。 OUT：VW、IW、QW、MW、SW、SMW、LW、T、C、AC、＊VD、＊AC、＊LD、常数		IN：VW、1W、QW、MW、SMW、SW、LW、T、C、AC、AIW、常数、＊VD、＊AC、＊LD。 OUT：VW、IW、QW、MW、SMW、SW、LW、AC、LD、＊VD、＊AC、＊LD		无

3. 段码指令

字节型输人数据 IN 的低 4 位有效数字产生相应的七段码，并将其输出到 OUT 所指定的字节单元。

字节数据 IN：VB、IB、QB、MB、SMB、SB、AC、常数、LB、＊VD、＊AC、＊LD。

段码数据 OUT：VB、IB、QB、MB、SMB、SB、AC、LB、＊VD、＊AC、＊LD。

对应值如下：

输入值 N：0　1　2　3　　4　5　6　7　8　9　A　B　C　D　E　F

段码值 OUT：3F　06　5B　4F　66　6D　7D　07　7F　67　77　7C　39　5E　79　71

【例 6-11】 图 6-12 是一个段码指令编程的例子。在本例中，当 I0.0 = 1 时启动段码指令，VB48 中的数值（0～15）被译成点亮 7 段显示器的数据，利用这个数据可以驱动 7 段显示器。如图 6-11 所示，原 VB48 中的内容为 05，执行段码指令以后，在 OUT 单元中（AC1）被译成 6D，该信号可以使 7 段显示器点亮 "5"。

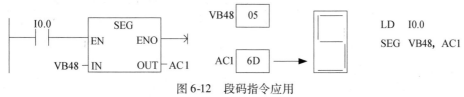

图 6-12　段码指令应用

【例 6-12】 将英寸转换为厘米。将 C10 中存储的英寸转换成整数形式的厘米。梯形图如图 6-13 所示。

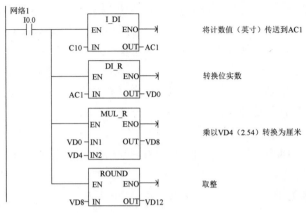

图6-13　转换指令应用

4. 译码和编码指令

（1）译码指令（DECO）。该指令可以根据输入字节 IN 的低四位（半个字节）所表示的位号（0~15），将输出字 OUT 的相应位置为 1，而 OUT 的其他位置零，即对半个字节的编码进行译码，以选择一个字型数据 16 位中的"1"位。

（2）编码指令（ENCO）。该指令可以将编码输入字 IN 的最低有效位（为 1 的最低位）的位号（0~15）写入输出字节 OUT 低 4 位的半个字节中，即用半个字节来对一个字型数据 16 位中的"1"位有效位进行编码。

译码和编码指令如表6-24 所示。

表6-24　转换指令3

项目	译码指令	编码指令
指令表达形式	DECO EN　ENO IN　OUT DECO IN, OUT	ENCO EN　ENO IN　OUT ENCO IN, OUT
操作数含义及范围	IN、OUT： BYTE：VB、IB、QB、MB、SB、SMB、AC、LB、常数、*VD、*LD。 WORD：VW、IW、QW、MW、SW、SMW、LW、T、C、AC、*VD、*AC、 *LD、AQW	

【例6-13】　译码指令和编码指令应用如图6-14 所示。

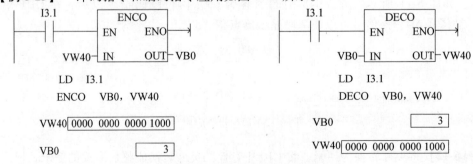

图6-14　译码和编码指令应用

146

6.2.7　时钟指令

利用时钟指令可以实现调用系统实时时钟或根据需要设定时钟，这对于实现控制系统的运行监视、运行记录以及所有和实时时间有关的控制等十分方便。时钟操作有两种：读实时时钟和设定实时时钟。读实时时钟指令和设定实时时钟指令如表 6-25 所示，时钟缓冲区的格式如表 6-26 所示。

表 6-25　时钟指令

项目	读实时时钟指令	写时钟指令
指令表达形式	READ_RTC EN　　ENO T TONR　T	SET_RTC EN　　ENO T TODW　T
操作数含义及范围	T 为字节	

表 6-26　时钟缓冲区

T	T + 1	T + 2	T + 3	T + 4	T + 5	T + 6	T + 7
年 00 ~ 99	月 01 ~ 12	日 01 ~ 31	小时 00 ~ 23	分钟 00 ~ 59	秒 00 ~ 59	0	星期 1 ~ 7

1. 读实时时钟指令（Read Real-Time Clock）

功能描述：系统读当前时间和日期，并把它装入一个 8 字节的缓冲区。操作数 T 用来指定 8 个字节缓冲区的起始地址。

2. 设定时钟指令（Set Real-Time Clock）

功能描述：系统将包含当前时间和日期的一个 8 字节的缓冲区装入 PLC 的时钟中去。操作数 T 用来指定 8 字节缓冲区的起始地址。

注意：

（1）对于一个没有使用过时钟指令的 PLC，在使用时钟指令前，要在编程软件的"PLC（P）"一栏中对 PLC 的时钟进行设定，然后才能开始使用时钟指令。时钟可以设定成和 PC 中的一样，也可用 TODW。指令自由设定，但必须先对时钟存储单元赋值后，才能使用 TODW 指令。

（2）系统不检查、不核实时钟各值的正确与否，所以必须确保输入的设定数据是正确的。例如，2 月 31 日虽为无效日期，但可以被系统接受。

（3）不能同时在主程序和中断程序中使用读写时钟指令，否则，将产生非致命错误，中断程序中的实时时钟指令将不被执行。

（4）硬件时钟在 CPU224 以上的 PLC 中才有。

【例 6-14】读实时时钟并显示分钟的编程。时钟缓冲区从 VB100 开始。

6.2.8　跳转指令

在执行程序时，可能会由于条件的不同，需要产生一些分

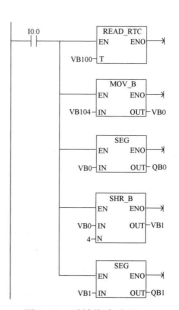

图 6-15　时钟指令应用

147

支，这些分支程序的执行可以用跳转操作来实现。跳转指令可以使 PLC 编程的灵活性大大提高。跳转操作是由跳转指令 JMP 和标号指令 LBL 两部分构成的。

跳转指令 JMP（Jump to Label）：当输入端有效时，使程序跳转到标号处执行。

标号指令 LBL（Label）：指令跳转的目标标号。操作数 n 为 0～255。跳转指令及标号指令的表达形式及操作数范围如表 6-27 所示。

表 6-27　跳转和标号指令表达形式及操作数

指令表达形式		操作数含义及范围
跳转指令 N ——(JMP) JMP　N	标号指令 N ⊢—[LBL] LBL　N	N：常数 0～255

图 6-16 是跳转指令在梯形图中应用的例子。网络 1 中的跳转指令使程序流程跨过一些程序分支，跳转到标号 3 处继续运行。跳转指令中的"N"与标号指令中的"N"值相同。在跳转发生的扫描周期中，被跳过的程序段停止执行，该程序段涉及的各输出器件的状态保持跳转前的状态不变，不影响程序相关的各种工作条件的变化。

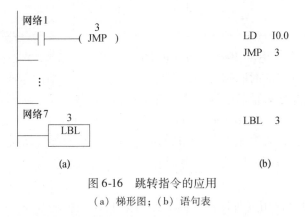

图 6-16　跳转指令的应用
（a）梯形图；（b）语句表

使用说明：

（1）跳转指令和标号指令必须配合使用，而且只能使用在同一程序块中，如主程序、同一个子程序或同一个中断程序。不能在不同的程序块中互相跳转。

（2）执行跳转后，被跳过程序段中的各元器件的状态为：

① Q、M、S、C 等元器件的位保持跳转前的状态；

② 计数器 C 停止计数，当前值存储器保持跳转前的计数值；

③ 对定时器来说，因刷新方式不同而工作状态不同。在跳转期间，分辨率为 1 ms 和 10ms 的定时器会一直保持跳转前的工作状态，原来工作的继续工作，到设定值后，其位的状态也会改变，输出触点动作，其当前值存储器一直累计到最大值 32767 才停止。对分辨率为 100ms 的定时器来说，跳转期间停止工作，但不会复位，存储器里的值为跳转时的值，跳转结束后，若输入条件允许，可继续计时，但已失去了准确计时的意义。所以在跳转段里的定时器要慎用。

（3）由于跳转指令具有选择程序段的功能，在同一程序且位于因跳转而不会被同时执行程序段中的同一线圈不被视为双线圈。

（4）可以有多条跳转指令使用同一标号，但不允许一个跳转指令对应两个标号的情况，即在同一程序中不允许存在两个相同的标号。

6. 2. 9　循环指令

循环指令有两条：循环开始指令（FOR）和循环结束指令（NEXT）。

循环开始指令 FOR：用来标记循环体的开始。

循环结束指令 NEXT：用来标记循环体的结束。无操作数。

FOR 和 NEXT 之间的程序段称为循环体。循环指令盒中有三个数据输入端：INDX 为当前循环计数器，用来记录循环次数的当前值。参数 INIT 和 FINAL 用来规定循环次数的初值和终值。循环体每执行一次，当前计数值 INDX 增 1，并且将其结果同终值做比较，如果大于终值，则终止循环。可以用改写 FINAL 参数值的方法在程序运行中控制循环体的实际循环次数。

循环指令的 LAD 和 STL 形式如表 6-28 所示。

表 6-28　循环指令表达形式和操作数

指令表达形式		操作数含义及范围
FOR 指令 ┌─── FOR ───┐ ─| EN　　ENO | ─| INDX ─| INIT ─| FINAL └──────────┘ FOR　INDX, INIT, FINAL	NEXT 指令 ─┤　(NEXT) NEXT	INDX：VW、IW、QW、MW、SW、SMW、LW、T、C、AC、*VD、*AC、*LD。 　INIT：VW、IW、QW、MW、SW、SMW、T、C、AC、LW、AIW、常量、*VD、*A、*LD。 　FINAL：VW、IW、QW、MW、SW、SMW、LW、T、C、AC、AIW、常量、*VD、*AC、*LD

循环指令使用举例如图 6-17 所示。此例是循环嵌套。当 I1.0 接通时，标为 A 的外层循环执行 100 次。当 I1.1 接通时，标为 B 的内层循环执行 3 次。

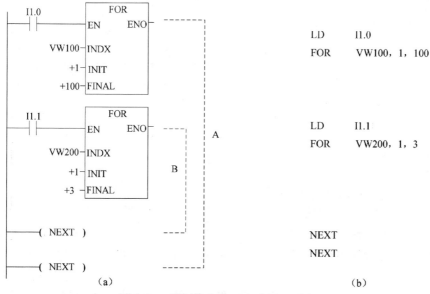

图 6-17　循环指令的 LAD 和 STL 形式

（a）梯形图；（b）语句表

使用说明：

（1）FOR、NEXT 指令必须成对使用。

（2）FOR 和 NEXT 可以循环嵌套，嵌套最多为 8 层，在嵌套程序中距离最近的 FOR 指令及 NEXT 指令是一对。

（3）每次使能输入（EN）重新有效时，指令将自动复位各参数。

（4）初值大于终值时，循环体不被执行。

（5）在使用循环指令时，要注意在循环体中对 INDX 的控制，这一点非常重要。

6.2.10　子程序

S7-200 PLC 把程序主要分为三大类：主程序、子程序和中断程序。实际应用中，有些程序内容可能被反复使用。对于这些可能被反复使用的程序往往编成一个单独的程序块，存放在程序的某一个区域中。执行程序时，可以随时调用这些程序块。这些程序块可以带一些参数，也可以不带参数，这类程序块被称为子程序。为了和主程序区别，S7-200 编程手册中规定子程序与中断子程序分区排列在主程序的后边，且当子程序或中断子程序数量多于 1 时，分序列编号加以区别。

1. 建立子程序

建立子程序是通过编程软件来完成的。可用编程软件"编辑"菜单中"插入"选项选择"子程序"，以建立或插入一个新的子程序，同时，在指令树窗口可以看到新建的子程序图标，默认的程序名是 SBR-N，编号 N 从 0 开始按递增顺序生成，也可以在图标上直接更改子程序的程序名，把它变为更能描述该子程序功能的名字。在指令树窗口双击子程序的图标就可进入子程序，并对它进行编辑。对于 CPU 22 6XM，最多可以有 128 个子程序；对其余的 CPU，最多可以有 64 个子程序。

2. 子程序的调用

（1）子程序调用指令（CALL）

当子程序调用允许时，主程序把程序控制权交给子程序，系统会保存当前的逻辑堆栈，置栈顶值为 1，堆栈的其他值为零。子程序的调用可以带参数，也可以不带参数。它在梯形图中以指令盒的形式编程。指令格式如表 6-29 所示。

表 6-29　子程序指令

指令表达形式		数据类型及操作数
子程序调用指令 SBR_N －EN CALL　SBR-N	子程序条件返回指令 ——（ RET ） CRET	N：常数 　CPU221、 CPU222、 CPU224、 CPU226：0～63 　CPU226XM：0～127

（2）子程序条件返回指令（CRET）

当子程序完成后，返回主程序中（返回到调用此子程序的下一条指令）。梯形图中以线圈的形式编程，指令不带参数。指令格式如表 6-29 所示。

图 6-18 所示是程序实现用外部控制条件分别调用两个子程序。

注意事项：

① 不允许直接递归。例如，不能从 SBR0 调用 SBR0。但是，允许进行间接递归。

② 如果在子程序的内部又对另一子程序执行调用指令，则这种调用称为子程序的嵌套。

子程序的嵌套深度最多为 8 级。

③ 当一个子程序被调用时，系统自动保存当前的堆栈数据，并把栈顶置 1，堆栈中的其他值为 0，子程序占有控制权。子程序执行结束，通过返回指令自动恢复原来的逻辑堆栈值，调用程序又重新取得控制权。

图 6-18   子程序调用举例

3. 带参数的子程序调用

子程序中可以有参变量，带参数的子程序调用极大地扩大了子程序的使用范围，增加了调用的灵活性。它主要用于功能类似的子程序块的编程。子程序的调用过程如果存在数据的传递，则在调用指令中应包含相应的参数。

（1）子程序参数

子程序最多可以传递 16 个参数。参数在子程序的局部变量表中加以定义。参数包含下列信息：变量名、变量类型和数据类型。

① 变量名。变量名最多用 8 个字符表示，第一个字符不能是数字。

② 变量类型。变量类型是按变量对应数据的传递方向来划分的，可以是传入子程序（IN）、传入和传出子程序（IN/OUT）、传出子程序（OUT）和暂时变量（TEMP）等 4 种类型。4 种变量类型的参数在变量表中的位置必须按以下先后顺序。

IN 类型：传入子程序参数。参数可以是直接寻址数据（如 VB100）、间接寻址数据（如 *AC1）、立即数（如 16#2344）或数据的地址值（如 &VB106）。

IN/OUT 类型：传入和传出子程序参数。调用时将指定参数位置的值传到子程序，返回时从子程序得到的结果值被返回到同一地址。参数可以采用直接和间接寻址，但立即数（如 16#1234）和地址值（如 &VB100）不能作为参数。

OUT 类型：传出子程序参数。它将从子程序返回的结果值送到指定的参数位置。输出参数可以采用直接和间接寻址，但不能是立即数或地址编号。

TEMP 类型：暂时变量参数。在子程序内部暂时存储数据，但不能用来与调用程序传递参数数据。

③ 数据类型。局部变量表（表 6-30）中还要对数据类型进行声明。数据类型可以是：能流、布尔型、字节型、字型、双字型、整数型、双整型和实型。

能流：仅允许对位输入操作，是位逻辑运算的结果。在局部变量表中布尔能流输入处于所有类型的最前面。

布尔型：布尔型用于单独的位输入和输出。

字节、字和双字型：这 3 种类型分别声明一个 1 字节、2 字节和 4 字节的无符号输入或输出参数。

整数、双整数型：这 2 种类型分别声明一个 2 字节或 4 字节的有符号输入或输出参数。

实型：该类型声明一个 IEEE 标准的 32 位浮点参数。

表 6-30　局部变量表

SIMATIC	LAD			SIMATIC	LAD		
局部变量	名　称	变量类型	数据类型	局部变量	名　称	变量类型	数据类型
L0.0	IN1	IN	BOOL	LW3	IN4	IN_OUT	WORD
LB1	IN2	IN	BYTE	LW5	INOUT	IN	DWORD
L2.0	IN3	IN	BOOL	LW9	OUT1	OUT	DWORD

（2）参数子程序调用的规则

① 常数参数必须声明数据类型。例如，把值为 223 344 的无符号双字作为参数传递时，必须用 DW#223 344 来指明。如果缺少常数参数的这一描述，常数可能会被当作不同类型使用。

② 输入或输出参数没有自动数据类型转换功能。例如，局部变量表中声明一个参数为实型，而在调用时使用一个双字，则子程序中的值就是双字。

③ 参数在调用时必须按照一定的顺序排列，先是输入参数，然后是输入输出参数，最后是输出参数和暂时变量。

（3）变量表的使用

按照子程序指令的调用顺序，参数值分配给局部变量存储器，起始地址是 L0.0。使用编程软件时，地址分配是自动的。在局部变量表中要加入一个参数，单击要加入的变量类型区可以得到一个选择菜单，选择"插入"，然后选择"下一行"即可。局部变量表使用局部变量存储器。

当在局部变量表中加入一个参数时，系统自动给各参数分配局部变量存储空间。

参数子程序调用指令格式：CALL 子程序名，参数 1，参数 2，…，参数 n。

（4）注意事项

① 程序内一共可有 64 个子程序。可以嵌套子程序（在子程序内放置子程序调用指令），最大嵌套深度为 8。

② 不允许直接递归。例如，不能从 SBR0 调用 SBR0。但是，允许进行间接递归。

③ 各子程序调用的输入/输出参数的最大限制是 16 个，如果要下载的程序超过此限制，将返回错误。

④ 对于带参数的子程序调用指令应遵守下列原则，参数必须与子程序局部变量表内定义的变量完全匹配。参数顺序应为输入参数最先，其次是输入/输出参数，再次是输出参数。

⑤ 在子程序内不能使用 END 指令。

【例 6-15】图 6-19 是一个用梯形图语言对带参数子程序调用的编程例子。该程序的功能是：当输入端 I0.0 = 1 时，调用子程序 0。

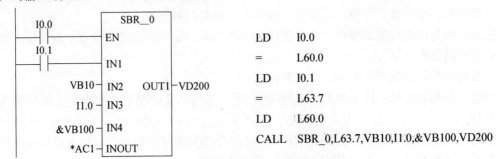

图 6-19　带有参数的子程序的编程

6.2.11 中断指令

1. 中断及中断源

中断是子程序的一种，但是和普通的子程序不同的是，中断子程序是为随机发生且必须立即响应的事件安排的，此时要中断主程序而转到中断子程序中处理这些事件。

S7-200 可以引发的中断事件总共有 34 项。其中输入信号引起的中断事件有 8 项，通信口引起的中断事件有 6 项，定时器引起的中断事件有 4 项，高速计数器引起的中断事件有 14 项，脉冲输出指令引起的中断事件有 2 项，如表 6-31 所示。这 34 项中断事件可以分成以下三大类。

表 6-31 中断事件

事件号	中断描述	CPU221	CPU222	CPU224	CPU226
0	I0.0 上升沿	有	有	有	有
1	I0.0 下降沿	有	有	有	有
2	I0.1 上升沿	有	有	有	有
3	I0.1 下降沿	有	有	有	有
4	I0.2 上升沿	有	有	有	有
5	I0.2 下降沿	有	有	有	有
6	I0.3 上升沿	有	有	有	有
7	I0.3 下降沿	有	有	有	有
8	端口 0 接收字符	有	有	有	有
9	端口 0 发送字符	有	有	有	有
10	定时中断 0（SMB34）	有	有	有	有
11	定时中断 1（SMB35）	有	有	有	有
12	HSC0 当前值 = 预置值	有	有	有	有
13	HSC1 当前值 = 预置值			有	有
14	HSC1 输入方向改变			有	有
15	HSC1 外部复位			有	有
16	HSC2 当前值 = 预置值			有	有
17	HSC2 输入方向改变			有	有
18	HSC2 外部复位			有	有
19	PLS0 脉冲数完成中断	有	有	有	有
20	PLS1 脉冲数完成中断	有	有	有	有
21	T32 当前值 = 预置值	有	有	有	有
22	T96 当前值 = 预置值	有	有	有	有
23	端口 0 接收信息完成	有	有	有	有
24	端口 1 接收信息完成				有
25	端口 1 接收字符				有
26	端口 1 发送字符				有
27	HSC0 输入方向改变	有	有	有	有
28	HSC0 外部复位	有	有	有	有

续表

事件号	中断描述	CPU221	CPU222	CPU224	CPU226
29	HSC4 当前值 = 预置值	有	有	有	有
30	HSC4 输入方向改变	有	有	有	有
31	HSC4 外部复位	有	有	有	有
32	HSC3 当前值 = 预置值	有	有	有	有
33	HSC5 当前值 = 预置值	有	有	有	有

（1）通信中断

通信中断由通信口 0 和通信口 1 来控制程序，这种操作模式称为自由通信口模式。在该种模式下，可由用户程序设置波特率、奇偶校验、字符位数及通信协议。

（2）I/O 中断

I/O 中断包括外部输入中断、高速计数器中断和脉冲串输出中断。外部输入中断是系统利用 I0.0 ~ I0.3 的上升沿或下降沿产生中断，这些输入点可用作连接某些一旦发生就必须引起注意的外部事件；高速计数器中断可以响应当前值等于预设值、计数方向改变、计数器外部复位等事件所引起的中断，这些高速计数器事件可以实时得到速成相响应，而与 PLC 的扫描周期无关；脉冲串输出中断可以用来响应给定数量的脉冲输出完成所引起的中断，其典型应用是步进电机的控制。

（3）时基中断

时基中断包括定时中断和定时器 T32/96 中断。S7-200CPU 支持 2 个定时中断。定时中断可用来支持一个周期性的活动，周期时间以 1ms 为计量单位，周期时间可以是 1 ~ 255ms。定时中断 0 的周期时间值写入 SMB34，定时中断 1 的周期时间值写入 SMB35。每当达到定时时间值，相关定时器溢出，执行中断处理程序。定时中断通常用来以固定的时间间隔作为采样周期对模拟量输入进行采样，也可以用来执行一个 PID 控制回路，另外定时中断在自由口通信编程时非常有用。

定时器中断可以利用定时器来对一个指定的时间段产生中断。这类中断只能使用分辨率为 1ms 的定时器 T32 和 T96 来实现。当所用定时器的当前值等于预置值时，在主机正常的定时刷新中，执行中断程序。

2. 中断优先级及中断队列

由于中断控制是脱离于程序的扫描执行机制的，如有多个突发时间出现时处理也必须有个秩序，这就是中断优先级。中断按以下固定的优先级顺序执行：通信（最高优先级），I/O 中断，时基中断（最低优先级）。在每一级中又可按表 6-32 所示的级别分级。

表 6-32　中断优先级

事件号	中断描述	优先级		优先组中的优先级
8	端口 0 接收字符	通信口 0	通信中断	0
9	端口 0 发送字符			0
23	端口 0 接收信息完成			0
24	端口 1 接收信息完成	通信口 1		1
25	端口 1 接收字符			1
26	端口 1 发送字符			1

事件号	中断描述	优先级		优先组中的优先级
19	PTO0 脉冲数完成中断	脉冲输出		0
20	PTO1 脉冲数完成中断			1
0	I0.0 上升沿	外部输入		2
2	I0.1 上升沿			3
4	I0.2 上升沿			4
6	I0.3 上升沿			5
1	I0.0 下降沿			6
3	I0.1 下降沿			7
5	I0.2 下降沿			8
7	I0.3 下降沿			9
12	HSC0 当前值 = 预置值	I/O 中断		10
27	HSC0 输入方向改变			11
28	HSC0 外部复位			12
13	HSC1 当前值 = 预置值			13
14	HSC1 输入方向改变			14
15	HSC1 外部复位			15
16	HSC2 当前值 = 预置值	高速计数器		16
17	HSC2 输入方向改变			17
18	HSC2 外部复位			18
32	HSC3 当前值 = 预置值			19
29	HSC4 当前值 = 预置值			20
30	HSC4 输入方向改变			21
31	HSC4 外部复位			22
33	HSC5 当前值 = 预置值			23
10	定时中断 0（SMB34）	定时	时基中断	0
11	定时中断 1（SMB35）			1
21	T32 当前值 = 预置值	定时器		2
22	T96 当前值 = 预置值			3

　　在各个指定的优先级之内，CPU 按先来先服务的原则处理中断。任何时间点上，只有一个用户中断程序正在执行。一旦中断程序开始执行，它要一直执行到结束。而且不会被别的中断程序，甚至是更高优先级的中断程序所打断。当另一个中断正在处理中，新出现的中断需排队等待处理。在存在多种中断队列时，CPU 优先响应优先级别高的中断。有时，可能有多于队列所能保存数目的中断出现，因而，由系统维护的队列溢出存储器位表明丢失的中断事件的类型。只在中断程序中使用这些队列溢出存储器位，因为在队列变空或控制返回到主程序时，这些位会被复位。中断队列及溢出位如表 6-33 所示。

表 6-33　中断队列及溢出位

队列	CPU221、CPU222、CPU224	CPU226、CPU226XM	SM 位（1 = 溢出）
通信中断队列	4	8	SM4.0
I/O 中断队列	16	16	SM4.1
时基中断队列	8	8	SM4.2

3. 中断指令

（1）中断连接指令

在启动中断程序之前，必须使中断事件与发生此事件时希望执行的程序段建立联系。使用中断连接指令（ATCH）建立中断事件（由中断事件号码指定）与程序段（由中断程序号码指定）之间的联系。将中断事件连接于中断程序时，该中断自动被启动。

（2）中断分离指令

使用中断分离指令（DTCH）可删除中断事件与中断程序之间的联系，因而关闭单个中断事件。中断分离指令使中断返回未激活或被忽略状态。

（3）中断返回指令

中断返回指令（RETl 条件返回）可用于根据先前逻辑条件从中断返回。

（4）中断允许指令

PLC 在进入 RUN 状态时，自动进入全局中断禁止状态，如果在需要的时候开放全局中断时，可使用中断允许指令。中断允许指令（ENI）全局性地启动全部中断事件。在运行模式下，启动中断允许指令就允许执行各个已经激活的中断事件。

（5）中断禁止指令

中断禁止指令（DISI）可以全局性地关闭所有中断事件。中断禁止指令允许中断入队，但不允许启动中断程序。中断指令的表达形式及操作数如表 6-34 所示。

表 6-34　中断指令的表达形式及操作数

指令表达形式		操作数含义及范围
中断连接指令 ATCH ─EN　ENO─ ─INT ─EVNT ATCH　INT，EVNT 中断分离指令 DTCH ─EN　ENO─ ─EVNT DTCH　EVNT	中断允许指令：ENI ──（ENI） 中断禁止指令：DISI ──（DISI） 中断返回指令：CRETI ──（RETI）	INT：0 ~ 127 EVNT：CPU221、CPU222：0 ~ 12，19 ~ 23，27 ~ 33 CPU224：0 ~ 23，27 ~ 33 CPU226、CPU226XM：0 ~ 33

注意事项如下：

① Micro/Win32 自动为各中断程序添加无条件返回。在编写程序时，用户不必再书写无条件返回指令了。

② 一个程序内最多可有 128 个中断。在各自的优先级范围内，PLC 采用先来先服务的原则处理中断。在任何时刻，只能执行一个用户中断程序。一旦一个中断程序开始执行，则一直执行至完成。

③ 中断处理提供了对特殊的内部或外部中断事件的响应。编写中断服务程序时，使中断程序短小而简单，加快执行速度而且不要延时过长。否则，未预料条件可能引起主程序控制的设备操作异常。对于中断服务程序，俗语说"越短越好"，这是绝对正确的。

④ 在中断程序内不能使用 DISI、ENI、HDEF、LSCR、END 指令。

4. 中断中进一步说明的几个问题

（1）关于在中断中调用子程序从中断程序中可以调用一个嵌套子程序。累加器和逻辑堆栈在中断程序和被调用的子程序中是共用的。

（2）关于共享数据可以在主程序和一个或多个中断程序间共享数据。例如，用户主程序的某个地方可以为某个中断程序提供要用到的数据，反之亦然。如果用户程序共享数据，必须考虑中断事件异步特性的影响，这是因为中断事件会在用户主程序执行的任何地方出现。共享数据一致性问题的解决要依赖于主程序被中断事件中断时中断程序的操作。

这里有几种可以确保在用户主程序和中断程序之间正确共享数据的编程技巧。这些技巧或限制共享存储器单元的访问方式，或让使用共享存储器单元的指令序列不会被中断。

语句表程序共享单个变量。如果共享数据是单个字节、字、双字变量，而用户程序用STL 编写，那么通过把共享数据操作得到的中间值，只存储到非共享的存储器单元或累加器中，可以保证正确的共享访问。

梯形图程序共享单个变量。如果共享数据是单个字节、字或双字变量，而且用户程序用梯形图编写，那么通过只用 Move 指令（MOVB、MOVW、MOVD、MOVR）访问共享存储器单元，可以保证正确的共享访问。这些 MOVE 指令执行时不受中断事件影响。

语句表或梯形图程序共享多个变量，如果共享数据由一些相关的字节、字或双字组成，那么可以用中断禁止/允许指令（DISI 和 ENI）来控制中断程序的执行。在用户程序开始对共享存储器单元操作的地方禁止中断，一旦所有影响共享存储器单元的操作完成后，再允许中断，但这种方法会导致对中断事件响应的延迟。

（3）中断程序编程步骤。

① 建立中断程序 INT n（同建立子程序方法相同）。

② 在中断程序 INT n 中编写其应用程序。

③ 编写中断连接指令（ATCH）。

④ 允许中断（ENI）。

⑤ 如果需要的话，可以编写中断分离指令（DTCH）。

【例 6-16】图 6-20 是一个应用定时中断去读取一个模拟量的编程例子。

主程序 OB1 有一条语句，其功能是当 PLC 上电以后首次扫描（SM0.1 = 1），调用子程序 SBR0，进行初始化。

子程序 SBR0 的功能是设置定时中断。其中，设定定时中断 0 时间间隔为 100ms。传送指 MOV 把 100 存入SMB34 中，就是设定定时中断定时中断 0 时间间隔为100ms。而中断连接指令 ATCH 则把定时中断 0（中断事件号为 10）和中断程序 0（中断程序为 INT0）连接起来，并对该事件允许中断。子程序的最后一句是全局允

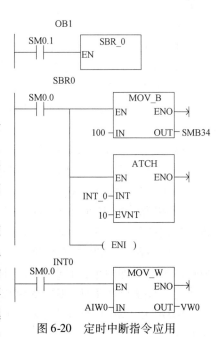

图 6-20　定时中断指令应用

许中断（ENI），只有有了这一条，已经允许中断的中断事件才能真正被执行。

中断服务程序 INT0 的功能是每中断一次，执行一次读取模拟量 AIW0 的操作，并将这个数值传送给 VW0。

6.2.12　其他指令

功能指令中，还包括以下指令。

1. 布尔能流输出

ENO 是 LAD 中指令盒的布尔能流输出端。如果指令盒的能流输入有效，则执行没有错误，ENO 就置位，并将能流向下传递。ENO 可以作为允许位表示指令成功执行。指令格式：AENO。

STL 指令没有 EN 输入，但对要执行的指令，其栈顶值必须为 1。可用"与"ENO（AENO）指令来产生和指令盒中的 ENO 位相同的功能。

AENO 指令无操作数，且只在 STL 中使用，它将栈顶值和 ENO 位的逻辑进行与运算，运算结果保存到栈顶。

AENO 指令使用较少。AENO 指令的用法如图 6-21 所示。

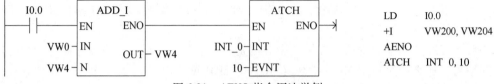

图 6-21　AENO 指令用法举例

2. 结束及暂停指令

（1）结束指令 END 和 MEND

结束指令分为有条件结束指令（END）和无条件结束指令（MEND）。两条指令在梯形图中以线圈形式编程。指令不含操作数。执行完结束指令后，系统结束主程序，返回到主程序起点。

使用说明：

① 结束指令只能用在主程序中，不能在子程序和中断程序中使用。而有条件结束指令可用在无条件结束指令前结束主程序。

② 在调试程序时，在程序的适当位置插入无条件结束指令可实现程序的分段调试。

③ 可以利用程序执行的结果状态、系统状态或外部设置切换条件来调用有条件结束指令，使程序结束。

④ 使用 Micro/Win32 编程时，编程人员不需手工输入无条件结束指令，该软件会自动在内部加上一条无条件结束指令到主程序的结尾。

（2）停止指令 STOP

STOP 指令有效时，可以使主机 CPU 的工作方式由 RUN 切换到 STOP，从而立即中止用户程序的执行。STOP 指令在梯形图中以线圈形式编程。指令不含操作数。

STOP 指令可以用在主程序、子程序和中断程序中。如果在中断程序中执行 STOP 指令，则中断处理立即中止，并忽略所有挂起的中断，继续扫描程序的剩余部分，在本次扫描周期结束后，完成将主机从 RUN 到 STOP 的切换。

STOP 和 END 指令通常在程序中用来对突发紧急事件进行处理，以避免实际生产中的重大损失。

3. 看门狗指令

WDR（Watchdog Reset）称为看门狗复位指令，也称为警戒时钟刷新指令。

为监控 PIC 是否运行正常，可用“看门狗”电路监控程序。运行用户程序开始时，先清“看门狗”定时器，此时开始定时。当程序一个循环完了，则查看定时器定时值，若超时则报警；严重超时，可使 PLC 停止；不超时，则重复起始过程，给“看门狗”复位，再扫描用户程序。“看门狗”可避免出现“死循环”。有时程序过长，会出现程序的扫描周期大于“看门狗”的定时时间，这时可将“看门狗”复位指令插入到程序中适当的位置，使定时器复位，以延长程序扫描时间。

WDR 可以把警戒时钟刷新，即延长扫描周期，从而有效地避免看门狗超时错误。WDR 指令在梯形图中以线圈形式编程，无操作数。

使用 WDR 指令时要特别小心，如果因为使用 WDR 指令而使扫描时间拖得过长（如在循环结构中使用 WDR），那么在终止本次扫描前，下列操作过程将被禁止：

（1）通信（自由口除外）；

（2）I/O 刷新（直接 I/O 除外）；

（3）强制刷新；

（4）SM 位刷新（SM0、SM5 ~ SM29 的位不能被刷新）；

（5）运行时间诊断；

（6）扫描时间超过 25s 时，使 10ms 和 100ms 定时器不能正确计时；

（7）中断程序中的 STOP 指令。

注意：如果希望扫描周期超过 300ms，或者希望中断时间超过 300ms，则最好用 WDR. 指令来重新触发看门狗定时器。

结束、停止及看门狗指令梯形图如图 6-22 所示，指令举例如图 6-23 所示。

——(END)　　　——(STOP)　　　——(WDR)

图 6-22　结束、停止及看门狗指令梯形图

(a)

LD	SM5.0
O	SM4.3
O	I0.3
STOP	
LDN	I0.0
END	
LD	I1.0
WDR	

(b)

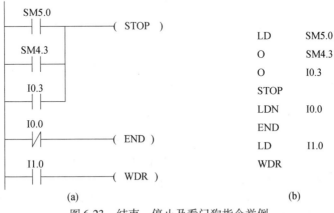

图 6-23　结束、停止及看门狗指令举例

（a）梯形图；（b）语句表

6.2.13　编程实例

1. 检测输入信号的边沿

本例程序用来说明如何用 S7-200 的检测边沿指令来检测简单信号的变化。在这个过程中，用上升和下降来区分信号边沿，上升沿指信号由“0”变为“1”，下降沿指信号由

"1" 变为 "0"。逻辑 "1" 表示输入上有电压，"0" 表示输入上无电压。程序用 2 个存储字分别累计输入 I0.0 上升沿数目以及输入 I0.1 下降沿数目。

程序利用输入 I0.0 和 EU（上升沿）指令来判定上升沿变化是否发生，也就是说，信号由 "0" 变为 "1"。如果一个上升沿变化发生了，那么存储字 MW1 的值增加 1ED（下降沿）指令用来计数输入 I0.1 的下降沿，用存储字 MW3 来计数。如果某一个存储字计数达到 127，那么该存储字被重新置为 0。注意 MB2 是存储字 MW1 的低字节，MB1 为高字节。同样的，MB4 为存储字 MW3 的低字节，MB3 为高字节。I/O 分配表如表 6-35 所示。程序梯形图如图 6-24 所示。

表 6-35　I/O 分配表

输入		其他存储单元	
I0.0　上升沿信号		MW1	I0.0 上升沿个数存储器
I0.1　下降沿信号		MW3	I0. 下降沿个数存储器

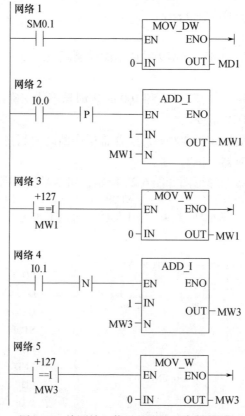

图 6-24　检测输入信号的边沿程序梯形图

2. 移位指令实现顺序控制

早期 PLC 中没有状态器及步进指令，这时可用移位指令实现 "步" 的转换。

图 6-25 所示为小车自动往返的示意图。

小车一个工作周期的动作要求如下：

按下启动按钮 SB（I0.0）后，小车前进（Q0.0），碰到限位开关 SQ2（I0.2）小车后退（Q0.1）；小车后退碰到限位开关 SQ1（I0.1），停止，且停止 3s 后，再次前进，碰到限位开关 SQ3（I0.3），第二次后退，碰到限位开关 SQ1（I0.1）时停止。直到再次按下启动按钮下个过程开始。

将小车工作过程分解成图 6-26。可将整个过程分为六个步序（M10.0 ~ M10.5），每个步序所做的工作在右侧标出。当小车第二次碰到行程开关时，按照要求小车要停止在 SQ1 处，等待按钮的再次按下。I/O 分配表如表 6-36 所示。

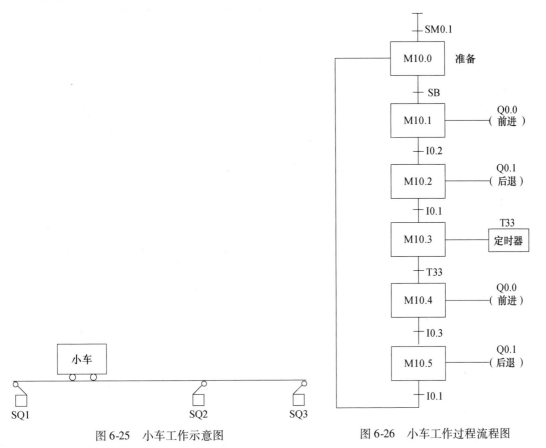

图 6-25　小车工作示意图　　　　　图 6-26　小车工作过程流程图

表 6-36　I/O 分配表

输入	输出	中间状态		
I0.0 启动按钮 I0.1 限位开关 I0.2 限位开关 I0.3 限位开关	Q0.0　前进 Q0.1　后退	M10.0 准备 M10.1 第一次前进 M10.2 第一次后退 M10.3 停 3s	M10.4 M10.5	第二次前进 第二次后退

注意各个步序的转移条件，当转移条件满足时，便使用移位指令，就进入下一个步序。这种控制思想与已经介绍过的顺序控制相同。

程序梯形图如图 6-27 所示。

3. 定时中断产生闪烁频率脉冲

本例是使用定时中断来产生两个频率的脉冲。I0.0 和 I0.1 是两个固定时基脉冲的输入端。当连在输入端 I0.1 的开关接通时，闪烁频率减半；当连在输入端 I0.0 的开关接通时，又恢复成原有的闪烁频率。

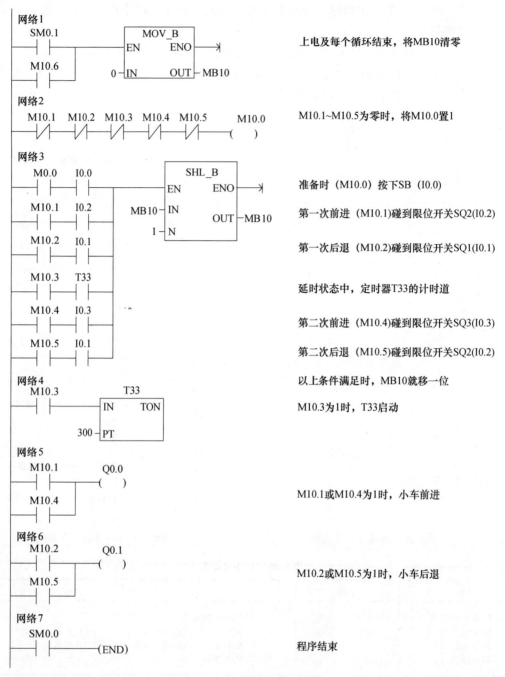

网络1
SM0.1
M10.6
MOV_B
EN　ENO
0 — IN　OUT — MB10
上电及每个循环结束，将MB10清零

网络2
M10.1　M10.2　M10.3　M10.4　M10.5　　M10.0
M10.1~M10.5为零时，将M10.0置1

网络3
M0.0　I0.0
SHL_B
EN　ENO
MB10 — IN
1 — N　OUT — MB10
M10.1　I0.2
M10.2　I0.1
M10.3　T33
M10.4　I0.3
M10.5　I0.1
准备时（M10.0）按下SB（I0.0）
第一次前进（M10.1)碰到限位开关SQ2(I0.2)
第一次后退(M10.2)碰到限位开关SQ1(I0.1)
延时状态中，定时器T33的计时道
第二次前进（M10.4)碰到限位开关SQ3(I0.3)
第二次后退（M10.5)碰到限位开关SQ2(I0.2)

网络4
M10.3
T33
IN　TON
300 — PT
以上条件满足时，MB10就移一位
M10.3为1时，T33启动

网络5
M10.1　Q0.0
M10.4
M10.1或M10.4为1时，小车前进

网络6
M10.2　Q0.1
M10.5
M10.2或M10.5为1时，小车后退

网络7
SM0.0
(END)
程序结束

图 6-27　小车运行梯形图

　　首先将原有的闪烁周期写入到定时中断 0 的特殊存储器 SMB34 和定时中断 1 的特殊存储器 SMB35 中。当到达定时中断 0 的定时时间时，就会执行中断程序 0；当到达定时中断 1 的定时时间时，就会执行中断程序 1。由于定时中断 2 的定时时间是定时中断 1 定时时间的 2 倍，所以本例中，输出端 Q0.0 会接通 50ms 再断开 50ms，循环闪烁。

　　当将输入端 I0.1 接通时，Q0.0 会以原来一半的频率闪烁，即周期要增加 2 倍。所以首先要断开原中断事件与中断子程序之间的联系，然后写入新的中断时基，在指定中断程序；

当输入端 I0.0 接通时，要回到原有频率，具体做法与写入新时基方法相同。

定时中断是按照写入的周期时间循环中断的。需要注意的是，定时中断的周期时间范围是 5～255ms，时间增量是 1ms。进行时间设定的时候不要超过这个范围。

I/O 分配表如表 6-37 所示。程序梯形图如图 6-28 所示。

表 6-37　I/O 分配表

输入		输出	
I0.0	一倍周期输入端子	Q0.0	闪烁输出
I0.1	二倍周期输入端子		

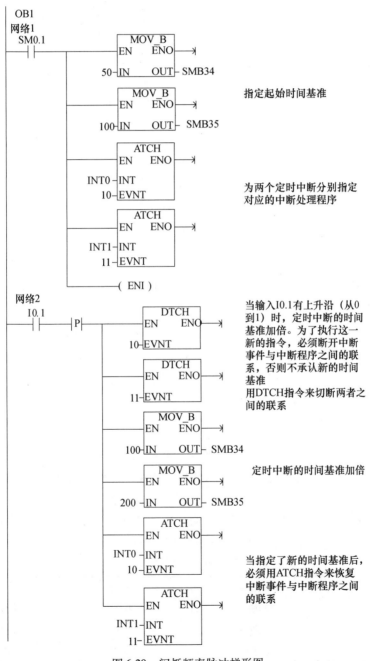

图 6-28　闪烁频率脉冲梯形图

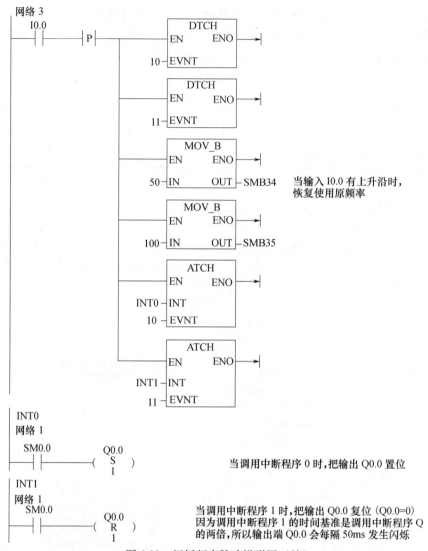

图 6-28　闪烁频率脉冲梯形图（续）

4. 广告彩灯控制

（1）任务要求

利用 PLC 控制一组 8 个广告彩灯。当按下启动按钮时，8 个广告彩灯从左向右、每隔 2s 点亮。当 8 个广告彩灯全部点亮之后，持续 10s，然后每隔 3s 闪烁 1 次，闪烁 3 次后，全部广告彩灯熄灭，再重复以上过程。当按下停止按钮时，全部广告彩灯熄灭。

根据任务要求，需要 2 个数字量输入点，8 个数字量输出点，I/O 分配表如表 6-38 所示。

表 6-38　I/O 分配表

图形符号	PLC 符号	I/O 地址	功能
SB1	启动按钮	I0.0	点亮广告彩灯
SB2	停止按钮	I0.1	熄灭广告彩灯
HL1	彩灯 1	Q0.0	控制彩灯 1

续表

图形符号	PLC 符号	I/O 地址	功能
HL2	彩灯 2	Q0.1	控制彩灯 2
HL3	彩灯 3	Q0.2	控制彩灯 3
HL4	彩灯 4	Q0.3	控制彩灯 4
HL5	彩灯 5	Q0.4	控制彩灯 5
HL6	彩灯 6	Q0.5	控制彩灯 6
HL7	彩灯 7	Q0.6	控制彩灯 7
HL8	彩灯 8	Q0.7	控制彩灯 8

（2）程序编写

根据 I/O 配置，建立程序符号表，如图 6-29 所示，其中 M0.1 和 M0.2 是内部标志位，启动标志代表 M0.0 代表已按下启动按钮，闪烁标志 M0.1 代表彩灯正在闪烁。Q0.1～Q0.7 在符号表中显示"符号未使用"，这 7 个数字量输出点在程序中被复位指令和移位指令隐含访问到。点亮延时计时器 T37 计算彩灯点亮间隔时间，全亮延时定时器 T38 计算全部彩灯点亮后的持续时间。闪烁延时定时器 T39 计算彩灯的闪烁时间。闪烁计数器 C1 计算彩灯闪烁的次数。

		符号	地址	注释
1		启动按钮	I0.0	点亮广告彩灯
2		停止按钮	I0.1	
3		彩灯1	Q0.0	控制彩灯1
4		彩灯2	Q0.1	控制彩灯2
5		彩灯3	Q0.2	控制彩灯3
6		彩灯4	Q0.3	控制彩灯4
7		彩灯5	Q0.4	控制彩灯5
8		彩灯6	Q0.5	控制彩灯6
9		彩灯7	Q0.6	控制彩灯7
10		彩灯8	Q0.7	控制彩灯8
11		启动标志	M0.0	已按下启动按钮
12		闪烁标志	M0.1	彩灯进入闪烁阶段
13		点亮延时	T37	逐个点亮彩灯延时
14		全亮延时	T38	彩灯全部点亮后，持续时间
15		闪烁延时	T39	彩灯闪烁时间
16		闪烁计数	C1	计数彩灯闪烁次数

图 6-29　程序符号表

根据控制要求，编写 PLC 程序。当按下启动按钮时，彩灯 1～彩灯 8 每隔 2s 顺序点亮，如图 6-30 所示。在网络 1 中，当按下启动按钮时，并且启动标志位 M0.0 为 OFF，设置启动标志位为 M0.0，熄灭所有彩灯。在网络 2 中，当动合触点 T37 接通，并且彩灯没有全部点亮时，则执行左移指令，点亮下一个彩灯。在网络 3 中，当启动标志位 M0.0 为 ON，并且彩灯没有在闪烁阶段时，点亮彩灯 1，并启动点亮延时定时器 T37。网络 2 和网络 3 的顺序不能颠倒，网络 2 中的移位指令在每次向左移位时，会将最低位 Q0.0（彩灯 1）复位，执行网络 3 时，会将 Q0.0 置位，所以在循环周期结束时，输出映像寄存器中的 Q0.0 为 ON，实际输出也为 ON。如果网络 2 和网络 3 颠倒，执行移位指令后将 Q0.0 复位，在循环周期结束时，输出映像寄存器中的 Q0.0 为 OFF，下一个循环周期才会将 Q0.0 置位。如果是这样，则每次执行完移位指令后，Q0.0 都会熄灭一个循环周期。

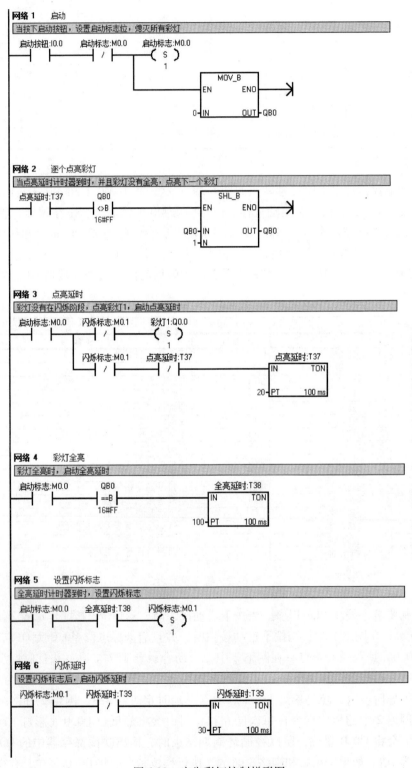

图6-30　广告彩灯控制梯形图

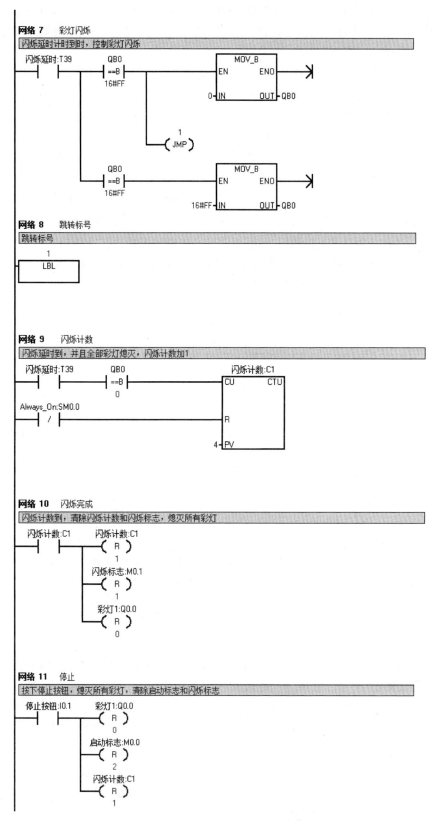

图 6-30　广告彩灯控制梯形图（续）

在网络 4 中，当 QB0 等于十六进制数 16#FF，说明彩灯已全部点亮，此时启动全亮延时定时器 T38。10s 后，计时时间到，定时器位被置位。在网络 5 中，当动合触点 T38 接通时，设置闪烁标志位 M0.1。

在网络 6 中，当动合触点 M0.1 接通时，启动闪烁延时定时器 T39，并与自身形成自锁回路，当 T39 计时到时，又重新开始计时，所以 T39 只能为 ON 一个循环周期的时间。在网络 7 中，当动合触点 T39 接通时，彩灯开始闪烁，QB0 为 16#FF 时代表彩灯全部点亮，QB0 为 0 时代表彩全部熄灭。每次 T39 接通时，QB0 在 16#FF 和 0 之间切换。忘记 JMP 指令是最容易犯的错误。如果去掉 JMP 指令，则 QB0 总是 16#FF，彩灯总是全部点亮，不会闪烁。网络 8 中是 JMP 指令所对应的标号。

在网络 9 中，当动合触点 T39 接通，并且彩灯全部熄灭时，闪烁计数器 C1 加 1。当闪烁计数器 C1 的值达到 4 时，闪烁计数器位被置位。闪烁计数器 C1 的计数过程如表 6-39 所示。在网络 10 中，当动合触点 C1 接通时，清除闪烁计数和闪烁标志位 M0.1，并熄灭所有彩灯。但按下停止按钮时，熄灭所有彩灯，清楚启动标志 M0.0、闪烁标志 M0.1 和闪烁计数 C1。

表 6-39　闪烁接计数器 C1 的计数过程

T39	OFF	ON	ON	ON	ON	ON	ON	ON
QB0	16#FF	0	16#FF	0	16#FF	0	16#FF	0
C1	0	1	1	2	2	3	3	4

习题与思考题

1. 写一段梯形图程序，实现将 VB20 开始的 100 个字节型数据送到 VB400 开始的存储区，这 100 个数据的相对位置在移动前后不发生变化。

2. 有一组数据存放在 VB300 开始的 10 个字节中，采用间接寻址方式设计一段程序，将这 10 个字节的数据存储到从 VB200 开始的存储单元中。

3. 用功能指令实现时间为 6 个月的延时，试设计梯形图程序。

4. 编写一段程序计算 $\sin 120° + \cos 10°$ 的值。

5. 试设计一个记录某台设备运行时间的程序。I0.0 为该设备工作状态输入信号，要求记录其运行时的时、分、秒，并把秒值在 QB0 上显示。

6. 用时钟指令控制路灯的定时接通和断开，5 月 15 日到 10 月 15 日，每天 20：00 开灯，6：00 关灯；10 月 16 日到 5 月 14 日，每天 18：00 开灯，7：00 关灯，并可校准 PLC 的时钟。请编写梯形图程序。

7. 三台电动机当按下启动开关时，相隔 5s 启动，各运行 10s 停止，循环往复。其一个周期示意图如图 6-31 所示。试用传送比较类指令设计梯形图。

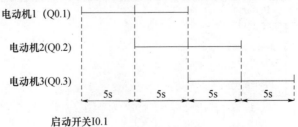

图 6-31　三台电动机工作示意图

第7章　S7-200PLC 特殊功能指令及编程实例

7.1　高速计数器指令

高速计数器是以中断方式对机外高频信号计数的计数器，可将转速、位移、电压等模拟量转变成脉冲列。工业控制领域中的许多物理量，如转速、位移、电压、电流、温度、压力等都很容易转变为频率随物理量量值变化的脉冲列。这就为模拟量输入可编程控制器实现数字控制提供了新的途径。另一方面，从输出角度看，脉冲输出可用于定位控制，脉宽调制可用于实现模拟量输出。高速计数器经常被用于距离检测，用于电机转速检测。当计数器的当前值等于预设值或发生重置时，计数器提供中断。因为中断的发生速率远远低于高速计数器的计数速率，所以可对高速操作进行精确控制，并对 PLC 的整体扫描循环的影响相对较小。高速计数器允许在中断程序内装载新的预设值，使程序简单易懂。

高速计数器可以对 CPU 扫描速度无法控制的高速事件进行计数，可设置多种不同操作模式。高速计数器的最大计数频率决定于 CPU 类型。S7-200CPU 内置 4 ~ 6 个高速计数器（HSC0 ~ HSC5），其中 PLC CPU221 及 PLC CPU222 不支持 HSC1 及 HSC2。这些高速计数器工作频率可达到 20kHz，有 12 种工作模式，而且不影响 CPU 的性能。高速计数器对所支持的计数、方向控制、重新设置及启动均有专门输入。对于双相计数器，两个计数都可以以最大速率运行。对于正交模式，可以选择单倍（1 ×）或 4 倍（4 ×）最大计数速率工作。HSC1 和 HSC2 互相完全独立，并不影响其他的高速功能。全部计数器均可以以最大速率运行，互不干扰。

7.1.1　高速计数器介绍

1. 高速计数器工作模式

高速计数器大体可以分为四种。

第一种是带内部方向控制的单相计数器。这种计数器的计数要么是增计数，要么是减计数，只能是其中一种方式。这种计数器只有一个计数输入端。其控制计数方向由内部继电器控制。这种计数器的工作模式为模式 0、1、2。

第二种是带外部方向控制的单相计数器。这种计数器的计数要么是增计数，要么是减计数，只能是其中一种方式。这种计数器只有一个计数输入端。由外部输入控制其计数方向。这种计数器的工作模式为模式 3、4、5。

第三种计数器是既可以增计数也可以减计数的双相计数器。这种计数器有两个计数输入端，一个增计数输入端，一个减计数输入端。增时钟输入口上有脉冲到达时，计数器当前值加 1，减时钟输入口上到达一个脉冲时，计数器现时值减 1。如果增时钟的上升沿和减时钟的上升沿之间的时间间隔小于 0.3ms，高速计数器会把这些事件看作是同时发生的，计数器当前值不变，计数方向指示也不变。这种计数器的工作模式为模式 6、7、8。

第四种计数器是正交计数器。这种计数器有两个时钟脉冲输入端，一个输入端称为 A 相，一个输入端称为 B 相。当 A 相时钟脉冲超前 B 相时钟脉冲时，计数器进行增计数。当 A 相时钟脉冲滞后 B 相时钟脉冲时，计数器进行减计数。这种计数器的工作模式为模式 9、

10、11。在正交模式下，可选择 1 倍（1×）或 4 倍（4×）最大计数速率。

对于相同的操作模式，全部计数器的运行方式均相同，共有 12 种模式。请注意并非每种计数器均支持全部操作模式。HSC0、HSC3、HSC4、HSC5 高速计数器的工作模式如表 7-1 所示。HSC1、HSC2 高速计数器的工作模式如表 7-2 所示。

表 7-1　高速计数器工作模式（一）

模式	高速计数器名称	HSC0			HSC3	HSC4			HSC5
		I0.0	I0.1	I0.2	I0.1	I0.3	I0.4	I0.5	I0.4
0	带内部方向控制的单相计数器	计数			计数	计数			计数
1	带内部方向控制的单相计数器	计数		复位	计数	计数		复位	计数
2	带内部方向控制的单相计数器	计数		复位	计数	计数		复位	计数
3	带外部方向控制的单相计数器	计数	方向			计数	方向		
4	带外部方向控制的单相计数器	计数	方向	复位		计数	方向	复位	
5	带外部方向控制的单相计数器	计数	方向	复位		计数	方向	复位	
6	带增减计数输入的双相计数器	增计数	减计数			增计数	减计数		
7	带增减计数输入的双相计数器	增计数	减计数	复位		增计数	减计数	复位	
8	带增减计数输入的双相计数器	增计数	减计数	复位		增计数	减计数	复位	
9	A/B 相正交计数器	A 相	B 相			A 相	B 相		
10	A/B 相正交计数器	A 相	B 相	复位		A 相	B 相	复位	
11	A/B 相正交计数器	A 相	B 相	复位		A 相	B 相	复位	

表 7-2　高速计数器工作模式（二）

模式	高速计数器名称	HSC1				HSC2			
		I0.6	I0.7	I1.0	I1.1	I1.2	I1.3	I1.4	I1.5
0	带内部方向控制的单相计数器	计数				计数			
1	带内部方向控制的单相计数器	计数		复位		计数		复位	
2	带内部方向控制的单相计数器	计数		复位	启动	计数		复位	启动
3	带外部方向控制的单相计数器	计数	方向			计数	方向		
4	带外部方向控制的单相计数器	计数	方向	复位		计数	方向	复位	
5	带外部方向控制的单相计数器	计数	方向	复位	启动	计数	方向	复位	启动
6	带增减计数输入的双相计数器	增计数	减计数			增计数	减计数		
7	带增减计数输入的双相计数器	增计数	减计数	复位		增计数	减计数	复位	
8	带增减计数输入的双相计数器	增计数	减计数	复位	启动	增计数	减计数	复位	启动
9	A/B 相正交计数器	A 相	B 相			A 相	B 相		
10	A/B 相正交计数器	A 相	B 相	复位		A 相	B 相	复位	
11	A/B 相正交计数器	A 相	B 相	复位	启动	A 相	B 相	复位	启动

2. 高速计数器的中断描述

全部计数器模式均支持当前数值等于预设数值中断，使用外部重置输入的计数器模式支持外部重置被激活中断。除模式 0、1 及 2 以外的全部计数器模式均支持计数方向改变中断。可以单独启动或关闭这些中断。使用外部重置中断时，不要装载新当前数值，或者在该事件的中断程序中先关闭再启动高速计数器，否则将引起 CPU 严重错误。高速计数器的中断描述如表 7-3 所示。

表 7-3　高速计数器中断事件表

中断事件号	中断描述		优先级别（在整个中断事件中排序）
12	HSC0	CV = PV（当前值 = 设定值）	10
27	HSC0	计数方向改变	11
28	HSC0	外部复位	12
13	HSC1	CV = PV（当前值 = 设定值）	13
14	HSC1	计数方向改变	14
15	HSC1	外部复位	15
16	HSC2	CV = PV（当前值 = 设定值）	16
17	HSC2	计数方向改变	17
18	HSC2	外部复位	18
32	HSC3	CV = PV（当前值 = 设定值）	19
29	HSC4	CV = PV（当前值 = 设定值）	20
30	HSC4	计数方向改变	21
31	HSC4	外部复位	22
33	HSC5	CV = PV（当前值 = 设定值）	23

3. 高速计数器的状态字

每一个高速计数器都有一个状态字节，该字节的每一位都反映了这个计数器的工作状态，表示当前计数方向以及当前数值是否大于或等于预设数值。高速计数器的状态位如表 7-4所示。

表 7-4　高速计数器状态字

HSC0	HSC1	HSC2	HSC3	HSC4	HSC5	说明
SM36.0	SM46.0	SM56.0	SM136.0	SM146.0	SM156.0	未使用
SM36.1	SM46.1	SM56.1	SM136.1	SM146.1	SM156.1	未使用
SM36.2	SM46.2	SM56.2	SM136.2	SM146.2	SM156.2	未使用
SM36.3	SM46.3	SM56.3	SM136.3	SM146.3	SM156.3	未使用
SM36.4	SM46.4	SM56.4	SM136.4	SM146.4	SM156.4	未使用
SM36.5	SM46.5	SM56.5	SM136.5	SM146.5	SM156.5	当前为向上计数： 0 = 向下，1 = 向上计数
SM36.6	SM46.6	SM56.6	SM136.6	SM146.6	SM156.6	当前值等于预设值： 0 = 不等于，1 = 等于
SM36.7	SM46.7	SM56.7	SM136.7	SM146.7	SM156.7	当前值大于预设值： 0 = 不大于，1 = 大于

注意：只有在执行高速计数器中断程序时，状态位才有效。监控高速计数器状态的目的在于启动正在进行的操作所引发的中断程序。

4. 高速计数器的控制字

定义计数器及计数器模式后，可对计数器动态参数进行编程。各高速计数器均有控制字节，可启动或关闭计数器、控制方向（只用于模式 0、1 及 2）或其他全部模式的初始计数方向、装载当前数值及预设数值。执行 HSC 指令可检查控制字节及相关当前预设值。高速计数器的控制字如表 7-5 所示。

表 7-5　高速计数器控制字

HSC0	HSC1	HSC2	HSC3	HSC4	HSC5	说明（0、1、2 位仅在 HDEF 指令中用）
SM37.0	SM47.0	SM57.0		SM147.0		复位控制：0 = 高电平复位，1 = 低电平复位
SM37.1	SM47.1	SM57.1		SM147.1		启动控制：0 = 高电平启动，1 = 低电平启动
SM37.2	SM47.2	SM57.2		SM147.2		正交速率：0 = 4 倍速率，1 = 1 倍速率
SM37.3	SM47.3	SM57.3	SM137.3	SM147.3	SM157.3	计数方向：0 = 向下计数，1 = 向上计数
SM37.4	SM47.4	SM57.4	SM137.4	SM147.4	SM157.4	方向更新：0 = 无更新，1 = 更新方向
SM37.5	SM47.5	SM57.5	SM137.5	SM147.5	SM157.5	预设值更新：0 = 无更新，1 = 更新预设值
SM37.6	SM47.6	SM57.6	SM137.6	SM147.6	SM157.6	当前值更新：0 = 无更新，1 = 更新当前值
SM37.7	SM47.7	SM57.7	SM137.7	SM147.7	SM157.7	允许控制：0 = 禁止 HSC，1 = 允许 HSC

5. 高速计数器的当前值

各高速计数器均有 32 位当前值，当前值为带符号整数值。欲向高速计数器装载新的当前值，必须设定包含当前值的控制字节及特殊内存字节。然后执行 HSC 指令，使新数值传输至高速计数器。表 7-6 列举了用于装入新当前值的特殊内存字节。

表 7-6　高速计数器的当前值

高速计数器	HSC0	HSC1	HSC2	HSC3	HSC4	HSC5
新当前值	SMD38	SMD48	SMD58	SMD138	SMD148	SMD158

6. 高速计数器的预设值

每个高速计数器均有一个 32 位的预设值。预设值为带符号整数值。欲向计数器内装载新的预设值，必须设定包含预设值的控制字节及特殊内存字节。然后执行 HSC 指令，将新数值传输至高速计数器。表 7-7 描述了用于保存预设值的特殊内存字节。

表 7-7　高速计数器的预设值

高速计数器	HSC0	HSC1	HSC2	HSC3	HSC4	HSC5
新预设值	SMD42	SMD52	SMD62	SMD142	SMD152	SMD162

7.1.2　高速计数器指令

1. 定义高速计数器指令

定义高速计数器指令（HDEF）：使用高速计数器之前必须选择计数器模式，可利用

HDEF 指令（高速计数器定义）选择计数器模式。HDEF 提供高速计数器（HSC n）及计数器模式之间的联系。对每个高速计数器只能采用一条 HDEF 指令定义高速计数器。高速计数器中的四个计数器拥有三个控制位，用于配置重置（复位）、起始输入（启动）的激活状态和选择 1× 或 4× 计数模式（只用于正交计数器）。这些位处于计数器的控制字节内，只有在执行 HDEF 指令时才被使用。执行 HDEF 指令之前，必须将这些控制位设定成要求状态。否则，计数器对所选计数器模式采用默认配置。重置输入及起始输入的默认设定是高电平有效，正交计数速率为 4×（或输入时钟频率的四倍）。一旦执行 HDEF 指令后，不可改变计数器设定，除非首先将 PLC 置于停止模式。

定义高速计数器指令由助记符 HDEF、定义高速计数允许端 EN、高速计数器编程指令 HSC、高速计数器工作模式 MODE 构成。其梯形图和语句表表示如表 7-8 所示。

表 7-8　高速计数器指令

指令表达形式		操作数含义及范围
定义高速计数器指令 HDEF —EN　ENO— —HSC —MODE HDEF　HSC, MODE	高速计数器编程指令 HSC —EN　ENO— —N HSC　N	EN：I、Q、M、SM、T、C、V、S、L HSC：常量（0、1、2、3、4、5） MODE：常量（0、1、2、…、10、11） N：常量（0、1、2、3、4、5）

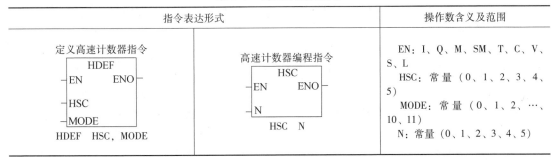

2. 高速计数器编程指令

高速计数器编程指令（HSC）：高速计数器在定义之后，高速计数器在重置（复位）、更新当前值、更新预置值时，都要应用高速计数器编程的 HSC 指令对其编程。通过执行 HSC 指令对高速计数器进行编程。只有经过编程，高速计数器才能运行。

高速计数器编程指令的表示：高速计数器编程指令由高速计数器编程指令允许端 EN、高速计数器编程指令助记符 HSC 和对高速计数器进行编程的计数器编号 N 构成。

当高速计数器编程指令有效时，对高速计数器 N 进行一系列新的操作，高速计数器新的功能生效。

7.1.3　高速计数器编程

为了解高速计数器的操作，用下面初始化及编程操作进行说明。在下列说明中，一直采用 HSC1 作为计数器模型。初始化过程中，假定 S7-200 刚刚进入运行（RUN）模式。如果情况与此不符，请注意进入运行模式后对各高速计数器只能执行一次 HDEF 指令。对某高速计数器执行两次 HDEF，将生成运行时错误，而且不会改变第一次执行 HDEF 指令后对计数器的设定。

1. 模式 0、1 或 2 初始化

下列步骤说明如何为带内部方向的单相计数器 HSC1 进行初始化。

（1）调用初始化程序。利用第一扫描内存位 SM0.1 调用初始化操作的子程序。因为使用了子程序调用，随后的扫描不再调用这个子程序，因此可降低执行时间，并使程序结构化更强。

（2）装载控制字。在初始化子程序内，根据所要控制操作装载控制字到 SMB47。

例如，SMB47 = 16#F8 产生下列结果：允许计数器计数；写入新当前值；写入新预设值；设定 HSC 初始计数方向为向上计数；设定启动和复位输入为高电平有效。

（3）执行 HDEF 指令。HSC 输入设定为 1，无外部重置或起始时模式输入设定为 0，有外部重置无起始时模式输入设定为 1，有外部重置及起始时模式输入设定为 2。

（4）装载高速计数器的当前值。用所需要当前值装载 SMD48（双字尺寸数值，装载零进行清除）。

（5）装载高速计数器的预置值。用所需要预设值装载 SMD52（双字尺寸数值）。

（6）设置中断。为了捕捉当前值等于预设值，将 CV = PV 中断事件（事件 13）附加于中断程序，对中断进行编程。

为了捕捉外部重置事件，将外部重置中断事件（事件 15）附加于中断程序，对中断进行编程。

（7）启动全局中断。执行全局中断启动指令（ENI），启动全局中断。

（8）对高速计数器编程。执行 HSC 指令，使 S7-200 对 HSC1 进行编程。

（9）退出子程序。

2. 模式 3、4 或 5 初始化

下列步骤说明如何为带外部方向的单相向上/向下计数器（HSC1）进行初始化。

（1）调用初始化程序。利用第一扫描内存位 SM0.1 调用初始化操作的子程序。因为使用了子程序调用，随后的扫描不再调用这个子程序，因此可降低执行时间，并使程序结构化更强。

（2）装载控制字。在初始化子程序内，根据所要控制操作装载控制字到 SMB47。

例如，SMB47 = 16#F8 产生下列结果：允许计数器计数；写入新当前值；写入新预设值；设定 HSC 初始计数方向为向上计数；设定启动和复位输入为高电平有效。

（3）执行 HDEF 指令。HSC 输入设定为 1，无外部重置或起始时模式输入设定为 3，有外部重置无起始时模式输入设定为 4，有外部重置及起始时模式输入设定为 5。

（4）装载高速计数器的当前值。用所需要当前值装载 SMD48（双字尺寸数值，装载零进行清除）。

（5）装载高速计数器的预置值。用所需要预设值装载 SMD52（双字尺寸数值）。

（6）设置中断。为了捕捉当前值等于预设值，将 CV = PV 中断事件（事件 13）附加于中断程序，对中断进行编程。

为了捕捉方向改变，将方向改变中断事件（事件 14）附加于中断程序，对中断进行编程。

为了捕捉外部重置事件，将外部重置中断事件（事件 15）附加于中断程序，对中断进行编程。

（7）启动全局中断。执行全局中断启动指令（ENI），启动全局中断。

（8）对高速计数器编程。执行 HSC 指令，使 S7-200 对 HSC1 进行编程。

（9）退出子程序。

3. 模式 6、7 或 8 初始化

下列步骤说明如何为双相计数器（HSC1）进行初始化。

（1）调用初始化程序。利用第一扫描内存位 SM0.1 调用初始化操作的子程序。

（2）装载控制字。在初始化子程序内，根据所要控制操作装载控制字到 SMB47。

例如，SMB47 = 16#F8 产生下列结果：允许计数器计数；写入新当前值；写入新预设值；设定 HSC 初始方向为向上计数；设定启动和复位输入为高电平有效。

（3）执行 HDEF 指令。HSC 输入设定为 1，无外部重置或起始时模式输入设定为 6，有外部重置无起始时模式输入设定为 7，有外部重置及起始时模式输入设定为 8。

（4）装载高速计数器的当前值。用所需要当前数值装载 SMD48（双字数值，装载零进行清除）。

（5）装载高速计数器的预置值。用所需要预设值装载 SMD52（双字尺寸数值）。

（6）设置中断。为了捕捉当前数值等于预设值，将 CV = PV 中断事件（事件 13）附加于中断程序，对中断进行编程。

为了捕捉方向改变，将方向改变中断事件（事件 14）附加于中断程序，对中断进行编程。

为了捕捉外部重置事件，将外部重置中断事件（事件 15）附加于中断程序，对中断进行编程。

（7）启动全局中断。执行全局中断启动指令（ENI），启动全局中断。

（8）对高速计数器编程。执行 HSC 指令，使 S7-200 对 HSC1 进行编程。

（9）退出子程序。

4. 模式 9、10 或 11 初始化

下列步骤说明如何为正交计数器（HSC1）进行初始化。

（1）调用初始化程序。利用第一扫描内存位 SM0.1 调用初始化操作的子程序。

（2）装载控制字。在初始化子程序内，根据所要控制操作装载控制字到 SMB47。

例如，1 倍计数模式 SMB47 = 16#FC 产生下列结果：允许计数器计数；写入新当前值；写入新预设值；设定 HSC 初始方向为向上计数；设定启动和复位输入为高电平有效。

例如，4 倍计数模式 SMB47 = 16#F8 产生下列结果：允许计数器计数；写入新当前值；写入新预设值；设定 HSC 初始方向为向上计数；设定启动和复位输入为高电平有效。

（3）执行 HDEF 指令。HSC 输入设定为 1，无外部重置或起始时模式输入设定为 9，有外部重置无起始时设定为 10，有外部重置及起始设定为 11。

（4）装载高速计数器的当前值。用所需要当前值装载 SMD48（双字尺寸数值，装载零进行清除）。

（5）装载高速计数器的预置值。用所需要预设值装载 SMD52（双字尺寸数值）。

（6）设置中断。为了捕捉当前数值等于预设数值，将 CV = PV 中断事件（事件 13）附加于中断程序，对中断进行编程。

为了捕捉方向改变，将方向改变中断事件（事件 14）附加于中断程序，对中断进行编程。

为了捕捉外部重置事件，将外部重置中断事件（事件 15）附加于中断程序，对中断进行编程。

（7）启动全局中断。执行全程中断启动指令（ENI），启动中断。

（8）对高速计数器编程。执行 HSC 指令，使 S7-200 对 HSC1 进行编程。

（9）退出子程序。

5. 在模式 0、1、2 下改变方向

下列步骤说明如何设置 HSC1，使带内部方向（模式 0、1 或 2）的单相计数器改变方向。

（1）装载 SMB47，写入所要方向：

SMB47 = 16#90 启动计数器设定 HSC 方向，向下计数；

SMB47 = 16#98 启动计数器设定 HSC 方向，向上计数。

（2）执行 HSC 指令，使 S7-200 对 HSC1 进行编程。

6. 装载新当前值（任何模式）

下列步骤说明如何改变 HSC1 计数器当前值（任何模式）。

改变当前值强迫计数器在进行改动的过程中处于关闭状态。计数器被关闭时，将不再计数或生成中断。

（1）装载 SMB47，写入所要当前值：

SMB47 = 16#C0 启动计数器写入新当前值。

（2）用所需要当前值装载 SMD48（双字尺寸，装载零进行清除）。

（3）执行 HSC 指令，使 S7-200 对 HSC1 进行编程。

7. 装载新预设值（任何模式）

下列步骤说明如何改变 HSC1 的计数器预设值（任何模式）。

（1）装载 SMB47，写入所要预设值：

SMB47 = 16#A0 启动计数器写入新预设值。

（2）用所需要预设值装载 SMD52（双字尺寸数值）。

（3）执行 HSC 指令，使 S7-200 对 HSC1 进行编程。

8. 关闭 HSC1 高速计数器（任何模式）

下列步骤说明如何关闭 HSC1 高速计数器（任何模式）。

（1）装载 SMB47，关闭计数器：

SMB47 = 16#A0 关闭计数器。

（2）执行 HSC 指令，关闭计数器。

上述操作说明如何逐一改变方向、改变当前值以及改变预设值，当然也可以按照相同步骤，适当设定 SMB47 数值并执行 HSC 指令，改变全部数值或其中任何组合。

【例 7-1】图 7-1 是一个给高速计数器编程的例子。高速计数器 1 设定为正交 4 倍速率计数器。当 HSC1 的当前值等于预置值时，引发中断，在中断程序中对变量 VW0 进行加 1 操作。VW0 的值即为 HSC1 的中断计数。

（1）OB1。从程序中可以看出，主程序 OB1 利用初次扫描 SM0.1 调用 HSC1 初始化程序。

（2）SBR0。子程序 SBR0 对 HSC1 初始化。

第一条指令是向 SMB47 传送十六进制数 16#F8。设定高速计数器为允许计数、写入新当前值、写入新预置值、设定计数器初始计数方向为向上计数、设定启动输入和复位输入高电平有效、正交 4 倍速率模式。

第二条指令是设定 HSC1 为模式 11 方式。

第三条指令是对 SMD48 送零，这是清除 HSC1 的当前值。

第四条指令是设定 HSC1 的预置值为 50。

第五条指令是连接当前值—预置值（事件 13）与中断程序（INT0）。

第六条指令是设定允许全局中断（ENI）。

第七条指令是对 HSC1 编程。

（3）INT0。第一条指令是把 0 送到 SMD48 中，对 HSC1 当前值清零。

第二条指令是把 C0H 送入 SMB47，是设定 HSC1 允许更新当前值。

第三条指令是对 HSC1 编程。

第四条指令是对 VW0 加 1，可以由 VW0 的值记录中断次数。或者说用 VW0 记录 HSC1 从 0 计数到 50 的次数。

从这个例子中可以看到，一般 HDEF 指令只能使用一次；每重新赋予一次控制字都要对高速计数器用 HSC 编程。

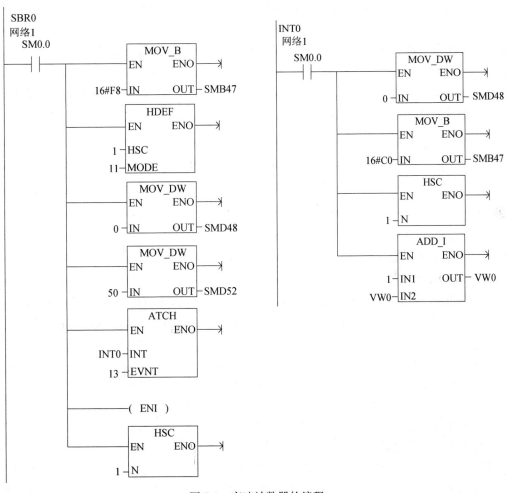

图 7-1　高速计数器的编程

7.2　脉冲输出指令

脉冲输出在工业控制中有着广泛的应用。S7-200 每个 CPU 有两个 PTO/PWM 生成器，输出高速脉冲序列及脉宽调制波形。一个生成器指定给数字输出点 Q0.0，另一生成器指定给数字输出点 Q0.1。

PTO/PWM 生成器及映像寄存器共同使用 Q0.0 及 Q0.1。当 Q0.0 或 Q0.1 被设定为 PTO 或 PWM 功能时，由 PTO/PWM 生成器控制其输出，并禁止输出点通用功能的正常使用。输出波形不受映像寄存器状态、点强迫数值、已经执行立即输出指令的影响。当不使用 PTO/PWM 生成器时，Q0.0 或 Q0.1 输出控制转交给映像寄存器。映像寄存器决定输出波形的初始及最终状态。建议在启动 PTO 或 PWM 操作之前，将 Q0.0 及 Q0.1 的映像寄存器设定为 0。

脉冲序列（PTO）功能提供周期时间及脉冲数目由用户控制的方波（50% 占空比）输出。脉宽调制（PWM）功能提供周期时间及脉冲宽度由用户控制的、持续的、变化的占空比输出。

每个 PTO/PWM 生成器有一个控制字节（8 位）、一个周期时间数值及一个脉冲宽度数值（不带符号的 16 位数值），以及一个脉冲计数数值（不带符号的 32 位数值）。这些数值全部存储在指定的特殊内存（SM）区域中。一旦这些特殊存储器的位被置成所需要的操作后，可以通过执行脉冲输出指令（PLS）来启动这些操作。这条指令使 S7-200 读取特殊存储器 SM 中的位，并对相应的 PTO/PWM 生成器进行编程。通过修改在 SM 区域内（包括控制字节）的要求位置，可改变 PTO 或 PWM 波形的特征，然后再执行 PLS 指令。在任意时刻，可以通过向控制字节（SM67.7 或 SM77.7）的 PTO/PWM 启动位写入 0，停止 PTO 或 PWM 波形的生成，然后再执行 PLS 指令。所有控制位、周期时间、脉冲宽度及脉冲计数值的默认值均为 0。在 PTO/PWM 功能中，输出从 0 ~ 1 和从 1 ~ 0 的切换时间不一样。这种切换时间的差异会引起占空比的畸变。PTO/PWM 的输出负载至少为额定负载的 10%，才能提供陡直的上升沿和下降沿。

7.2.1　PWM 指令

PWM 功能提供占空比可调的脉冲输出，可以以微秒或毫秒为时间单位指定周期时间及脉冲宽度。周期时间的范围是 50 ~ 65535μs，或是 2 ~ 65535ms。脉冲宽度时间范围是 0 ~ 65535μs，或是 0 ~ 65535ms。当脉冲宽度指定数值大于或等于周期时间数值时，波形的占空比为 100% 输出被连续打开。当脉冲宽度为 0 时，波形的占空比为 0%，输出被关闭。如果指定的周期时间小于两个时间单位，周期时间被默认为两个时间单位。

有两种不同方法可改变 PWM 波形的特征：同步更新及异步更新。

（1）同步更新。如果不要求改变时间基准（周期），即可以进行同步更新。进行同步更新时，波形特征的变化发生在周期边缘，提供平滑转换。

（2）异步更新。典型的 PWM 操作，虽然脉冲宽度不断变化但周期时间保持不变，因此不要求时间基准的改变。但是，如果要求改变 PTO/PWM 生成器的时间基准，则应使用异步更新。异步更新会造成关闭 PTO/PWM 生成器和 PWM 异步，可能造成控制设备暂时不稳。基于此原因，建议使用同步 PWM 更新，选择可用于所有周期时间的时间基准。

控制字节中的 PWM 更新方法位（SM67.4 或 SM77.4）用于指定更新类型。执行 PLS 指令来激活这种类型的改变。如果时间基准改变，将发生异步更新，而和这些控制位无关。

7.2.2　PTO 指令

PTO 提供生成指定脉冲数目的方形波（50% 占空比）脉冲序列。周期时间可以用微秒或毫秒为指定时间单位。周期时间范围为 $50 \sim 65535 \mu s$，或为 $2 \sim 65535 ms$。如果指定周期时间为奇数，会引起占空比的一些失真。脉冲数范围可以是 $1 \sim 4294967295$。

如果指定的周期时间少于两个时间单位，则周期时间默认为两个时间单位。如果指定的脉冲计数默认为 0，则脉冲计数默认为 1。

状态字节（SM66.7 或 SM76.7）内的 PTO 空闲位用来指示编程脉冲序列的完成。另外，也可在脉冲序列完成时启动中断程序。如果使用多段操作，将在包络表完成时启动中断程序。

PTO 功能允许脉冲序列的排队。当激活脉冲序列完成时，新脉冲序列输出立即开始，可以实现后续输出脉冲序列的连续性。

脉冲序列的两种方式如下：

（1）单段序列。在单段序列中，需要为下一个脉冲序列更新特殊寄存器。一旦启动了初始 PTO 段，就必须按照要求，立即修改第二波形的特殊寄存器，并再次执行 PLS 指令。第二脉冲序列的属性将被保留在序列内，直至第一脉冲列完成。序列内每次只能存储一条脉冲序列。第一脉冲列完成后，第二波形输出开始，序列可再存储新的脉冲序列属性。重复此过程设定下一脉冲列的特征。

除下列情况外，脉冲列可平滑转换。其一是发生了时间基准的改变。其二是在执行 PLS 指令捕捉到新的脉冲序列前启动的脉冲序列已经完成。

如果装载满脉冲序列，状态寄存器（SM66.6 或 SM76.6）内的 PTO 溢出位将被置位。进入运行模式时，此位被初始化为 0。如果随后发现溢出，必须在发现溢出后手工清除此位。

（2）多段序列。在多段序列中，CPU 自动从 V 存储区的包络表中读取各脉冲序列段的特征。在此模式下，仅使用特殊寄存器区的控制字节和状态字节。欲选择多段操作，必须装载包络表的 V 内存起始偏移地址（SMW168 或 SMW178）。可以微秒或毫秒为单位指定时间基准，但是，选择用于包络表内的全部周期时间必须使用一个时间基准，并且在包络表运行过程中不能改变。然后可执行 PLS 指令开始多段操作。

每段输入的长度均为 8 字节，并由 16 位周期值、16 位周期增量值和 32 位脉冲计数数值组成。

多段 PTO 操作的另一特征是能够以指定的脉冲数量自动增加或减少周期时间。在周期增量区输入一个正值，将增加周期时间，在周期增量区输入一个负值，将减少周期时间。若数值为零，则周期时间不变。

如果在许多脉冲后指定的周期增量值导致非法的周期值，则发生算术溢出错误。PTO 功能被终止，PLC 的输出变成由映像寄存器控制。另外，状态字节（SM66.4 或 SM76.4）内的增量计算错误位被置为 1。如果要人为地停止正在运行中的 PTO 包络，只需要把状态字节的用户中止位（SM66.5 或 SM76.5）置为 1。当 PTO 包络执行时，当前启动的段数目保存在 SMB166（SMB176）内。表 7-9 给出了多段 PTO 操作的包络表格式。

表 7-9　PTO 包络表

偏移量	段数	说明
0		段数目（1～255）；数 0 会生成非致命性错误，无 PTO 输出生成
1		初始周期时间（2～65535 个时间基准单位）
3	#1	每个脉冲的周期增量，带符号数值（−32768～32767 个时间基准单位）
5		脉冲数（1～4294967295）
9		初始周期时间（2～65535 个时间基准单位）
11	#2	每个脉冲的周期增量，带符号数值（−32768～32767 个时间基准单位）
13		脉冲数（1～4294967295）
…	…	…

PTO/PWM 生成器的多段序列功能在许多应用中都有用途，特别是步进电动机的控制。下面例子说明如何生成加速步进电动机、恒速操作电动机以及电动机减速的输出波形所要求的包络表数值。

【例 7-2】本例是一个步进电动机控制的 PTO 设计。需要 4000 个脉冲，其中 200 个脉冲用于步进电动机的加速控制，3400 个脉冲用于恒速控制，400 个脉冲用于减速控制。起始及终止脉冲频率为 2kHz，最大脉冲频率为 10kHz。因为采用周期表示包络表数值，而不采用频率，需要将给定频率数值转换成周期时间数值。因此，起始及终止循环时间为 500μs，与最大频率相对应的循环时间为 100μs。在输出包络的加速部分，要求达到最大脉冲频率，即 200 个脉冲。并假定包络减速部分应在 400 脉冲内完成，如图 7-2 所示。这个例子中，可采用简单公式决定 PTO/PWM 生成器用于调节各个脉冲周期所使用的周期增量值：

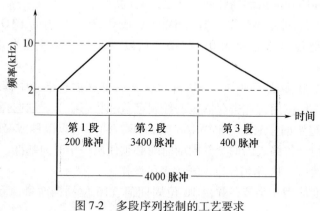

图 7-2　多段序列控制的工艺要求

$$T_d = (T_f - T_i)/P \tag{7-1}$$

式中　T_d——周期增量；

　　　T_i——初始脉冲周期；

　　　T_f——最终脉冲周期；

　　　P——脉冲数目。

利用此公式，计算出的加速部分（第 1 段）的周期增量是 −2。类似地，减速部分（第 3 段）的周期增量是 1。因为第 2 段是输出波形的恒速部分，该段的周期增量是 0。假定包络表位于从 V500 开始的 V 内存内，表 7-10 用于生成要求波形的包络表值。

表 7-10　包络表数据

V 内存地址	数值	V 内存地址	数值
VB500	3 （段总数）	VW511	0 （第 2 段初始周期）
VW501	500 （第 1 段初始周期）	VD513	3400 （第 2 段脉冲数）
VW503	−2 （第 1 段初始周期）	VW517	100 （第 3 段初始周期）
VD505	200 （第 1 段脉冲数）	VW519	1 （第 3 段初始周期）
VW509	100 （第 2 段初始周期）	VD521	400 （第 3 段脉冲数）

该表的值可以通过用户程序中的指令放在 V 存储器中。另外一种方法是，在数据块中定义包络表的值。段内最后一个脉冲的周期在包络表中不直接指定，而必须计算得出（除非周期为零）。知道段最终脉冲的周期时间有利于决定各段波形之间的过渡是否平滑。计算各段最终脉冲的周期的公式是

$$T_f = T_i + T_d(P - 1) \tag{7-2}$$

上例是简化的情况，实际应用可能要求更复杂的波形包络。请注意两点：一是只能用整数微秒或毫秒指定周期增量；二是可对各个脉冲进行周期修改。

这两点内容决定计算某给定段的周期增量可能需要迭代方法，计算给定段的最终脉冲周期或脉冲数时可能需要一定的调整。在确定校正包络表值的过程中，包络表的持续时间是有用的。可利用下列公式计算完成给定一个包络段的时间长度

$$t = P[T_i + (T_d/2)(P - 1)] \tag{7-3}$$

式中　t——时间长度。

7.2.3　PTO/PWM 控制寄存器

表 7-10 介绍用于控制 PTO/PWM 操作的寄存器，可以以此表作参考，由在 PTO0/PWM0 控制寄存器内存放的数值，来确定启动所要求的操作。对 PTO0/PWM0 使用 SMB67，对 PTO1/PWM1 使用 SMB77。如果需要装载新的脉冲数（SMD72 或 SMD82）、脉冲宽度（SMW70 或 SMW80）或周期时间（SMW68 或 SMW78），在执行 PLS 指令之前应装载这些数值以及控制寄存器。如果使用多段脉冲列操作，在执行 PLS 指令之前还需要装载包络表的起始偏移量（SMW168 或 SMW178）以及包络表数值。

（1）PTO/PWM 状态寄存器（表 7-11）

表 7-11　状态寄存器分配

Q0.0	Q0.1	PTO/PWM 状态寄存器
SM66.4	SM76.4	PTO 包络由于增量计算错误而中止，0 = 无错误，1 = 中止
SM66.5	SM76.5	PTO 包络由于用户命令而中止，0 = 无错误，1 = 中止
SM66.6	SM76.6	PTO 脉冲序列上溢/下溢，0 = 无溢出，1 = 上溢/下溢
SM66.7	SM76.7	PTO 空闲，0 = 进行中，1 = PTO 空闲

（2）PTO/PWM 控制寄存器（表 7-12）

表 7-12　控制寄存器分配

Q0.0	Q0.1	PTO/PWM 控制寄存器
SM67.0	SM77.0	PTO/PWM 更新周期时间数值，0 = 无更新，1 = 更新周期值

Q0. 0	Q0. 1	PTO/PWM 控制寄存器
SM67. 1	SM77. 1	PWM 更新脉冲宽度时间数值，0 = 无更新，1 = 更新脉冲宽度
SM67. 2	SM77. 2	PTO 更新脉冲数值，0 = 无更新，1 = 更新脉冲数
SM67. 3	SM77. 3	PTO/PWM 时间基准选择，0 = 1μs/时基，1 = 1ms/时基
SM67. 4	SM77. 4	PWM 更新方法：0 = 异步更新，1 = 同步更新
SM67. 5	SM77. 5	PTO 操作：0 = 单段操作，1 = 多段操作
SM67. 6	SM77. 6	PTO/PWM 模式选择，0 = 选择 PTO；1 = 选择 PWM
SM67. 7	SM77. 7	PTO/PWM 允许，0 = 禁止 PTO/PWM；1 = 允许 PTO/PWM

（3）其他 PTO/PWM 寄存器（表 7-13）

表 7-13 其他寄存器分配

Q0. 0	Q0. 1	其他 PTO/PWM 寄存器
SMW68	SMW78	PTO/PWM 周期时间数值（范围：2～65535）
SMW70	SMW80	PWM 脉冲宽度数值（范围：0～65535）
SMW72	SMW82	PTO 脉冲计数值（范围：1～4294967295）
SMW166	SMW176	进行中的段数（只用于多段 PTO 操作中）
SMW168	SMW178	包络表的起始位置，以距 V0 的字节偏移量表示（只用于多段 PTO 操作中）

（4）PTO/PWM 控制字编程的参考（表 7-14）

表 7-14 控制字编程

控制寄存器（十六进制数）	执行 PLS 指令的结果							
	允许	模式选择	PTO 段操作	PWM 更新方法	时间基准	脉冲数	脉冲宽度	周期时间
16#81	是	PTO	单段		1μs/周期			装入
16#84	是	PTO	单段		1μs/周期	装入		
16#85	是	PTO	单段		1μs/周期	装入		装入
16#89	是	PTO	单段		1ms/周期			装入
16#8C	是	PTO	单段		1ms/周期	装入		
16#8D	是	PTO	单段		1ms/周期	装入		装入
16#A0	是	PTO	多段		1μs/周期			
16#A8	是	PTO	多段		1ms/周期			
16#D1	是	PWM		同步	1μs/周期			装入
16#D2	是	PWM		同步	1μs/周期		装入	
16#D3	是	PWM		同步	1μs/周期		装入	装入
16#D9	是	PWM		同步	1ms/周期			装入
16#DA	是	PWM		同步	1ms/周期		装入	
16#DB	是	PWM		同步	1ms/周期		装入	装入

7.2.4 脉冲输出指令

脉冲输出指令（PLS）是当脉冲输出指令允许输入端 EN = 1 的时候，脉冲输出指令检测为脉冲输出端（Q0.0 或 Q0.1）所设置的特殊存储器位，然后激活由特殊存储器位定义的（PWM 或 PTO）操作。PLS 指令的表达形式及有效操作数如表 7-15 所示。

表 7-15　脉冲输出指令

指令表达形式	脉冲输出指令的有效操作数		
	输入/输出	数据类型	操作数
PLS EN　ENO Q0.X PLS　Q0.X	Q0.X	WORD	常数：0（= Q0.0） 1（= Q0.1）

7.2.5　PTO/PWM 初始化及编程

下面说明 PTO/PWM 初始化及操作步骤，它可以进一步理解 PTO 及 PWM 功能。

在整个步骤说明过程中，一直使用脉冲输出 Q0.0。初始化说明假定 S7-200 刚刚进入运行（RUN）模式，因此第一次扫描内存位（SM0.1）为真。如果情况与此不符，或如果必须对 PTO/PWM 功能重新初始化，当然可以利用除第一扫描内存位之外的其他条件调用初始化程序。

1. PWM 初始化

把 Q0.0 初始化成 PWM，按下列步骤进行：

（1）利用第一扫描内存位（SM0.1）将输出初始化为 0，并调用需要的子程序进行初始化操作。使用子程序调用时，随后的扫描不再调用该子程序。因此可降低扫描执行时间，并使程序结构化更强。

（2）在初始化子程序内，以微秒为递增单位，以 PWM 数值 16#D3 装载 SMB67（或以毫秒为递增单位，以 PWM 数值 16#DB 装载）。这些数值设定控制字节的目的是：启动 PTO/PWM 功能，选择 PWM 操作，选择微秒或毫秒为递增单位，以及设定更新脉冲宽度及周期时间值。

（3）用所要周期时间装载 SMW68。

（4）用所要脉冲宽度装载 SMW70。

（5）执行 PLS 指令，使 S7-200 对 PTO/PWM 生成器进行编程。

（6）退出子程序。

说明：以微秒为单位用数值 16#D2 装载 SMB67（或以毫秒为单位装载数值 16#DA），允许改变脉冲宽度。可以装入一个新的脉冲宽度值，然后不需要修改控制字节就执行 PLS 指令。

2. 修改 PWM 输出的脉冲宽度

想在子程序内为 PWM 改变脉冲宽度，请按下列步骤进行（假定 SMB67 已被预先装载数值 16#D2 或 16#DA）。

（1）调用子程序用所要求的脉冲宽度装载 SMW70。

（2）执行 PLS 指令，使 S7-200 对 PTO/PWM 生成器进行编程。

（3）退出子程序。

【例 7-3】图 7-3 是一个脉宽调制（PWM）的例子。本例子中一共有三个程序块。主程序（OB1）的功能是调用子程序 SBR0 把 Q0.1 初始化成 PWM，调用子程序 SBR1 以改变 PWM 的脉冲宽度。

（1）OB1

支路 1：首次扫描复位 Q0.1，调子程序 SBR0。

支路 2：当 M0.0 = 1（需要改变脉冲宽度时，使 M0.0 = 1）时，调子程序 SBR1。

（2）SBR0

支路 1：把十六进制数 DB 装入 SMB77 实际上是令 SMB77 的第 7 到第 0 位分别是 11011011。其功能是：允许 PTO/PWM，选择 PWM，单段操作，同步更新，时基为 1ms，脉冲数不更新，脉冲宽度值更新，周期更新。

支路 2：把 10000 装入 SMW78 中，是设定周期时间等于 10s。

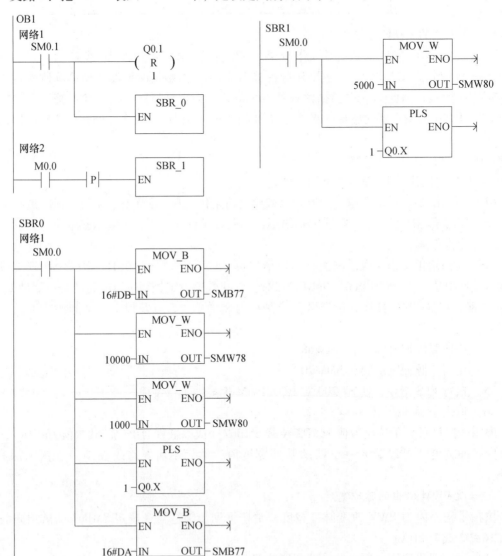

图 7-3　PWM 控制的编程

支路 3：把 1000 装入 SMW80 中，是设定脉冲宽度为 1000ms。

支路 4：启动 PLS，是把 PWM 操作赋予 Q0.1。

支路 5：把十六进制数 DA 装入 SMB77 的作用是复位控制字中的更新周期位，而允许改变脉冲宽度，装入一个新的脉冲宽度，不需要修改控制字节就可以执行 PLS 指令。

（3）SBR1

支路 1：把 5000 装入 SMW80，设定脉冲宽度为 5000ms。

支路 2：执行 PLS 指令编程，启动 PLS。

3. PTO 单段操作初始化

把 Q0.0 初始化成 PTO，按下列步骤进行：

（1）利用第一扫描内存位（SM0.1）复位输出为 0，并调用所要的子程序进行初始化操作。这样可降低扫描执行时间并使程序结构化更强。

（2）在初始化子程序内，以微秒为递增单位把 PTO 数值 16#85 装入 SMB67（或以毫秒为单位把 PTO 数值 16#8D 装入）。这些数值设定控制字节的目的是：启动 PTO/PWM 功能，选择 PTO 单段操作，选择以微秒或毫秒为递增单位，以及选择更新脉冲计数及周期时间数值。

（3）用所要周期时间装载 SMW68。

（4）用所要脉冲计数装载 SMD72。

（5）这一步是可选步骤。如果在脉冲输出完成之后要立即进行其他相关功能，可以将脉冲序列完成事件（中断事件 19）加于中断子程序，对中断进行编程，利用 ATCH 指令，并执行全局中断允许指令 ENI。

（6）执行 PLS 指令，使 S7-200 对 PTO/PWM 生成器进行编程。

（7）退出子程序。

4. 改变 PTO 单段操作周期时间

想利用单段 PTO 操作改变中断程序或子程序内的 PTO 脉冲数，按下列步骤进行：

（1）以微秒为递增单位把 PTO 数值 16#81 存入 SMB67（或以毫秒为单位时存入数值 16#89）。这些数值设定控制字节的目的是：启动 PTO/PWM 功能，选择 PTO 操作，选择以微秒或毫秒为递增单位，以及设定更新脉冲数。

（2）用所要周期时间装载 SMW68。

（3）执行 PLS 指令，使 S7-200 对 PTO/PWM 生成器进行编程。更新脉冲数波形输出开始之前，CPU 必须完成全部启动的 PTO。

（4）退出中断程序或子程序。

5. 改变 PTO 单段操作脉冲数

当使用单段 PTO 操作时，为了在中断程序或子程序内改变 PTO 脉冲数，按下列步骤进行：

（1）以微秒为单位把数值 16#84 存入 SMB67（或以毫秒为单位存入 PTO 数值 16#8C）。这些数值设定控制字节的目的是：启动 PTO/PWM 功能，选择 PTO 操作，选择以微秒或毫秒为递增单位，以及更新脉冲数。

（2）用所要脉冲数装载 SMD72。

（3）执行 PLS 指令，使 S7-200 程序对 PTO/PWM 生成器进行编程。更新脉冲计数输出开始之前，CPU 必须完成已经启动的 PTO。

（4）退出中断程序或子程序。

6. 改变 PTO 单段操作周期及脉冲数

想利用单段 PTO 操作在中断程序或子程序内改变 PTO 周期时间及脉冲数，按下列步骤进行：

（1）以微秒为单位把 PTO 数值 16#85 存入 SMB67（或以毫秒为单位存入 PTO 数值 16#8D）。这些数值设定控制字节的目的是：启动 PTO/PWM 功能，选择 PTO 操作，选择以微秒或毫秒为递增单位，以及设定周期时间及脉冲数。

（2）用所要周期时间装载 SMW68。

（3）用所要脉冲数装载 SMD72。

（4）执行 PLS 指令使 S7-200 程序对 PTO/PWM 生成器进行编程。更新脉冲计数及周期时间波形输出开始之前，CPU 必须完成全部 PTO 操作。

（5）退出中断程序或子程序。

7. PTO 多段操作初始化

想进行 PTO 初始化，按下列步骤进行：

（1）利用第一扫描内存位（SM0.1）复位输出为 0，并调用所要的子程序进行初始化操作。这样可降低扫描执行时间，并使程序结构化更强。

（2）在初始化子程序内，以微秒为递增单位把 PTO 数值 16#A0（或以毫秒为单位存入 PTO 数值 16#A8）存入 SMB67。这些数值设定控制字节的目的是：启动 PTO/PWM 功能，选择 PTO 及多段操作，并选择微秒或毫秒为递增单位。

（3）用包络表的起始 V 内存偏移量存入 SMW168。

（4）设定包络表内的段数值，保证段数目数值（表内第一字节）正确。

此步为可选步骤。如果在 PTO 包络完成后立即希望进行相关功能，可将脉冲序列完成事件（中断事件 19）加于中断子程序，对中断编程。对 ATCH 指令编程，执行全局中断允许指令 ENI。

（5）执行 PLS 指令，S7-200 为 PTO/PWM 生成器编程。

（6）退出子程序。

【例 7-4】图 7-4 是一个使用单段操作的脉冲序列输出的例子。本例子中共有三个程序块：一个主程序块（OB1）、一个子程序块（SBR0）、一个中断程序块（INT3）。

（1）OB1

支路 1：在 SM0.1 = 1 时，复位 Q0.0。

支路 2：调用子程序 SBR0。

（2）SBR0

子程序 SBR0 是初始化 PTO 程序。该 PTO 功能由 Q0.0 完成。因而子程序（SBR0）中把控制字节装入与 Q0.0 相关的存储器中。

支路 1：把十六进制数 8D 装入 SMB67 中，就是设定控制字节的功能是：选择 PTO 操作选择时间基准为 1ms、设定脉冲宽度和周期时间、允许 PTO 功能。

支路 2：把 500 装入 SMW68，设定周期时间为 500ms。

支路 3：把 4 装入 SMD72，设定脉冲数为 4。

支路 4：中断连接指令 ATCH，把 PTO 完成引起的中断事件（中断事件 19）连接到中断程序 INT3。

支路 5：指令 ENI 允许全局中断。

支路 6：启动 PLS 指令，把 PTO 操作赋予 Q0.0。

支路 7：把十六进制数 89 装入 SMB67 中，为其周期时间的修改而预装的控制字节。

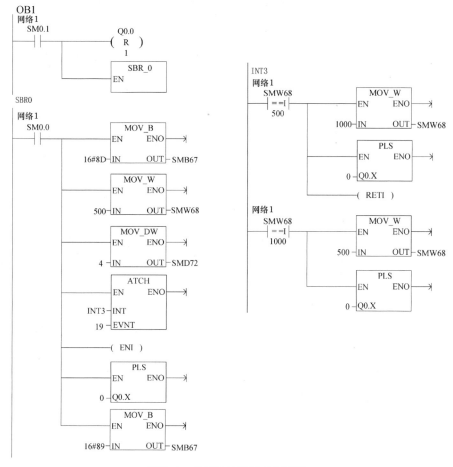

图 7-4　单段脉冲序列控制程序

（3）INT3

中断程序 INT3 的功能是根据 PTO/PWM 的寄存器修改 PTO 的脉冲周期。

支路 1：SMW68 是 PTO/PWM 周期时间寄存器，当 SMW68 = 500 时，表明 PTO 当前周期时间是 500ms，若满足这个条件，就把 1000 装入 SMW68 中，把周期设定改为 1000ms，而输出脉冲数 4 未变。

支路 2：启动 PLS。

中断时序如图 7-5 所示。

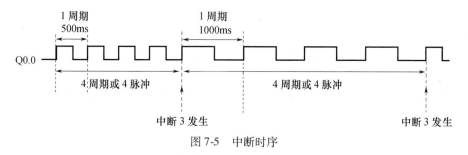

图 7-5　中断时序

【例 7-5】图 7-6 是一个用多段操作的脉冲序列输出的例子。

该程序由三个程序块组成，主程序 OB1、子程序 SBR0 和中断程序 INT2。

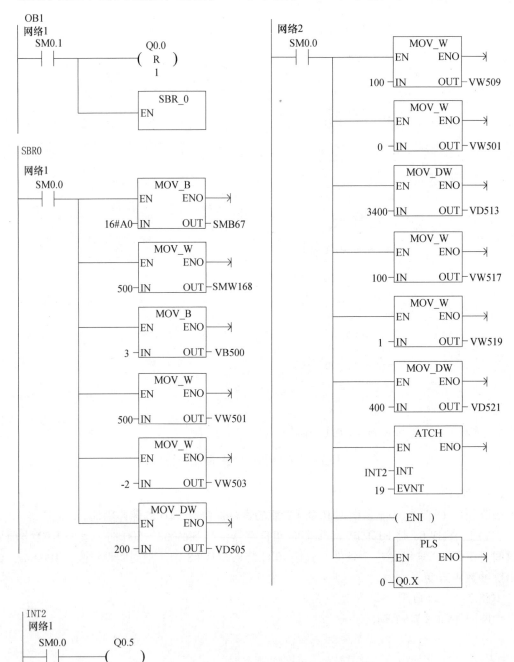

图 7-6　多段脉冲序列控制程序

（1）主程序 OB1 的功能是利用初次扫描（SM0.1），复位映像寄存器 Q0.0 位，并调用子程序 SBR0。

（2）子程序 SBR0 的各条语句具体功能如下：

向 Q0.0 的 PTO 控制字节送控制字 16#A0，设定控制字节为选择 PTO 操作，选择多段操作，选择时基为微秒，选择允许 PTO 功能。

500 送 SMW168，指定包络表的起始地址为 VB500。

3 送 VB500，设定包络表的段数为 3。

500 送 VW501，设定第一段的初始周期为 500μs。

−2 送 VW503，设定第一段周期增量是 −2μs。

200 送 VD505，设定第一段的脉冲个数是 200。

100 送 VW509，设定第二段的周期为 100μs。

0 送 VW511，设定第二段的周期增量为 0μs。

3400 送 VD513，设定第二段的脉冲数为 3400。

100 送 VW517，设定第三段的初始周期为 100μs。

1 送 VW519，设定第三段的周期增量为 1μs

400 送 VD521，设定第三段的脉冲数为 400。

定义中断程序 2 为处理 PTO（中断事件 19 为 PLSO 脉冲完成事件）完成中断。

允许全局中断。

启动 PTO 操作。

（3）中断程序 INT2 的功能是当 PTO 输出包络完成时接通 Q0.5。

7.3　PID 指令

PID 调节是传统自动控制中使用最多的调节方式。S7-200 CPU 提供 PID 回路指令（比例、积分、微分），进行 PID 计算，完成对模拟量的调整。PID 回路的操作取决于存储在 36 字节回路表内的 9 个参数。

7.3.1　PID 控制器

1. PID 算法

PID 控制器管理输出数值，以便使偏差（e）为零，系统达到稳定状态。偏差是给定值 SP 和过程变量 PV 的差。PID 控制原则以下列公式为基础，其中将输出 $M(t)$ 表示成比例项、积分项和微分项的函数，即

$$M(t) = K_p e + K_i \int_0^t e \, \mathrm{d}t + K_d \frac{\mathrm{d}e}{\mathrm{d}t} + M_{\mathrm{inital}} \tag{7-4}$$

式中　$M(t)$——PID 运算的输出，是时间的函数；

$\quad\quad K_p$——PID 回路的比例系数；

$\quad\quad K_i$——PID 回路的积分系数；

$\quad\quad K_d$——PID 回路的微分系数；

$\quad\quad e$——PID 回路的偏差（给定值和过程变量之差）；

$\quad\quad M_{\mathrm{inital}}$——PID 回路输出的初始值。

为了在数字计算机内运行此控制函数，必须将连续函数化成为偏差值的间断采样。数字计算机使用下列相应公式为基础的离散化 PID 运算模式，即

$$M_n = K_p e_n + K_i \sum_{l=1}^n e_l + M_{\mathrm{inital}} + K_d (e_n - e_{n-1}) \tag{7-5}$$

式中　M_n——采样时刻，n 的 PID 运算输出值；

$\quad\quad e_n$——采样时刻，n 的 PID 回路的偏差；

e_{n-1}——采样时刻 $n-1$ 的 PID 回路的偏差；

e_l——采样时刻 n 的 PID 回路的偏差。

在式（7-5）中，第一项称为比例项，第二项由两项的和构成，称为积分项，最后一项称为微分项。比例项是当前采样的函数，积分项是从第一采样至当前采样的函数，微分项是当前采样及前一采样的函数。在数字计算机内，既不可能也没有必要存储全部偏差项的采样。因为从第一次采样开始，每次对偏差采样时都必须计算其输出数值，因此，只需要存储前一次的偏差值及前一次的积分项数值。利用计算机处理的重复性，可对上述计算公式进行简化。简化后的公式为

$$M_n = K_p e_n + (K_i e_n + MX) + K_d(e_n - e_{n-1}) \tag{7-6}$$

式中　MX——积分项前值。

计算回路输出值时，CPU 实际使用对上述简化公式略微修改的格式。修改后公式为

$$M_n = MP_n + MI_n + MD_n \tag{7-7}$$

式中　MP_n——采样时刻 n 的回路输出比例项值；

　　MI_n——采样时刻 n 的回路输出积分项值；

　　MD_n——采样时刻 n 的回路输出微分项值。

（1）比例项。比例项 MP 是 PID 回路的比例系数 K_p 及偏差 e 的乘积，其中比例系数控制输出计算机的敏感性，而偏差三采样时刻设定值 SP 及过程变量 PV 之间的差。为了方便计算取可 $K_p = K_c$。CPU 采用的计算比例项的公式为

$$MP_n = K_c(SP_n - PV_n) \tag{7-8}$$

式中　K_c——回路的增益；

　　SP_n——采样时刻 n 的设定值；

　　PV_n——采样时刻 n 的过程变量值。

（2）积分项。积分项 MI 与偏差成正比。为了方便计算取 $K_i = K_c T_s / T_i$。CPU 采用的积分项公式为

$$MI_n = K_c T_n / T_i (SP_n - PV_n) + MX \tag{7-9}$$

式中　MX——采样时刻 $n-1$ 的积分项（又称为积分项的前值）；

　　T_s——采样时间；

　　T_i——积分时间。

积分项 MX 是积分项全部先前数值的和，每次计算出 MI_n 以后，都要 MI_n 去更新 MX。其中 MI_n 可以被调整和锁定。MX 的初值通常在第一次计算出之前被置为 M_{inital}（出值）。其他几个常量也是积分项的一部分，如增益、采样时刻（PID 循环重新计算出数值的循环时间），以及积分时间（用于控制积分项对输出计算影响时间）。

（3）微分项。微分项 MD 与偏差的改变成比例，为方便计算，取 $K_d = K_c T_d / T_s$。计算微分项的公式为

$$MD_n = K_c \frac{T_d}{T_s} [(SP_n - PV_n) - (SP_{n-1} - PV_{n-1})] \tag{7-10}$$

为了避免步骤改变或由于对设定值求到而带来的输出变化，对此公式进行修改，假定设定值为常量（$SP_n = SP_{n-1}$），因此将计算过程变量的改变，而不计算偏差的改变，计算公式可以改进为

$$MD_n = K_c \frac{T_d}{T_s}(SP_n - PV_n - SP_{n-1} + PV_{n-1}) \tag{7-11}$$

或

$$MD_n = K_c \frac{T_d}{T_s}(PV_{n-1} - PV_n) \tag{7-12}$$

式中　T_d——微分时间；

　　SP_{n-1}——采样时刻 $n-1$ 的设定值；

　　PV_{n-1}——采样时刻 $n-1$ 的过程变量值。

为了下一次计算微分项的值，必须保持过程变量而非偏差项。第一次采样时刻初始化为

$$PV_{n-1} = PV_n \tag{7-13}$$

2. 回路控制选择

（1）控制类型。在许多控制系统内，可能有必要只采用一种或两种回路控制方法。例如，可能只要求比例控制或比例与积分控制。通过设定常量参数的数值对所要回路控制类型进行选择。

如果在 PID 计算中不需要积分运算，则应将积分时间 T_i 指定为无限大，由于积分和 MX 的初始值，即使没有积分运算，积分项的数值也可能不为零。这时积分系数 $K_i = 0.0$，如果不需要求导运算（即在 PID 计算中不需要微分运算），则应将求导时间 T_d 指定为零。这时微分系数 $K_d = 0.0$。

如果不需要比例运算（即在 PID 计算中不需要比例运算），而需要积分（I）或积分微分（ID）控制，则应将回路增益数值。指定为 0.0，这时比例系数 $K_p = 0.0$。因为回路增益 K_c 是计算积分及微分项公式内的系数，把回路增益设定为 0.0，将影响积分及微分项的计算。因而，当回路增益取为 0.0 时，在 PID 算法中，系统自动地把在积分和微分运算中的回路增益取为 1.0，此时

$$K_i = T_s/T_i \tag{7-14}$$

$$K_d = T_d/T_s \tag{7-15}$$

（2）正向及反向回路。如果增益为正，即为正向回路，如果增益为负，即为反向回路（对于增益为 0 的积分或微分控制，将积分及求导时间设定为正值，将产生正向回路，对其设定为负值，将产生反向回路）。

（3）变量及范围。过程变量及设定值是 PID 计算的输入值，因此 PID 只能读取而不改变这些变量的回路表字段。输出值是由 PID 计算生成的，因此每次 PID 计算完成后，需要更新回路表内的输出值字段。输出值被固定在 0.0～1.0 之间。在从手动控制方式转变到 PID 指令自动方式时，用户可将输出值字段用作输入指定初始输出值。

如果使用积分控制，积分前项值要根据 PID 运算结果更新，而且更新后的数值被用作下一 PID 计算的输入。当计算输出值超出范围时（输出小于 0.0 或大于 1.0），将根据下列公式调节偏差

$$MX = 1.0 - (MP_n + MD_n) \quad （输出值 M_n > 1.0） \tag{7-16}$$

或　　　　　　$$MX = -(MP_n + MD_n) \quad （输出值 M_n < 0.0） \tag{7-17}$$

这样调整积分项前值，当计算输出值返回适当范围时，即可实现对系统响应能力的改善。而积分项前值也被固定在 0.0～1.0 之间，然后每次完成 PID 计算时被写入回路表的积分项前值字段。回路表内存储的数值用于下一次 PID 计算。在执行 PID 指令之前，用户可修

改回路表内的积分项前值，以便解决某些应用环境中的由于积分项前值引起的问题。手工调节积分项前值时，必须格外小心，而且写入回路表的任何积分项前值必须是 0.0～1.0 之间的实数。在回路表内保存对过程变量的比较，用于 PID 计算的求导部分，不应改动此数值。

（4）控制方式。S7-200 系列 PLC 的 PID 回路没有内装的自动和手动控制方式，只要 PID 块有效，就可以执行 PID 运算。从这种意义上说，PID 运算存在一种自动运行方式。当 PID 运算不被执行时，则可以认为是一种手动运行方式。

同其他指令相似，PID 指令有一个使能位（即允许位）。当允许位检测到一信号出现正跳变时，PID 指令将进行一系列运算，实现从手动方式到自动方式的转变。为了顺利转变为自动方式，在转换至自动方式之前，由手动方式所设定的输出值必须作为 PID 指令的输入写入回路表。PID 指令对回路表内的数值进行下列运算，保证当检测到 0～1 过渡时从手动方式顺利转换成自动方式，即

设定值 SP_n = 过程变量 PV_n。

过程变量前值 PV_{n-1} = 过程变量现值 PV_n。

积分项前值 MX = 输出值（M_n）

7.3.2　输入量转换及标准化

一个回路具有两个输入变量，即设定值 SP 及过程变量 PV。设定值通常为固定数值，类似汽车定速控制的速度设定。过程变量是与回路输出相关的量，因此可测量回路输出对被控制系统的影响。在汽车定速驾驶的例子中，过程变量为测量轮胎转速的转速输入。

设定值及过程变量均为实际数值，它们的大小、范围及工程单位可能不同。在这些实际数值可用于 PID 指令之前，必须将其转换成标准化的浮点数表示形式。

（1）实际数值转换成实数。第一步是将实际数值从 16 位整数数值转换成浮点或实数数值。特此提供下列指令序列，说明如何将整数数值转换成实数。

```
XORD    AC0,AC0              //清除累加器
MOVW    AIW0,AC0            //在累加器内保存模拟数值
LDW > = AC0,0              //如果模拟数值为正或者为零
JMP     0                  //将其转换成实数
NOT                        //否则
ORD     16#FFFF0000,AC0    //对 AC0 内的数值进行符号扩展
LBL     0                  //跳转指令的入口
DTR     AC0,AC0            //将 32 位整数转换成实数
```

（2）数值标准化。下一步是将数值的实数表示转换成位于 0.0～1.0 之间的标准化数值。可采用下列公式对设定值及过程变量实现这种转换

$$R_{norm} = (R_{raw}/S_{pan}) + Offset \qquad (7\text{-}18)$$

式中　R_{norm}——实际数值的标准化的表示；

　　　R_{raw}——实际数值的非标准化或原值表示；

　　$Offset$——对单极数值为 0.0，对双极数值为 0.5；

　　　S_{pan}——值域，等于最大可能数值减去最小可能数值，对单极性为 32000（典型值），对双极性为 64000（典型值）。

下列指令说明如何对 AC0 内的双极性数值（间距为 64000）进行标准化（是上一指令序列的继续）：

```
/R      64000.0,AC0      //对累加器内的数值进行标准化
+R      0.5,AC0          //数值距离范围 0.0~1.0 的偏移量
MOVR    AC0,VD100        //将标准化的数值存储在回路表内
```

7.3.3　输出量转换

回路输出是控制变量，例如汽车定速驾驶控制中的调速气门的设定。回路输出是标准化的、位于 0.0~1.0 之间的实数数值。在回路输出可用于驱动模拟输出之前，回路输出必须转换成 16 位的、成比例的整数数值。这一过程是将 PV 及 SP 转换成标准化数值的反过程。

第一步是利用下面给出的公式将回路输出转换成成比例的实数

$$R_{scal} = (M_n - Offest) S_{pan} \tag{7-19}$$

式中　R_{scal}——与回路输出成比例的实数数值；

　　　M_n——回路输出标准化的实数数值；

　　$Offset$——对于单极数值为 0.0，对于双极数值为 0.5；

　　S_{pan}——值域，等于最大可能数值减去最小可能数值，对单极性为 32000（典型值），对双极性为 64000（典型值）。

下列指令说明如何使回路输出完成这个转换。

```
MOVR    VD108,AC0        //将回路输出移至累加器
-R      0.5,AC0          //只有在双极性数值的情况下才包括此语句
*R      64000.0,AC0      //使累加器内的数值与回路输出成比例
```

然后，代表回路输出的成比例的实数数值必须被转换成 16 位整数。

下列指令序列说明如何进行此转换。

```
ROUND   AC0,AC0          //将实数转换成 32 位整数
MOVW    AC0,AQW0         //将 16 位整数数值写入模拟输出
```

7.3.4　PID 指令

基于上述的讨论，提取离散化的 PID 运算公式中的必要参数，并设置 PID 运算回路表，即可实现计算机的 PID 运算功能。表 7-16 为 PID 指令的表达形式及操作数。其中 TABLE 是回路表的起始地址；LOOP 是回路号，可以是 0~7 的整数。也就是说，在程序中最多可以用 8 条 PID 指令。如果两个或两个以上的 PID 指令用了同一个回路号，那么即使这些指令的回路表不同，这些 PID 运算之间也会相互干涉，产生不可预料的结果。

表 7-23　PID 指令

指令表达形式	操作数含义及范围
PID ─EN　　ENO─ ─TBL ─LOOP PID　TBL, LOOP	TABLE：VB LOOP：常数（0~7）

使 ENO = 0 的错误条件：间接寻址（0006），溢出（SM1.1）。受影响的 SM 标志位：溢

出（SM1.1）。

PID 指令的回路表如表 7-17 所示，表中包含 9 个参数，用来控制和监视 PID 运算。这些参数分别是过程变量当前值（PV_n）、过程变量前值（PV_{n-1}）、给定值（SP_n）、输出值（M_n）、增益（K_c）、采样时间（T_s）、积分时间（T_1）、微分时间（T_d）和积分项前值（MX）。

PID 指令根据表（TBL）内的输入输出配置信息对引用回路（LOOP）执行 PID 计算。PID 指令有两个操作数，表示循环表起始地址的 TBL 地址以及回路号 LOOP，回路号是 0~7 的常量。程序内可使用 8 条 PID 指令。如果两个或多个 PID 指令使用相同回路号（即使它们的表地址不同），PID 计算将互相干扰，结果难以预料。循环表存储 9 个参数，用于控制及监控循环操作，包括过程变量、设定值、输出、增益、采样时间、积分时间、微分时间、积分前项以及过程变量前值。在 PID 指令块内输入的表（TBL）起始位置开始为回路表分配 36 个字节的空间。

欲按所要采样速率进行 PID 计算，必须按定时器控制的速率从定时中断程序或从主程序执行 PID 指令。采样时间必须通过回路表作为 PID 指令输入提供。

表 7-24　PID 回路表

偏移地址	域	格式	类型	说明
0	过程变量 PV_n	双字—实数	输入	过程变量，在 0.0~1.0 之间
4	设定值 SP_n	双字—实数	输入	设定值，在 0.0~1.0 之间
8	输出 M_n	双字—实数	输入/输出	输出，在 0.0~1.0 之间
12	增益 K_c	双字—实数	输入	增益，可为正数或负数
16	采样时间 T_s	双字—实数	输入	采样时间，以秒为单位，必须为正数
20	积分时间 T_i	双字—实数	输入	积分时间，以分钟为单位，必须为正数
24	微分时间 T_d	双字—实数	输入	微分时间，以分钟为单位，必须为正数
28	积分前项 MX	双字—实数	输入/输出	积分项前值，在 0.0~1.0 之间
32	过程变量前值 PV_{n-1}	双字—实数	输入/输出	最近一次 PID 运算的过程变量

注：表中的偏移地址是相对于表（TBL）的首地址的偏移量。

7.3.5　PID 编程

1. 设定回路输入及输出选项

（1）回路输入选项。循环进程变量可指定为字地址或已经定义的符号。在回路计算之前，应选好缩放比例。

（2）回路输出选项。确定 PID 回路输出变量是数字量还是模拟量。

如果是模拟量输出，可能指定为字地址或已经定义的符号。如果是数字量输出，可指定为位地址或已经定义的符号。在循环计算之后，应选好缩放比例。

2. 设定回路参数

在 PID 指令中，必须指定内存区内的 36 个字节参数表的首地址。其中，要选定过程变量、设定值、回路增益、采样时间、积分时间和微分时间，并转换成标准值存入回路表中。

不建议为参数表地址创建符号名。PID 向导生成的代码使用此参数表地址创建操作数，作为参数表内的相对偏移量。如果为参数表地址创建符号名，然后改变为该符号指定的地址，由 PID 向导生成的代码将不能正确执行。

3. 设定循环警报选项

（1）是否应设定低数值警报。如果是，可以为警报设定地址，输入位地址或已经定义符号，并指定低警报限制值。

（2）是否应设定位表示模拟输入模块内的错误。如果是，可以为错误指示器设定输入位地址或已经定义符号，而且必须输入模块在何处加在 PLC 上。

4. 指定 PID 运算数据存储区

PID 计算需要一定的存储空间，存储暂时结果，需要指定此计算区域的起始 V 内存字节地址。

5. 指定初始化子程序及中断程序

应该为 PID 运算指定初始化子程序及执行 PID 运算的定时中断程序。

6. 生成 PID 程序及中断程序

【例 7-6】图 7-7 是一个 PID 控制的例子。水箱需要维持一定的水位，该水箱里的水以变化的速度从水箱的出水管中流出。因而需要有一个水泵以不同的速度通过水箱的进水管向水箱供水，以维持水位不变。

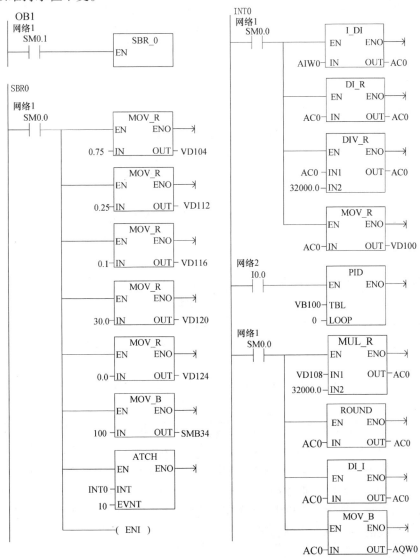

图 7-7　水箱水位 PID 控制梯形图

该供水系统的设定值是水箱满水位的 75% 时的水位，过程变量是由漂浮在水面的水位测量仪给出。输出值是进水泵的速度，可以从允许最大值的 0% 变到 100%。设定值可以预先设定后直接输入回路表中，过程变量是来自水位表的单极性模拟量，回路输出值也是一个单极性模拟量，用来控制水泵速度。这个模拟量的范围是 0.0 ~ 1.0，分辨率为 1/32000（标准化）。

该工程的特点是在系统中，水泵的机械惯性比较大，故系统仅采用比例和积分控制。其增益和时间常数可以通过工程计算初步确定。实际上，还需要进一步调整，以达到最优控制效果。初步确定的增益和时间常数为：$K_c = 0.25$；$T_s = 0.1s$；$T_i = 30min$。

系统启动时，关闭出水口，用手动控制进水泵速度，使水位达到满水位的 75%，然后打开出水口，同时水泵控制由手动方式切换到自动方式。I0.0 位控制手动到自动方式的切换，0 代表手动，1 代表自动。当工作在手动方式下，可以把水泵的速度（0.0 ~ 1.0 之间的实数）直接写入回路表中的输出寄存器（VD108）。

应用 PID 指令控制系统时，要注意积分作用引起的超调问题。为了避免这一现象，可以加一些保护。例如，当过程变量达到甚至超过设定值时，可以限制输出值在某一定范围之内。

本例中的程序仅有自动控制方式的设计。其中主程序 OB1 的功能是 PLC 首次运行时利用 SM0.1 调用初始化程序 SBR0。

子程序 SBR0 的功能是形成 PID 的回路表，建立 100ms 的定时中断，并且开中断。

中断程序 INT0 的功能是输入水箱的水面高度 AIW0 的值，并送入回路表。

I0.0 = 1 时进行 PID "自动" 控制，把 PID 运算的输出值送到 AQW0 中，从而控制进水泵的速度，以保持水箱的水面高度。

7.4　特殊功能指令编程实例

7.4.1　高速计数器

本例叙述 SIMATIC S7-200 的高速计数器（HSC）的一种组态功能。对来自传感器（如编码器）信号的处理，高速计数器可采用多种不同的组态功能。

本例用脉冲输出（PLS）来为 HSC 产生高速计数信号，PLS 可以产生脉冲串和脉宽调制信号。产生的脉冲串或脉宽调制信号在许多应用中非常有用，例如用来控制伺服电机和步进电动机等。

这个例子展示了用 HSC 和脉冲输出构成一个简单的反馈回路，怎样编制一个程序来实现反馈功能。

由于是用 PLS 产生的脉冲串作为高速计数器的计数输入信号，程序首先对高速计数器进行设置：允许 HSC0，可更新预设值、初始值和计数方向，1 倍速率，增计数。此时高速计数器 0 的初始值为 0，预设值为 1000，并将高速计数器 0 设置在工作模式 0。调用子程序 0 和子程序 1。子程序 0 是设置脉冲串：单段 PTO，时基为 1ms，允许更新脉冲数和周期。定义脉冲周期为 1ms，共产生 30000 个脉冲，并启动 PTO 操作。子程序 1 则定义了当 HSC0 的当前值等于预设值时，执行中断程序 0。

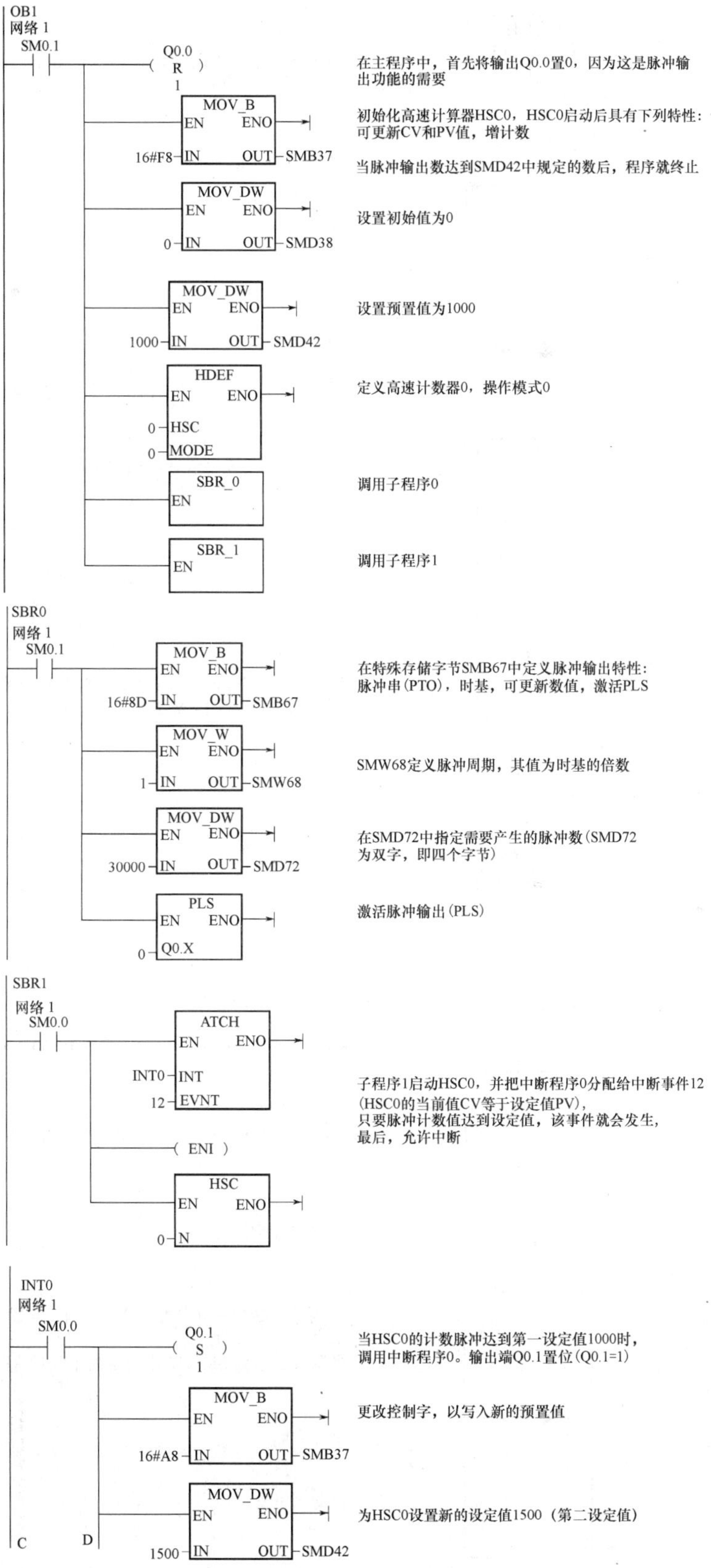

OB1
网络 1

SM0.1 ———| |——— Q0.0 (R) 1

在主程序中，首先将输出Q0.0置0，因为这是脉冲输出功能的需要

MOV_B
EN   ENO
16#F8 —IN   OUT— SMB37

初始化高速计算器HSC0，HSC0启动后具有下列特性：可更新CV和PV值，增计数

当脉冲输出数达到SMD42中规定的数后，程序就终止

MOV_DW
EN   ENO
0 —IN   OUT— SMD38

设置初始值为0

MOV_DW
EN   ENO
1000 —IN   OUT— SMD42

设置预置值为1000

HDEF
EN   ENO
0 —HSC
0 —MODE

定义高速计数器0，操作模式0

SBR_0
EN

调用子程序0

SBR_1
EN

调用子程序1

SBR0
网络 1

SM0.1 ———| |——— MOV_B
EN   ENO
16#8D —IN   OUT— SMB67

在特殊存储字节SMB67中定义脉冲输出特性：脉冲串(PTO)，时基，可更新数值，激活PLS

MOV_W
EN   ENO
1 —IN   OUT— SMW68

SMW68定义脉冲周期，其值为时基的倍数

MOV_DW
EN   ENO
30000 —IN   OUT— SMD72

在SMD72中指定需要产生的脉冲数(SMD72为双字，即四个字节)

PLS
EN   ENO
0 —Q0.X

激活脉冲输出(PLS)

SBR1
网络 1

SM0.0 ———| |——— ATCH
EN   ENO
INT0 —INT
12 —EVNT

子程序1启动HSC0，并把中断程序0分配给中断事件12 (HSC0的当前值CV等于设定值PV)，只要脉冲计数值达到设定值，该事件就会发生，最后，允许中断

(ENI)

HSC
EN   ENO
0 —N

INT0
网络 1

SM0.0 ———| |——— Q0.1 (S) 1

当HSC0的计数脉冲达到第一设定值1000时，调用中断程序0。输出端Q0.1置位(Q0.1=1)

MOV_B
EN   ENO
16#A8 —IN   OUT— SMB37

更改控制字，以写入新的预置值

MOV_DW
EN   ENO
1500 —IN   OUT— SMD42

为HSC0设置新的设定值1500（第二设定值）

C   D

图 7-8   高速计数器应用

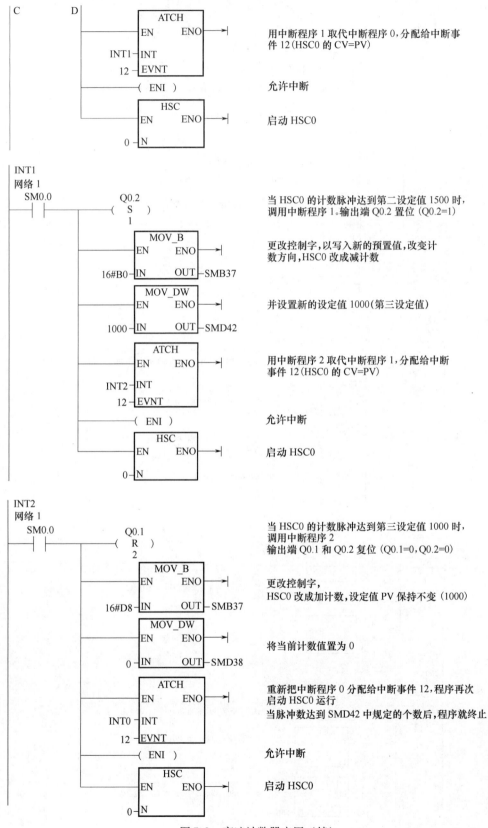

	右侧说明
ATCH（INT1, 12）	用中断程序 1 取代中断程序 0，分配给中断事件 12（HSC0 的 CV=PV）
（ENI）	允许中断
HSC（0）	启动 HSC0

INT1

网络 1

SM0.0 ── Q0.2 (S) 1 ── 当 HSC0 的计数脉冲达到第二设定值 1500 时，调用中断程序 1。输出端 Q0.2 置位（Q0.2=1）

MOV_B 16#B0 → SMB37 ── 更改控制字，以写入新的预置值，改变计数方向，HSC0 改成减计数

MOV_DW 1000 → SMD42 ── 并设置新的设定值 1000（第三设定值）

ATCH（INT2, 12）── 用中断程序 2 取代中断程序 1，分配给中断事件 12（HSC0 的 CV=PV）

（ENI）── 允许中断

HSC（0）── 启动 HSC0

INT2

网络 1

SM0.0 ── Q0.1 (R) 2 ── 当 HSC0 的计数脉冲达到第三设定值 1000 时，调用中断程序 2 输出端 Q0.1 和 Q0.2 复位（Q0.1=0, Q0.2=0）

MOV_B 16#D8 → SMB37 ── 更改控制字，HSC0 改成加计数，设定值 PV 保持不变（1000）

MOV_DW 0 → SMD38 ── 将当前计数值置为 0

ATCH（INT0, 12）── 重新把中断程序 0 分配给中断事件 12，程序再次启动 HSC0 运行 当脉冲数达到 SMD42 中规定的个数后，程序就终止

（ENI）── 允许中断

HSC（0）── 启动 HSC0

图 7-8　高速计数器应用（续）

当 HSC0 的计数脉冲达到第一个预设值 1000 时，调用中断程序 0。首先将 Q0.0 置 1，并重新设置高速计数器：计数方向和初始值不变，只改变预设值，并将预设值重新设置为 1500。HSC0 的当前值等于预设值时，执行中断程序 1。当 HSC0 的计数脉冲达到第二个预设值 1500 时，执行中断程序 1。Q0.2 置位，同时改变高速计数器计数方向，由增计数变为减计数，预设值重新设置为 1000。用中断程序 2 取代中断程序 1，分配给中断事件 12（HSC0 的 CV = PV）。当 HSC0 的计数个数到达 1000 时，Q0.1 和 Q0.2 同时复位。HSC0 再次变为增计数，预设置不更新，初始值为 0。当满足中断条件时，重新执行中断程序 0。依次循环。

7.4.2　脉冲输出

这个示例解释了一个使用 S7-200 的集成高速脉冲输出指令来控制灯泡（24V/1W）亮度的例子，模拟电位器 0 的设置值影响输出端 Q0.0 方波信号的脉冲宽度，也就是灯泡的亮度。

在程序的每次扫描过程中，模拟电位器 0 的值，通过特殊存储字节 SMB28 被拷贝到内存字 MW0 的低字节 MB1。电位器的值除以 8 作为脉宽，脉宽和脉冲周期的比率大致决定了灯泡的亮度（相对于最大亮度）。除以 8 会带来这样一个额外的好处，即丢弃了 SMB28 所存值的 3 个最低有效位，从而使程序更稳定。如果电位器值变化了，那么将重新初始化输出端 Q0.0 的脉宽调制，借此电位器的新值将被变换成脉宽的毫秒值。

例：SMB28 = 80（电位器 0 的值），80/8 = 10，脉宽/周期 = 10/25 = 40%（电压时间比）= 40% 最大亮度。灯泡亮度控制梯形图如图 7-9 所示。

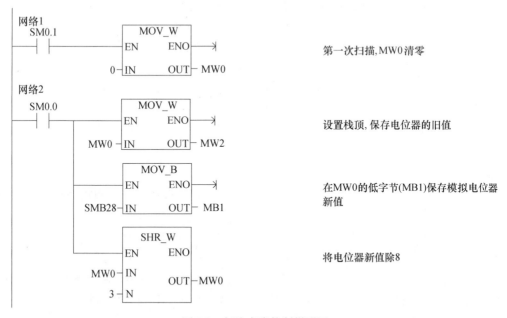

图 7-9　灯泡亮度控制梯形图

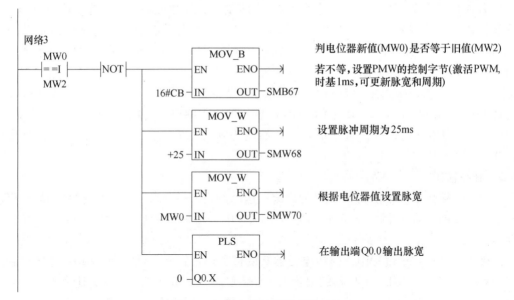

图 7-9　灯泡亮度控制梯形图（续）

习题与思考题

1. 叙述 PID 回路表中的变量的意义及编程的配置方法。

2. 高速计数器和普通的计数器在使用时有哪些相同点和不同点？

3. PWM 和 PTO 功能在工程中有什么意义？试叙述它们功能的配置和规划过程。

4. 对 4 点电压模拟量输入信号，要求对其进行输入采样，并加以平均，再将该值作为电压模拟量输出值予以输出；同时求得 1 号通道输入值与平均值之差，用绝对值表示后，将其放大 3 倍，作为模拟量输出。试写出梯形图程序。

5. 试设计一个计数器程序，要求如下：

（1）计数范围是 0 ~ 255；

（2）计数脉冲为 SM0.5；

（3）输入 I0.0 的状态改变时，则立即激活输入/输出中断程序。中断程序 0 和 1 分别将 M0.0 置成 1 或 0；

（4）M0.0 为 1 时，计数器加计数；M0.0 为 0 时，计数器减计数。

计数器的计数值在 PLC 输出端 QB0 显示。

6. 某一过程控制系统，其中一个单极性模拟量输入参数从 AIW0 采集到 PLC 中，通过 PID 指令计算出的控制结果从 AQW0 输出到控制对象。PID 参数表起始地址为 VB100。试设计一段程序完成下列任务：

（1）每 200ms 中断一次，执行中断程序；

（2）在中断程序中完成对 AIW0 的采集、转换及归一化处理；完成回路控制输出值的工程量标定及输出。

第8章 S7-200PLC 网络通信及编程实例

8.1 PLC 网络通信概述

PLC 与 PLC、PLC 与计算机、PLC 与人机界面以及 PLC 与其他智能装置间的通信，可提高 PLC 的控制能力及扩大 PLC 控制地域，便于对系统监视与操作，使自动化从设备级发展到生产线级、车间级以至于工厂级，实现在信息化基础上的自动化（e 自动化），为实现智能化工厂（Smart Factory）、透明工厂（Transparent Factory）及全集成自动化系统提供技术支持。

把 PLC 与 PLC、PLC 与计算机、PLC 与人机界面或 PLC 与智能装置通过信道连接起来，实现通信，以构成功能更强、性能更好、信息流畅的控制系统，一般称为 PLC 联网，通过中间站点或其他网桥进行网与网互联可以组成更为复杂的网络与通信系统。若仅为两个 PLC、一个 PLC 与一个计算机或一个 PLC 与人机界面建立连接，一般不称为联网，而称为链接（Link）。

8.1.1 PLC 网络通信类型

1. 按通信对象分类

按通信对象分类，有 PLC 与 PLC、PLC 与计算机、PLC 与人机界面及 PLC 与智能装置。而这些通信的实现，在硬件上，要使用链接或网络；在软件上，要有相应的通信程序。

（1）PLC 与 PLC 间联网通信

西门子 PLC 用标准通信串口建立 PPI、MPI 网。它不仅可用于计算机与 PLC 联网、通信，也可实现 PLC 与 PLC 联网通信。PPI 协议可通过运行程序设定，把某 S7-200 站点设为主站。此时，设为主站的 S7-200 机，可以用网络读（NETR）和网络写（NETW）指令，读、写其他 CPU 中的数据。此外，还可通过运行程序设定串口为自由端口模式。这时，其通信协议由用户定义。可使用发送指令（XMT）和接收指令（RCV）等与通信对象交换数据。MPI 网可使用全局数据设定的方法，实现 S7-300、S7-400PLC 之间的通信。而最有效的方法还是使用有关通信模块，组成相应通信网络。西门子 PLC 可组成的网络有 PROFIBUS 网、工业以太网，但常用的为 PROFIBUS 网。

三菱 PLC 也可用 RS-485 口，在两 PLC 间建立并行链接、通信或在 N（最多为 16）台 PLC 间建立 $N:N$ 网络链接，相互通信。也可用 RS-232C 口，用执行 RS 通信指令，在 PLC 间进行通信。而最有效的方法还是使用有关通信模块，组成相应通信网络。三菱 PLC 可组成的网络有 MELSECNET/H、MELSECNET/10 等。MELSECNET/H 是高速网络，传送速度为 25/10Mbit/s。可任意选择，组成光缆或同轴电缆、双环网或总线网。可在两个或多个远程 PLC 间进行高速、大容量的数据通信。一个大型网络，最多可接 239 个网区，每个网区可具有一个主站及 64 个从站。网络距离可达 30km。还提供浮动主站及网络监控功能。

（2）PLC 与计算机联网通信

西门子 PLC 可用 RS-485 串口建立 PPI（点对点接口，用于 S7-200）、MPI（Mutilpoint Inter-face 用于 S7-300、400）网。都是主、从网络，计算机或 SIMATIC 编程器等为主站，

PLC 为从站，可进行一对一或一对多（总站点多达 32 个站）通信。而最有效的方法还是使用有关通信模块，组成相应通信网络。西门子 PLC 可组成的网络有 PROFIBUS 网、工业以太网，但比较常用的为西门子的工业以太网。

三菱 PLC 可用标准通信串口 RS-232C 口与 PLC 的编程口或 RS-232C 模板，或 RS-485 模板，进行 1∶1 链接通信，或建立 1∶N（多达 16 台）计算机链接、联网通信。在通信中计算机为主站，PLC 为从站。而最有效的方法还是使用有关通信模块，组成相应通信网络，三菱 PLC 可组成的网络有 CC-Link 网、MELSECNET/10、MELSECNET（II）、MELSECNET/B、MELSECNET/H、MELSEC I/O-Link、MELSECNET FX-PN 及以太网。但比较常用的是三菱以太网。

（3）PLC 与智能装置间联网通信

西门子 PLC 可用 RS-485 串口建立 PPI 网、MPI 网，进行一对一或一对多与智能装置通信。而最有效的方法还是建立设备网，如 PROFIBUS-DP 网、AS-I 网等，常用的为 PROFI-BUS-DP 网。

三菱 PLC 可用标准通信串口 RS-232C 口或 RS-485 口，与智能装置进行 1∶1 或 1∶N 通信。在通信中 PLC 为主站。但最有效的方法是采用三菱的 CC-Link、CC-Link/LT 网。

2. 按通信方法分类

PLC 联网的目的是与通信对象通信及交换数据，其通信的方法有以下几种：①用地址映射通信；②用地址链接通信；③用通信命令通信；④用串口通信指令通信；⑤用网络通信指令通信；⑥用工具软件通信。

（1）用地址映射通信

用地址映射进行通信多用于主、从网或设备网。对于这种通信，用户所要做的只是编写有关的数据读写程序。但它所交换的数据量不大，大多只有一对输入输出通道，故只能用于较底层的网络上。

地址映射要使用相关 I/O 链接模块。链接模块上用于传送数据的 I/O 区有双重地址。在主站和从站 PLC 为其配置相对应的地址。如果在主站为输出区，则在从站为输入区，反之亦然。通信程序的控制方法如下：

1）主站向从站发送数据：主站要执行相关指令，把传送数据写入 I/O 链接模块的主站写区；而从站也要执行相关指令，读此从站读区。

2）从站向主站发送数据：从站要执行相关指令，把要传送数据写入 I/O 链接模块的从站写区；而主站也要执行相关指令，读此主站读区。

为安全起见，还可增加定时监控。监察控制命令在预定的时间内是否得到回应，如未能按时回应，可做相应显示或处理。

（2）用地址链接通信

用地址链接通信又称数据链接（Data Link）通信，也是用数据单元通信，只是参与通信的数据单元在通信各方用相同的地址，三菱称之为循环通信（Cyclic Communication），多用于控制网。西门子的 MPI 网把它称为全局数据包通信。发送数据的站点用广播方式发送数据，同时被其他所有站点接收。而哪个站点成为发送站点，由"令牌"管理。谁拥有"令牌"，谁就成为发送站点。这个"令牌"实质是二进制代码，轮流在通信的各站点间传送。无论是管理网络的主站，还是被管理的从站，都同样有机会拥有这个"令牌"。链接通信交换的数据量比地址映射通信大，速度也高，是方便可靠的 PLC 间的通信方法。

地址链接通信与地址映射通信过程都是系统自动完成的。不同之处是，前者参与通信的数据区在各 PLC 的编址是相同的，可实现多台 PLC 链接；而后者虽然也有对应的映射地址，但只能在主从 PLC 之间映射通信。

为了实现地址链接通信，前提是要做好有关地址链接组态。要确定参与数据区及其使用地址，并为参与链接的各 PLC 指定写区、读区。

（3）用通信协议通信

这种方法是使用网络协议规定有关命令，实现 PLC 网络通信。如西门子 PPI 网，可用 PPI 协议，MPI 网可用 MPI 协议（但这些协议未公开，但可使用基于此协议的 API 函数、ActiveX 控件、OPC 等）。还如三菱 FX 型机可用串口通信或编程口通信协议，Q 型机可用 MC 协议等。一般情况下，网络不同，协议也将不同。

（4）用 PLC 的通信指令或通信函数通信

用协议通信或用指令、函数通信与用地址映射、用地址链接两种通信不同的是，要通信就要发送通信命令或执行通信指令（或函数）。如果没有命令发送，就没有指令执行（或调用函数），什么通信也不做。而用地址映射、用地址链接两种通信则总是不停地进行着。

（5）用互联网技术进行通信

目前，以太网技术发展很快。某些 PLC 以太模块有自身的 CPU 并且内存也很大，可编辑，存储网页程序，也可设置 IP 地址。它可成为互联网的一个服务器。人们可用上互联网用的浏览器访问这个服务器，实现远程通信，进行数据交换。所谓"透明工厂"，就是用互联网技术通信来实现的。

简单的办法也可通过发送、接收电子邮件进行通信。如果有无线通信系统，也可通过发送、接收手机短信的方式进行通信。有的也可利用公网，如移动通信网，利用发送短信的方法通信。

3. 其他分类方法

按通信发起方分为：PLC 主动通信；PLC 被动通信。计算机方发起的通信称被动通信，而 PLC 方发起的通信为主动通信。大多数 PLC 与计算机通信为被动通信。

按通信的方法分为：用工具软件通信；用应用程序通信（含 DDE、OPC）；用组态软件通信。用工具软件通信指用工具软件与 PLC 通信，最常用为各种编程工具软件，用它可下载、上载程序和数据，控制 PLC 工作。还有一些监控工具软件，如 OPC 服务器，或其他工具软件，也都可与 PLC 通信。这些也多用于计算机与 PLC 间的通信。

按通信的媒介分为：通过普通串口（RS-232、485、422）通信；通过各种其他网络通信。

按有无通信协议分为：自由通信；协议通信。主动通信多是无协议通信。PLC 的通信协议很多，有的协议还不公开。

按通信格式分为：用 ASCII 码格式通信；用十六进制码格式通信。

8.1.2　PLC 网络通信方式

1. 计算机与 PLC 通信

带异步通信适配器的计算机与 PLC 互连通信时通常采用两种结构形式。一种为点对点结构，即一台计算机的 COM 口与 PLC 的编程器接口或其他异步通信之间实现点对点链接；另一种为多点结构，即一台计算机与多台 PLC 通过一条通信总线相连接，多点结构采用主从式存取控制方法，通常以计算机为主站，多台 PLC 为从站，通过周期轮询进行通信管理。

目前计算机与 PLC 互连通信方式主要有以下几种：

（1）通过 PLC 开发商提供的系统协议和网络适配器，构成特定公司产品的内部网络，其通信协议不公开。互连通信必须使用开发商提供的上位组态软件，并采用支持相应协议的外设。这种方式的显示画面和功能往往难以满足不同用户的需要。

（2）购买通用的上位组态软件，实现计算机与 PLC 的通信。这种方式除要增加系统投资外，其应用的灵活性也受到一定的局限。

（3）利用 PLC 厂商提供的标准通信口或由用户自定义的自由通信口，实现计算机与 PLC 互连通信。这种方式不需要增加投资，有较好的灵活性，特别适合于小规模控制系统。

小型 PLC 的编程器接口一般都是 RS-422 或 RS-485，而计算机的串行通信接口是 RS-232C，计算机在通过编程软件与 PLC 交换信息时，需要配接专用的带转接的编程电缆或通信适配器。例如，为了在计算机上实现编程软件与 S7-200 系列 PLC 之间的程序传送，需要使用 PC/PPI 编程电缆进行 RS-232C/RS-485 转换后再与 PLC 编程口连接。

2. PLC 与 PLC 通信

（1）两台 PLC 之间的连接

PLC 之间的通信较为简单，可以使用专用的通信协议，如 PPI 协议。两台 PLC 之间进行信息交换时，将一台 PLC 作为主站，另一台作为从站。

（2）多台 PLC 之间的网络连接

两台以上的 PLC 实现连接时，将 1 台 PLC 作为主站，其余的 PLC 作为从站。从站之间不直接通信，从站之间的信息沟通都通过主站进行。

S7-200 支持的 PPI、MPI 和 PROFIBUS-DP 协议以 RS-485 为硬件基础。S7-200 CPU 通信接口是非隔离性的 RS-485 接口，共模抑制电压为 12V。对于这类通信接口，它们之间的信号等电位是非常重要的，最好将它们的信号参考点连接在一起（不一定要接地）。

在 S7-200 CPU 联网时，应将所有 CPU 模块输出的传感器电源的 M 端子用导线连接起来。M 端子实际上是 A、B 线信号的 0V 参考点。在 S7-200 CPU 与变频器通信时，应将所有变频器通信端口的 M 端子连接起来，并与 CPU 上的传感器电源的 M 端子连接。

8.2　个人计算机与 PLC 通信

个人计算机（以下简称计算机）具有较强的数据处理功能，软件丰富，配备有多种高级语言，界面友好、操作简便，使用计算机作为可编程控制器的编程工具也十分方便，如果选择适当的操作系统，则可提供优良的软件平台，开发各种应用系统。

PLC 与计算机的通信近年来发展很快。在 PLC 与计算机连接构成的综合系统中，计算机主要完成数据处理，修改参数、图像显示、打印报表、文字处理、系统管理、编制 PLC 程序、工作状态监视等任务。PLC 机仍然直接面向现场、面向设备，进行实时控制。PLC 与计算机的连接可以更有效地发挥各自的优势，互补应用上的不足，扩大 PLC 的处理能力。

8.2.1　计算机与 PLC 通信的方法与条件

1. 计算机与 PLC 通信的意义

通常可以通过 4 种设备实现 PLC 的人机交互功能。这 4 种设备是：编程终端、显示终端、工作站和个人计算机。编程终端主要用于编程和调试程序，其监控功能较弱。显示终端主要用于现场显示。工作站的功能比较全，但是价格也高，主要用于配置组态软件。

把个人计算机连入 PLC 应用系统具有以下 4 个方面作用。

（1）构成以计算机为上位机、单台或多台 PLC 为下位机的小型集散系统，可用计算机实现操作站功能。由个人计算机完成 PLC 之间控制任务的协同工作。

（2）在 PLC 应用系统中，把计算机开发成简易工作站或者工业终端，通过开发相应功能的个人计算机软件，与 PLC 进行通信，可实现多个 PLC 信息的集中显示、集中报警等监控功能。

（3）把计算机开发成网间连接器，进行协议转换可方便地实现 PLC 与其他计算机网络之间的互连。例如，可把下层的控制网络接入上层的管理网络。

（4）把计算机开发成 PLC 编程终端，可通过编程器接口接入 PLC，方便地进行编程、调试及监控。

2. 计算机与 PLC 实现通信的方法

把计算机连入 PLC 应用系统是为了向用户提供工艺流程图显示，动态数据面显示、报表编写、趋势图生成、窗口技术以及生产管理等多种功能，为 PLC 应用系统提供良好的人机界面和管理能力。但这对用户的要求较高，用户必须做较多的开发工作，才能实现计算机与 PLC 的通信，一般主要包括以下几个方面。

（1）确定计算机上配置的通信口是否与要连的 PLC 匹配。如果不匹配，就需要增加通信模板。

（2）要清楚 PLC 的通信协议，按照协议的规定及帧格式编写计算机的通信程序。PLC 中配有通信机制，一般无需用户编程，若 PLC 厂家有 PLC 与计算机通信的专用软件，则此项任务较容易完成。

（3）选择适当的操作系统提供的软件平台，利用与 PLC 交换的数据编程实现用户要求的画面。

（4）如果需想远程传送，可通过 Modem 接入电话网。采用计算机进行编程时，应配置相应的编程软件。

3. 计算机与 PLC 实现通信的条件

从原则上讲，计算机连入 PLC 网络并没有什么困难。只要为计算机配备该种 PLC 网专用的通信卡以及通信软件，按要求对通信卡进行初始化，并编写用户程序即可。用这种方法把计算机连入 PLC 网络存在的唯一问题是价格问题。如果在计算机中配上 PLC 制造厂生产的专用通信卡及专用通信软件，常会使计算机的价格数倍甚至十几倍增长。

由于计算机中已普遍配有异步串行通信适配器，即 RS-232C，这就为计算机与 PLC 的通信提供了方便，但是，带异步通信适配器的计算机要与 PLC 实现通信，还要满足如下条件：

只有带有异步通信接口的 PLC 及采用异步方式通信的 PLC 网络才有可能与带异步通信适配器的计算机互连。同时还要求双方采用的总线标准一致，都是 RS-232C，或者都是 RS-422（RS-485），否则要通过转换器转接以后才可以互连。

异步通信接口相连的双方要进行相应的初始化工作，设置相同的波特率、数据位数、停止位数、奇偶校验等参数。

用户必须熟悉互连的 PLC 采用的通信协议，严格按照协议的规定为计算机编写通信程序，大多数情况下不需要为 PLC 编写通信程序。

如果计算机无法使用异步通信接口与 PLC 通信，则应使相与相配置的专用通信部件及专用的通信软件实现互连。

8.2.2　计算机与 PLC 通信内容

PLC 与计算机通信有两种情况，即被动通信与主动通值。被动通信由计算机发起，按照通信协议，PLC 响应计算机的请求；主动通信由 PLC 发起，按照编程约定，令计算机做出相应响应。当被动通信时，PLC 与计算机的通信内容有三个方面：①数据读写；②状态读写；③通信测试。

1. 数据读写

数据读写就是指计算机向 PLC 的某个数据区写数据或计算机从 PLC 的某个数据区读数据。读写不同的数据区用的命令也不同。数据读写是 PLC 与计算机通信最常用、主要的内容。

通信过程一般总是计算机先给 PLC 发送有关命令，接着予以回应。如读数命令，PLC 会回应相应数据，如写数命令，PLC 被写成功后，也会回应给计算机已写成功的信息。如计算机发出的读写命令不当，PLC 无法执行或未执行，PLC 会按照命令不当的类型做相应回应，返回错码信息。

有的 PLC 协议，在读写过程中应答烦琐。如西门子 PPI 协议，读命令发送后，PLC 先应答，然后计算机回应，最后 PLC 才把数据传送给计算机。再如三菱的 RS-232 口通信协议，当收到所读数据后，计算机还需发送一个已收到数据的回应信息。

2. 状态读写

计算机通过通信命令读或写 PLC 的状态。如运行状态、监控状态或编程状态，状态读写实际是计算机对 PLC 的操作与控制。计算机可使 PLC 运行程序或停止程序运行。

3. 通信测试

计算机向 PLC 发送通信测试命令，用以测试通信系统是否正常，在搜索通信口状态的设定时常用到它。通信取消命令用以取消所发通信命令。

当 PLC 主动通信时，PLC 可通过串口或网络接口向计算机发送数据，计算机收到数据后要进行处理，PLC 与计算机都要编写与执行相应用户程序。

当 PLC 被动通信时，PLC 对计算机通信命令的应答都是由 PLC 操作系统处理，无需执行任何用户程序。

8.2.3　计算机与 PLC 通信的程序设计要点与方法

1. 计算机方程序设计

PLC 主动通信时，总是 PLC 先向算机发送数据。随后，机算机再做相应的应答。主动通信时，计算机与 PLC 双方要先做好约定，并且都须按约定编写程序。计算机方的程序内容与被动通信基本相同。首先打开通信口，再读数据，后按约定处理数据，最后才发相应的"回应数据"给 PLC。

PLC 被动通信时，编程工作主要在计算机。所用的编程语言可以是 VB、VC + + Delphi 及 C + + Builder 等。以下介绍 PLC 被动通信时计算机通信程序的设计要点和方法。

（1）通信程序设计要点

1）通信口设定及打开、关闭。如使用普通串口，就要选用哪个口进行通信，以及确定有关通信参数，如波特率等。这些参数应与 PLC 所设定的参数完全相同。而在 PLC 方，这些参数一般也可用相应软件来设定。

通信口管理的程序仅仅与计算机配置、计算机操作系统及语言选用有关，除通信参数要与 PLC 一致外，其他的与 PLC 没有关系。

计算机与 PLC 通信不正常，往往与这些通信参数设定不当有关。此外，在通信前，应打开通信口，而在通信完毕，最好把通信口关闭。

如使用其他网络通信，一般只要做好相关组态，设置好网络参数，激活网络，即可进行通信。

2）发送通信命令。发送通信命令与用什么网络及 PLC 的通信协议有关。

3）接收数据。接收数据也与用什么网络及 PLC 的通信协议有关。

4）处理数据。计算机从 PLC 读取的数据总要进行处理。数据处理包括：① 数据变换；② 数据显示；③ 数据存储；④ 数据打印。

5）人机交互界面。如果要通过计算机对 PLC 所控制系统进行远程操作，还应在计算机上设计相应的人机交互界面。在这个界面上应有按钮、指示灯、输入数据窗口、选择键等，以方便人机对话。

上述几个要点是相互关联的，且有相应时序的配合。从打开通信口、发送通信命令到接收数据要有等待时间。因为计算机命令传送、PLC 处理命令及 PLC 返回数据传送都需要相应时间。为此，不能执行发送命令后，立即就去接收数据，否则肯定会出现通信失败。而对单工的通信口，如 RS-485，还要考虑到接收与发送状态的转换时间，需要等待。

如不用通信协议进行通信，必须掌握计算机的程序及 PLC 的有关通信指令，编写相应接收数据、发送数据的 PLC 程序。而且双方都要运行相应程序才能实现通信。

（2）通信程序设计方法

目前，计算机应用程序用可视化软件编程。常用的编程方法如下：

1）用通信控件编程。

2）用 PLC 厂家开发通信控件（ActiveX 控件）编程。

3）用 Window 的 API 函数编程。

4）用 PLC 生产厂家提供的 API 函数编程。

5）用 PLC 厂家开发的 OPC 编程。

6）通过 MODEM 通信。

7）通过无线 MODEM 通信。

8）使用互联网技术通信。

2. PLC 方程序设计

如为被动通信或协议通信，PLC 方基本上可不用编写程序。但为了提高程序效率与性能，多数还是要编写一些准备数据及使用数据程序。

如为主动通信或无协议通信，PLC 方必须编写相应程序。

（1）数据准备程序

最好把上位机要读的数据集中在若干连续的字中。这样，当上位机读取数据时，可一次性读取。如果数据分布较分散，则要用多个命令，分多次读，既增加了通信时间，又增加了上位机编程的工作量。

如果 PLC 与上位机通信，只能用指定的数据区时，则必须建立一个通信用的数据块，把要与上位机交换的数据与这个数据块中的数据相互映射，以做到上位机读写这个数据块时，就相当于读写与其有关数据。

（2）数据使用程序设计

为使上位机写给 PLC 的数据发挥作用，PLC 还要有相应的程序，包括数据执行程序及数据复原程序。

主动通信是 PLC 发起的。PLC 根据控制状态或采集到的数据情况，主动给上位机发送数据，等待计算机回应。当上位机接收到数据，再按约定，向 PLC 发写数据回应命令，PLC 再对回应进行判断，以进行下一步处理。PLC 如果用串口与计算机主动通信，则要用串口通信指令。如果用其他网络接口与计算机主动通信，则要用网络通信指令或函数。

8.3　S7-200 PLC 通信协议及编程实例

在数据传输过程中，为了可靠发送、接收数据，通信双方必须有规定的数据格式、同步方式、传输速率、纠错方式、控制字符等，即需要专门的通信协议。严格地说，任何通信均需要通信协议，只是有些情况下，其要求相对较低、较简单而已。在 PLC 控制系统中习惯上将仅需要对传输的数据格式、传输速率等参数进行简单设定即可以实现数据交换的通信，称为无协议通信，而将需要安装专用通信工具软件，通过工具软件中的程序对数据进行专门处理的通信，称为专用协议通信。

8.3.1　S7-200 PLC 通信功能

1. S7-200 PLC 的网络通信协议种类

西门子 S7-200 系列 PLC 是一种小型整体结构形式的 PLC，内部集成 PPI 接口为用户提供了强大的通信功能。其 PPI 接口（即编程口）的物理特性为 RS-485，根据不同的协议通过此接口与不同的设备进行通信或组成网络。

S7-200 支持多种通信协议，如表 8-1 所示。点对点接口（PPI）、多点接口（MP1）和 PROFIBUS 协议基于 7 层开放系统互连模型（OSI），通过一个令牌环网来实现。它们都是基于字符的异步通信协议，带有起始位、8 位数据、奇偶校验位和一个停止位。通信帧由起始字符和结束字符、源和目的站地址、帧长度和校验和组成。只要波特率相同，3 个协议可以在一个 RS-485 网络中同时运行，不会相互干扰。PPI、MPI 和 S7 协议没有公开，其他通信协议是公开的。

表 8-1　S7-200 支持的通信协议简表

协议类型	端口位置	接口类型	传输介质	通信速率	备注
PPI	EM241 模块	RJ11	模拟电话线	33.6Kbit/s	
	CPU 口 0/1	DB-9 针	RS-485	9.6Kbit/s、19.2Kbit/s、187.5Kbit/s	主、从站
MPI				19.2Kbit/s、187.5Kbit/s	仅作从站
	EM277 模块	DB-9 针	RS-485	19.2Kbit/s ~ 12Mbit/s	通信速率自适应
PROFIBUS-DP				9.6Kbit/s ~ 12Mbit/s	仅作从站
S7	CP243-1/ CP243-1 IT	RJ45	以太网	10Mbit/s 或 100Mbit/s	通信速率自适应
AS-Interface	CP 243-2	接线端子	AS-i	循环周期 5/10ms	主站
USS	CPU 口 0	DB-9 针	RS-485	1200 ~ 115.2Kbit/s	主站，自由端口库指令
Modbus RTU					主/从站，自由端口指令
	EM241 模块	RJ11	模拟电话线	33.6Kbit/s	
自由端口	CPU 口 0/1	DB-9 针	RS-485	1200 ~ 115.2Kbit/s	

协议定义了主站和从站，网络中的主站向网络中的从站发出请求，从站只能对主站发出的请求做出响应，自己不能发出请求。主站也可以对网络中的其他主站的请求做出响应。从站不能访问其他从站。安装了 STEP 7-Micro/WIN 的计算机和 HMI（人机界面）是通信主站，与 S7-200 通信的 S7-300/400 往往也作为主站。在多数情况下，S7-200 在通信网络中作为从站。

协议支持一个网络中的 127 个地址（0～126），最多可以有 32 个主站，网络中各设备的地址不能重叠。运行 STEP7 - Micro/WIN 的计算机的默认地址为 0，操作员面板的默认地址为 1，PLC 的默认地址为 2。

S7-200 PLC CPU224XP、CPU226 和 CPU226XP 有两个通信口，它们可以在不同的模式和通信速率下工作。

下面简要介绍 S7-200 PLC 支持的通信协议。

（1）点对点接口协议（PPI）

PPI（Point to Point Interface）是主/从协议，网络中的 S7-200 CPU 均为从站，其他 CPU、编程用的计算机或文本显示器为主站。

PPI 协议用于 S7-200 CPU 与编程计算机之间、S7-200 CPU 之间、S7-200 CPU 与 HMI（人机界面）之间的通信。

如果在用户程序中使用了 PPI 主站模式，某些 S7-200 CPU 在 RUN 模式下可以作主站，它们可以用网络读（NETR）和网络写（NETW）指令读写其他 CPU 中的数据。S7-200 CPU 作 PPI 主站时，还可以作为从站响应来自其他主站的通信申请。

如果选择了 PPI 高级协议，允许建立设备之间的连接，S7-200 CPU 的每个通信口支持 4 个连接，EM277 仅支持 PPI 高级协议，每个模块支持 6 个连接。

（2）多点接口协议（MPI）

MPI（Multi Point Interface）是集成在西门子公司的 PLC，操作员界面上的通信接口使用的通信协议，用于建立小型的通信网络。MPI 网络最多可以有 32 个站，一个网段的最长通信距离为 50m，可以通过 RS-485 中继器扩展通信距离。

MPI 的通信速率为 19.2Kbit/s～12Mbit/s，连接 S7-200 CPU 通信口时，MPI 网络的最高速率为 187.5Kbit/s。如果要求波特率高于 187.5Kbit/s，S7-200 必须使用 EM277 模块连接网络，计算机必须通过通信处理器卡（CP）来连接网络。

MPI 允许主/主通信和主/从通信，S7-200 CPU 只能做 MPI 从站，S7-300/400 作为网络的主站，可以用 XGCT/XPUT 指令来读写 S7-200 的 V 存储区，通信数据包最大为 64B。S7-200 CPU 不需要编写通信程序，它通过指定的 V 存储区与 S7-300/400 交换数据。

在编程软件中设置 PPI 协议时，应选中"多主网络"和"高级 PPI"复选框。如果使用的是 PPI 多主站电缆，可以忽略这两个复选框。

（3）PROFIBUS 协议

PROFIBUS-DP 协议通信主要用于分布式 I/O 设备（远程 I/O）的高速通信。许多厂家生产类型众多的 PROFIBUS 设备，例如 I/O 模块、电机控制器和 PLC。

S7-200 CPU 需要通过 EM277 PROFIBUS-DP 模块接入 PROFIBUS 网络，网络通常有一个主站和几个 I/O 从站。主站初始化网络并核对网络中的从站设备是否与设置的相符。主站周期性地将输出数据写到从站并读取从站的数据。

（4）TCP/IP 协议

S7-200 配备了以太网模块 CP-243-1 或互联网模块 CP-243-1IT 后，支持 TCP/IP 以太网通信协议，计算机应安装以太网网卡。安装了 STEP7-Micro/WlN 之后，计算机上会有一个标准的浏览器，可以用它来访问 CP243-1IT 模块的主页。

（5）用户自定义协议（自由端口模式）

在自由端口模式，由用户自定义与其他串行通信设备通信的协议。Modbus RTU 通信、与西门子变频器的 USS 通信，就是建立在自由端口模式基础上的通信协议。

自由端口模式通过使用接收中断、发送中断、字符中断、发送指令（XMT）、接收指令（RCV），实现 S7-200 CPU 通信口与其他设备的通信。

2. S7-200 PLC 的通信种类

（1）西门子 PLC 之间的通信

西门子 PLC 之间的通信方式如表 8-2 和表 8-3 所示。下面的表格将 Modbus RTU 简称为RTU，将 PROFIBUS-DP 简称为 DP，无线电通信的通信速率为 1200 ~ 115200bit/s。

表 8-2　S7-200 CPU 之间的通信方式

通信方式式	介质	本地需用设备	通信协议	数据量	编程方法	特点
PPI	RS-485	RS-485 网络部件	PPI	较少	编程向导	简单可靠经济
Modem	音频模拟电话网	EM241 扩展模块、模拟音频电话线（RJ11 接口）	PPI	大	编程向导	距离远
Ethernet	以太网	CP243 扩展模块（RJ45 接口）	S7	大	编程向导	速度高
无线电	无线电波	无线电台	自由端口	中等	自由端口编程	多站时编程复杂

表 8-3　S7-200 与 S7-300/400 之间的通信方式

通信方式	介质	本地需用设备	通信协议	数据量	本地需做工作	远端需做工作	远端需用设备	特点
DP	RS-485	EM227 和 RS-485 接口	DP	中等	无	配置或编程	DP 模块或带 DP 口的 CPU	可靠、速度快、从站
MPI	RS-485	RS-485 硬件	MPI	较少	无	编程	CPU 上的 MPI 口	仅作从站
Ethernet	以太网	CP 243-1，RJ45 接口	S7	大	编程向导配置编程	配置和编程	以太网模块/带以太网接口的 CPU	速度快
RUT	RS-485	RS-485 硬件	RTU	大	指令库	编程	串行通信模块和 Modbus 选件	仅作从站
无线电	RS-485/无线电转换	无线电台	自由端口	中等	自由端口编程	串行编程	串行通信模块	仅作从姑
			RTU	大	指令库	指令库编程	串行模块、无线电台、Modbus 选件	

（2）S7-200PLC 与西门子驱动装置之间的通信

S7-200PLC 与西门子 MicroMaster 系列变频器（例如 MM440、MM420、MM430、MM3 系列，新的 SINAMICS G110、G120）之间可以使用指令库中的 USS 通信指令，简单方便地实现通信。

（3）S7-200PLC 与第三方 HMI/SCADA 软件间的通信

S7-200PLC 与第三方 HMI（操作面板）和上位机中的 SCADA（数据采集和监控）软件

之间的通信，主要方式有：① OPC 方式；② PROFIBUS-DP；③ Modbus RTU，可以直接连接到 CPU 通信接口上，或者连接到 EM241 模块上，后者需要 Modem 拨号功能。

（4）S7-200PLC 与第三方 PLC 之间的通信

1）如果对方能做 PROFIBUS-DP 主站，建议采用 PROFIBUS-DP，这种方式最为方便可靠。

2）如果对方能做 Modbus RTU 主站，可以使用 Modbus RTU 从站协议通信。

3）在自由端口模式，使用自定义协议通信。

（5）S7-200PLC 与第三方 HMI（操作面板）之间的通信

如果第三方厂商的操作面板支持 PPI、PROFIBUS-DP、MPI、Modbus RTU 等 S7-200PLC 支持的通信方式，就可以和 S7-200PLC 通信。

（6）S7-200PLC 与第三方变频器之间的通信

S7-200 如果和第三方变频器通信，需要按照对方的通信协议，在本地用自由端口编程。如果对方支持 Modbus 协议，S7-200PLC 则可以使用 Modbus 主站协议。

（7）S7-200PLC 与其他串行通信设备之间的通信

S7-200PLC 可以与其他支持串行通信的设备，例如串行打印机、仪表等通信。如果对方是 RS-485 接口，可以直接连接；如果对方是 RS-232 接口，需要用硬件转换。

这类通信需要按照对方的通信协议，使用自由端口模式编程。

（8）S7-200PLC 的编程通信方式

安装了 STEP7-Micro/WIN 的计算机可以通过下列方式与 S7-200 CPU 通信。

1）通过 PC/PPI 电缆，与单个或者网络中的 CPU 通信接口（或 EM277 模块）通信。

2）通过计算机上的通信处理器（CP 卡），与单个或者网络中的 CPU 通信接口（或 EM277 模块）通信。

3）通过本地机算机上安装的 Modem（调制解调器），经过公用或者内部电话网，与安装了 EM241 模块的 CPU 通信。

4）通过本地计算机上的以太网卡，经以太网与安装了 CP243-1 以太网模块的 CPU 通信。

5）通过 PC Adapter USB（S7-300/400 的 USB 编程电缆），与 CPU 通信接口或 EM277 模块的通信接口通信。

6）通过本地计算机上安装的 GSM Modem，与远程安装了 GSM Modem（例如 TC35T）的 CPU 通信，须申请并开通相应 SIM 卡的数据传输服务。

用于 S7-300/400PLC 编程的带 RS-232 接口的 PC/MPI 适配器不能用于 S7-200PLC 编程通信。

8.3.2　S7-200 PLC 通信指令

1. 网络读/网络写指令

（1）网络读指令

应用网络读（NETR）通信指令，可以通过指令指定的通信端口（PORT）从另外的 S7-200PLC 上接收数据，并将接收到的数据存储在指定的缓冲区表（TBL）中。NETR 指令可从远程站最多读取 16 个字节信息。

（2）网络写指令

应用网络写（NETW）通信指令，可以通过指令指定的通信端口（PORT）向另外的 S7-

200PLC 写指令指定的缓冲区表（TBL）中的数据。NETW 指令可向远程站最多写入 16 字节信息。

网络读/网络写指令的表达形式及参数如表 8-4 所示。

表 8-4　网络读/网络写指令

指令表达形式		操作数含义及应用
网络读指令	网络写指令	
NETR —EN　ENO— —TBL —PORT NETR　TBL, PORT	NETW —EN　ENO— —TBL —PORT NETW　TBL, PORT	TBL：VB、MB、＊ VD、＊ AC、＊ LD 　PORT：CPU226 为 0 或 1，其他 CPU 只能为 0

（3）关于网络读和网络写的说明

远程站地址为存取数据的 PLC 的地址。数据指针为指向 PLC 内数据的间接指针。数据长度为存取数据的字节长度（1～16）。接收或传输数据区域为 1～16 字节。对于 NETR 指令，此数据区是指执行 NETR 后存储从远程站读取的数据的区域。对于 NETW 指令，此数据区是指执行 NETW 前存储发送至远程站的数据区域。

表 TBL 有 23 个字节。字节 0 为状态码，字节 1 为远程站地址（被访问的 PLC 的地址），字节 2、3、4、5 为远程站的数据指针（数据区可以为 I 区、Q 区、M 区或 V 区），字节 6 为数据长度，字节 7、8～22 为数据字节，如表 8-5 所示。

表 8-5　网络读写指令数据表

字节	内容	字节	内容
0	状态码（D、A、E、0、RR）	7	数据字节 0
1	远程站地址（被访问的 PLC 的地址）	8	数据字节 1
2		9	数据字节 2
3	远程站的数据指针	10	数据字节 3
4	数据区可以为 I 区、Q 区、M 区或 V 区	…	…
5		21	数据字节 14
6	数据长度 n	22	数据字节 15

其中，状态码字节 0 的分配：第 7 位用 D 表示；第 6 位用 A 表示；第 5 位用 E 表示；第 4 位用 0 表示；低 4 位为错误码，用 RR 表示，则有：

D——完成状态（操作已完成）：D＝0 时，未完成；D＝1 时，完成。

A——有效状态（操作已被排队）：A＝0 时，无效；A＝1 时，有效。

E——错误状态（操作返回一个错误）：E＝0 时，无错误；E＝1 时，错误。

0——无效位。

RR＝0 无错误。

RR＝1 超时错误；远程站无响应。

RR＝2 接收错误；回答存在奇偶、帧或校验和错误。

RR＝3 脱机错误；重复站地址或失败硬件，引起冲突。

RR ＝4 队溢出错误；多于 8 个 NETR/NETW 方框被激活。

RR ＝5 违反协议；未启动 SMB30 内的 PPI（主）试图执行 NETR/NETW。

RR ＝6 非法参数：NETR/NETW 表包含非法或无效数值。

RR ＝7 无资源；远程扩展忙（正在进行上装或下载操作）。

RR ＝8 第 7 层错误；违反应用协议。

RR ＝9 信息错误；数据地址错误或数据长度不正确。

（4）关于网络读/写的限制

可在程序内使用任意数目的 NETR/NETW 指令，但在任意时刻最多只能有 8 个 NETR 及 NETW 指令处于激活状态。例如，可以在给定 S7-200 内任意时刻有 4 个 NETR 及 4 个 NETW 指令，或 2 个 NETR 及 6 个 NETW 指令处于激活状态。

（5）网络读/写编程步骤

① 建立通信网络（主站/从站）；

② 建立网络读/写表（TBL）；

③ 编写网络读/写指令（NETR/NETW）。

2. 发送/接收指令

发送指令和接收指令表达形式及操作数如表 8-6 所示。

表 8-6　接收和发送指令

指令表达形式		操作数含义及应用
发送指令	接受指令	
XMT ─EN　　ENO─ ─TBL ─PORT XMT　TBL，PORT	RCV ─EN　　ENO─ ─TBL ─PORT RCV　TBL，PORT	TBL：VB、IB、QB、MB、SB、SMB、＊VD、＊.AC。 PORT：CPU226、CPU226XM 可为 0 或 1，其他 CPU 只能为 0

（1）发送指令

应用发送指令（XMT），可以将发送数据缓冲区（TBL）中的数据通过指令指定的通信端口（PORT）发送出去，发送完成时将产生一个中断事件，数据缓冲区的第一个字节指明了要发送的字节数，从第二个字节以后的数据为需要发送的数据。PORT 指定传输使用的通信口（口 0 或口 1）。XMT 指令用于在自由口通信方式下通过通信口传输数据。

XMT 指令可以方便地发送 1～255 个字符，如果有中断程序连接到发送结束事件上，在发送完缓冲区中的最后一个字符时，端口 0 会产生中断事件 9，端口 1 会产生中断事件 26。可以监视发送完成状态位 SM4.5 和 SM4.6 的变化，而不是用中断进行发送。

发送编程步骤：

① 建立发送表（TBL）；

② 发送初始化（SMB30/130）；

③ 编写发送指令（XMT）。

【例 8-1】 图 8-1 是一个用发送指令编程的例子。本例中，S7-200 PLC 以自由口通信方式向个人计算机不断地发送"S7-200" 6 个 ASCII。下面分析程序的功能。

应当注意的是，个人计算机的通信口和通信协议要和 PLC 一致。

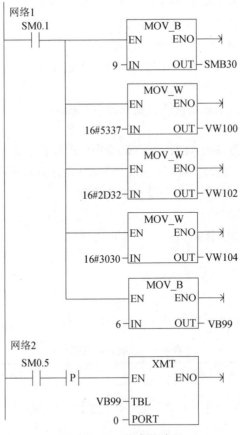

图 8-1　发送指令的编程

在 PLC 首次运行时，SM0.1 "ON" 一个扫描周期。因此 SM0.1 = 1 这个条件可以作初始化用。本程序就是利用这一条件进行发送操作的初始化的。

Network1 用于初始化通信口和形成发送表。把 9 传送到 SMB30 的作用是对通信口 0 进行初始化。设定为自由口方式，波特率为 9600bit/s，数据格式为 8 位数据位，无需校验位。而十六进制数 5337 是字符 "S"、"7" 的 ASCII，2D32 是字符 "－"、"2" 的 ASCII，3030 是字符 "0"、"0" 的 ASCII。可以看出，VW100、VW102、VW104 存放着 "S7-200" 的 ASCII。VB99 表示要发送的字符数为 6 个，可见发送数据缓冲器 TBL 就是 VB99 ~ VB104。

Network2 的功能是发送数据。可以看出，本程序发送条件是 SM0.5 的上升沿。因为 SM0.5 是系统提供的秒时钟脉冲触点，故发送指令是每秒钟执行一次，即每秒钟发送一次 ASCII "S7-200"。

（2）接收指令

接收指令 RCV 初始化或中止接收信息的服务，必须指定开始或终止条件，接收指令才能进行操作。通过指定的通信端口（PORT）接收的信息存储在数据缓冲区（TEL）中。数据缓冲器的第一个字节的内容指定接收到字节数目，从第二个字节以后的数据为需要接收的数据。

RCV 指令可以方便地接收一个或多个字符，最多可以接收 255 个字符。如果有中断程序连接到接收结束事件上，在接收完最后一个字符时，端口 0 产生中断事件 23，端口 1 产生中断事件 24。

可以监视 SMB86 或 SMB186 的变化，而不是用中断进行报文接收。SMB86 或 SMB186 为非零时，RCV 指令未被激活或接收已经结束。正在接收报文时它们为 0。

当超时或奇偶校验错误时，自动中止报文接收功能。必须为报文接收功能定义一个启动条件和一个结束条件。

也可以用字符中断而不是用接收指令来控制接收数据，每接收一个字符产生一个中断，在端口 0 或端口 1 接收一个字符时，分别产生中断事件 8 或中断事件 25。

在执行连接到接收字符中断事件的中断程序之前，接收到的字符存储在自由端口模式的接收字符缓冲区 SMB2 中，奇偶状态（如果允许奇偶校验的话）存储在自由端口模式的奇偶校验错误标志位 SM3.0。奇偶校验出错时应丢弃接收到的信息，或产生一个出错的返回信号。端口 0 和端口 1 共用 SMB2 和 SMB3。

接收指令编程步骤：

① 设置接收初始化（SMB30/130）；

② 设置接收控制字（SMB87/187）；

③ 设置最大字符数（SMB94/194）；

④ 设置起始符（SMB88/188）；

⑤ 设置结束符（SMB89/189）；

⑥ 设定空闲时间（SMW90/190）；

⑦ 建立中断连接；

⑧ 写接收指令（RCV）。

8.3.3　自由端口模式通信

1. 概述

S7-200 CPU 的通信口还提供了建立在字符串行通信基础上的"自由"通信能力，数据传输协议完全由用户程序决定，CPU 的串行通信接口由用户程序控制，这种操作模式称为自由端口模式。通过自由端口模式，S7-200 可以与串行打印机、条码阅读器等通信。而 S7-200 的编程软件也提供一些通信协议库，如 STEP7-Micro/WIN 的 USS 协议库和 MODBUS RTU 从站协议库，它们实际上也使用了自由端口通信功能。

自由端口模式为计算机或其他有串行通信接口的设备与 S7-200 CPU 之间的通信提供了一种廉价且灵活的方法。在自由端口模式，可以用发送指令、接收指令、接收完成中断、字符接收中断和发送完成中断来控制通信过程。

通过将 SMB30 或 SMB130 的协议选择域置 1，将通信端口设置为自由端口模式。处于该模式时，不能与编程设备通信，SMB30 用于设置端口 0 通信的波特率和奇偶校验等参数，而 SMB130 用于端口 1 的设置。当选择代码 mm = 10（PPI 主站）时，CPU 成为网络中的一个主站，可以执行 NETR 和 NETW 指令，在 PPI 模式下忽略 2～7 位。

只有当 CPU 处于 RUN 模式时，才能使用自由端口模式。CPU 处于 STOP 模式时，自由端口模式被禁止，自动进入 PPI 模式，可以与编程设备通信。如果调试时需要在自由端口模式与 PPI 模式之间切换，可以用 SM0.7 的状态决定通信口的模式；而 SM0.7 的状态反映的是 CPU 模式选择开关的位置，在 RUN 模式时 SM0.7 为 1，在 TERM 模式和 STOP 模式时 SM0.7 为 0。

发送指令 XMT（Transmit）启动自由端口模式下数据缓冲区（TBL）的数据发送，通过指定的通信端口（PORT）发送存储在数据缓冲区中的信号。最多可以发送 255 个字符，发送结束时可以产生中断事件。

接收指令 RCV（receive）初始化或中止接收信息的服务，最多可以接收 255 个字符，通过指定的通信端口（PORT）接收的信息存储在数据缓冲区（TBL）中，在接收完最后一个字符时，或每接收一个字符均可以产生一个中断。

计算机与 PLC 通信时，为了避免通信中的各方争用通信线，一般采用主从方式，即计算机为主站，PLC 为从站。只有主站才有权主动发送请求报文（Request 或称为请求帧），从站收到后返回响应报文。

2. 自由端口模式下 PLC 的串行通信程序设计

接收报文的操作过程：① 在逻辑条件满足时，启动 RCV（Receive）指令，进入接收等待状态；② 监视通信端口，在设置的报文起始条件满足时，进入报文接收状态；③ 如果满足了设置的报文结束条件，则结束报文的接收，退出接收状态。

启动 RCV 指令后，并不一定马上就接收报文，如果开始接收报文的条件没有满足，就一直处于等待接收的状态；如果报文接收没有开始或者没有结束，通信端口就一直处于接收状态。这时如果执行 XMT（发送）指令，不会发送报文。

由于 S7-200 的通信端口是半双工的 RS-485，所以应确保不会同时执行 XMT 和 RCV 指令，可以通过发送完成中断和接收完成中断，在中断程序中启动另一条指令。

使用 PC/PPI 电缆连接计算机和 CPU 模块，在自由端口模式下编程时应考虑以下几个问题。

（1）电缆切换时间的处理

如果使用 PC/PPI 电缆，在 S7-200 CPU 的用户程序中应考虑电缆的切换时间。S7-200 CPU 接收到 RS-232 设备的请求报文后，到它发送响应报文的延迟时间必须大于或等于电缆的切换时间。如果 S7-200 CPU 发送请求报文，在接收到 RS-232 设备的响应报文后，S7-200 CPU 下次发出请求报文的延迟时间也必须大于或等于电缆的切换时间。可用定时中断实现切换延时。

（2）异或校验

异或校验和求和校验是提高通信可靠性的重要措施之一，用得较多的是异或校验，即对每一帧中的第一个字符（不包括起始字符）到该帧中的最后一个字符作异或运算，并将异或的结果（异或检验码）作为报文的一部分发送到接收端。接收方计算出接收到的数据的异或校验码，并与发送方传送过来的校验码比较，如果不同，可以断定通信有误，要求重发，程序应控制重发的次数。

8.3.4　Modbus 通信

1. Modbus 协议简介

Modbus 是一种串行通信协议，是 Modicon 于 1979 年为使用可编程逻辑控制器（PLC）而发布的。事实上，它已经成为工业领域的通信协议标准，并且现在是工业电子设备之间相当常用的连接方式。

Modbus 传输协议定义了控制器可以识别和使用的信息结构，而无须考虑通信网络的拓扑结构。它定义了各种数据帧格式，描述了控制器访问另一设备的过程，规定如何做出应答响应，以及可检查和报告的错误。

Modbus 具有两种串行传输模式：ASCII 和 RTU。它们定义了数据如何打包、解码的不同方式。支持 Modbus 协议的设备一般都支持 RTU 格式。

Modbus 是一种单主站的主/从通信模式。Modbus 网络上只能有一个主站存在，主站在 Modbus 网络上没有地址，从站的地址范围为 0 ~ 247，其中 0 为广播地址，从站的实际地址范围为 1 ~ 247。

Modbus 通信标准协议可以通过各种传输方式传播，如 RS-232C、RS-485、光纤、无线电等。在 S7-200 CPU 通信口上实现的是 RS-485 半双工通信，使用的是 S7-200 的自由口功能。

STEP 7-Micro/WIN 指令库通过包括预组态的子程序和专门设计用于 Modbus 通信的中断例行程序，使与 Modbus 主站和从站设备的通信变得更简单。Modubs 协议指令可以将 S7-200 组态作为 Modbus RTU 从站设备工作，可与 Modbus 主站设备进行通信。Modbus 主站指令可将 S7-200 组态作为 Modbus RTU 主站设备工作，并与一个或多个 Modbus 从站设备通信。可以在 STEP 7-Micro/WIN 指令树的库文件夹中安装这些 Modbus 指令。Modbus 主站协议库有两个版本，一个版本使用 CPU 的端口 0，另一个版本使用 CPU 的端口 1。端口 1 库在 POU 名称后附加了一个 P1（如 MBUS_CTRL_P1），用于指示 POU 使用 CPU 上的端口 1。两个 Modbus 主站库在所有其他方面均完全相同。Modbus 从站库仅支持端口 0 通信。

2. S7-200 Modbus RTU 主站指令库

Modbus RTU 主站指令库的功能是通过在用户程序中调用预先编好的程序功能块实现的，该库对 Port0 和 Port1 有效，并设置通信口工作在自由口模式下。Modbus RTU 主站指令库使用了一些用户中断功能，编写其他程序时，不能在用户程序中禁止中断。当 S7-200 CPU 端口用于 Modbus 主站协议通信时，它无法用于其他用途，包括与 STEP 7-Micro/WIN 通信。

Modbus RTU 主站指令库包括主站初始化程序 MBUS_CTRL 和读/写子程序 MBUS_MSG，需要一个 284B 的全局 V 存储区。

端口 0 的 MBUS_CTRL 指令（或端口 1 的 MBUS_CTRL_P1 指令）用来初始化、监控或禁用 Modbus 通信。MBUS_CTRL 指令必须无错误地执行，然后才能使用 MBUS_MSG 指令。每次扫描（包括第一次扫描）都必须调用 MBUS_CTRL 指令，以便使它能够监控由 MBUS_MSG 指令启动的所有待处理信息的进程。除非每次扫描都调用 MBUS_CTRL 指令，否则 Modbus 主站协议将不能正常工作。MBUS_CTRL 的指令格式如表 8-7 所示。

表 8-7　MBUS_CTRL 指令

梯形图	输入/输出参数	数据类型	输入/输出参数含义
MBUS_CTRL EN Mode Baud　Done Parity　Error Timeout	EN	BOOL	使用 SM0.0 保证每一扫描周期都被使能
	Mode	BOOL	模式。为 1 时，使能 Modbus 协议功能；为 0 时，恢复为系统 PPI 协议
	Baud	BWORD	波特率。支持的通信波特率为 1200，2400，4800，9600，19200，38400，57600 和 115200
	Parity	BYTE	校验方式选择：0 = 无校验，1 = 奇校验；2 = 偶校验
	Timeout	INT	主站等待从站响应的时间，以毫秒为单位，典型的设置值为 1000ms，允许设置的范围为 1 ~ 32767
	Done	BOOL	初始化完成，此位会自动置 1
	Error	BYTE	指令的执行结果，在 Done 位为 1 时有效

端口 0 的 MBUS_MSG 指令（或端口 1 的 MBUS_MSG_P1 指令）用于启动到 Modbus 从站的请求，并处理响应。发送请求、等待响应和处理响应通常要求多个扫描周期。一次只能有一个 MBUS_MSG 指令处于活动状态。如果启用了一个以上 MBUS_MSG 指令，则将处理第一个 MBUS_MSG 指令，所有后续 MBUS_MSG 指令将被终止，并输出错误代码 6。MBUS_MSG 的指令格式如表 8-8 所示。

表 8-8　MBUS_MSG 指令

梯形图	输入/输出参数	数据类型	输入/输出参数含义
MBUS_MSG EN First Slave　　Done RW　　　Error Addr Count DataPtr	EN	BOOL	使能，同一时刻只能有一个读/写功能使能
	First	BOOL	读/写请求位，必须使用脉冲触发
	Slave	BYTE	从站地址，可选择的范围为 1～247
	RW	BYTE	指定读或该消息，0 = 读，1 = 写
	Addr	DWORD	读/写从站的数据地址
	Count	INT	通信的数据个数（位或字的个数）
	DataPrt	DWORD	数据指针。如果是读指令，读回的数据放到此数据区中；如果是写指令，要写出的数据放到此数据区中
	Done	BOOL	读/写功能完成位
	Error	BYTE	指令的执行结果，在 Done 位为 1 时有效

Modbus 地址通常由 5 位数字组成，包括起始的数据类型代号，以及后面的偏移地址。Modbus 主站指令库把标准的 Modbus 地址映射为 Modbus 功能号，读/写从站的数据。Modbus 主站指令库支持以下地址。

00001～09999：数字量输出（线圈）。

10001～19999：数字量输入（触点）。

30001～39999：输入数据寄存器（通常为模拟量输入）。

40001～49999：数据保持寄存器。

为了支持对 Modbus 地址的读/写，Modbus 主站指令库需要从站支持相应的功能，如表 8-9 所示。

表 8-9　Modbus 从站需支持的功能

Modbus 地址	读/写	Modbus 从站需支持的功能
00001～09999 数字量输出	读	功能 1：读取单个/多个线圈状态
	写	功能 5：写单输出点，功能 15：写多输出点
10001～19999 数字量输入	读	功能 2：读取单个/多个触点状态
	写	—
30001～39999 输入寄存器	读	功能 4：读取单个/多个输入寄存器
	写	—
40001～49999 保持寄存器	读	功能 3：读取单个/多个保持寄存器
	写	功能 6：写单寄存器单元，功能 16：写多寄存器单元

Modbus 保持寄存器地址与 S7-200 V 存储区地址的映射关系如图 8-2 所示（输入参数 DataPtr 为 &VB200）。位地址（0××××和 1××××）数据总是以字节为单位打包读/写。

首字节中的最低有效位对应 Modbus 地址的起始地址，如图 8-3 所示。

图 8-2　Modbus 保持寄存器地址映射

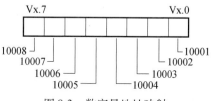

图 8-3　数字量地址映射

3. S7-200 Modbus RTU 从站指令库

S7-200 CPU 上的通信口 Port0 可以支持 Modbus RTU 协议，成为 Modbus RTU 从站。此功能是通过 S7-200 的自由口通信模式实现的。Modbus RTU 从站功能是通过指令库中预先编好的程序功能块实现的。Modbus RTU 从站指令库只支持 CPU 上的通信端口 0（Port0）。当 S7-200 CPU 端口用于 Modbus 从站协议通信时，它无法用于其他用途，包括 STEP 7-Micro/WIN 通信。

Modbus RTU 从站指令库包括从站初始化程序 MBUS_INIT 和响应主站请求子程序 MBUS_SLAVE，需要一个 779B 的全局 V 存储区。

从站初始化程序 MBUS_INIT 指令用于初始化或禁止 Modbus 通信。MBUS_INIT 指令必须无错误地执行，然后才能使用 MBUS_SLAVE 指令。在继续执行下一条指令前，MBUS_INIT 指令必须执行完并且 Done 位被立即置位。MBUS_INIT 子程序可以用 SM0.1 调用，在第一个循环周期内执行一次，其指令格式如表 8-10 所示。

表 8-10　**MBUS_INIT 指令**

梯形图	输入/输出参数	数据类型	输入/输出参数含义
	EN	BOOL	使用 SM0.1 保证第一个扫描周期执行一次
	Mode	BYTE	启动/停止 Modbus，1 = 启动；0 = 停止
MBUS_INIT	Addr	BYTE	Modbus 从站地址，取值为 1~247
	Baud	DWORD	波特率。支持的通信波特率为 1200，2400，4800，9600，19200，38400，57600 和 115200
	Parity	BYTE	校验方式选择；0 = 无校验，1 = 奇校验，2 = 偶校验
	Delay	INT	附加在字符间延时，默认值为 0
	MaxIQ	INT	参与通信的最大 I/O 点数，默认值为 128
	MaxAI	INT	参与通信的最大 AI 通道数，可为 16 或 32
	MaxHold	INT	参与通信的最大保持寄存器区（V 存储区）
	HoldStart	DWORD	保持寄存器区起始地址，以 &VBx 指定
	Done	BOOL	成功初始化后置 1
	Error	BYTE	指令的执行结果，在 Done 位为 1 时有效

MBUS_SLAVE 指令用于服务来自 Modbus 主站的请求，必须在每个循环周期都执行，以便检查和响应 Modbus 请求。MBUS SLAVE 的指令格式如表 8-11 所示。

表 8-11 MBUS_SLAVE 指令

梯形图	输入/输出参数	数据类型	输入输出参数含义
MBUS_SLAVE EN Done Error	EN	BOOL	使用 SM0.0 保证每一扫描周期都被使能
	Done	BOOL	成功初始化后置 1
	Error	BYTE	指令的执行结果，在 Done 位为 1 时有效

Modbus 地址总是以 00001、30004 之类的形式出现。S7-200 内部的数据存储区与 Modbus 的 0、1、3、4 共 4 类地址的对应关系如表 8-12 所示。

表 8-12 Modbus 地址对应表

Modbus 地址	S7-200 数据区
00001 ~ 00128	Q0.0 ~ Q15.7
10001 ~ 10128	I0.0 ~ I15.7
30001 ~ 30032	AIW0 ~ AIW62
40001 ~ 4××××	HodlStart ~ HodlStart + 2 * （××××-1）

Modbus RTU 从站指令库支持特定的 Modbus 功能。访问使用此指令库的主站必须遵循这个指令库的要求。Modbus RTU 从站指令库支持的功能如表 8-13 所示。

表 8-13 Modbus RTU 从站功能码

功能码	主站使用相应功能码作用于此从站的效用
1	读取单个/多个线圈（离散量输出点）状态 功能 1 返回任意个数字量输出点（Q）的 ON/OFF 状态
2	读取单个/多个触点（离散量输入点）状态 功能 2 返回任意个数字量输入点（I）的 ON/OFF 状态
3	读取单个/多个保持寄存器。功能 3 返回 V 存储区的内存 在 Modbus 协议下保持寄存器都是"字"值，在一次请求中最多读取 120 个字的数据
4	读取单个/多个输入寄存器，功能 4 返回 S7-200 的模拟量输入数据值
5	写单个线圈（离散量输出点）。功能 5 用于将离散量输出点设置为指定的值。这个点不是被强制的，用户程序可以覆盖 Modbus 通信请求写入的值
6	写单个保持寄存器。功能 6 写一个值到 S7-200 的 V 存储区的保持寄存器中
15	写多个线圈（离散量输出点）。功能 15 把多个离散量输出点的值写到 S7-200 的输出映像寄存器（Q 区）中。输出点的地址必须以字节边界起始（如 Q0.0 或 Q2.0），并且输出点的数目必须是 8 的整数倍。这些点不是被强制的，用户程序可以覆盖 Modbus 通信请求写入的值
16	写多个保持寄存器。功能 16 写多个值到 S7-200 的 V 存储区的保持寄存器中，在一次请求中最多可以写 120 个字的数据

8.3.5 USS 通信

1. USS 协议简介

USS（Universal Serial Interface，通用串行通信接口）是西门子专为驱动装置开发的通信协议，可以支持变频器与 PLC 或 PC 的通信连接，是一种基于串行总线进行数据通信的协议。

USS 协议是主—从站结构协议，规定了在 USS 总线上可以有 1 个主站和最多 31 个从站。总线上的每个从站都有唯一的站地址，主站依靠站地址标识各个从站。USS 的工作机制是，通信总是由主站发起，USS 主站不断循环轮询各个从站，从站根据收到的指令，决定是否以及如何响应主站。从站永远不会主动发送数据。从站只有在接收到的主站报文没有错误，并且该从站在接收到主站报文中被寻址时，才会响应主站的信息。

USS 协议的波特率最高可达 115.2Kbit/s，通信字符格式为 1 位起始位、1 位停止位、1 偶校验位和 8 位数据位。USS 通信的刷新周期与 PLC 的扫描周期是不同步的，一般完成 1 次 USS 通信需要几个 PLC 扫描周期，通信时间和总线上的变频台数、波特率及扫描周期有关。不同波特率下的 USS 主站轮询时间如表 8-14 所示。

表 8-14　USS 主站轮询时间

波特率（bit/s）	主站轮询从站的时间间隔（无参数访问指令）
2400	130ms × 从站数
4800	75ms × 从站数
9600	50ms × 从站数
19200	35ms × 从站数
38400	30ms × 从站数
57600	25ms × 从站数
115200	25ms × 从站数

2. USS 指令库

USS 指令库是西门子为方便用户使用 USS 协议进行通信而专门编写的库，使用该指令库，用户不需要详细了解 USS 协议格式，通过简单的调用即可实现 USS 协议通信。USS 指令库对端口 0 和端口 1 都有效，并设置通信口工作在自由口模式下。端口 1 库在 POU 名称后附加了一个 P1（如 USS INIT_P1），用于指示 POU 使用 CPU 上的端口 1。USS 指令库使用了一些用户中断功能，编写其他程序时，不能在用户程序中禁止中断。当 S7-200 CPU 端口用于 USS 协议通信时，它无法用于其他用途，包括与 STEP 7-Micro/WIN 通信。

USS 指令库包括初始化指令 USS_INIT、控制指令 USS_CTRL、读无符号字参数指令 USS_RPM_W、读无符号双字参数指令 USS_RPM_D、读浮点数参数指令 USS_RPM_R、写无符号字参数指令 USS_WPM_W、写无符号双字参数指令 USS_WPM_D 和写浮点数参数指令 USS_WPM_R。

初始化指令 USS INIT 用于启用或禁止 PLC 和变频器之间的通信，在执行其他 USS 指令前，必须先成功执行一次 USS_INIT 指令。在每一次通信状态改变时执行一次 USS_INIT 指令即可。USS_INIT 指令格式如表 8-15 所示。

USS INIT 指令的 Active 参数用来表示网络上哪些 USS 从站要被主站访问，即在主站的轮询表中被激活。网络上作为 USS 从站的驱动装置每个都有不同的 USS 协议地址，主站要访问的驱动装置，其地址必须在主站的轮询表中被激活。USS INIT 指令只用一个 32 位长的双字来映射 USS 从站有效地址表。在这个 32 位的双字中，每一位的位号表示 USS 从站的地址号；要在网络中激活某地址号的驱动装置，需要把相应位号的位置设为二进制 "1"，不需要激活的 USS 从站，相应的位设置为 "0"。最后对此双字取无符号整数就可以得出 Active 参数的取值，如表 8-16 所示。

表 8-15　USS_INIT 指令

梯形图	输入/输出参数	数据类型	输入/输出参数含义
USS_INIT EN Mode　Done Baud　Error Active	EN	BOOL	使用 SM0.1 保证第一个扫描周期执行一次
	Mode	BYTE	启动/停止 USS 协议，1 = 启动；0 = 停止
	Baud	DWORD	波特率。支持的通信波特率为 1200，2400，4800，9600，19200，38400，57600 和 115200
	Active	DWORD	决定网络上的哪些 USS 从站在通信中有效
	Done	BOOL	成功初始化后置 1
	Error	BYTE	指令的执行结果，在 Done 位为 1 时有效

表 8-16　USS INIT 指令 Active 参数示例

位号	31（MSB）	30	29	28	…	3	2	1	0（LSB）
对应从站地址	31	30	29	28	…	3	2	1	0
从站激活标志	0	0	0	0	…	0	1	0	0
Active 取值	16#00000004								

在表 8-16 中，使用站地址为 3 的变频器，则在位号为 3 的位单元格中填入二进制 "1"。其他不需要激活的地址对应的位设置为 "0"。计算出的 Active 值为 16#00000004，等于十进制数 4。

控制指令 USS_CTRL 用于控制已经被 USS_INIT 激活的变频器，每台变频器只能使用一条控制指令。该指令将用户命令放在通信缓冲区内，如果已经在 USS_INIT 指令的激活参数中选择了驱动器，则将用户命令发送到相应驱动器中。USS_CTRL 指令格式如表 8-17 所示。

读取变频器参数指令包括读无符号字参数指令 USS_RPM_W、读无符号双字参数指令 USS_RPM_D 和读浮点数参数指令 USS_RPM_R 三种指令，这三种指令的参数功能完全相同，只是参数 Value 的数据类型不同，指令格式如表 8-18 所示。

写变频器参数指令包括写无符号字参数指令 USS_WPM_W、写无符号双字参数指令 USS_WPM_D 和写浮点数参数指令 USS_WPM_R 三种指令，这三种指令的参数功能完全相同，只是参数 Value 的数据类型不同，指令格式如表 8-19 所示。

表 8-17　USS_CTRL 指令

梯形图	输入/输出参数	数据类型	输出/输出参数含义
	EN	BOOL	使用 SM0.0 保证每个扫描周期执行一次
	RUN	BOOL	驱动装置启动/停止控制，0 = 停止，1 = 启动。停止是按照驱动装置中设置的斜坡减速时间使电动机停止
	OFF2	BOOL	停车信号 2。此信号为"1"时，驱动装置将封锁主回路输出，电动机自由停车
	OFF3	BOOL	停车信号 3。此信号为"1"时，驱动装置将快速停车
	F_ACK	BOOL	故障确认
	DIR	BOOL	电动机运转方向控制
	Drive	BYTE	驱动装置在 USS 网络上的站地址
	Type	BYTE	指示驱动装置类型。0 = MM3 系列，1 = MM4 系列
	Speed_SP	REAL	速度设定值
	Resp_R	BOOL	从站应答确认信号
	Error	BYTE	错误代码，0 = 无出错
	Status	WORD	驱动装置的状态字
	Speed	REAL	驱动装置返回的实际运转速度值
	Run_EN	BOOL	运行模式反馈
	D_Dir	BOOL	驱动装置的运转方向
	Inhibit	BOOL	驱动装置禁止状态指示。0 = 未禁止，1 = 禁止状态
	Fault	BOOL	故障指示位。0 = 无故障，1 = 有故障

表 8-18　USS_RPM_W 指令

梯形图	输入/输出参数	数据类型	输入/输出参数含义
	EN	BOOL	使能读指令
	XMT_REQ	BOOL	发送请求。必须使用边沿检测指令触发
	Drive	BYTE	驱动装置在 USS 网络上的站地址
	Param	WORD	参数号
	Index	WORD	参数下标
	DB_Ptr	DWORD	指向 16 字节的数据缓冲区
	Done	BOOL	读功能完成后置 1
	Error	BYTE	错误代码。0 = 无出错
	Value	WORD	读出的数据值

表 8-19　USS_WPM_W 指令

梯形图	输入/输出参数	数据类型	输入/输出参数含义
USS_WPM_W EN XMT_REQ EEPROM Drive　　Done Param　　Error Index Value DB_Ptr	EN	BOOL	使能读指令
	XMT_REQ	BOOL	发送请求。必须使用边沿检测指令触发
	EEPROM	BOOL	1 = 向驱动器 EEPROM 和 RAM 写入数值, 0 = 仅向驱动器的 RAM 写入数值
	Drive	BYTE	驱动装置在 USS 网络上的站地址
	Parsm	WORD	参数号
	Index	WORD	参数下标
	Value	WORD	需要向驱动器写入的参数值
	DB_Ptr	DWORD	指向 16 字节的数据缓冲区
	Done	BOOL	写功能完成后置 1
	Error	BYTE	错误代码。0 = 无出错

8.3.6　网络通信编程实例

【例 8-2】打包机通信

这是一个解释 NETR 和 NETW 使用的例子。打包生产线控制示意如图 8-4 所示。一条生产线正在组装仪表,并将其送到 4 台打包机中的一台上。而打包机的任务是把 8 个仪表包装到 1 个纸箱中,一个分流机负责控制各个仪表流向各个打包机。本例中,由 4 台 S7-200 CPU221 用于控制打包机,1 台 S7-200 CPU224 用于控制分流机,另外还有一个与 TD200 操作面板的通信接口。

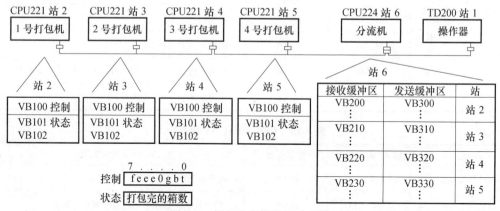

图 8-4　打包生产线控制示意图

为了完成控制任务,给系统配置了网络。其中 TD200 为站 1,1 号、2 号、3 号、4 号打包机分别为站 2、站 3、站 4、站 5,分流机为站 6。

CPU224 作为主站用 NETR 指令连续地读取 1 号~4 号打包机的控制和状态信息。当每个打包机包装完 100 箱时,分流机要及时地用 NETW 指令发送一条信息清除该打包机的状态字。

在 CPU224 变量存储区,为各个打包机安排了接收缓冲区和发送缓冲区,分配如下。

站 2（1 号打包机）接收缓冲区为 VB200 ~ VB209,发送缓冲区为 VB300 ~ VB309。

站 3（2 号打包机）接收缓冲区为 VB210 ~ VB219,发送缓冲区为 VB310 ~ VB319。

站 4（3 号打包机）接收缓冲区为 VB220 ~ VB229,发送缓冲区为 VB320 ~ VB329。

站 5（4 号打包机）接收缓冲区为 VB230 ~ VB239,发送缓冲区为 VB330 ~ VB339。

每个接收缓冲区和发送缓冲区的具体分配（以站 2 为例）如下。

（1）接收缓冲区

VB200　状态码，字节的第 7 位为 D，第 6 位为 A，第 5 位为 E，第 4 位为 0，低 4 位为错误码 RR。

VB201　远程站地址（被访问的 PLC 的地址）

VB202　远程站的数据指针，占用 4 个字节（数据区可以为 I 区、Q 区、M 区或 V 区）

VB203　…

VB204　…

VB205　…

VB206　数据长度 = 3 字节

VB207　控制字节

VB208　状态字节（最高有效字节）

VB209　状态字节（最低有效字节）

（2）发送缓冲区

VB300　状态码，字节的第 7 位为 D，第 6 位为 A，第 5 位为 E，第 4 位为 0、低 4 位为错误码 RR。

VB301　远程站地址（被访问的 PLC 地址）

VB302　远程站的数据指针，占用 4 个字节（数据区可以为 I 区、Q 区、M 区或 V 区）

VB303　…

VB304　…

VB305　…

VB306　数据长度 = 2 字节

VB307　数据

VB308　数据

其他从站在各自的存储区内每个接收缓冲区和发送缓冲区的具体分配同上类似。

每个从站（打包机）都有各自的控制信息区和状态信息区，均占用各自的变量存储区 VB100 ~ VB102。VB100 为控制字节，其中第 7 位为 f，第 6 ~ 4 位为 eee，第 3 位为 0，第 2 位为 g，第 1 位为 b，第 0 位为 t。

（3）控制字节的位分配

f：错误指示，f = 1 为打包机检测到错误。

g：粘结剂供应慢指示，g = 1 为要求 30min 内供应粘结剂。

b：包装箱供应慢指示，b = 1 为要求 30min 内供应包装箱。

t：没有可包装的仪表指示，t = 1 为没有可包装的仪表。

eee：识别出现的错误类型和错误码。

0：未用位。

VB101、VB102：各自打包完的箱数存储区。

VB101：状态字节（最高有效字节）。

VB102：状态字节（最低有效字节）。

（4）程序设计及说明

本程序仅为整个控制的一部分。首先，它仅是对 4 台打包机的一个信息的读/写操作。

其次，它仅涉及控制过程中的主站和从站的信息交换。主站 CPU224 对从站 2 的网络读/网络写的编程如图 8-5 所示。

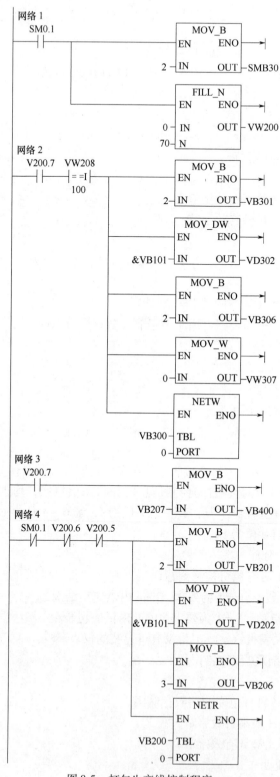

图 8-5　打包生产线控制程序

Network1 有两个功能。一是初始化网络通信协议，由 SM30 = 2 完成。SM30 = 2 表明 CPU224 为 PPI/主站模式。二是清空所有接收和发送缓冲区，这是由向 VW200 开始共 70 个字（140 个字节）送 0 来完成的。

Network2 有两个功能。当从站 2 的网络读操作完成（V200.7 = 1），且打包完 100 箱（VW208 = 100）时，首先形成远程从站 2 发送缓冲区的数据表 TBL。其中远程站的地址 = 2，其数据指针为 &VB101，数据长度 = 2，数据内容为 0。其次完成主站对从站的网络写操作，即把发送缓冲区的数据写入从站的 VB101、VB102 中。

Network3 有一个功能。当对从站 2 的网络读操作完成（V200.7 = 1）时，主站保存来自从站的 VB100 单元的控制信息，并存入主站的 VB400 单元中。

Network4 有两个功能。当 PLC 运行一个扫描周期后（SM0.1 = 0），网络读无效（V200.6 = 0）也没出错（V200.5 = 0）时，首先形成远程从站 2 接收缓冲区的数据表 TBL。其中远程站的地址 = 2，其数据指针为 &VB101，数据长度 = 3。其次，完成主站对从站的网络读操作，即把从站 2 的 VB100 开始的 3 个字节数据读入主站的接收缓冲区 VB207、VB208、VB209 中。

主站对其他从站的网络读/网络写的编程，同对站 2 的编程基本相同，仅有的区别是主站为各个从站分配的接收缓冲区和发送缓冲区的地址不同。

【例 8-3】 接收和发送信息

这是个人计算机和 PLC 之间接收和发送信息的 PLC 编程的例子。本例中由主程序 OB1，中断程序 INT0、INT1、INT2 组成。其中，OB1 主要作用是初始化，INT0 的作用是接收，INT1 的作用是发送，INT2 是发送结束的再接收。控制程序如图 8-6 所示。下面详细介绍其功能。

（1）OB1 程序块

OB1 程序块的启动条件是 SM0.1 = 1，这个条件在程序运行时只能在第一个扫描周期出现一次。把 9 送到 SMB30 是对通信口 0 初始化。选定自由口通信，波特率为 9600bit/s，数据格式为 8 位数据位，且无校验位。

十六进制数 16#B0 送到 SMB87 是对接收操作初始化。SMB87 的第 7 位是接收操作允许位，第 6 位是需要结束符条件位，第 5 位是检查空闲时间允许位。可以看出，把 16#B0 送到 SMB87 是设定允许接收操作、要求有结束码、要求检查等待时间。SMB89 为结束码寄存器，将十六进制数 A 送到 SMB89 表明设定的结束码为 0A（回车）。

SMW90 是通信空闲时间设定，将 5 送到 SMW90 表明设置空闲时间为 5ms。5ms 过后接收到的第一个字符为新信息的开始。

SMB94 为最大字符数设定，把 100 送到 SMB94 表明设定最大字符数为 100 个字符。

事件号 23 是端口 0 接收字符完成发生的中断事件。中断连接指令把事件 23 连接到 INT0，这表明当端口 0 接收字符完成时发生中断，中断程序段为 INT0。

事件号 9 是端口 0 发送字符完成发生的中断事件。中断连接指令把事件 9 连接到 INT2，这表明当端口 0 发送字符完成时发生中断，中断程序段为 INT2。

ENI 指令是全局允许中断指令，只有使用了这条指令之后，上述两个中断事件发生时，CPU 才能响应中断去执行中断服务程序。

RCV 指令为端口 0 首次开始接收字符，并把接收缓冲区指向 VB100。

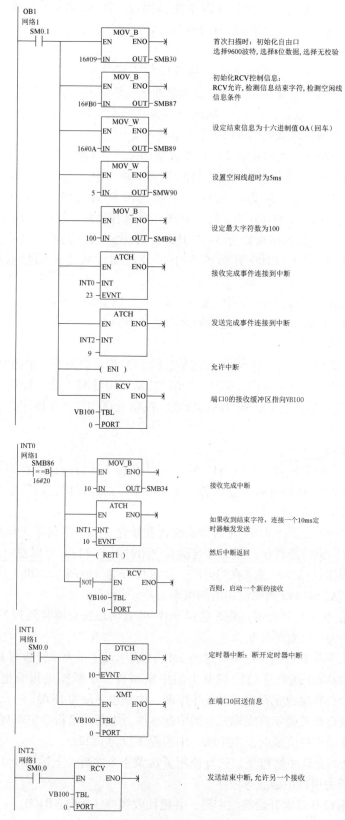

图 8-6　接收指令编程程序

（2）INT0 程序块

当接收事件完成时，引发 INT0 中断，进到 INT0 程序块。INT0 程序块的启动条件是 SMB86 的值等于十六进制数 20。SMB86 是接收信息状态字，它的第 5 位等于 1，表明接收到结束符。这说明当收到结束符时应做下列工作。

其一是把 10 送到 SMB34 中，即设定定时中断 0 的定时时间为 10ms。其二是通过中断连接指令 ATCH 把事件 10 和中断 1 连接，这条指令的功能是建立 10ms 定时中断，并把中断服务程序放到 INT1 程序块中。其三是收到结束符后的中断返回。其四是当 SMB86 不等于十六进制数 20（没有收到结束符）时，继续启动接收。

（3）INT1 程序块

当允许中断后，每隔 10ms 就要引发一次 INT1 中断，进到 INT1 程序块。INT1 程序块的启动是定时中断 0 引起的。SM0.0 是常 ON 继电器，这表明进入 INT1 程序块要做两件事。第一是利用 DTCH 指令关闭定时中断 0。第二是利用 XMT 指令向端口 0 发送信息。从指令中可以看到，发送数据表是从 VB100 开始的，此表恰好是接收数据的数据表。可以看出，这条语句是把刚从个人计算机接收到的数据又返回给个人计算机。

（4）INT2 程序块

当接收事件完成时，引发 INT-2 中断，进到 INT-2 程序块。INT-2 程序块的作用是启动另一次接收。

由以上分析可以知道，当接收完一次信息就要启动一次定时中断。当定时中断到，会向用户返回一次信息。当返回信息结束时，又会启动一次接收。整个程序就是这样循环的。

【例 8-4】电动机 Modbus 通信控制

两台 S7-226 CPU 组成 Modbus 网络。一台 CPU 上接电动机控制接触器，另一台 CPU 接启动按钮和停止按钮。当按下启动按钮/停止按钮时，接在另一台 CPU 上的电动机运行/停机。

首先确定一台 CPU 作为主站，将接有启动和停止按钮的一台 CPU 作为主站，将接有电动机的 CPU 设为从站，Modbus 站地址设为 3。S7-200CPU 之间的 Modbus 通信需要在主站侧和从站侧都编写通信程序。

S7-200 PLC 间的 Modbus 通信可通过 Profibus 电缆直接连到各 CPU 的端口 0 或端口 1，本例中用到两台 S7-226 CPU，每个 CPU 有两个端口。将两台 CPU 的端口 0 用 Profibus 电缆连接，组成一个使用 Modbus 协议的单主站网络，网络结构图如图 8-7 所示。

根据控制要求，编写 PLC 程序。在调用了 Modbus 指令库的指令后，还需要对库存储区进行分配，否则即使编写的程序没有语言错误，程序编译后也会显示很多错误。单击菜单栏上的"文件"→"库存储区（M）"命令，弹出如图 8-8 所示对话框。在对话框中单击"建议地址"按钮，系统会为 Modbus 指令库自动分配存储区，分配后的存储区在后续编程中是不能使用的。

Modbus 主站程序如图 8-9 所示。在网络 1 中，当按下启动电动机按钮时，置位通信使能位和电动机状态位。在网络 2 中，当按下停止电动机按钮时，置位通信使能位，复位电动机状态位。在网络 3 中，用 SM0.0 调用主站初始化程序 MBUS_CTRL，在每个扫描周期都执行此程序。主站初始化程序 MBUS_CTRL 输入参数 Mode 为 1，使能 Modbus 通信协议，波特率为 9600bit/s，校验方式为无校验，主站等待从站的响应时间为 1000ms。在网络 4 中，根据通信使能位来调用 Modbus 读/写子程序 MBUS_MSG。Modbus 读/写子程序 MBUS_MSG 的输入参数 First 采用脉冲触发新的读/写请求，从站地址为 3，RW 为 1，定义为写消息。写从站的数据地址为 00001（在程序中，前导 0 被自动省略），操作从站的数字量输出 Q0.0。通信的数据个数为 1 个位，数据指针指向 VB0。在网络 5 中，当与 Modbus 从站通信完成时，复位通信使能标志位。

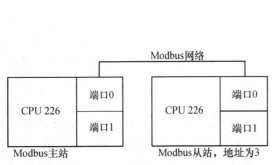

图 8-7　网络结构图

图 8-8　分配库存储区

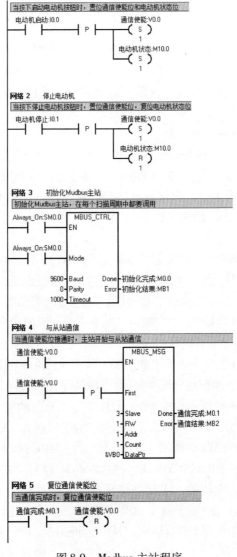

图 8-9　Modbus 主站程序

Modbus 从站程序如图 8-10 所示。MBUS_INIT 只在第一个扫描周期调用。在网络 1 中，用 SM0.1 调用从站初始化程序，MBUS_INIT 输入参数 Mode 为 1，启动 Modbus 通信协议，从站地址为 3，波特率为 9600bit/s，校验方式为无校验，字符间延时为 0，参与通信的最大 I/O 点数为 128，参与通信的最大 AI 通道数为 32，参与通信的最大保持寄存器数为 100。在网络 2 中，用 SM0.0 调用子程序 MBUS_SLAVE 来响应主站请求，每个扫描周期都需调用此子程序。MBUS_SLAVE 子程序收到 Modbus 主站的信息后，直接操作数字量输出 Q0.0，启动或停止电动机。

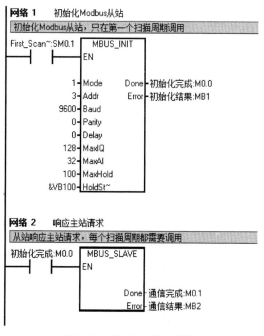

图 8-10　Modbus 从站程序

【例 8-5】 电动机 USS 通信控制

使用 USS 通信协议对一台 MM440 变频器进行控制，具有调速和调整电动机运转方向功能。当按下加速按钮时，电动机速度每秒增加 1Hz；当按下减速按钮时，电动机速度每秒减小 1Hz。

要想使用 USS 通信控制 MM440 变频器，需要设置变频器的相关参数，与 USS 通信相关的参数如表 8-20 所示。

表 8-20　变频器参数表

变频参数	设定值	参数说明
P0700 [0]	5	控制源参数设置，控制源来自 COMLink 上的 USS 通信
P1000 [0]	5	设定源控制参数，设定源来自 COMLink 上的 USS 通信
P2009	1	对 USS 通信设定值进行规格化，即设定值为绝对的频率数值
P2010	6	设置 COMLink 上的 USS 通信速率为 9600bps
P2011 [0]	2	驱动装置 COMLink 上的 USS 通信口在网络上的从站地址
P2014 [0]	1000	COMLink 上的 USS 通信控制信号中断超时时间，单位为 ms

根据任务要求，确定 I/O 的个数，进行 I/O 分配。本例中需要 5 个数字量输入点、2 个数字量输出点，如表 8-21 所示。因为所用 I/O 点数不多，采用 CPU 224XP AC/DC/继电器一个基本模块即可。

表 8-21　PLC 的 I/O 配置

图形符号	PLC 符号	I/O 地址	功能
SA1	启/停切换	I0.0	启动/停止切换，1 = 启动，0 = 停止
SA2	正转/反转	I0.1	正转/反转切换，1 = 正转，0 = 反转
SB1	紧急停止	I0.2	快速停止电动机
SB2	加速按钮	I0.3	增大电动机速度
SB3	减速按钮	I0.4	减小电动机速度
SB4	故障复位	I0.5	复位变频器故障
HL1	运行指示	Q0.0	电动机运行指示灯
HL2	故障指示	Q0.1	变频器故障指示灯

MM440 前面板上的通信端口是 RS-485 端口，与 USS 通信有关的前面板端子有 29 和 30 两个端子，其中端子 29 是 RS-485 信号正，端子 30 是 RS-485 信号负。

根据 I/O 配置，画出如图 8-11 所示电路图。

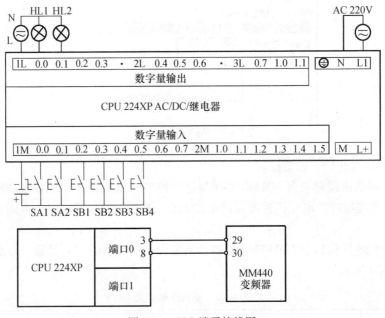

图 8-11　PLC 端子接线图

根据 I/O 配置，建立程序符号表，如图 8-12 所示。

根据控制要求，编写 PLC 程序。在调用了 USS 指令库的指令后，还需要对库存储区进行分配，否则即使编写的程序没有语言错误，程序编译后也会显示很多错误。单击菜单栏上的"文件"→"库存储区（M）"命令，弹出分配库存储区对话框。在对话框中单击"建议地址"按钮，系统会为 Modbus 指令库自动分配存储区，分配后的存储区在后续编程中是不能使用的。USS 初始化程序如图 8-13 所示。在网络 1 中，用 SM0.1 调用 USS 初始化指令

USS_INIT，只在第一个扫描周期调用。USS 初始化指令 USS_INIT 输入参数 Mode 为 1，启动 USS 通信协议，波特率为 9600bit/s，输入参数 Active 为 4（二进制数为 2#100），所以网络上激活的从站地址为 2。

			符号	地址	注释
1			启停切换	I0.0	启动停止切换，1=启动，0=停止
2			正转反转	I0.1	正转反转切换，1=正转，0=反转
3			紧急停止	I0.2	快速停止电机
4			加速按钮	I0.3	增加电机速度
5			减速按钮	I0.4	减小电机速度
6			故障复位	I0.5	复位变频器故障
7			运行指示	Q0.0	电动机运行指示灯
8			故障指示	Q0.1	变频器故障指示灯
9			初始化完成	M0.0	USS初始化完成标志
10			从站应答	M0.1	变频器的运转方向反馈信号
11			方向反馈	M0.2	变频器的运转方向反馈信号
12			禁止状态	M0.3	变频器禁止状态指示
13			一秒脉冲	M0.4	产生一秒的脉冲
14			初始化错误	MB1	USS初始化错误代码
15			控制错误	MB2	USS控制指令错误代码
16			实际速度	MD6	变频器返回的实际运转速度值
17			变频器状态	MW4	变频器的状态字
18			设定速度	VD0	变频器设定速度

图 8-12　程序符号表

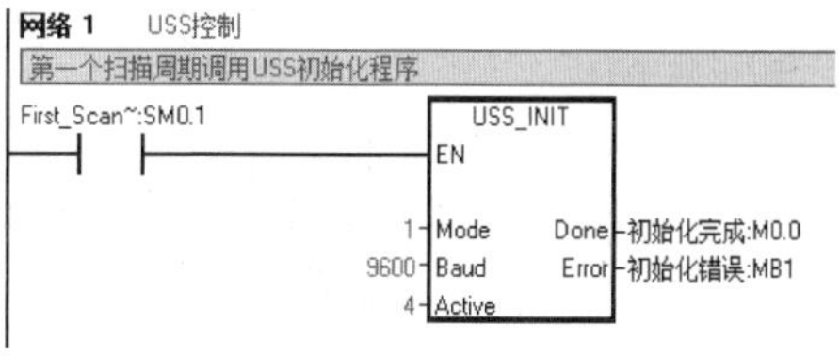

图 8-13　USS 初始化程序

USS 控制程序如图 8-14 所示。在网络 2 中，用 SM0.0 调用主站初始化程序 USS_CTRL，在每个扫描周期都执行此程序。当动合触点 I0.0 接通时，变频器启动电动机；当动合触点 I0.0 断开时，变频器根据斜坡减速时间停止电动机。当动断触点 I0.2 接通时，变频器立刻停止电动机。当动合触点 I0.5 接通时，复位变频器故障。当动合触点 I0.1 接通时，变频器驱动电动机正转；当动合触点 I0.1 断开时，变频器驱动电动机反转。输入参数 Drive 为 2，

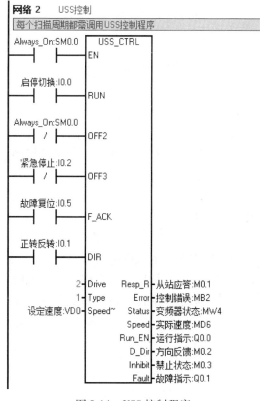

图 8-14　USS 控制程序

说明变频器的 USS 从站地址为 2。输入参数 Type 为 1，说明变频器属于 MM4 系列。运行指示 Q0.0 填写在输出参数 Run EN 的位置，指示变频器的运行状态。故障指示 Q0.1 填写在输出参数 Fault 的位置，指示变频器是否有故障。

电动机加/减速程序如图 8-15 所示。在网络 3 中，利用 SM0.5 产生 1s 的脉冲。在网络 4 中，当按下加速按钮时，设定速度 VD0 每秒增加 1Hz，最大增加至 50Hz。在网络 5 中，当按下减速按钮时，设定速度 VD0 每秒减小 1Hz，最小减少至 0Hz。

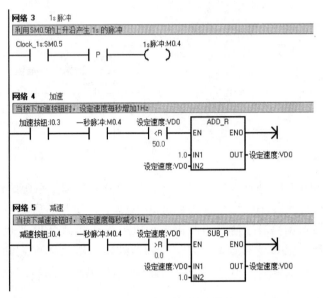

图 8-15　电动机加/减速程序

习题与思考题

1. 如何设置 PPI 通信时 S7-200CPU 的站地址？

2. 三台 CPU224 组成通信网络。其中一台是主站，两台为从站，拟用主站的 I0.0～I0.7 分时控制两从站的输出口 Q0.0～Q0.7，每 10ms 为一周期交替切换 1 号从站和 2 号从站，试完成上述功能。

3. 如何理解自由口通信的功能？

4. 自由口通信时如何设定站地址？

5. 利用自由口通信的功能和指令，设计一个计算机与 PLC 通信程序，要求上位计算机能够对 S7-200PLC 中的 VB100～VB107 中的数据进行读写操作。（提示：在编制程序前，应首先指定通信的帧格式，包括起始符、目标地址、操作种类、数据区、停止符等的顺序和字节数；当 PLC 收到信息后，应根据指定好的帧格式进行解码分析，然后再根据要求做出响应。）

第4篇 三菱 FX 系列 PLC 指令系统及编程实例

第9章 三菱 FX 系列 PLC 基本指令及编程实例

9.1 三菱 FX 系列 PLC 简介及型号命名含义

9.1.1 三菱 FX 系列 PLC 简介

日本三菱电机公司（MITSUBISHI）于1971年开始研制 PLC，20世纪80年代推出了 F 系列小型 PLC，它仅有开关量控制功能，以后被升级为 F1 和 F2 系列，主要是加强了指令系统，增加了通信功能和特殊功能单元。F1 系列在我国曾经有很高的市场占有率，得到了很好的市场反馈。FX 系列 PLC 是由三菱公司推出来的高性能小型可编程控制器，以逐步替代三菱公司的早期 F、F1、F2 系列 PLC 产品，在容量、速度、特殊功能和网络功能等方面都有了全面的加强。其中 FX2 是1991年推出的产品，是整体式和模块式相结合的迭装式结构，它采用了一个16位微处理器和一个专用逻辑处理器，执行速度为 $0.48\mu s/$步。FX0 是在 FX2 之后推出的超小型 PLC。后来又连续推出了 FX0S、FX1S、FX0N、FX1N、FX2N、FX2NC 等超小型 PLC，以满足不同应用场合的需求。F1 系列和 FX2 系列早已属于淘汰产品，现在的 FX 系列产品样本中仅有 FX1S、FX1N、FX2N 和 FX2NC 这4个子系列，与过去的产品相比，在性能价格比上又有明显的提高。FX1N 和 FX2N 系列部分产品在2013年3月底已经停产，现在三菱 PLC 推出更为优越的系列产品，FX3G、FX3U、FX3UC 替代 FX1N、FX2N 和 FX2NC。三菱 FX3U 系列产品性能得到大幅提升，并且增加了新的定位指令，从而使得定位控制功能更加强大，使用更为方便，FX3U 系列 PLC 可以控制3轴，比 FX2N 多一轴。FX3U 系列 PLC 扩展点数比 FX2N 系列的多，并且 FX2N 系列的程序可以直接导入 FX3U 系列同等型号的 PLC 中。FX3U 系列有 s/s 端，通过 s/s 端可以将 PLC 变为漏型输入或源型输入，FX2N 系列就没有此功能。三菱 FX3G 系列基本单元左侧最多可连接4台 FX3U 特殊适配器，可实现浮点数运算，可设置两级密码，每级16字符，增强密码保护功能。三菱 FX 系列 PLC 在我国的工业控制领域具有一定的市场占有率。FX 系列 PLC 由基本单元、扩展单元、扩展模块及特殊功能单元构成。

9.1.2 FX 系列 PLC 型号命名含义

FX 系列 PLC 型号命名的基本格式如下：

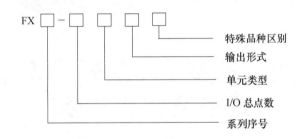

其中：

系列序号：0，2，0S，0N，1N，1S，2N，2NC，3U，3G 等。

I/O 总点数：4～256。

单元类型：M——基本单元；

E——输入/输出混合扩展单元及扩展模块；

EX——输入专用扩展模块（无输出）；

EY——输出专用扩展模块（无输入）；

EYR——继电器输出专用扩展模块；

EYT——晶体管输出专用扩展模块。

输出形式：R——继电器输出；

T——晶体管输出；

S——晶闸管输出。

特殊品种区别：

D——DC 电源，DC 输入；

A1——AC 电源，AC 输入；

H——大电流输出扩展模块（1A/点）；

V——立式端子排的扩展模块；

C——接插口输入输出方式；

F——输入滤波器为 1ms 的扩展模块；

L——TTL 输入型扩展模块；

S——独立端子（无公共端）扩展模块。

若特殊品种区别一项无标志，则是指 AC 电源，DC 输入，横式端子排；继电器输出，2A/点；晶体管输出，0.5A/点；晶闸管输出，0.3A/点。

对于混合扩展模块及某些特殊模块的命名与上述略有不同。

9.2　三菱 FX 系列 PLC 编程元件

9.2.1　PLC 软元件概述

PLC 系统通过程序实现外部控制功能，在 PLC 程序设计中也需要有各种逻辑器件和运算器件，称之为编程元件，以完成 PLC 程序所赋予的逻辑运算、算术运算、定时、计数等功能。编程元件和继电接触器控制系统中的继电器相类似，具有线圈、动合和动断触点，按照功能可分为输入继电器、输出继电器、内部辅助继电器、定时器、计数器等。但这些器件并不是物理意义上的实物器件，可以看成是电子电路和存储器的一种等效，每一编程元件与PLC 存储器中元件映像寄存器的一个存储单元相对应，存储单元为“1”状态，代表对应元件"接通"（ON），为"0"状态，代表对应元件"断开"（OFF）。为便于与硬件继电器区别，称 PLC 编程器件为软元件。软元件的连接是由程序来实现的，称为软连接。

　　PLC 软元件的状态是可以直接查询到的。调用软元件，实质上就是读取软元件所对应存储单元的状态（0 或 1）并用到程序运算中，参与程序运算的只不过是软元件的映像，所以可以被无限次调用或查询。不同厂家、不同系列的 PLC，其内部编程元件的功能和编号是不同的，因此用户在编制程序时，必须熟悉所选用 PLC 的每条指令涉及编程元件的功能和编号。

　　三菱 FX 系列 PLC 编程元件的编号由字母和数字组成，其中输入继电器和输出继电器用八进制数字编号，其他均采用十进制数字编号。FX 系列 PLC 的内部软继电器及编号如表 9-1 所示。

　　FX2N 系列是 FX 系列 PLC 家族中最先进的系列，功能强、运行速度快、应用最广泛，具有代表性，所以本节以 FX2N 系列为代表进行介绍。

表 9-1　FX 系列 PLC 的内部软继电器及编号

PLC 型号 编程元件种类		FX0S	FX1S	FX0N	FX1N	FX2N （FX2NC）
输入继电器 X （按八进制编号）		X0 ~ X17 （不可扩展）	X0 ~ X17 （不可扩展）	X0 ~ X43 （可扩展）	X0 ~ X43 （可扩展）	X0 ~ X77 （可扩展）
输出继电器 Y （按八进制编号）		Y0 ~ Y15 （不可扩展）	Y0 ~ Y15 （不可扩展）	Y0 ~ Y27 （可扩展）	Y0 ~ Y27 （可扩展）	Y0 ~ Y77 （可扩展）
辅助 继电器 M	普通用	M0 ~ M495	M0 ~ M383	M0 ~ M383	M0 ~ M383	M0 ~ M499
	保持用	M496 ~ M511	M384 ~ M511	M384 ~ M511	M384 ~ M1535	M500 ~ M3071
	特殊用	M8000 ~ M8255（具体见使用手册）				
状态 寄存器 S	初始状态用	S0 ~ S9	S0 ~ S9	S0 ~ S9	S0 ~ S9	S0 ~ S9
	返回原点用	—	—	—	—	S10 ~ S19
	普通用	S10 ~ S63	S10 ~ S127	S10 ~ S127	S10 ~ S999	S20 ~ S499
	保持用	—	S0 ~ S127	S0 ~ S127	S0 ~ S999	S500 ~ S899
	信号报警用	—	—	—	—	S900 ~ S999
定时器 T	100ms	T0 ~ T49	T0 ~ T62	T0 ~ T62	T0 ~ T199	T0 ~ T199
	10ms	T24 ~ T49	T32 ~ T62	T32 ~ T62	T200 ~ T245	T200 ~ T245
	1ms	—	—	T63	—	—
	1ms 累积	—	T63	—	T246 ~ T249	T246 ~ T249
	100ms 累积	—	—	—	T250 ~ T255	T250 ~ T255
计数器 C	16 位增计数 （普通）	C0 ~ C13	C0 ~ C15	C0 ~ C15	C0 ~ C15	C0 ~ C99
	16 位增计数 （保持）	C14、C15	C16 ~ C31	C16 ~ C31	C16 ~ C199	C100 ~ C199
	32 位可逆 计数（普通）	—	—	—	C200 ~ C219	C200 ~ C219
	32 位可逆 计数（保持）	—	—	—	C220 ~ C234	C220 ~ C234
	高速计数器	C235 ~ C255（具体见使用手册）				

续表

PLC 型号 编程元件种类		FX0S	FX1S	FX0N	FX1N	FX2N （FX2NC）
数据 寄存器 D	16 位普通用	D0 ~ D29	D0 ~ D127	D0 ~ D127	D0 ~ D127	D0 ~ D199
	16 位保持用	D30、D31	D128 ~ D255	D128 ~ D255	D128 ~ D7999	D200 ~ D7999
	16 位特殊用	D8000 ~ D8069	D8000 ~ D8255	D8000 ~ D8255	D8000 ~ D8255	D8000 ~ D8195
	16 位变址用	V Z	V0 ~ V7 Z0 ~ Z7	V Z	V0 ~ V7 Z0 ~ Z7	V0 ~ V7 Z0 ~ Z7
指针 N、P、I	嵌套用	N0 ~ N7	N0 ~ N7	N0 ~ N7	N0 ~ N7	N0 ~ N7
	跳转用	P0 ~ P63	P0 ~ P63	P0 ~ P63	P0 ~ P127	P0 ~ P127
	输入中断用	I00 * ~ I30 *	I00 * ~ I50 *	I00 * ~ I30 *	I00 * ~ I50 *	I00 * ~ I50 *
	定时器中断	—	—	—	—	I6 * * ~ I8 * *
	计数器中断					I010 ~ I060
常数 K、H	16 位	K：− 32 768 ~ + 32 767			H：0000 ~ FFFFH	
	32 位	K：− 2 147 483 648 ~ + 2 147 483 647			H：00000000 ~ FFFFFFFF	

9.2.2 输入继电器 X

输入继电器与 PLC 的输入端相对应，它的作用是专用于接收和存储外部开关量信号。PLC 通过输入接口电路将外部输入信号通/断状态读入并存储在输入映像寄存器中（接通时为"1"，断开时为"0"）。所以输入继电器可以看成是输入接口电路和输入映像寄存器的等效，使用输入继电器的触点实质是读取输入映像寄存器中的状态，所以其触点的使用次数不限，它能提供无数对动合（常开）、动断（常闭）触点用于内部编程。每一个输入继电器线圈与 PLC 的一个输入端子相连。输入继电器电路示意图如图 9-1 所示。

FX 系列 PLC 输入继电器使用说明如下：

（1）符号：X 打头，后面加上编号，地址按八进制编号。

FX2N 系列 PLC 的输入继电器 X 的地址范围是 X000 ~ X377，共 256 个。基本单元输入继电器的编号是固定的，扩展单元和扩展模块是按与基本单元最靠近开始顺序进行编号。

（2）作用：接收外部输入开关量信号，并进行转换存储。线圈由外部信号驱动。

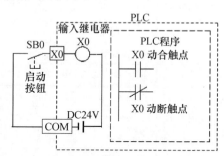

图 9-1 输入继电器电路示意图

（3）梯形图中只出现其触点，不出现其线圈。

（4）输入继电器触点只能用于内部编程，无法驱动外部负载。

9.2.3 输出继电器 Y

输出继电器的作用是驱动外部负载（用户输出设备）。输出继电器线圈是由 PLC 内部程序的指令驱动，其线圈状态传送给输出单元，再由输出单元驱动外部负载。输出继电器可以看成是输出映像寄存器和输出接口电路的等效。输出继电器电路示意图如图 9-2 所示。

每一个输出继电器的外部动合硬触点或输出管（对晶体管或晶闸管输出）与一个 PLC 输出点相连。输出继电器状态（线圈）只能由程序来驱动，外部信号不能直接改变其状态。

输出继电器使用说明如下：

（1）符号：Y 打头，后面加上编号，地址按八进制编号。

FX2N 系列 PLC 的输出继电器 Y 的地址范围是 Y000 ～ Y377，共 256 个。与输入继电器一样，基本单元的输出继电器编号是固定的，扩展单元和扩展模块的编号也是按与基本单元最靠近开始顺序进行编号。

（2）作用：线圈由内部程序驱动，一对动合接点与外电路相连，控制外部负载动作。

（3）根据需要梯形图中出现其线圈和触点，动合触点和动断触点可反复用。

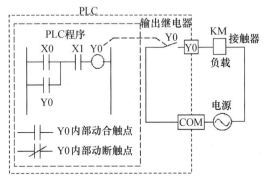

图 9-2　输出继电器电路示意图

9.2.4　辅助继电器 M

辅助继电器由内部寄存器组成。每种 PLC 内部都有很多辅助继电器，其作用相当于继电器控制系统中的中间继电器，用于状态暂存、移位、辅助运算及赋予特殊功能等。

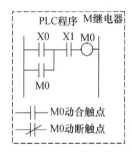

通常辅助继电器线圈（除某些特殊继电器外）由程序驱动，提供无数对动合、动断触点用于内部编程。

辅助继电器没有输出控制能力，不能直接驱动外部负载。辅助继电器电路示意图如图 9-3 所示。辅助继电器功能一览表如表 9-2 所示。

图 9-3　辅助继电器电路示意图

表 9-2　辅助继电器功能一览表

辅助继电器类型	元件编号		功能
通用辅助继电器	M0 ～ M499		共有 500 点，PLC 在运行时电源断电，输出继电器和 M0 ～ M499 将全部变为 OFF
断电保持辅助继电器	M500 ～ M3071		PLC 在运行时电源突然断电，断电保持继电器在重新通电后将保持断电前的状态
特殊辅助继电器	M8000 ～ M8255	M8000	运行监控。当 PLC 执行用户程序时，M8000 为 ON；停止执行时，M8000 为 OFF
		M8002	初始化脉冲。仅在可编程序控制器运行开始瞬间接通一个扫描周期
		M8005	锂电池电压降低显示。锂电池电压下降至规定值时变为 ON，提醒及时更换
		M8011 ～ M8014	分别是 10ms、100ms、1s、1min 时钟

辅助继电器类型	元件编号		功能
特殊辅助继电器	M8000 ～ M8255	M8033	当 M8033 线圈通电时，PLC 由 RUN 进入 STOP 状态后，映像寄存器与数据寄存器的内容保持不变
		M8034	当 M8034 的线圈通电时，全部输出被禁止
		M8039	当 M8039 的线圈通电时，PLC 以数据寄存器 D8039 设定的扫描时间工作

1. 辅助继电器使用说明

（1）符号：M 打头，后面加上编号，地址按十进制编号。

（2）作用：线圈由内部信号驱动，供内部使用。

（3）根据需要梯形图中出现其线圈和触点，动合触点和动断触点可反复用。

（4）FX2N 系列 PLC 中有三种特性不同的辅助继电器，分别是通用辅助继电器（M0 ～ M499）、断电保持辅助继电器（M500 ～ M3071）和特殊功能辅助继电器（M8000 ～ M8255）。

2. 通用辅助继电器（M0 ～ M499）

通用辅助继电器 M0 ～ M499，共 500 个，没有断电保护功能。在 PLC 运行时，如果电源突然断电，则全部线圈均 OFF。当电源再次接通时，除了因外部输入信号而变为 ON 的以外，其余的仍将保持 OFF 状态，不能保持断电前的状态。

根据需要可通过程序设定，将 M0 ～ M499 变为断电保持辅助继电器。

3. 断电保持辅助继电器（M500 ～ M3071）

共 2572 点，断电并再次通电后，它们会保持断电前的状态，其他特性与通用辅助继电器完全一样。采用锂电池作为 PLC 掉电保持的后备电源。断电保持辅助继电器又可分为三种：

（1）M500 ～ M1023 共 524 个，可用参数设置方法改为非断电保持用；

（2）M800 ～ M899 保留作两台 PLC 并联时点对点通信用；

（3）M1024 ～ M3071 共 2048 个，其断电保持特性不可改变。

4. 特殊辅助继电器（M8000 ～ M8255）

特殊辅助继电器具有专门功能，有特殊用途。FX2N 系列 PLC 特殊辅助继电器（M8000 ～ M8255）共 256 个，可以用来表示 PLC 的某些状态，提供时钟脉冲和标志、设定 PLC 的运行方式或者用来步进控制、禁止中断、设定计数器加/减计数等。辅助继电器区间是不连续的，对没有定义的无法操作，有定义的可分为两大类：触点型和线圈型。

（1）触点型。其线圈由 PLC 自动驱动，反映 PLC 工作状态或为用户提供常用功能，用户只能使用其接点，不能对其驱动。例如：

M8000：运行监控用，在 "RUN" 状态时总是接通的，用于监视程序是否运行。M8000 是动合触点。

M8001：运行监控用，与 M8000 逻辑相反，是动断触点。

M8002：为初始化脉冲，从 "STOP" 到 "RUN" 时，接通一个扫描周期；可以用于计数器复位和保持继电器的初始化信号。

M8003：为初始化脉冲，与 M8002 逻辑相反，是动断触点。

M8004：出错特殊继电器。当 PLC 出现硬件出错、参数出错、语法出错、电路出错、操作出错、运算出错等时，M8004 接通。

M8011～M8014：内部时钟，上电后分别产生 10ms、100ms、1s 和 1min 时钟脉冲；编程时可以直接使用。

M8020～M8022：运算标志，分别为零标志、借位标志和进位标志。

M8020：零标志。

M8021：借位标志。

M8022：进位标志。

M8029：指令执行完毕标志。

（2）线圈型。用户可以编程驱动这些继电器，使 PLC 做一些特定的操作。例如：

M8030：锂电池欠压指示用。线圈接通时，表示锂电池欠电压，驱动指示灯亮，提醒工作人员赶快更换锂电池。

M8033：PLC 停止时输出保持用。线圈接通时，PLC 进入"STOP"状态，所有输出映像寄存器和数据寄存器的内容保持不变。

M8034：输出全部禁止用。线圈接通时，PLC 所有输出禁止。

M8031：非保持型继电器、寄存器状态清除。

M8032：保持型继电器、寄存器状态清除。

M8035：强制运行（RUN）监视。

M8036：强制运行（RUN）。

M8037：强制停止（STOP）。

M8039：恒定扫描周期的特殊辅助继电器。当线圈被接通时，PLC 以恒定的扫描方式运行，恒定扫描周期值由 D8039 决定。

与步进指令有关的特殊辅助继电器：

M8040：步进顺控继电器，禁止状态间转移，但状态内程序仍动作，输出线圈等不会自动断开。

M8040：禁止状态转移。

M8041：从起始状态开始转移。

M8042：启动脉冲。

M8043：回原点结束。

M8044：原点条件。

M8045：禁止输出复位。

M8047：STL 状态监控有效。

M8046：STL 动作，状态接通时就会自动接通，避免与其他程序同时启动或作状态标志。

M8047：STL 监控有效，则编程功能可自动读出正在动作的状态号并加以显示。

禁止中断特殊辅助继电器：

M8050：接通时 I000 禁止中断。

M8051：接通时 I100 禁止中断。

M8052：接通时 I200 禁止中断。

M8053：接通时 I300 禁止中断。

……

M8058：接通时 I800 禁止中断。

与高速计数器有关特殊辅助继电器：

M8235：设置 C235 为减计数方式。

M8236：设置 C236 为减计数方式。

M8237：设置 C237 为减计数方式。

M8238：设置 C238 为减计数方式。

M8241：设置 C241 为减计数方式。

M8242：设置 C242 为减计数方式。

M8244：设置 C244 为减计数方式。

继电器为 ON 时，设定减计数方式。

M8246：C246 减计数监视。

M8247：C247 减计数监视。

M8249：C249 减计数监视。

M8251：C251 减计数监视。

M8252：C252 减计数监视。

M8254：C254 减计数监视。

M8061：硬件出错特殊继电器，D8061 内为出错代码。

M8064：参数出错特殊继电器，D8064 内为出错代码。

M8065：语法出错特殊继电器，D8065 内为出错代码。

M8066：电路出错特殊继电器，D8066 内为出错代码。

M8067：操作出错特殊继电器，D8067 内为出错代码。

9.2.5　状态器 S

状态器 S 是编制步进控制程序中所使用的基本元件。它与步进顺序控制指令 STL 组合使用，运用顺序功能图编制高效易懂的程序。状态器与辅助继电器一样，有无数对动合触点和动断触点，在顺控程序内可任意使用。

状态器的符号是 S 开头，后面加编号，地址按十进制编号。

状态器分成五类，其编号及点数如下：

（1）初始状态器：S0 ~ S9，共 10 点。

（2）回零状态器：S10 ~ S19，共 10 点。

（3）通用状态器：S20 ~ S499，共 480 点。

（4）断电保持状态器：S500 ~ S899，共 400 点。

（5）报警用状态器：S900 ~ S999，共 100 点。

不用步进顺控指令及 M8049 处 OFF 状态时，状态器 S 可以作为辅助继电器 M 在程序中使用。

下面用机械手运动控制简单介绍状态器 S 的使用。

机械手有下降、加紧和上升 3 个动作，如图 9-4 所示。当开始信号 X400 为 ON 时，状态器 S600 被置位（变为 ON），电磁阀 Y403 接通，机械手开始下降，到达下降限位开关 X401 时，X401 接通，状态器 S600 复位（变为 OFF），上一动作结束；S601 被置位，下

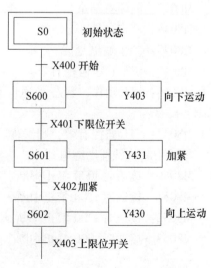

图 9-4　机械手运动顺序功能图

一动作开始：电磁阀 Y431 接通，开始夹紧工件，加紧到位信号 X402 为 ON 时，S601 被复位，S602 被置位，机械手开始向上运动，当机械手上升到上限位开关 X403 时，S602 被复位，机械手停止。机械手从启动开始，由上至下，随着状态动作的转移，下一状态动作，则上面状态自动返回原状。这样使每一步的工作互不干扰，不必考虑不同步之间元件的互锁，使设计逻辑清晰明了。

9.2.6　定时器 T

各种 PLC 都设有数量不等的定时器，其作用相当于继电器系统中的时间继电器，可在程序中用于延时控制。定时器有一个设定值寄存器（一个字长）、一个当前值寄存器（一个字长），以及一个用来存储输出触点状态的元件映像寄存器（一位），这三个存储单元使用同一元件号。

FX 系列 PLC 定时器设定值可以采用程序存储器内的常数（K）直接指定，也可以用数据寄存器（D）的内容间接指定。使用数据寄存器设定定时器设定值时，一般使用具有掉电保持功能的数据寄存器，这样在断电时不会丢失数据。定时器累计 PLC 内 1ms、10ms、100ms 等的时钟脉冲，当达到所设定的设定值时，输出触点动作。定时器输出触点可供编程使用，使用次数不限。

三菱 FX 系列 PLC 的所有定时器都是接通延时型，可以用程序方式实现断电延时功能。它又分为通用定时器和积算定时器两种。

FX2N 系列 PLC 的定时组件全部都是 16 位的，容量为 32K（1～32767）的定时器，共有 256 个，T0～T255。

FX2N 系列 PLC 的定时器（T）有以下两种类型：

1. 通用定时器 T0～T245（246 点）

T0～T199：计时单位为 100ms，定时范围 0.1～3276.7s。

T200～T245：计时单位为 10ms，定时范围 0.01～327.67s。

当输入条件满足时，开始计时；当输入条件不满足时，当前值恢复为零，定时器复位。

图 9-5 为通用定时器程序和时序图，当 X0 为 ON 时，T50 开始计时，如果 X0 接通时间小于设定值，则定时器不动作；当 X0 再次接通，定时器重新开始定时，直到当前值等于设定值 K55 时，定时器动作，动合触点接通，输出继电器 Y0 动作。如果 X0 继续接通，定时器仍然保持接通，直到 X0 断开或断电，定时器复位，动合触点断开，动断触点闭合，输出继电器 Y0 断开。

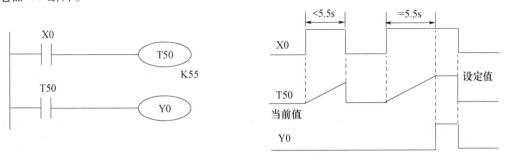

图 9-5　通用定时器程序和时序图

2. 积算定时器 T246～T255

T246～T249：共 4 点，1ms 累积型定时器，定时范围为 0.001～32.767s，具有中断定时保持当前值功能。

T250～T255：共 6 点，100ms 累积型定时器，定时范围为 0.1～3276.7s，具有中断定时保持当前值功能。

积算定时器具有计数累积的功能。在定时过程中，如果断电或定时器线圈断开 OFF，积算定时器将保持当前的计数值（当前值），再次通电或定时器线圈再次接通 ON 后继续累积，即其当前值具有保持功能，只有将积算定时器复位，当前值才变为 0。

图 9-6 为积算定时器程序和时序图，当 X0 为 ON 时，定时器 T251 当前值开始增加，当当前值达到设定值 K245 时，定时器的输出触点动作。在当前值累计过程中，即使输入 X0 断开或停电时，当前值保持不变，X0 再次接通时，当前值继续累计，直到当前值等于设定值 K245 时，定时器动作，其累计时间为 24.5s。当 X0 断开后，定时器继续保持接通，直到复位输入 X1 为 ON 时，定时器复位，其动合触点断开，动断触点闭合。

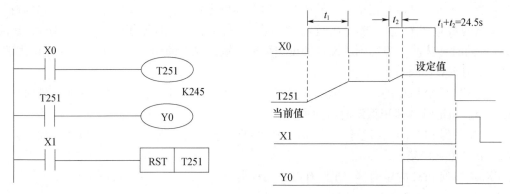

图 9-6　积算定时器程序和时序图

定时器使用说明：

定时器符号：T 开头，后面加编号，地址按十进制编号。

（1）使用时要赋予定时时间 K 值或数据寄存器口的值。

（2）一般均为接通延时型，当输入条件的触点接通时，定时器开始延时。

（3）计时时间到，定时器动合触点闭合，动断触点打开。

（4）同一定时器线圈在同一程序中一般只能使用一次；其触点可以反复使用。

（5）当定时条件满足（定时线圈接通）时，开始定时；当定时条件不满足时，对应通用定时器，立即复位，当前值回到 0，直到下一次定时条件满足时再重新开始定时；对于积算定时器，当定时条件不满足时，定时器当前值保持不变，当定时条件再次满足时，定时器当前值继续累计，而不是从 0 开始。

（6）对于积算定时器，除了输入条件的触点外，还有一个复位信号触点。复位触点接通，定时器立即复位，当前值变为零，定时器动合触点断开，动断触点闭合。

（7）不同型号和规格的 PLC 其定时器个数和时间长短是不一样的，注意时间的单位。

9.2.7　计数器 C

计数器的用途是计数控制，它能对指定输入端子上的输入脉冲或其他继电器逻辑组合的脉冲进行计数。达到计数的设定值时，计数器的触点动作，动合触点接通，动断触点断开。可以用常数 K 或数据寄存器 D 来设定计数器的设定值。输入脉冲要求具有一定的宽度，一般要求输入脉冲的周期大于扫描周期的两倍以上。计数发生在输入脉冲的上升沿。每个计数器都有一个动合触点和一个动断触点，可以无限次引用。

1. 计数器使用说明

计数器符号：C 开头，后面加编号，地址按十进制编号。

（1）使用时要先复位。

（2）要设定计数值即 K 值或数据寄存器 D 的值。

（3）均有断电保护。

（4）计数器达到计数设定值时，计数器动合触点闭合，动断触点打开。

（5）计数器复位信号接通时，计数器复位，计数器回到设定值 K；同时其动合触点打开，动断触点闭合。

（6）计数器分类。FX 系列 PLC 的计数器可分为普通计数器和高速计数器。

普通计数器又称为内部信号计数器，它在执行扫描操作时对内部元件（X、Y、M、S、T、C）的信号进行计数。因此，其接通和断开时间应比 PLC 的扫描周期要长。由于 PLC 机内的信号频率低于扫描频率，因而内部计数器属于低速计数器。

对高于机内扫描频率的信号进行计数，属于高速计数器，需要外部计数器。高速计数器是按中断原则运行的，与 PLC 的扫描周期无关。

2. 内部信号计数器

PLC 内有许多内部计数器，可以分成两类：

（1）16 位增计数器（C0 ~ C199）

16 位增计数器（C0 ~ C199）共 200 点。这类计数器为递增计数，使用前先设置设定值，当输入信号（上升沿）个数累加到设定值时，计数器动作，其动合触点闭合，动断触点断开。计数器的设定值为 1 ~ 32767（16 位二进制），设定值除了用常数 K 设定外，还可通过指定数据寄存器间接设定。16 位加计数器可分为通用型和断电保持型。

通用型：C0 ~ C99，共 100 点。通用型计数器没有断电保持功能，一旦停电，计数器立即复位，当前值清零。

断电保持型：C100 ~ C199，共 100 点。断电保持型计数器断电后，计数器当前值和触点的状态保持不变，当 PLC 再次通电时，计数器从停电前的当前值开始增计数，直到计数当前值等于设定值时计数器动作。

设定值 K 在 1 ~ 32767 之间。设定值 K0 与 K1 含义相同，即在第一次计数时，其输出触点动作。

下面举例说明通用型 16 位增计数器的工作原理。如图 9-7 所示，X1 为复位信号，当 X1 接通时，C0 复位。当 X1 为断开时，计数器开始计数。X2 是计数输入，每当 X2 接通一次，

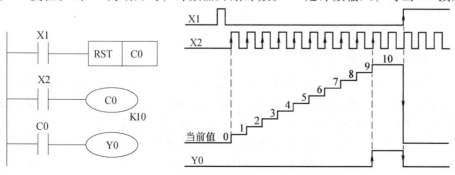

图 9-7 16 位增计数器程序和时序图

计数器当前值增加 1。当计数器计数当前值等于设定值 10 时，计数器 C0 的输出触点动作，Y0 接通。此后即使输入 X2 再接通，计数器的当前值也保持不变。当复位信号 X1 再次接通时，执行 RST 复位指令，计数器复位，输出触点也复位，Y0 被断开。

（2）32 位增/减计数器（C200~C234）

32 位增/减计数器（C200~C234）共有 35 点，分成两类：

通用型：C200~C219，共 20 点。通用型计数器没有断电保持功能，一旦停电，计数器立即复位，当前值清零。

断电保持型：C220~C234，共 15 点。断电保持型计数器断电后，计数器当前值和触点的状态保持不变，当 PLC 再次通电时，计数器从停电前的当前值开始增计数，直到计数当前值等于设定值时计数器动作。

32 位增/减计数器设定值范围均为 −214 783 648~+214 783 647，能通过控制实现加/减双向计数，是增计数还是减计数，分别由特殊辅助继电器 M8200~M8234 设定。对应的特殊辅助继电器被置为 ON 时为减计数，置为 OFF 时为增计数。

计数器的设定值与 16 位计数器一样，可直接用常数 K 或间接用数据寄存器 D 的内容作为设定值。在间接设定时，要用编号紧连在一起的两个数据寄存器。

下面举例说明 32 位增/减计数器的使用。如图 9-8 所示，X1 用来控制 M8200 通断，实现加/减控制。X1 接通时为减计数方式，断开时为加计数方式。X2 是复位信号，X2 接通时，计数器复位，计数器的当前值为 0，输出触点也随之复位。X3 为计数脉冲输入，C200 的设定值为 −5（可正、可负）。开始 C200 置为增计数方式（M8200 为 OFF），当计数器的当前值增加至设定值时（由 −6→−5 时），输出触点接通，当前值大于 −5 时计数器仍为 ON 状态；X1 接通时为减计数方式，在当前值减少至小于设定值时（由 −5→−6 时），输出触点断开。

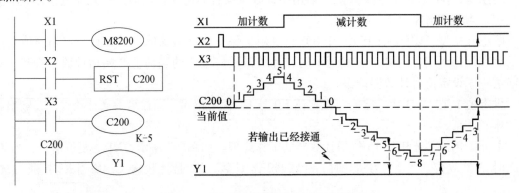

图 9-8　32 位增/减计数器程序和时序图

3. 高速计数器（C235~C255）

高速计数器采用中断方式，输入信号与扫描周期无关，可响应高达 10kHz 频率的信号，与内部计数器相比，应用更为灵活。高速计数器均有断电保持功能，通过参数设定也可变成非断电保持。FX2N 系列 PLC 有 C235~C255 共 21 点高速计数器，能够用来作为高速计数器输入的 PLC 输入端口有 X0~X7。输入端 X0~X7 不能重复使用，即某一个输入端已被某个高速计数器占用，它就不能再用于其他高速计数器，也不能用作它用。高速计数器使用简表如表 9-3 所示。

高速计数器可分为以下几类：

（1）单相单计数输入高速计数器（C235～C245）

单相单计数输入高速计数器（C235～C245）共 11 个，其中 C235～C240 共 6 个为无启动/复位端，C241～C245 共 5 个为带启动/复位端。单相单计数输入高速计数器触点动作方式与 32 位增/减计数器相同，可进行增或减计数（取决于 M8235～M8245 的状态）。

表 9-3　高速计数器使用简表

输入类型 ＼ 输入端子		X0	X1	X2	X3	X4	X5	X6	X7	特殊辅助继电器
无启动/复位端单相单计数输入	C235	U/D								M8235
	C236		U/D							M8236
	C237			U/D						M8237
	C238				U/D					M8238
	C239					U/D				M8239
	C240						U/D			M8240
带启动/复位端单相单计数输入	C241	U/D	R							M8241
	C242			U/D	R					M8242
	C243			U/D	R					M8243
	C244	U/D	R						S	M8244
	C245			U/D	R			S		M8245
单相双计数输入	C246	U	D							M8246
	C247	U	D	R						M8247
	C248				U	D	R			M8248
	C249	U	D	R					S	M8249
	C250				U	D	R	S		M8250
双相高速计数器	C251	A	B							M8251
	C252	A	B	R						M8252
	C253				A	B	R			M8253
	C254	A	B	R					S	M8254
	C255				A	B	R	S		M8255

注：U 表示加计数输入，D 表示减计数输入，A 表示 A 相输入，B 表示 B 相输入，R 表示复位输入，S 表示启动输入。X6、X7 只能用作启动信号，而不能用作计数输入信号。

如图 9-9（a）所示为无启动/复位端单相单计数输入高速计数器的应用。当 X11 断开，M8235 为 OFF，此时 C235 为增计数方式（反之为减计数）。由 X13 选中 C235，从表 9-3 中可知，其输入信号来自于 X0，C235 对 X0 信号增计数，当前值达到 1234 时，C235 动合接通，Y1 得电。X12 为复位信号，当 X12 接通时，C235 复位。

如图 9-9（b）所示为带启动/复位端单相单计数输入高速计数器的应用。由表 9-3 可知，X1 和 X6 分别为复位输入端和启动输入端。利用 X11 通过 M8244 可设定其增/减计数方式。当 X13 为接通，且 X6 也接通时，则开始计数，计数的输入信号来自于 X0，C244 的设定值由 D0 和 D1 指定。除了可用 X1 立即复位外，也可用梯形图中的 X12 复位。

（2）单相双计数输入高速计数器（C246 ~ C250）

单相双计数输入高速计数器 C246 ~ C250 共 5 个，具有两个输入端，一个为增计数输入端，另一个为减计数输入端。利用 M8246 ~ M8250 的 ON/OFF 状态可监控 C246 ~ C250 的增计数/减计数方式。

如图 9-10 所示，X11 为复位信号，其接通（ON）时 C248 复位。由表 9-3 可知，也可利用 X5 对其复位。当 X11 接通时，选中 C248，输入来自 X3 和 X4。

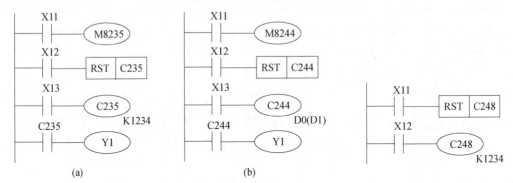

图 9-9　单相单计数输入高速计数器程序

（a）无启动/复位端；（b）带启动/复位端

图 9-10　单相双计数输入
高速计数器程序

（3）双相高速计数器（C251 ~ C255）

A 相和 B 相信号决定计数器是增计数还是减计数。当 A 相为 ON 时，B 相由 OFF 到 ON，则为增计数；当 A 相为 ON 时，B 相由 ON 到 OFF，则为减计数，如图 9-11（a）所示。

如图 9-11（b）所示，当 X12 接通时，C251 开始计数。由表 9-3 可知，其输入来自 X0（A 相）和 X1（B 相）。当计数器当前值大于或等于设定值时，计数器动作，则 Y0 为接通。如果 X11 接通，则计数器复位。通过 Y2 接通（增计数）或断开（减计数）状态，可以判断不同的计数方向，即用 M8251 ~ M8255，可监视 C251 ~ C255 的加/减计数状态。

说明：高速计数器输入信号的频率受两方面的限制。一方面是全部高速计数器的处理时间。因为高速计数器采用中断方式，所以计数器用得越少，则可计数频率就越高；另一方面是各个输入端的响应速度主要受硬件的影响，其中 X0、X2、X3 最高频率为 10kHz，X1、X4、X5 最高频率为 7kHz。

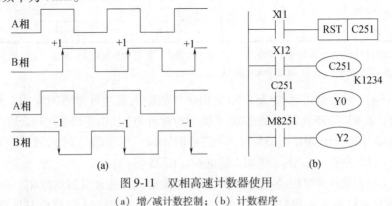

图 9-11　双相高速计数器使用

（a）增/减计数控制；（b）计数程序

9.2.8　数据寄存器 D

数据寄存器是存储数值数据的软元件，可以存储各种数值数据。

PLC 在进行输入/输出处理、模拟量控制、算数运算、数据比较和传送等控制时需要有许多数据寄存器来存储各种数据，包括存放二进制、八进制和十进制数据。每个数据寄存器都是 16 位（最高位为符号位），可用两个数据寄存器串联存放 32 位数据。32 位的数据寄存器最高位是符号位，两个寄存器的地址必须相邻，写出的数据寄存器地址是低位字节，比该地址大 1 个数的单元为高字节。

按照数据寄存器特性，可分为如下 4 种类型：

1. 通用数据寄存器（D0 ~ D199）

共 200 点，字长 16 位。当 M8033 为接通时，D0 ~ D199 有断电保护功能；当 M8033 断开时，它们则无断电保护功能，这种情况下 PLC 由 RUN→STOP 或停电时，数据全部清零。

2. 断电保持数据寄存器（D200 ~ D7999）

共有 7800 个，除数据断电保持外，所有特性都与通用数据寄存器相同。其中，D200 ~ D511：共 312 个，有断电保持功能，为通用型断电保持数据寄存器，通过参数设定可以变为非停电保持型。

D490 ~ D509：可供两台 PLC 之间进行点对点通信用。

D512 ~ D7999：共 7488 个，断电保持专用，为专用型断电保持数据寄存器，其断电保持功能不能用软件改变，但可用指令清除其内容。其中，根据参数设定可以将 D1000 以上作为文件寄存器。

D1000 后：根据参数设定可以将 D1000 以后的数据寄存器以 500 点为单位设置为文件寄存器。文件寄存器是一类专用数据寄存器，用于存储大量的数据。例如：用于存放采集数据、统计计算数据、多组控制参数等。文件寄存器只能用编程器写入，不能在程序中用指令写入，但可用 BMOV 指令将文件寄存器中的内容读到普通数据寄存器中。

3. 特殊用途数据寄存器（D8000 ~ D8255）

共有 256 个，用来监控 PLC 的运行状态，如扫描时间、电池电压等。其内容在 PLC 上电后由系统监控程序写入，用来反映 PLC 中各个组件的工作状态，尤其在调试过程中，可通过读取这些寄存器的内容来监控 PLC 的当前状态。

未加定义的特殊数据寄存器，用户不能使用。具体可参见用户手册。

4. 变址寄存器（V、Z）

变址寄存器 V、Z 是一种特殊用途的数据寄存器，用来改变编程元件的元件编号、操作数、修改常数等。例如用变址寄存器来改变编程元件的编号：当 V0 = 5 时，执行 D20V0，被执行的元件编号为 D25（D20 + 5）。变址寄存器也可以用来修改常数，例如当 Z = 20 时，K35Z 相当于常数 K55（20 + 35 = 55）。

FX2N 系列 PLC 有 V0 ~ V7 和 Z0 ~ Z7 共 16 个变址寄存器，它们都是 16 位的寄存器。变址寄存器可以同其他数据寄存器一样进行读写。需要进行 32 位数据运算时，可将 V、Z 串联使用（Z 为低位，V 为高位），与指定 Z0 ~ Z7 的 V0 ~ V7 组合，分别成为（V0、Z0），（V1、Z1）…（V7、Z7）。

9.2.9　指针 P、I

指针是用来指示分支指令的跳转目标和中断程序的入口地址，与跳转、子程序、中断程序等指令一起应用。地址号采用十进制数分配。按用途可分为分支用指针 P 和中断用指针 I 两类。

1. 分支用指针（P0 ~ P127）

分支指针用来指示跳转指令（CJ）的跳转目标或子程序调用指令（CALL）调用子程序

的入口地址。在编程时，指针编号不能重复使用。

FX2N 系列 PLC 有 P0 ~ P127 共 128 点分支用指针。其中 P63 专门用于结束跳转，相当于 END 指令。

如图 9-12（a）所示，当条件接点 X0 接通时，执行跳转指令 FNC00 CJ P0，PLC 跳到标号为 P0 处之后的程序去执行；当 X0 断开时，程序顺序执行。

图 9-12（b）是指针 P 用于子程序调用指令。当条件接点 X0 接通时，去执行标号为 P1 的子程序，当子程序执行完毕，用 SRET 指令返回原来位置（即返回到 CALL 指令的下一条指令位置）。

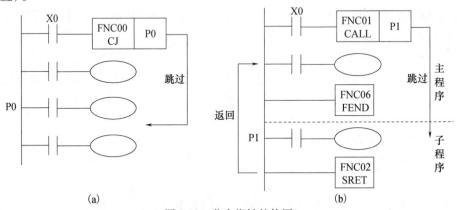

图 9-12　分支指针的使用
（a）在条件跳转时使用；（b）在子程序调用时使用

2. 中断指针（I0□□ ~ I8□□）

中断指针是用来指示某一中断程序的入口位置。中断程序从中断指针标号开始，执行中断后遇到 IRET（中断返回）指令时，则返回主程序。中断用指针有以下三种类型：

（1）输入中断用指针（I00□ ~ I50□）

输入中断是外界信号引起的中断。输入中断指针 I00□ ~ I50□，共 6 点，它是用来指示由特定输入端的输入信号而产生中断的中断服务程序的入口位置，外界信号的输入口为 X0 ~ X5。这类中断不受 PLC 扫描周期的影响，可以及时处理外界信息。I00□ ~ I50□ 中的 0 是输入中断的标志。

输入中断用指针的编号格式如图 9-13 所示。

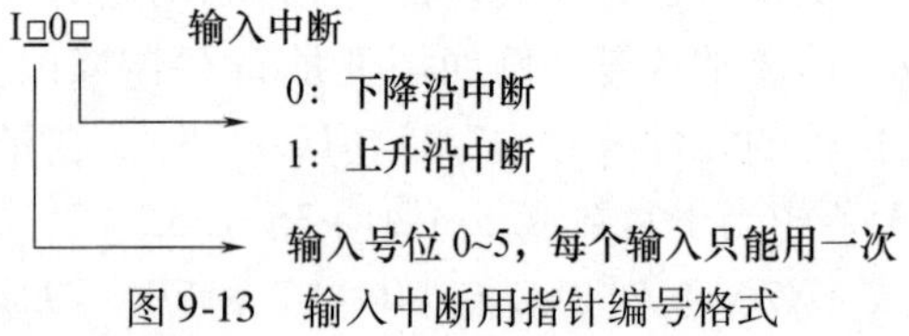

例如，I001 为当输入 X0 从 OFF→ON 变化时，执行由该指针作为标号后面的中断程序，并在执行 IRET 指令时返回。

例如：I101 为当输入 X1 从 OFF→ON 变化时，执行以 I101 为标号后面的中断程序，并根据 IRET 指令返回。

I□0□　输入中断
　　　　0：下降沿中断
　　　　1：上升沿中断
　　　　输入号位 0~5，每个输入只能用一次
图 9-13　输入中断用指针编号格式

（2）定时器中断用指针（I6□□ ~ I8□□）

定时器中断为机内定时器信号引起的中断。由指定编号为 6 ~ 8 的专用定时器控制。设定时间在 10 ~ 99ms 间选取。每隔设定时间中断一次。

定时器中断用指针（I6□□ ~ I8□□）共 3 点，是用来指示周期定时中断的中断服务程序的入口位置，这类中断的作用是 PLC 以指定的周期定时执行中断服务程序，定时循环处理某些任务。处理的时间也不受 PLC 扫描周期的限制。中断指针低两位□□表示定时范围，可在 10~99ms 中选取。当中断控制周期与 PLC 运算周期不同时，可采用定时器中断，如高速处理或每隔一定的时间执行的程序。例如，I810 表示每隔 10ms 执行一次标号 I810 后面的中断程序，并由 IRET 指令结束该中断程序。

（3）计数器中断用指针（I010~I060）

共 6 点，这 6 个中断指针分别表示由 PLC 内置的高速计数器引起的中断，中断指针中的□位为 1~6。根据高速计数器的计数当前值与计数设定值之关系确定是否执行中断服务程序。它常用于利用高速计数器优先处理计数结果的场合。

9.2.10　常数 K、H

K、H 表示其后面常数的制式。

K 表示其后面的数字为十进制数，如十进制常数 123 表示为 K123，主要用来指定定时器或计数器的设定值及应用功能指令操作数中的数值。

H 表示其后面的数字为十六进制数，如十进制常数 345 表示十六进制为 H159。用于指定应用指令操作数中的数值与指令动作。

FX 系列 PLC 的常数范围为：

16 位：K：−32 768~32 767；H：0000~FFFF。

32 位：K：−2 147 483 648~2 147 483 647；H：00000000~FFFFFFFF。

9.3　FX 系列 PLC 基本指令及编程

9.3.1　概述

梯形图和指令表是 PLC 最常用的两种编程语言，指令表与梯形图有严格的一一对应关系。但指令表语言更丰富，有些指令用梯形图无法表示，但可以用指令表来输入。有时采用指令表编程语言更为方便、实用。

实践证明，掌握一种机型的指令与编程方法，对学习其他机型有触类旁通的作用。

三菱 FX 系列 PLC 有基本逻辑指令 20 或 27 条，步进指令 2 条，功能指令 100 多条（不同系列有所不同）。

以 FX2N 系列 PLC 为例，介绍其基本逻辑指令及其应用。

FX2N 系列 PLC 共有 27 条基本逻辑指令，其中包含了有些子系列 PLC 的 20 条基本逻辑指令，有 16 条指令与 F1 系列 PLC 基本逻辑指令基本相同。

9.3.2　逻辑取指令 LD 和取反指令 LDI

（1）LD（Load）：逻辑取指令，用于动合触点与左母线相连。

指令格式：LD　元件号

操作元件：X、Y、M、S、T、C

程序步为 1。

（2）LDI（Load Inverse）：逻辑取反指令，用于动断触点与左母线相连。

指令格式：LDI　元件号

其操作元件和程序步与 LD 指令相同。

LD 和 LDI 指令使用如图 9-14 所示。

（3）指令使用说明。

1）LD、LDI 指令用于将触点接到输入左母线上。

2）左母线也可能是一个分支回路块的输入母线，即 LD、LDI 还与块操作指令 ANB、ORB 相配合，用于分支电路的起点。

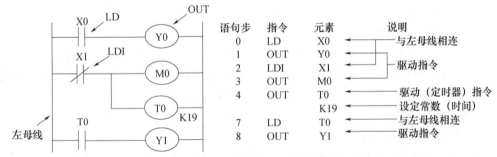

图 9-14　LD、LDI 和 OUT 指令使用

9.3.3　输出指令 OUT

OUT（Out）：输出指令，也称为线圈驱动指令，输出驱动各种线圈。

指令格式：OUT　元件号

操作元件：Y、M、S、T、C

程序步：

操作元件：Y、M：程序步为 1。

特殊M：程序步为 2。

T：程序步为 3。

C：16bit，程序步为 3；32bit，程序步为 5。

OUT 指令使用如图 9-14 所示。

输出指令使用说明：

（1）OUT 是线圈驱动指令，也称为输出指令，输出目标元件为 Y、M、T、C 和 S，但不能用于输入继电器 X。

（2）OUT 指令可以连续使用若干次（相当于线圈并联），对于定时器和计数器，在 OUT 指令之后应设置常数 K 或数据寄存器的地址编号。

9.3.4　触点串联指令 AND 和 ANI

（1）AND（And）：与指令，用于单个动合触点的串联。

指令格式：AND　元件号

操作元件：X、Y、M、S、T、C

程序步为 1。

（2）ANI（And Inverse）：与非指令，用于单个动断触点的串联。

指令格式：ANI　元件号

其操作元件和程序步与 AND 指令相同。

触点串联指令 AND 和 ANI 的使用如图 9-15 所示。

（3）指令使用说明。

1）AND、ANI 指令为单个触点的串联连接指令。AND 用于动合触点。ANI 用于动断触点。

2）串联接点的数量无限制，AND 与 ANI 这两条指令可以多次重复使用。

3）OUT 指令后，通过触点对其他线圈使用 OUT 指令，称之为纵接输出或连续输出。此种纵接输出，如果顺序正确可多次重复。

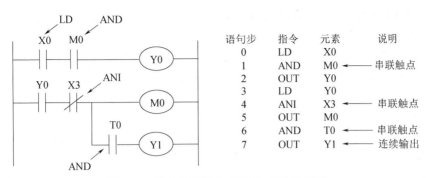

图 9-15　触点串联指令 AND 和 ANI 的使用

9.3.5　触点并联指令 OR 和 ORI

（1）OR（Or）：或指令，用于单个动合触点的并联。

指令格式：OR　元件号

操作元件：X、Y、M、S、T、C

程序步为 1。

（2）ORI（Or Inverse）：或非指令，用于单个动断触点的并联。

指令格式：ORI　元件号

其操作元件和程序步与 OR 指令相同。

触点并联指令 OR 和 ORI 的使用如图 9-16 所示。

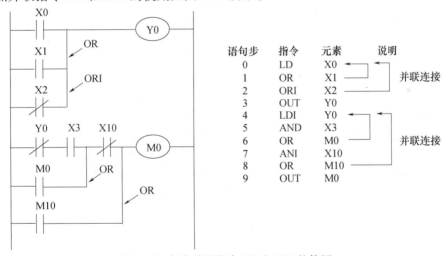

图 9-16　触点并联指令 OR 和 ORI 的使用

（3）指令使用说明。

1）OR、ORI 指令为单个触点的并联连接指令。OR 为动合触点的并联，ORI 为动断触点的并联。

2）两个或两个以上接点串联连接电路块并联连接时，要用后面介绍的 ORB 指令。

3）OR、ORI 指令紧接在 LD、LDI 指令后使用，即对 LD、LDI 指令规定的触点再并联一个触点，并联的次数无限制。

9.3.6　串联电路块的并联指令 ORB

ORB（Or Block）：块或指令，或接点串联电路块的并联连接指令。

253

串联电路块的并联指令 ORB 的使用如图 9-17 所示。

指令使用说明：

（1）两个或两个以上触点串联或并联组成一个电路块。两个或两个以上的触点串联连接的电路称为串联电路块。

（2）串联电路块并联连接时，用 ORB 指令。ORB 指令相当于两个串联电路块之间并联的连线。

（3）每个串联电路块的起始触点要用 LD 或 LDI 指令，结束时用 ORB 指令。

（4）ORB 指令不带操作元件，为独立指令。

（5）若有多条并联电路时，在每个电路块后使用 ORB 指令，对并联电路数没有限制。

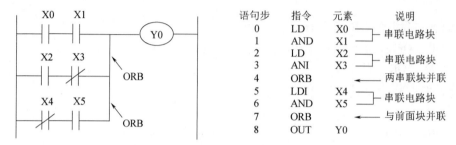

图 9-17　串联电路块的并联指令 ORB 的使用

9.3.7　并联电路块的串联指令 ANB

ANB（And Block）：块与指令，或者称为并联电路块的串联连接指令。

并联电路块的串联指令 ANB 的使用如图 9-18 所示。

指令使用说明：

（1）两个或两个以上触点并联连接的电路称为并联电路块。

（2）当并联电路块与前面的电路串联连接时，使用 ANB 指令。ANB 指令相当于两个电路块之间的串联连线。

（3）并联电路块中各支路的起始触点要用 LD 或 LDI 指令，并联电路块结束后与前面电路的串联连接，要用 ANB 指令。使用 ANB 指令前，应先完成并联电路块内部的连接。

（4）ANB 指令为独立指令，后面不带操作元件。

（5）ANB 指令原则上可以无限制使用。

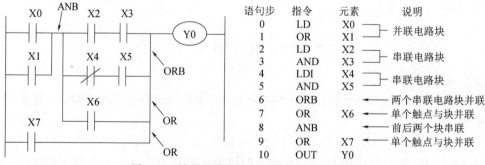

图 9-18　并联电路块的串联指令 ANB 的使用

9.3.8　多重输出指令 MPS、MRD 和 MPP

（1）MPS（Push）：进栈指令，将此刻运算结果压入栈存储器的第一层，同时将栈中原来的数据依次移到栈的下一层。

（2）MRD（Read）：读栈指令，将栈存储器的第一层数据（最后进栈的数据）读出，该数据继续保存在栈存储器的第一层，栈内的数据不发生移动。

（3）MPP（Pop）：出栈指令，将栈存储器的第一层数据（最后进栈的数据）读出，该数据从栈中消失，同时将栈中其他层数据依次上移。

（4）指令使用说明。

1）多重输出指令又称为堆栈指令，这组指令分别为进栈、读栈、出栈指令，是 FX 系列 PLC 中新增的基本指令，用于多重输出电路，为编程带来方便。

2）在 FX 系列 PLC 中共有 11 个存储单元，它们专门用来存储程序运算的中间结果，被称为栈存储器。如图 9-19 所示。将连接触点的当前状态先存储，用于连接后面的电路。

3）使用一次 MPS 指令，便将此刻的运算结果送入堆栈的第一层，而将原存在第一层的数据移到堆栈的下一层。

4）使用 MPP 指令，各数据顺次向上一层移动，最上层的数据被读出。同时该数据就从堆栈内消失。

5）MRD 指令用来读出最上层的最新数据，此时堆栈内的各层数据不移动。

6）MPS、MRD、MPP 都是不带操作元件的指令，为独立指令。

7）MPS、MPP 必须成对使用，而且连续使用应少于 11 次。

多重输出指令 MPS、MRD 和 MPP 的使用如图 9-20 所示。

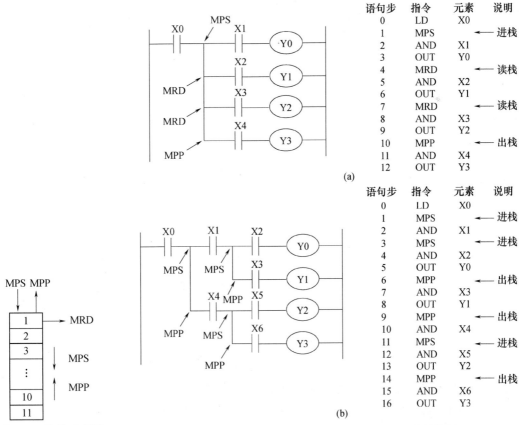

图 9-19　堆栈示意图

图 9-20　多重输出指令 MPS、MRD 和 MPP 的使用

（a）一层堆栈；（b）多层堆栈

9.3.9 主控与主控复位指令 MC 和 MCR

（1）MC（Master Control）：主控指令，用于公共串联触点的连接。执行 MC 后，左母线移到 MC 触点的后面。

（2）MCR（Master Control Reset）：主控复位指令，用于 MC 指令的复位，即利用 MCR 指令恢复原左母线的位置。

编程时，经常会遇到多个线圈同时受一个或一组触点控制。若在每个线圈的控制电路中都串入同样的触点，将多占存储单元。应用主控触点可以解决这一问题。它在梯形图中与一般的触点垂直。它们是与母线相连的动合触点，是控制一组电路的总开关。

（3）MC、MCR 指令的使用说明。

1）MC、MCR 指令的目标元件为 Y 和 M，但不能用特殊辅助继电器。MC 占 3 个程序步，MCR 占 2 个程序步。

2）主控触点在梯形图中与一般触点垂直（见图 9-21 中的 M10）。主控触点是与左母线相连的动合触点，是控制一组电路的总开关。与主控触点相连的触点必须用 LD 或 LDI 指令。

3）MC 指令的输入触点断开时，在 MC 和 MCR 之间的积算定时器、计数器、用复位/置位指令驱动的元件保持断开前的状态不变。非积算定时器和计数器，用 OUT 指令驱动的元件将复位，如图 9-21 中当 X0 断开，Y1 和 Y2 即变为 OFF。

4）MC、MCR 指令成对出现，缺一不可。

5）在一个 MC 指令区内若再使用 MC 指令称为嵌套。嵌套级数最多为 8 级，编号按 N0→N1→N2→N3→N4→N5→N6→N7 顺序增大，每级的返回用对应的 MCR 指令，从编号大的嵌套级开始复位。

MC、MCR 指令的使用如图 9-21 所示，利用 MC N0 M10 实现左母线右移，使 Y1、Y2 都在 X0 的控制之下，其中 N0 表示嵌套等级，在无嵌套结构中 N0 的使用次数无限制，利用 MCR N0 恢复到原左母线状态。如果 X0 断开，则会跳过 MC、MCR 之间的指令向下执行。

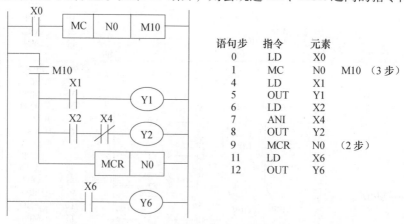

图 9-21 主控与主控复位指令 MC 和 MCR 的使用

9.3.10 置位与复位指令 SET 和 RST

（1）SET：置位指令，使被操作的目标元件置位并保持。

（2）RST：复位指令，使被操作的目标元件复位并保持清零状态。

（3）SET、RST 指令的使用说明。

1） SET 指令的目标元件为 Y、M、S

2） RST 指令的目标元件为 Y、M、S、T、C、D、V、Z。RST 指令常被用来对 D、Z、V 的内容清零，还用来复位积算定时器和计数器。

3） 对于同一目标元件，SET、RST 可多次使用，顺序也可随意，但最后执行者有效。

SET、RST 指令的使用如图 9-22 所示。当 X0 动合触点接通时，Y0 变为 ON 状态并一直保持该状态，即使 X0 断开，Y0 的 ON 状态仍维持不变；只有当 X1 的动合触点闭合时，Y0 才变为 OFF 状态并保持，即使 X1 动合触点断开，Y0 也仍为 OFF 状态。

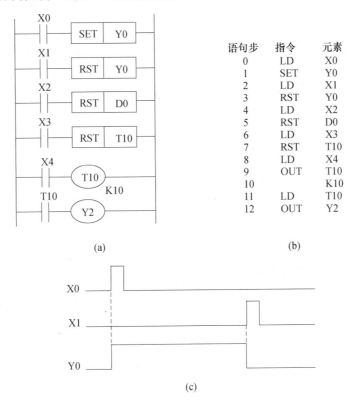

图 9-22 　 置位与复位指令 SET 和 RST 的使用

（a）梯形图；（b）语句表；（c）波形图

9.3.11 　 微分指令 PLS 和 PLF

微分指令又称为脉冲输出指令。

（1） PLS：上升沿微分指令，在输入信号上升沿产生一个扫描周期的脉冲输出。

（2） PLF：下降沿微分指令，在输入信号下降沿产生一个扫描周期的脉冲输出。

微分指令 PLS 和 PLF 的使用如图 9-23 所示。

（3） PLS、PLF 指令的使用说明。

1） PLS、PLF 指令的目标元件为 Y 和 M。

2） 使用 PLS 时，仅在输入信号上升沿产生一个扫描周期的脉冲输出，即驱动输入为 ON 后的一个扫描周期内目标元件 ON。

3） 使用 PLF 指令时，在输入信号下降沿产生一个扫描周期的脉冲输出，只是利用输入信号的下降沿驱动。

4）特殊继电器不能用作 PLS 或 PLF 的操作元件。

如图 9-23 所示，M0 仅在 X0 的动合触点由断开到接通时的一个扫描周期内为 ON；使用 PLF 指令时，只是利用输入信号的下降沿驱动，其他与 PLS 相同。利用微分指令检测到信号的边沿，通过置位和复位命令控制 Y0 的状态。

PLS、PLF 指令可将脉宽较宽的输入信号变成脉宽等于 PLC 的一个扫描周期的触发脉冲信号，而信号周期不变。

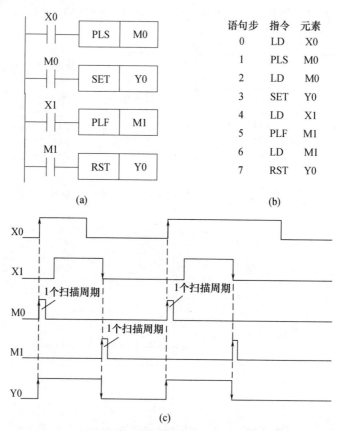

图 9-23　微分指令 PLS 和 PLF 的使用
（a）梯形图；（b）语句表；（c）波形图

9.3.12　空操作指令 NOP

NOP：空操作指令，不执行任何操作，但占一个程序步。NOP 指令无编程元件。

执行 NOP 时并不做任何事，在程序中加入空操作指令，在变更或增加指令时可以减少步序号的变化。

用 NOP 指令替换一些已写入的指令，可以改变电路。若将 LD、LDI、ANB、ORB 等指令换成 NOP 指令，电路组成将发生很大的变化，亦可能使电路出错。

NOP 指令的应用：

（1）指定某些步序内容为空，留空待用。

（2）短路某些接点或电路，如图 9-24（a）所示，AND、ANI 指令改为 NOP 指令时使相关触点短路；如图 9-24（b）所示，ANB 指令改为 NOP 时使前面的电路全部短路。

（3）切断某些电路，如图 9-24（c）所示，OR 指令改为 NOP 时使相关电路切断；如

图 9-24（d）所示，ORB 指令改为 NOP 时使前面的电路全部切断。

（4）变换先前的电路，如图 9-24（e）所示，与前面的 OUT 电路纵接。

空操作指令 NOP 的应用如图 9-24 所示。

可编程序控制器的编程器一般都有指令的插入和删除功能，在程序中一般很少使用 NOP 指令。执行完清除用户存储器的操作后，用户存储器的内容全部变为空操作 NOP 指令。

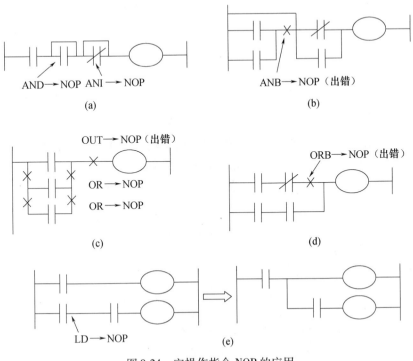

图 9-24 空操作指令 NOP 的应用

（a）短路触点；（b）短路前面全部电路；（c）切断电路；
（d）切断前面全部电路；（e）与前面 OUT 电路相连

9.3.13 程序结束指令 END

END：程序结束指令，表示程序结束。END 指令无编程元件。

END 指令表示程序结束。若程序的最后不写 END 指令，则 PLC 不管实际用户程序多长，都从用户程序存储器的第一步执行到最后一步；若有 END 指令，当扫描到 END 时，则结束执行程序，这样可以缩短扫描周期。在程序调试时，可在程序中插入若干 END 指令，将程序划分为若干段，在确定前面程序段无误后，依次删除 END 指令，直至调试结束。

有的 PLC 必须加 END 指令，否则程序出错。

9.4 基本逻辑指令编程实例

9.4.1 基本电路的梯形图编程

1. 自锁（自保持）控制

（1）关断优先式自锁控制程序

如图 9-25 所示，当执行关断指令，X2 闭合时，无论 X1 的状态如何，线圈 Y1 均不能接通。此程序就是常用的启动（X1 接通）、停止（X2 接通）、自保持（与 X1 并联的 Y1 接点）程序，简称启保停程序。

（2）启动优先式自锁控制程序

如图 9-26 所示，当执行启动指令，X1 闭合时，无论 X2 的状态如何，线圈 Y1 都得电。此程序是常用的启动（X1 接通）、停止（X2 接通）、自保持（与 X1 并联的 Y1 接点）程序的另一种形式。

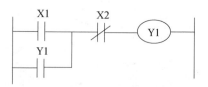

图 9-25　关断优先式自锁控制程序

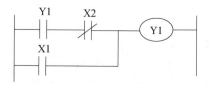

图 9-26　启动优先式自锁控制程序

2. 互锁控制

如图 9-27 所示，将每个线圈（如 Y1 和 Y2）的动断触点串接在其他线圈的通路中，构成互锁控制。互锁控制程序用于不允许同时动作的两个继电器的控制，如电机的正反转控制。优先接通的线圈工作，另一个不能工作。

3. 微分电路

微分电路分上升沿微分和下降沿微分脉冲电路。

（1）上升沿微分脉冲电路

上升沿微分电路如图 9-28 所示。从输入信号 X1 的上升沿（由 OFF 变为 ON 瞬间）开始，在 PLC 第一扫描周期，由于输入 X1 的接通，M0、M1 线圈接通，M0 和 M1 的动合触点接通（但处在第一行的 M1 的动断触点仍接通，因为该行已经扫描过了），Y1 线圈接通；等到 PLC 第二个扫描周期时，第一行

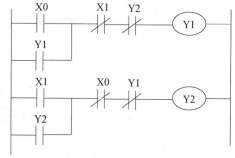

图 9-27　互锁控制程序

M1 的动断触点才断开，M0 线圈断开，Y1 线圈断开。Y1 的接通时间为一个扫描周期，相当于产生一个脉冲宽度为一个扫描周期的脉冲，可以用作复位脉冲或计数脉冲。

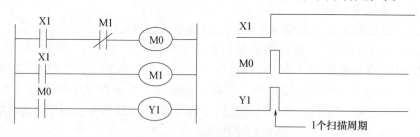

图 9-28　上升沿微分脉冲电路

（2）下降沿微分脉冲电路

下降沿微分电路如图 9-29 所示。从输入信号 X1 的下降沿（由 ON 变为 OFF 瞬间）开始，输出 Y1 接通一个扫描周期，产生一个脉冲宽度为一个扫描周期的脉冲，可以用作复位脉冲或计数脉冲。工作原理与上升沿微分电路分析相同。

4. 分频电路

在许多控制场合，需要对控制信号进行分频。如图 9-30 所示为二分频电路。Y1 产生的

脉冲信号是 X1 脉冲信号的二分频。

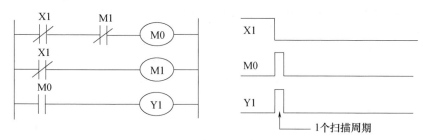

图 9-29　下降沿微分脉冲电路

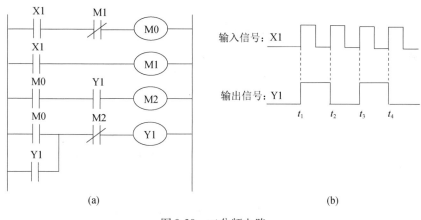

(a)　　　　　　　　　　　　　　　(b)

图 9-30　二分频电路

（a）梯形图；（b）时序图

5. 延时断开电路

图 9-31 为延时断开电路，当输入信号 X0 接通（X0 = ON）时，输出 Y0 也接通；当输入信号 X0 断开（X0 = OFF）时，输出 Y0 延时一定时间后断开。

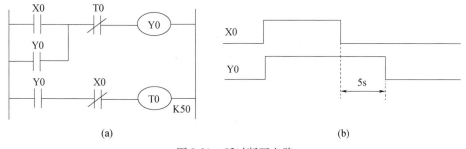

(a)　　　　　　　　　　　　　　　(b)

图 9-31　延时断开电路

（a）梯形图；（b）时序图

6. 延时接通和延时断开电路

图 9-32 为延时接通和延时断开电路，当输入信号 X0 接通时，输出 Y0 延时一定时间接通；当输入信号 X0 断开时，输出 Y0 延时一定时间后断开。

7. 定时器级联构成长延时电路

几个定时器级联可以组成长延时电路，图 9-33 为两个定时器级联构成的长延时电路。当输入信号 X0 接通后，定时器 T0 开始延时，经过一定时间（图 9-33 中为 100s）T0 接通，同时定时器 T1 开始延时，再经过定时时间 200s，定时器 T2 接通，同时输出 Y0 接通。从 X0 接通到 Y0 接通，经过的延时时间是两个定时器 T0 和 T1 的定时时间之和：$100s + 200s = 300s$。

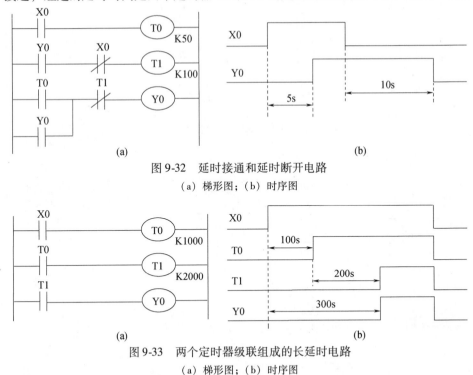

图 9-32　延时接通和延时断开电路

（a）梯形图；（b）时序图

图 9-33　两个定时器级联组成的长延时电路

（a）梯形图；（b）时序图

8. 定时器和计数器的级联构成长延时电路

定时器和计数器的级联也可以组成长延时电路，图 9-34 为一个定时器和一个计数器的级联构成的长延时电路。输入信号 X1 未接通时，计数器 C0 复位；当输入信号 X1 接通后，每经过定时器 T1 的定时时间 60s，T1 接通一次，接通时间为一个扫描周期，相当于产生一个脉宽是一个扫描周期的脉冲信号，作为计数器 C0 的计数脉冲。计数器 C0 的计数次数到达设定值 30 次时，C0 接通，输出 Y1 接通。

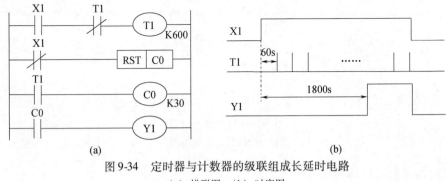

图 9-34　定时器与计数器的级联组成长延时电路

（a）梯形图；（b）时序图

从 X1 接通到 Y1 接通，经过的延时时间是定时器 T1 的定时时间与计数器的计数次数的乘积：$60s \times 30 = 1800s$。

9. 振荡电路

图 9-35 为由两个定时器组成的振荡电路，当输入信号 X1 接通后，输出 Y1 接通和断开

交替进行，产生振荡信号，调节定时器的定时时间可以调节振荡信号的占空比。

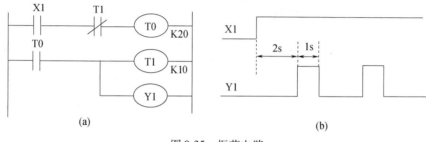

图 9-35　振荡电路

(a) 梯形图；(b) 时序图

9.4.2　基本逻辑指令编程实例

9.4.2.1　具有电气联锁的三相异步电动机正反转控制

1. 三相异步电动机正反转继电接触控制主电路和控制电路

三相异步电动机正反转控制主电路和控制电路如图 9-36 所示。

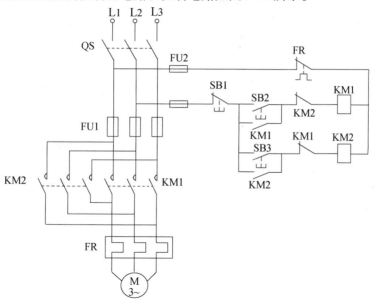

图 9-36　三相异步电动机正反转控制主电路和控制电路

工作过程：

正向启动过程：合上隔离开关 QS，按动启动按钮 SB2，接触器 KM1 通电自锁，异步电动机定子通电全压启动正转运行。

反向启动过程：合上隔离开关 QS，按动启动按钮 SB3，接触器 KM2 通电自锁，异步电动机定子通电全压启动反转运行。

停止过程：按动停止按钮 SB1，接触器断电，异步电动机断电停止。

保护：熔断器 FU1 和 FU2 起到短路保护作用；热继电器 FR 起到过载保护作用；接触器 KM1、KM2 具有欠压保护作用。

2. 用 PLC 实现三相异步电动机正反转控制的设计

(1) I/O 接口分配

根据控制要求，本设计的输入输出均为开关量信号，作为 PLC 输入的开关量信号（DI）

为启、停按钮的触点和热继电器的触点；作为 PLC 输出的开关量（DO）负载信号为正反转接触器线圈。I/O 接口分配表如表 9-4 所示。

表 9-4　I/O 分配表

开关量输入信号（DI）			开关量输出信号（DO）		
接点名称	功能	PLC 地址	负载名称	功能	PLC 地址
SB1	停止按钮	X0	KM1	正向接触器	Y0
SB2	正向启动按钮	X1	KM2	正向接触器	Y1
SB3	反向启动按钮	X2			
FR	热继电器过载保护	X3			

（2）I/O 接线图

电动机正反转控制时，为了防止发生相间短路，正反转控制的接触器 KM1 和 KM2 严禁同时通电。为了增加可靠性，防止 PLC 调试和运行过程中可能出现的误动作（如正反转切换时，PLC 内部软继电器经过一个扫描周期就可以完成切换，而外部硬件接触器的切换时间往往大于一个扫描周期，这样如何没有硬件互锁就可能出现正反转两个接触器同时通电的情况，造成主电路相间短路），接线图设计时考虑了硬件方面的互锁，在软件设计方面也考虑了互锁，具有双重互锁功能。

对于过载保护，为了增加可靠性，将热继电器的动合触点作为输入信号接入了 PLC，以便在软件上考虑过载时断开控制线路；同时在输出的接线中，又接入了热继电器的动断触点，从硬件上保证了过载时可靠断开控制线路。

由于三菱 FX 系列 PLC 内部有 24V 直流电源，所以输入端不需要外接直流电源。PLC 接线图如图 9-37 所示。

（3）梯形图

电动机正反转控制的梯形图如图 9-38 所示。

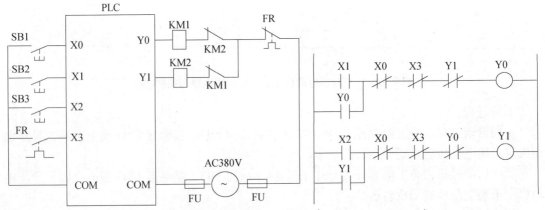

图 9-37　电动机正反转控制 PLC 接线图　　　　图 9-38　电动机正反转控制的梯形图

9.4.2.2　三相鼠笼型异步电动机星-三角（丫-△）启动控制

1. 三相鼠笼型异步电动机星-三角（丫-△）启动控制主电路和控制电路

三相鼠笼型异步电动机星-三角（丫-△）启动控制主电路和控制电路如图 9-39 所示。

工作过程：

　　启动过程：合上隔离开关 QS，按动启动按钮 SB2，主接触器 KM 通电自保；同时接触器 KM$_Y$ 和时间继电器 KT 通电，异步电动机定子接成 Y 启动；时间继电器 KT 开始延时，延时时间到，其延时打开动断触点打开，KM$_Y$ 断电；KT 延时闭合动合触点闭合，KM$_\triangle$ 通电，异步电动机定子接成 △ 运行。

　　停止过程：按动停止按钮 SB1，接触器 KM 和 KM$_\triangle$ 断电，异步电动机断电停止。

　　保护：熔断器 FU1 和 FU2 起到短路保护作用；热继电器 FR 起到过载保护作用。接触器 KM、KM$_Y$、KM$_\triangle$ 具有欠压保护作用。

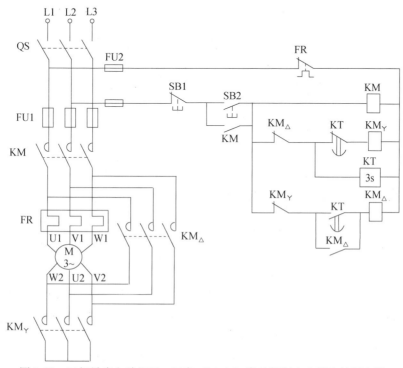

图 9-39　三相异步电动机星—三角（Y-△）启动控制主电路和控制电路

　2. 用 PLC 实现三相鼠笼型异步电动机 Y-△ 启动控制的设计

（1）I/O 接口分配

　　根据控制要求，本设计的输入输出均为开关量信号，作为 PLC 输入的开关量信号（DI）为启、停按钮的触点和热继电器的触点；作为 PLC 输出的开关量（DO）负载信号为 KM、KM Y 和 KM△ 接触器线圈。I/O 接口分配表如表 9-5 所示。

表 9-5　I/O 分配表

开关量输入信号（DI）			开关量输出信号（DO）		
接点名称	功能	PLC 地址	负载名称	功能	PLC 地址
SB1	停止按钮	X0	KM	主接触器	Y0
SB2	启动按钮	X1	KM$_Y$	星接触器	Y1
FR	热继电器过载保护	X2	KM$_\triangle$	角接触器	Y2

（2）I/O 接线图

　　三相异步电动机 Y-△ 启动控制时，为了防止发生相间短路，Y-△ 启动控制的 KM$_Y$ 和

KM_△ 接触器线圈严禁同时通电。为了增加可靠性，防止 PLC 调试和运行过程中的误动作，接线图设计时考虑了硬件方面的互锁，在软件设计时也考虑了互锁，具有双重互锁功能。

对于过载保护，为了增加可靠性，将热继电器的动合触点作为输入信号接入了 PLC，以便在软件上考虑过载时断开控制线路；同时在输出的接线中，又接入了热继电器的动断触点，从硬件上保证了过载时可靠断开控制线路。PLC 接线图如图 9-40 所示。

（3）梯形图

三相异步电动机丫-△启动控制的梯形图如图 9-41 所示。

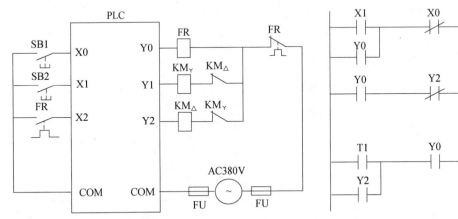

图 9-40　三相异步电动机丫-△启动控制 PLC 接线图　　　　图 9-41　三相异步电动机丫-△启动控制梯形图

9.4.2.3　运料小车限位、往返、循环运料控制

运料小车运行过程如图 9-42 所示。小车起始位置在后退终端，此时后限位开关 SQ1 被小车压下，按下启动按钮 SB1，小车前进；当运行至料斗下方时，前限位开关 SQ2 被压下动作，此时打开料斗给小车加料，延时 7s 后关闭料斗，小车后退返回，到达后限位开关时，SQ1 动作，打开小车底门卸料，5s 后结束，完成一次动作，如此循环。

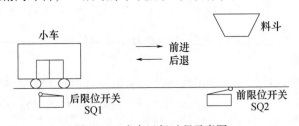

图 9-42　小车运行过程示意图

1. 小车运料控制主电路和控制电路

小车运料控制主电路和控制电路如图 9-43 所示。小车运行电动机为三相异步电动机，小车往返控制的主电路其实就是三相交流异步电动机正反转控制的主电路，在其控制电路中加上限位开关和时间继电器就实现了小车自动往返、循环装卸料运行。图中 SB0 为停止按钮，SB1 为前进按钮，SB2 为后退按钮，KM1 为小车前进（正向）运行接触器，KM2 为小车后退（反向）运行接触器，KA1 为料斗装料继电器，KA2 为底门卸料继电器，SQ1 为后限位开关，SQ2 为前限位开关，HL1 和 HL2 作为前进和后退运行的指示。

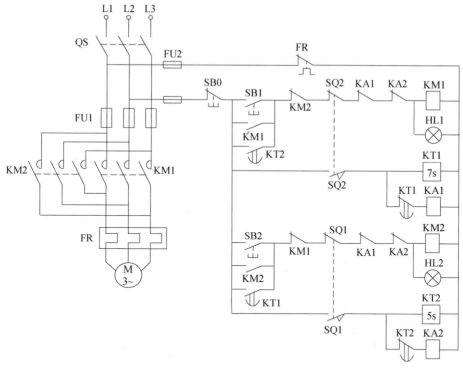

图 9-43 小车运料控制主电路和控制电路

2. 用 PLC 实现小车运料控制的设计

（1）I/O 接口分配

根据控制要求，本设计的输入输出均为开关量信号，作为 PLC 输入的开关量信号（DI）为启、停按钮触点、热继电器的触点、行程开关触点；作为 PLC 输出的开关量（DO）负载信号为 KM1、KM2 接触器线圈、料斗装料继电器 KA1、底门卸料继电器 KA2、HL1 和 HL2信号灯。I/O 接口分配表如表 9-6 所示。

表 9-6 I/O 分配表

开关量输入信号（DI）			开关量输出信号（DO）		
接点名称	功能	PLC 地址	负载名称	功能	PLC 地址
SB0	停止按钮	X0	KM1	前进接触器	Y0
SB1	前进（正转）按钮	X1	KM2	后退接触器	Y1
SB2	后退（反转）按钮	X2	KA1	料斗装料继电器	Y2
SQ1	后限位开关	X3	KA2	底门卸料继电器	Y3
SQ2	前限位开关	X4	HL1	前进指示灯	Y4
FR	热继电器过载保护	X5	HL2	后退指示灯	Y5

（2）I/O 接线图

小车运料 PLC 控制 I/O 接线图如图 9-44 所示。

（3）梯形图

小车运料 PLC 控制梯形图如图 9-45 所示。

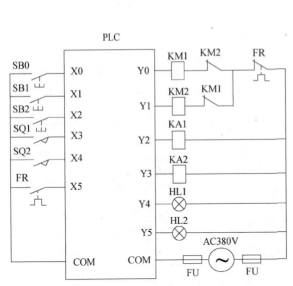

图 9-44　小车运料 PLC 控制 I/O 接线图

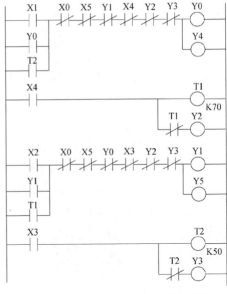

图 9-45　小车运料 PLC 控制梯形图

9.4.2.4　三条皮带运输机顺序启停控制

一个由 3 台皮带运输机组成的传输系统，分别用电动机 M1、M2、M3 带动，如图 9-46 所示。顺序启停控制要求如下：

（1）启动过程

按下启动按钮，先启动最末一台皮带机 M3，经 6s 后再依次启动其他皮带机，即

$$M3 \xrightarrow{6s} M2 \xrightarrow{6s} M1$$

（2）停止过程

按下停止按钮，先停止最前一台皮带机 M1，待料送完毕后再依次停止其他皮带机，即

$$M1 \xrightarrow{8s} M2 \xrightarrow{8s} M3$$

1. 三条皮带启停控制主电路

三条皮带启停控制主电路如图 9-47 所示。

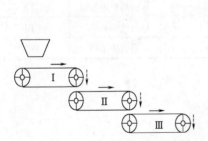

图 9-46　三条皮带运输机组成图

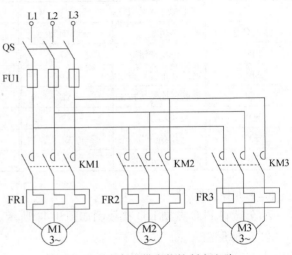

图 9-47　三条皮带启停控制主电路

2. 三条皮带运输机启停 PLC 控制的设计

(1) I/O 接口分配

根据控制要求，本设计的输入输出均为开关量信号，作为 PLC 输入的开关量信号（DI）为：启、停按钮触点，热继电器的触点；作为 PLC 输出的开关量（DO）负载信号为：KM1、KM2、KM3 接触器线圈。I/O 接口分配表如表 9-7 所示。

表 9-7 I/O 分配表

开关量输入信号（DI）			开关量输出信号（DO）		
接点名称	功能	PLC 地址	负载名称	功能	PLC 地址
SB0	停止按钮	X0	KM1	接触器 1	Y1
SB1	启动按钮	X1	KM2	接触器 2	Y2
FR1	热继电器 1	X2	KM3	接触器 3	Y3
FR2	热继电器 2	X3			
FR3	热继电器 3	X4			

(2) I/O 接线图

三条皮带启停 PLC 控制 I/O 接线图如图 9-48 所示。

(3) 梯形图

三条皮带顺序启停 PLC 控制梯形图如图 9-49 所示。

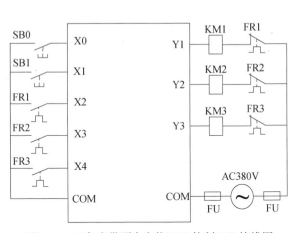

图 9-48 三条皮带顺序启停 PLC 控制 I/O 接线图　图 9-49 三条皮带顺序启停 PLC 控制梯形图

9.4.2.5 报警控制 PLC 程序设计

1. 控制要求

在现场有一个报警继电器 K，事故发生后，报警继电器 K 动作，报警灯 HR 闪烁，蜂鸣器 HA 响起。值班人员发现报警后，按动报警确认按钮 SB1，此时报警灯 HR 不再闪烁，变为常亮，蜂鸣器 HA 停止鸣叫。还有一个测试按钮 SB2，没有事故发生时，按下 SB2，报警灯 HR 点亮，蜂鸣器响起。

2. 事故报警 PLC 控制的设计

(1) I/O 接口分配

根据控制要求，本设计的输入输出均为开关量信号，作为 PLC 输入的开关量信号（DI）

269

为：报警继电器触点、报警确认按钮、报警测试按钮；作为 PLC 输出的开关量（DO）负载信号为：报警灯、蜂鸣器。I/O 接口分配表如表 9-8 所示。

表 9-8　I/O 分配表

开关量输入信号（DI）			开关量输出信号（DO）		
接点名称	功能	PLC 地址	负载名称	功能	PLC 地址
K	报警继电器接点	X0	HR	报警灯	Y0
SB1	确认按钮	X1	HA	蜂鸣器	Y1
SB2	测试按钮	X2			

（2）I/O 接线图

事故报警 PLC 控制接线图如图 9-50 所示。

（3）梯形图和时序图

图 9-51 为报警电路 PLC 控制的梯形图和时序图。

工作过程：

X0 为报警输入信号，由定时器 T0 和 T1 组成振荡电路，T0 接点作为报警灯的闪烁信号，报警灯由 Y0 输出控制，蜂鸣器由 Y1 输出控制，X1 为报警确认信号，X2 为报警测试信号。报警发生后，信号传至

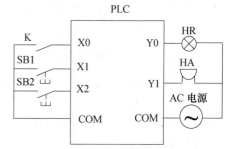

图 9-50　事故报警 PLC 控制接线图

X0，X0 接通，报警灯闪烁，蜂鸣器鸣响；报警确认后，报警灯不在闪烁，但还亮，蜂鸣器不再鸣响。X2 为报警测试信号，没有报警时，可以测试电路工作情况，X2 接通，报警灯亮，蜂鸣器也响，说明电路能正常工作。

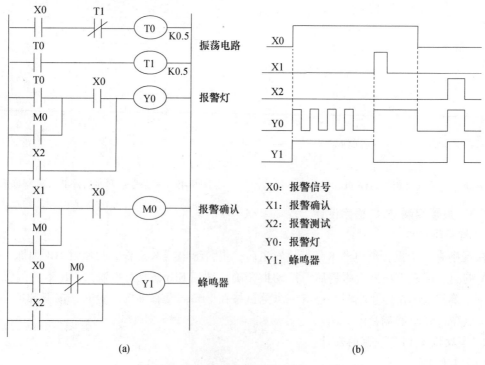

（a）　　　　　　　　　　　　　　（b）

图 9-51　事故报警控制的梯形图和时序图

（a）梯形图；（b）时序图

思考题与习题

1. FX 系列 PLC 有哪几种内部软继电器？各自的功能和用途是什么？

2. FX2N 系列 PLC 定时器有几种类型？各自的特点是什么？

3. FX2N 系列 PLC 计数器有几种类型？各自的特点是什么？

4. FX2N 系列 PLC 共有几条基本指令？各条的含义是什么？

5. 简述梯形图的结构和编写规则。

6. 写出图 9-52 各梯形图对应的指令表程序。

7. 画出图 9-53 中各语句表对应的梯形图。

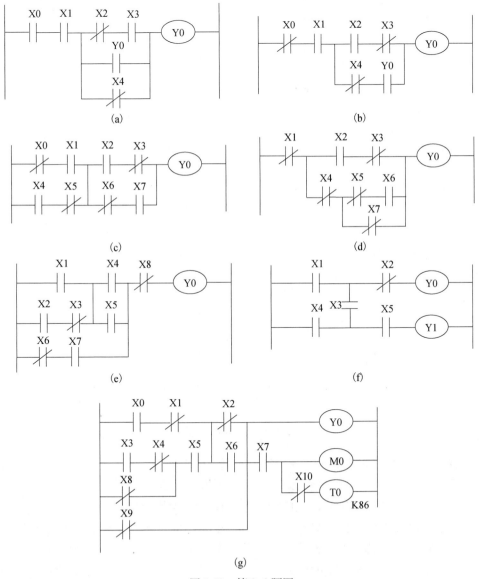

图 9-52　第 9-6 题图

0	LD	X0		0	LD	X0
1	OR	X1		1	AND	X1
2	ANI	X2		2	LD	X2
3	OR	M0		3	ANI	X3
4	LD	X3		4	ORB	
5	AND	X4		5	LD	X4
6	OR	M3		6	AND	X5
7	ANB			7	LD	X6
8	ORI	M1		8	AND	X7
9	OUT	Y2		9	ORB	

10	ANB	
11	LD	M0
12	AND	M1
13	ORB	
14	AND	M2
15	OUT	Y2

(a)　　　　　　　　　　　　　　　(b)

0	LD	X0		11	ORB	
1	MPS			12	ANB	
2	LD	X1		13	OUT	Y1
3	OR	X2		14	MPP	
4	ANB			15	AND	X7
5	OUT	Y0		16	OUT	Y2
6	MRD			17	LD	X10
7	LDI	X3		18	ORI	X11
8	AND	X4		19	ANB	
9	LD	X5		20	OUT	Y3
10	ANI	X6				

0	LD	X0		11	LD	X10
1	OR	Y0		12	AND	X11
2	ANI	X1		13	ORB	
3	OUT	Y0		14	ANB	
4	LD	X2		15	OUT	Y1
5	AND	X3		16	LD	X12
6	LD	X6		17	OUT	T0
7	ANI	X7		18	K	100
8	ORB			19	AND	T0
9	LDI	X4		20	OUT	Y2
10	AND	X5				

(c)　　　　　　　　　　　　　　　(d)

图 9-53　第 9-7 题图

8. 根据图 9-54 中梯形图和输入信号波形，画出输出信号的波形。

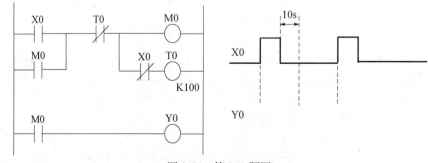

图 9-54　第 9-8 题图

9. 根据图 9-55 中梯形图和输入信号波形，画出输出信号的波形。

10. 根据图 9-56 中梯形图和输入信号波形，画出输出信号的波形。

11. 根据图 9-57 中梯形图和输入信号波形，画出输出信号的波形。

12. 启动按钮按下后，指示灯点亮 10s，熄灭 5s，重复 5 次后停止工作。启动按钮接 PLC 的 X0，输出 Y0 接指示灯，试设计梯形图程序。

13. 有 6 个彩灯，从第一灯开始逐个点亮 1s 后熄灭，然后全部点亮 2s 后熄灭，1s 后再从第一个灯开始，重复上述过程。试用 PLC 实现该功能，设计梯形图程序。

14. 有 2 台电动机，要求：第一台工作 5min 后自行停止，然后第二台启动，工作 2min

后自行停止，然后第一台又启动；如此重复 6 次后两台电动机均停止。试编写梯形图程序。

15. 有两台电动机，第一台启动 10s 后第二台启动；当第一台停止 5s 后第二台才停止，试编写梯形图程序。

16. 设计一个方波信号发生器，周期为 5s。试编写梯形图程序。

17. 试用一个定时器和一个计数器的组合来实现定时时间为 5h 的长延时电路，当定时时间到，Y0 接通。试画出梯形图程序并写出相应的指令表语句。

18. 试用两个计数器的组合来构成一个能计数 1650 次的计数电路。当计数次数达到后 Y1 接通。试画出梯形图及写出相应的指令表程序。

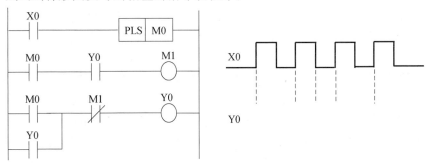

图 9-55　第 9-9 题图

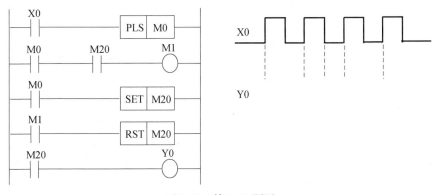

图 9-56　第 9-10 题图

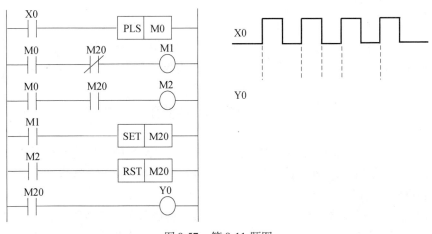

图 9-57　第 9-11 题图

273

第10章 三菱FX系列PLC步进顺控指令及编程实例

前面学习了PLC的梯形图和指令表语言,介绍了基本的编程方法,能够实现一些基本的逻辑控制功能。在日常生活和工业生产中,为了满足生产工艺的需要,在各个输入信号的作用下,还常常要求机器设备能按照某种预先规定的先后次序来自动实现所期望的动作,这种控制为顺序控制。在实现顺序控制,特别是较为复杂的顺序控制时,各个元件之间的连锁和互动关系往往非常复杂,用梯形图和语句表编程时难度会很大,同时也不直观。因此PLC厂家开发出了专门用于顺序控制的指令——SFC(Sequential Function Chart,顺序功能图)语言,用于编制复杂的顺控程序。三菱小型PLC在基本逻辑指令之外增加了两条简单的步进顺控指令,由STL(Step Ladder)、RET(Return)一组指令组成,同时辅之以大量状态元件,就可以使用状态转移图方式编程,从而使得顺序控制变得直观简单,便于阅读和修改。"状态"软元件(状态继电器S)是构成状态转移图的基本元素。FX2N共有1000个状态元件,其分类、编号、数量及用途如表10-1所示。FX2N系列PLC的状态S0~S9用于初始步,S10~S19用于返回原点,S20~S499是通用状态,S500~S899有断电保持功能,S900~S999用于报警。用它们编制顺序控制程序时,应与步进梯形指令一起使用。

表10-1　FX2N的状态元件

类别	元件编号	个数	用途及特点
初始状态	S0 ~ S9	10	用作状态转移图的起始状态
返回状态	S10 ~ S19	10	用IST指令时,用作返回原点的状态
通用状态	S20 ~ S499	480	用作SFC的中间状态
掉电保持状态	S500 ~ S899	400	具有停电保持功能,停电恢复后需继续执行的场合,可用这些状态元件
信号报警状态	S900 ~ S999	100	用作故障诊断或报警元的状态

注意:
(1)状态的编号必须在指定范围选择。
(2)各状态元件的触点,在PLC内部可自由使用,次数不限。
(3)在不用步进顺控指令时,状态元件可作为辅助继电器在程序中使用。
(4)通过参数设置,可改变一般状态元件和掉电保持状态元件的地址分配。

10.1 顺序功能图

顺序功能图(SFC)又称状态转移图或功能流程图,是一种通用的流程图语言,是描述顺序控制系统的控制过程、功能和特性的一种图形,具有直观、简单的特点,是设计PLC顺序控制程序的有力工具。

在顺序控制中,可以将一个较复杂的生产过程分解成若干步骤或阶段,每一步对应生产过程中的一个控制任务,称为一个工步或一个状态。每个状态都有不同的动作。状态与状态

之间由转换分隔。由上一个状态转换到下一个状态需要一定的条件，也需要一定的方向，称
为转换条件和转换方向。当相邻两状态之间的转换条件得到满足时，就将实现转换，即上一
状态的动作结束，下一状态的动作开始。描述这一状态转换过程，由状态、状态转移条件和
转移方向构成的流程图称为状态转移图，也称顺序功能图（SFC）、功能表图或功能流程图。

10.1.1　顺序功能图组成

顺序功能图（SFC）由步、动作、有向连线、转移、转移条件组成。

1. 步

将顺控系统的工作过程划分为若干个顺序相连的阶段，这些阶段称为步（Step），并用
编程元件状态器 S 来代表各步。

（1）初始步和活动步

步分为初始步和工作步，在每一步中要完成一个或多个特定的动作。

初始步表示一个控制系统的初始状态，所以，一个控制系统必须有一个初始步，初始步
可以没有具体要完成的动作。

PLC 开始进入 RUN 方式时各步均处于"0"状态，因此必须要有初始化信号，将初始
步预置为活动步，否则功能表图中永远不会出现活动步，系统将无法工作。

状态器 S 是构成状态转移图的基本元素，FX2N 系列 PLC 共有 1000 点（S0～S999），其
中 S0～S9 共 10 个为初始状态继电器，用于顺序功能图的初始步。

活动步：当系统正处于某一步所在的阶段时，把该步称为"活动步"，该步处于活动状
态时，相应的动作被执行。

（2）步的划分

步是根据 PLC 输出量的状态划分的，只要
输出量的状态发生了改变，系统就由一步进入新
的步，在每一步中，PLC 的输出量保持不变。相
邻步之间输出状态是不同的。步的划分如图 10-1
所示。

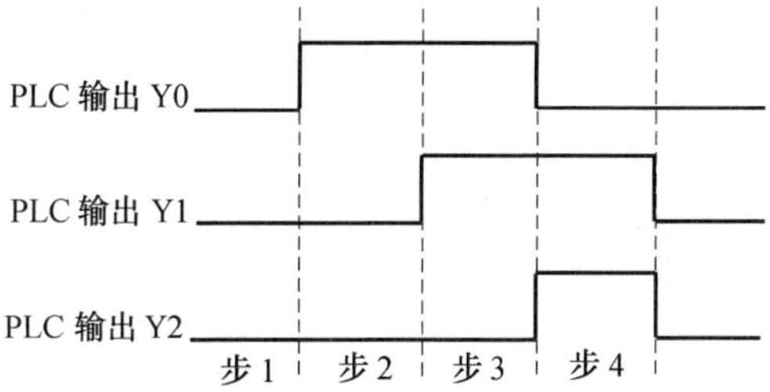

图 10-1　步的划分

（3）步的表示方法

用矩形方框表示各步，方框中是编程元件的
代号，一般用状态元件 S（常用）或辅助继电器 M 代表步。方框中状态器 S 的编号作为该
步的编号，如 S21。

初始步用双线方框表示。

2. 动作

"动作"是指某步处于活动状态时，PLC 向被控对象发出的命令，或被控对象应执行的
动作。步也可以无动作。

（1）动作的表示：用矩形框中的文字或符号表示，该矩形框与相应步的矩形框相连接。

（2）动作的执行：当系统正处于某一步所在的阶段时，该步处于活动状态。步处于活
动时，相应的动作被执行。

（3）保持型动作：若为保持型动作，则该步不活动时继续执行该动作。如 SET、RST 指令。

（4）非保持型动作：若为非保持型动作，则该步不活动时，动作也停止执行。

3. 有向连线

步与步、步与动作之间用有向线连接，使图成为一个整体。有向连线代表了功能表图中

步的活动状态顺序进展的路线和方向。活动状态的进展方向习惯上是从上到下或从左至右，在这两个方向有向连线上的箭头可以省略，反之标出。

4. 转移与转移条件

（1）转移（或转换）

步与步之间的有向连线上与有向连线垂直的一个或多个小短划线表示一个或多个转换。转换将相邻两步分隔开。步的活动状态的进展是由转换的实现来完成的。两个步绝对不能直接相连，必须用一个转换隔开。

（2）转移（或转换）条件

使系统由当前步转入下一步的信号称为转换条件。转换条件可以用文字语言、布尔代数表达式或图形符号标注在表示转换的短横线旁。当条件得到满足时，转换得以实现。

（3）转移条件的来源和形式

转移条件可能是外部输入信号，如按钮、主令开关、限位开关的通/断信号等，也可能是 PLC 内部产生的信号，如定时器、计数器触点的接通/断开等。

转移条件可以是单一的，也可以是若干个信号的与、或、非逻辑组合。转换条件的形式如图 10-2 所示。

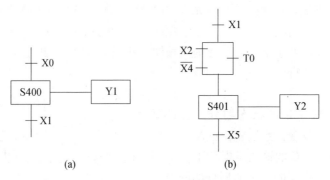

图 10-2　转换条件的形式

（a）单一条件；（b）多条件组合

下面用机械手运动控制简单介绍顺序功能图和状态器 S 的使用。

机械手在运动控制系统中经常使用，它有下降、加紧和上升 3 个动作，如图 10-3 所示。当开始信号 X0 为 ON 时，状态器 S600 被置位（变为 ON），电磁阀 Y1 接通，机械手开始下降，到达下降限位开关 X1 时，X1 接通，状态器 S600 复位（变为 OFF），上一动作结束；S601 被置位，下一动作开始：电磁阀 Y2 接通，开始夹紧工件，加紧到位信号 X2 为 ON 时，S601 被复位，S602 被置位，机械手开始向上运动，当机械手上升到上限位开关 X3 时，S602 被复位，机械手停止。机械手从启动开始，由上至下，随着状态动作的转移，下一状态动作，则上面状态自动返回原状。这样使每一步的工作互不干扰，不必考虑不同步之间元件的互锁，使设计逻辑清晰明了。

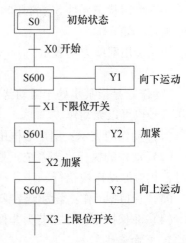

图 10-3　机械手运动控制顺序功能图

10.1.2　顺序功能图基本结构

根据步与步之间状态转移顺序的不同情况，顺序功能图可分成单序列（或单流程）、选择性分支序列、并行序列和跳步、重复和循环序列等几种结构。

1. 单序列

单序列也称为单流程，是指状态转移只可能有一种顺序，没有分支。单序列由一系列相继激活的步组成，每一步的后面仅有一个转换条件，每一个转换条件后面仅有一步。单序列顺序功能图的基本结构如图 10-4 所示。

2. 选择性分支序列

在状态转移图中，一个活动步之后，有多个流程顺序可供选择，从中选择执行某一个流程顺序，这种结构形式的顺序功能图称为选择性分支序列，简称选择序列。

选择的开始称为分支，各个分支都有各自的转换条件；选择的结束称为合并。分支、合并处的转换条件应该标在分支序列上。

FX2N 系列 PLC 一条选择性分支的支路数不能超过 8 条，初始状态对应有多条选择性分支时，每个初始状态的支路总数不能超过 16 条。选择性分支序列顺序功能图的基本结构如图 10-5 所示。

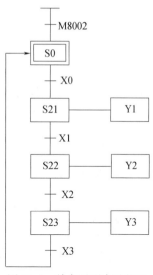

图 10-4　单序列顺序功能图
的基本结构

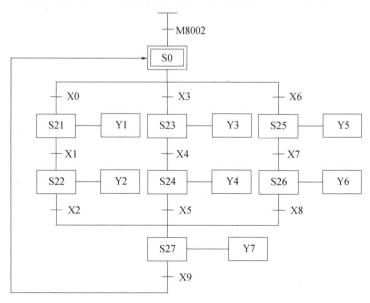

图 10-5　选择性分支序列顺序功能图的基本结构

3. 并行序列

当转换条件的实现导致几个分支序列同时激活时，这些序列称为并行序列。为了强调转换的同步实现，水平连线用双线表示，转移条件应标注在双线之上。并行序列的结束称为合并，在表示同步的水平双线之下，只允许有一个转换符号。

FX2N 系列 PLC 并行分支的支路数不能超过 8 条，初始状态对应有多条并行分支时，每个初始状态的支路总数不能超过 16 条。并行序列顺序功能图的基本结构如图 10-6 所示。

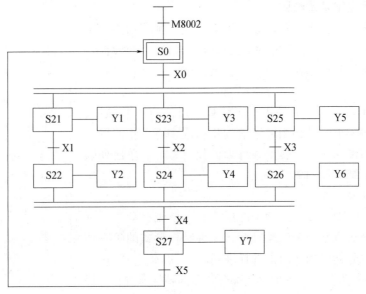

图 10-6　并行序列顺序功能图的基本结构

4. 跳步、重复和循环序列

在实际系统中经常使用跳步、重复和循环序列。这些序列实际上都是选择序列的特殊形式。跳步、重复和循环序列的顺序功能图结构如图 10-7 所示。

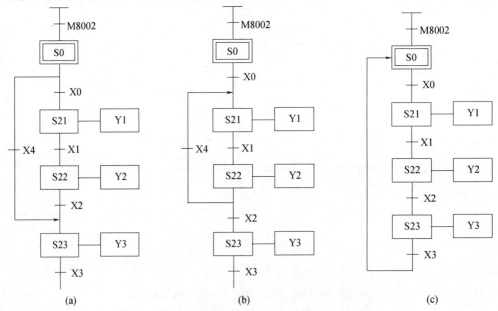

图 10-7　跳步、重复和循环序列的顺序功能图结构

（a）跳步序列；（b）重复序列；（c）循环序列

10.2　步进指令 STL、RET

步进梯形图指令简称步进指令，是专为顺序控制而设计的指令。在工业控制领域，许多

的控制过程都可用顺序控制的方式来实现，使用步进指令实现顺序控制既方便实现，又便于阅读修改。

步进梯形图与状态转移图和指令表是等效的，三者之间可以相互转换。

三菱 FX 系列 PLC 中有两条步进指令：STL 和 RET 指令。

1. STL 指令

STL（Step ladder）：步进接点指令，梯形图中步进接点的符号为┤┠。

STL 是步进开始指令，表示步进接点┤┠与左母线相连。步进接点只有动合接点，没有动断接点。STL 指令有建立子母线的功能，以使该状态的所有操作均在子母线上进行，连接步进接点的其他继电器接点用 LD 或 LDI 指令表示。步进指令的使用如图 10-8 所示。

2. RET 指令

RET（Return）：步进返回指令。

RET 是步进结束指令，用来复位 STL 指令。执行 RET 后将重回主母线，退出步进状态。状态转移程序的结尾必须使用 RET 指令。

3. STL、RET 指令与状态器 S 的配合

STL 和 RET 指令只有与状态器 S 配合才能具有步进功能。使用 STL 指令的状态继电器动合触点为 STL 触点，没有动断 STL 触点。

用状态继电器 S 代表功能图的各步，每一步都具有三种功能：驱动负载、指定转换条件和指定转换目标。

当某一状态步被激活时，如 S20 所代表的步被激活时，状态接点 S20 接通，开始执行本阶段的任务：驱动负载（有时可能没有负载），并判断进入下一步的转换条件是否满足，一旦满足，则结束本步工作，复位 S20，转移到下一步，如 S21 步。RET 指令是用来复位 STL 指令的。执行 RET 后将重回母线，退出步进状态。

如图 10-8 所示，用状态器 S 记录每个状态，X 为转换条件。如当 X1 为 ON 时，则系统由 S20 状态转为 S21 状态。

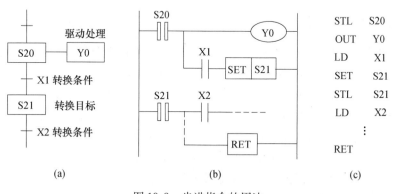

图 10-8　步进指令的用法

（a）状态转换图；（b）步进梯形图；（c）指令表

4. 步进指令的编程注意事项

（1）状态编程顺序为：先进行驱动，再进行转移，不能颠倒。

（2）STL 触点是与左侧母线相连的动合触点，当某一步的转换条件满足时，该步被激活，STL 触点接通，执行本步的任务：驱动负载、指定转换条件和指定转移目标。

（3）STL 触点后的状态转移条件成立时，实现状态转换，则下一个 STL 步被激活，原来的活动步对应的 STL 线圈在状态转换成功的第二个扫描周期被系统程序自动复位。因此使用 STL 指令编程时不考虑前级步的复位问题。

（4）负载的驱动，状态转移条件可能为多个元件的逻辑组合，视具体情况，按串、并联关系处理。

（5）驱动负载使用 OUT 指令。当同一负载需要连续多个状态驱动，可使用多重输出，也可使用 SET 指令将负载置位，等到负载不需驱动时用 RST 指令将其复位。

（6）由于 PLC 只执行活动步对应的电路块，所以使用 STL 指令时允许双线圈输出（即在不同的步可多次驱动同一线圈）；但对于定时器和计数器，相邻两步来不及复位，会同时被激活，输出线圈不断电，故相邻状态使用的 T、C 元件编号不能相同，如图 10-9 所示。

（7）在状态转移过程中，在瞬间（一个扫描周期内）有可能出现两种状态（如两个相邻状态）同时接通，因此，为了避免不能同时接通的一对输出同时接通，必须设置外部硬接线互锁或软件互锁。如图 10-10 所示，三相异步电动机正反转控制线圈不能同时接通，需要互锁。

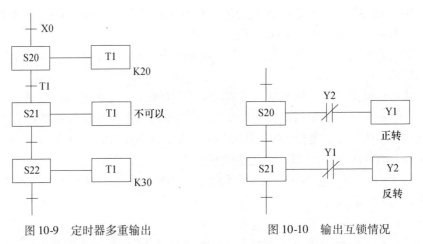

图 10-9　定时器多重输出　　　　　　图 10-10　输出互锁情况

（8）RET 指令使 LD 点返回左侧母线。在每条 STL 步进指令后不必都加一条 RET 指令，各个 STL 触点驱动的电路一般放在一起，一系列 STL 指令的后面，在步进程序的结尾处必须使用 RET 指令，表示步进顺控功能结束。

（9）状态器编号不能重复使用。

（10）在 STL 与 RET 指令之间不能使用 MC、MCR 指令。

（11）STL 指令内可以使用 CJ 跳转指令，但由于动作复杂，不建议使用。

（12）在中断程序和子程序内，不能使用 STL 指令。

（13）状态转移用 SET 或 OUT 指令：连续向下的状态转换用 SET 指令，否则用 OUT 指令。如顺序不连续转移，向上转移（称重复）、向非相连的下面转移或向其他流程状态转移（称跳转），要用 OUT 指令进行状态转移。

（14）STL 触点后状态内的母线，写入 LD 或 LDI 指令后，对不需要触点的驱动就不能再编程，需要按图 10-11 的方式进行变换。图 10-11（a）中，元件 Y2 前面没有触点，无法编程，可以变换一下位置，如图 10-11（b），或人为加上触点之后程序才能执行，如图 10-11（c）所示。

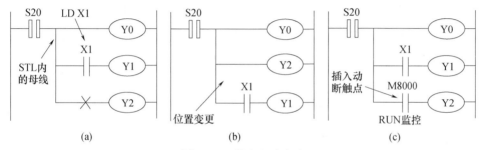

图 10-11　输出驱动方式

（a）Y2 前无触点；（b）Y1 与 Y2 换位；（c）Y2 前有触点

（15）在顺控状态内，MPS/MRD/MPP 指令不能直接与 STL 内母线相连，如图 10-12 所示，而应在 LD 或 LDI 指令以后使用，所以在图中加入了 X4 触点。

（16）最后返回初始步时，既可以对初始状态元件使用 SET 指令，也可以使用 OUT 指令。

（17）初始状态可由其他状态驱动，但运行开始必须用其他方法预先做好驱动，否则状态流程不可能向下进行。一般用系统的初始条件，若无初始条件，可用 M8002（PLC 从 STOP→RUN 切换时的初始脉冲）进行驱动。

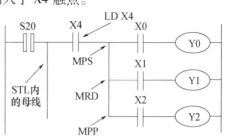

图 10-12　MPS/MRD/MPP 指令在
顺控状态内使用

（18）需在停电恢复后继续原状态运行时，可使用 S500 ~ S899 停电保持状态元件。

10.3　顺序功能图编程

顺序功能图（SFC）的设计编程方法和步骤是：

（1）将整个控制过程按任务要求进行分解，确定顺序功能图结构，划分工序或阶段，从而将整个控制过程分解为不同的状态（即步），并给每一步分配状态继电器。

（2）搞清楚每个状态的功能和作用。

确定每个状态的负载和驱动方式。状态的功能是通过 PLC 驱动各种负载来完成的，负载可由状态元件直接驱动，也可由其他软触点的逻辑组合驱动。

（3）找出每个状态的转移条件和方向，即在什么条件下将下一个状态"激活"。状态的转移条件可以是单一的触点，也可以是多个触点的串、并联电路的组合。

（4）画出顺序功能图。

（5）将顺序功能图转换成梯形图。

（6）写出指令表。

10.3.1　单序列顺序功能图编程

单序列顺序功能图的状态转移只有一种顺序。编程原则为：先进行负载驱动处理，然后进行状态转移处理。

图 10-13（a）是一个单序列顺序功能图，图 10-13（b）、（c）是转换后的梯形图和指令表程序。PLC 由停止→启动运行切换瞬间使 M8002 接通，初始步状态器 S0 置 1，程序开始顺序执行。转换条件 X3 后语句"SET S0"也可用"OUT S0"。

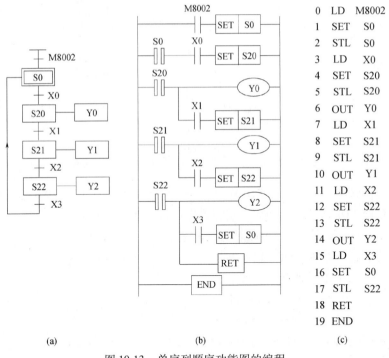

0	LD	M8002
1	SET	S0
2	STL	S0
3	LD	X0
4	SET	S20
5	STL	S20
6	OUT	Y0
7	LD	X1
8	SET	S21
9	STL	S21
10	OUT	Y1
11	LD	X2
12	SET	S22
13	STL	S22
14	OUT	Y2
15	LD	X3
16	SET	S0
17	STL	S22
18	RET	
19	END	

(a)　　　　　　　　　　(b)　　　　　　　　　　(c)

图 10-13　单序列顺序功能图的编程

（a）顺序功能图；（b）梯形图；（c）指令表

10.3.2　选择序列顺序功能图编程

选择序列顺序功能图有多个流程顺序，从中选择执行一个分支流程。其编程原则是先集中处理分支状态，然后再集中处理汇合状态。进行分支状态编程时先进行分支状态的驱动处理，再依顺序进行转移处理。

汇合状态的编程方法是先进行汇合前状态的驱动处理，再依顺序进行向汇合状态的转移处理。

图 10-14 是选择序列顺序功能图、梯形图和指令表。该状态转移图有三个分支流程，根据不同的转移条件（X0，X1，X2），选择执行其中一个条件满足的分支流程。

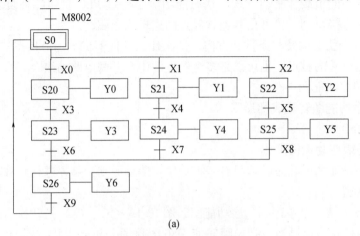

(a)

图 10-14　选择序列顺序功能图的编程

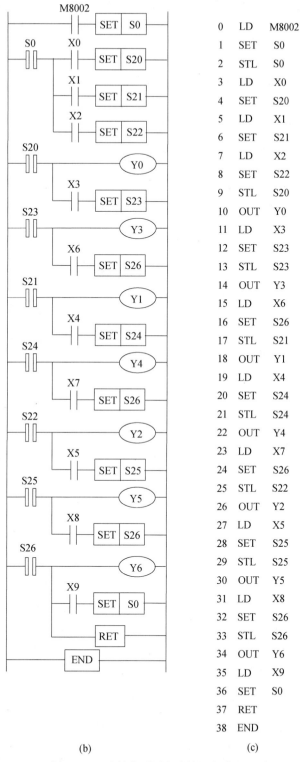

0	LD	M8002
1	SET	S0
2	STL	S0
3	LD	X0
4	SET	S20
5	LD	X1
6	SET	S21
7	LD	X2
8	SET	S22
9	STL	S20
10	OUT	Y0
11	LD	X3
12	SET	S23
13	STL	S23
14	OUT	Y3
15	LD	X6
16	SET	S26
17	STL	S21
18	OUT	Y1
19	LD	X4
20	SET	S24
21	STL	S24
22	OUT	Y4
23	LD	X7
24	SET	S26
25	STL	S22
26	OUT	Y2
27	LD	X5
28	SET	S25
29	STL	S25
30	OUT	Y5
31	LD	X8
32	SET	S26
33	STL	S26
34	OUT	Y6
35	LD	X9
36	SET	S0
37	RET	
38	END	

(b)　　　　　　　　　　　　(c)

图 10-14　选择序列顺序功能图的编程（续）

（a）顺序功能图；（b）梯形图；（c）指令表

PLC 由停止→启动运行切换瞬间使 M8002 接通，初始步状态器 S0 置 1，程序开始执行，按 S20、S21、S22 的顺序进行转移处理。依次将 S20、S23、S21、S24、S22、S25 的输出进行处理，然后按顺序进行从 S23（第一分支）、S24（第二分支）、S25（第三分支）向 S26 的转移。S26 为汇合状态，可由 S23、S24、S25 任一状态驱动。

10.3.3　并行序列顺序功能图编程

并行序列顺序功能图有多个流程分支可同时执行，编程原则是先集中进行并行性分支的转移处理，然后处理每条分支的内容，最后再集中进行汇合处理。

图 10-15 是并行序列顺序功能图、梯形图和指令表。该顺序功能图有三个分支流程。

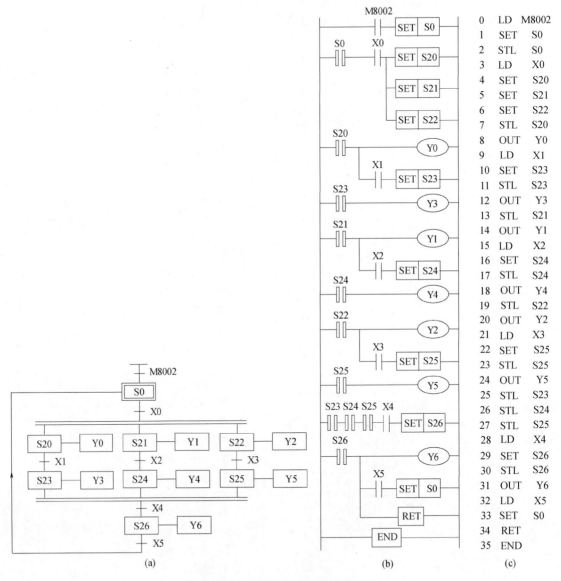

图 10-15　并行序列顺序功能图的编程

（a）顺序功能图；（b）梯形图；（c）指令表

PLC 由停止→启动运行切换瞬间使 M8002 接通，初始步状态器 S0 置 1，程序开始执行，当转移条件 X0 为 ON，三个顺序流程同时执行。S26 为汇合状态，等三个分支流程动作全部完成时，一旦 X4 为 ON，S26 就激活。若其中一个分支没有执行完，S26 就不可能开启。

10.4　步进指令编程实例

10.4.1　台车自动运行控制

1. 控制要求

台车在启动前位于导轨的中部，如图 10-16 所示。控制要求如下：

（1）按下启动按钮 SB，台车电动机 M 正转，台车前进，碰到限位开关 SQ1 后，台车电动机 M 反转，台车后退。

（2）台车后退碰到限位开关 SQ2 后，台车电动机 M 停转，台车停车，停 10s，第二次前进，碰到限位开关 SQ3，台车电动机 M 反转，台车再次后退。

（3）当后退再次碰到限位开关 SQ2 时，台车停止。

2. 台车运行控制主电路

台车运行控制主电路如图 10-17 所示。台车运行电动机为三相异步电动机，台车往返控制的主电路其实就是三相交流异步电动机正反转控制的主电路。

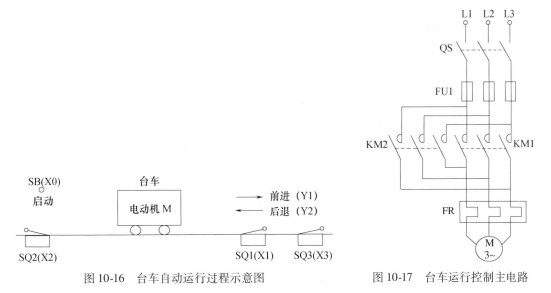

图 10-16　台车自动运行过程示意图　　　　图 10-17　台车运行控制主电路

3. 用 PLC 实现台车自动运行控制的设计

（1）I/O 接口分配

根据控制要求，本设计的输入输出均为开关量信号，作为 PLC 输入的开关量信号（DI）为：启、停按钮的触点和限位开关的触点；PLC 输出的开关量（DO）信号为：电动机正转 Y1、电动机反转 Y2。I/O 接口分配表如表 10-2 所示。

表 10-2　I/O 分配表

输入信号（DI）			输出信号（DO）		
接点名称	功能	PLC 地址	负载名称	功能	PLC 地址
SB	启动按钮	X0	KM1	台车电动机 正转接触器	Y1

续表

输入信号（DI）			输出信号（DO）		
接点名称	功能	PLC 地址	负载名称	功能	PLC 地址
SQ1	前限位开关 1	X1	KM2	台车电动机反转接触器	Y2
SQ2	后限位开关	X2			
SQ3	前限位开关 2	X3			

（2）I/O 接线图

台车自动运行 PLC 控制 I/O 接线图如图 10-18 所示。

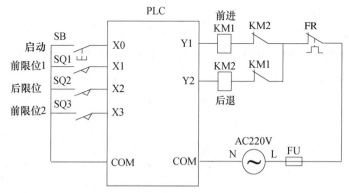

图 10-18　台车自动运行 PLC 控制 I/O 接线图

（3）台车自动运行控制顺序功能图（SFC）、梯形图和指令表

将整个过程按任务要求分解，其中的每个工序均对应一个状态，并分配状态元件。状态分配表如表 10-3 所示。

表 10-3　状态分配表

状态元件	状态说明	转移条件	负载名称	负载功能
S0	初始状态	启动按钮 SB-X0		
S20	前进	前限位开关 1 SQ1-X1	Y1	台车电动机正转接触器
S21	后退	后限位开关 SQ2-X2	Y2	台车电动机反转接触器
S22	延时	T0 延时接通	T0	时间继电器，延时 10s
S23	前进	前限位开关 2 SQ3-X3	Y1	台车电动机正转接触器
S24	后退	后限位开关 SQ2-X2	Y2	台车电动机反转接触器

台车自动运行控制顺序功能图（SFC）、梯形图和指令表如图 10-19 所示。

当 PLC 由停止→开始运行瞬间 M8002 接通，系统进入初始状态，然后按照控制要求进行状态切换。

10.4.2　机械手自动控制

1. 机械手功能

机械手的功能是将工件从 A 处移送到 B 处。机械手的控制要完成上升、下降、左移、右移、夹紧和松开六个动作。机械手的工作示意如图 10-20 所示。机械手的原位在左上。

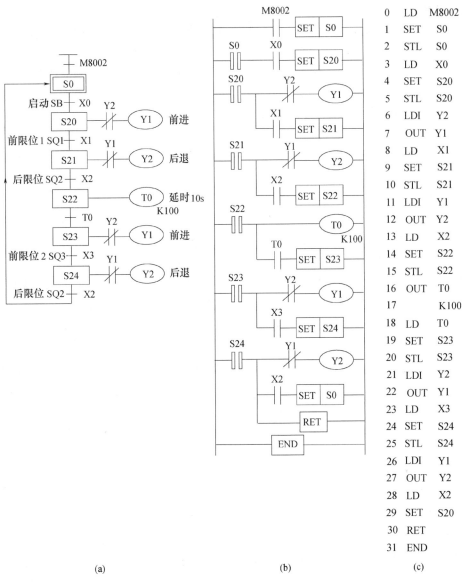

0	LD	M8002
1	SET	S0
2	STL	S0
3	LD	X0
4	SET	S20
5	STL	S20
6	LDI	Y2
7	OUT	Y1
8	LD	X1
9	SET	S21
10	STL	S21
11	LDI	Y1
12	OUT	Y2
13	LD	X2
14	SET	S22
15	STL	S22
16	OUT	T0
17		K100
18	LD	T0
19	SET	S23
20	STL	S23
21	LDI	Y2
22	OUT	Y1
23	LD	X3
24	SET	S24
25	STL	S24
26	LDI	Y1
27	OUT	Y2
28	LD	X2
29	SET	S20
30	RET	
31	END	

(a)　　　　　　　　　　　(b)　　　　　　　　　(c)

图 10-19　台车自动运行控制的编程

（a）顺序功能图（SFC）；（b）梯形图；（c）指令表

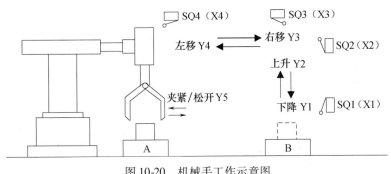

图 10-20　机械手工作示意图

2. 控制说明

（1）机械手的上升、下降和左移、右移分别由不同的双线圈电磁阀来实现，电磁阀线圈失电时能保持原来的状态，必须驱动反向的线圈才能反向运动。

（2）上升、下降的电磁阀线圈分别为 YV2、YV1；右移、左移的电磁阀线圈为 YV3、YV4。

（3）机械手的夹钳由单线圈电磁阀 YV5 来实现，线圈通电时夹紧工件，线圈断电时松开工件。

（4）机械手夹紧和松开动作的转换是由时间继电器来控制的，延时时间要确保工件被夹紧或完全松开，延时时间为 2s。

（5）机械手的下降、上升、右移、左移的限位由行程开关 SQ1、SQ2、SQ3、SQ4 来实现。

3. 机械手一个运动周期的动作过程

按下启动按钮 SB，机械手开始下降，当到达下限位置时，行程开关 SQ1 闭合，机械手下降动作停止；然后夹紧动作开始，延时 2s 后机械手开始上升，当到达上限位置时，行程开关 SQ2 闭合，机械手上升动作停止；同时右移动作开始，当到达右限位置时，行程开关 SQ3 闭合，机械手右移动作停止；同时下降动作开始，当到达下限位置时，行程开关 SQ1 再次闭合，机械手下降动作停止；同时放松工件的动作开始，并延时 2s，之后机械手将再次完成上升动作和左移到原始位置，当行程开关 SQ4 闭合时，机械手的一个运动周期结束。

4. 机械手自动工作方式

机械手的自动工作方式分为单周期和循环工作方式。

单周期工作方式：按下启动按钮，从原位开始，机械手按工序自动完成一个周期的动作后停在原位。

循环工作方式：机械手在原位时，按下启动按钮，机械手自动循环地执行周期动作。

5. 用 PLC 实现机械手自动控制的设计

（1）I/O 接口分配

根据控制要求，本设计的输入输出均为开关量信号，作为 PLC 输入的开关量信号（DI）为：启动按钮 SB 的触点和 SQ1 ~ SQ4 限位开关的触点；PLC 输出的开关量（DO）信号为：机械手下降 Y1、上升 Y2、向右 Y3、向左 Y4、夹紧/松开 Y5。I/O 接口分配表如表 10-4 所示。

表 10-4　I/O 分配表

输入信号（DI）			输出信号（DO）		
接点名称	功能	PLC 地址	负载名称	功能	PLC 地址
SB	起动按钮	X0	YV1	下降电磁阀线圈	Y1
SQ1	下限位开关	X1	YV2	上升电磁阀线圈	Y2
SQ2	上限位开关	X2	YV3	右移电磁阀线圈	Y3
SQ3	右限位开关	X3	YV4	左移电磁阀线圈	Y4
SQ4	左限位开关	X4	YV5	夹紧/松开电磁阀线圈	Y5
SA	单周期工作	X5			
SA	自动循环工作	X6			

（2）I/O 接线图

机械手 PLC 控制 I/O 接线图如图 10-21 所示。

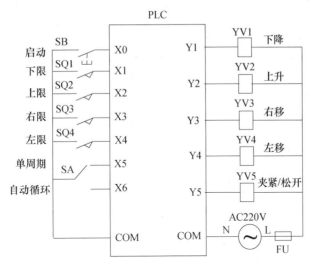

图 10-21　机械手 PLC 控制 I/O 接线图

（3）机械手 PLC 控制顺序功能图（SFC）、梯形图和指令表

将整个过程按任务要求分解，其中的每个工序均对应一个状态，并分配状态元件。状态分配表如表 10-5 所示。

表 10-5　状态分配表

状态元件	状态说明	转移条件	负载名称	负载功能
S0	初始状态	启动按钮 SB-X0		
S20	下降	下限位开关　SQ1-X1	Y1	下降电磁阀线圈
S21	夹紧	T0 延时 2s 接通	Y5	夹紧/松开电磁阀线圈
S22	上升	上限位开关　SQ2-X2	Y2	上升电磁阀线圈
S23	右移	右限位开关　SQ3-X3	Y3	右移电磁阀线圈
S24	下降	下限位开关　SQ1-X1	Y1	下降电磁阀线圈
S25	松开	T1 延时 2s 接通	Y5	夹紧/松开电磁阀线圈
S26	上升	上限位开关　SQ2-X2	Y2	上升电磁阀线圈
S27	左移	左限位开关　SQ4-X4	Y4	左移电磁阀线圈

机械手 PLC 控制顺序功能图（SFC）、梯形图和指令表如图 10-22 所示。

当 PLC 由停止→开始运行瞬间 M8002 接通，系统进入初始状态，然后按照控制要求进行状态切换。

10.4.3　十字路口交通信号灯的控制

在十字路口的南、北方向和东、西方向各设置有红、绿、黄三个信号灯，控制系统设有一个工作开关，开关合上后系统开始工作，信号灯按要求进行工作。

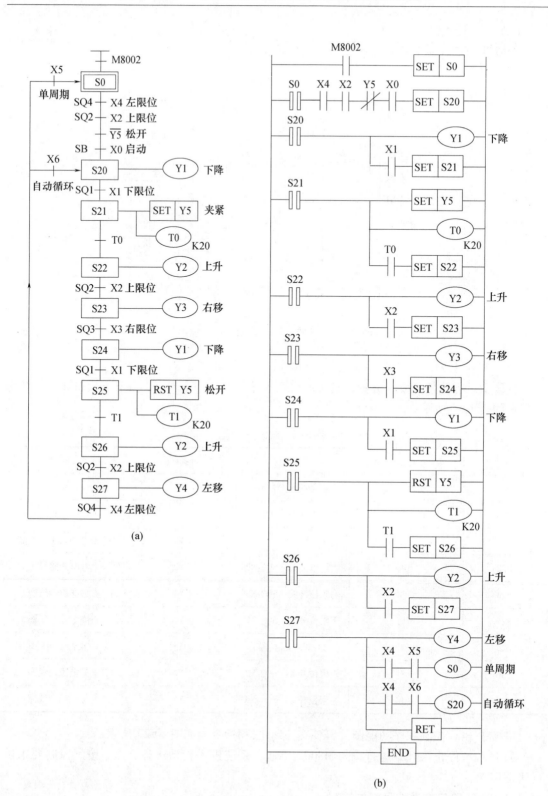

图 10-22　机械手自动运行控制的编程

0	LD	M8002	26	STL	S24
1	SET	S0	27	OUT	Y1
2	STL	S0	28	LD	X1
3	LD	X4	29	SET	S25
4	AND	X2	30	STL	S25
5	ANI	Y5	31	RST	Y5
6	AND	X0	32	OUT	T1
7	SET	S20	33		K20
8	STL	S20	34	LD	T1
9	OUT	Y1	35	SET	S26
10	LD	X1	36	STL	S26
11	SET	S21	37	OUT	Y2
12	STL	S21	38	LD	X2
13	SET	Y5	39	SET	S27
14	OUT	T0	40	STL	S27
15		K20	41	OUT	Y4
16	LD	T0	42	LD	X4
17	SET	S22	43	AND	X5
18	STL	S22	44	OUT	S0
19	OUT	Y2	45	LD	X4
20	LD	X2	46	AND	X6
21	SET	S23	47	OUT	S20
22	STL	S23	48	RET	
23	OUT	Y3	49	END	
24	LD	X3			
25	SET	S24			

(c)

图 10-22　机械手自动运行控制的编程（续）

（a）顺序功能图（SFC）；（b）梯形图；（c）指令表

1. 交通灯的控制要求如下：

工作开关合上后：

（1）南北红灯点亮并持续 25s，同时东西绿灯也点亮并维持 20s，到 20s 时，东西方向绿灯闪烁 3s，然后熄灭。在东西方向绿灯熄灭的同时，东西方向黄灯点亮并维持 2s，到 2s 时，东西方向黄灯熄灭，然后东西方向红灯点亮。同时南北方向红灯熄灭，绿灯点亮。

（2）东西方向红灯点亮持续 30s，南北方向绿灯点亮维持 25s，然后闪烁 3s 后熄灭。同时南北方向黄灯点亮并持续 2s 后熄灭，完成一个循环周期。

接下去重复上述工作，周而复始，直到工作开关打开为止。工作开关打开后，所有信号灯均熄灭。信号灯工作时序图如图 10-23 所示。

2. 用 PLC 实现十字路口交通信号灯自动控制的设计

（1）I/O 接口分配

根据控制要求，本设计的输入输出均为开关量信号，作为 PLC 输入的开关量信号（DI）为：工作开关 SH 的触点；PLC 输出的开关量（DO）信号为：Y1～Y6 南、北、东、西各个交通信号灯。I/O 接口分配表如表 10-6 所示。

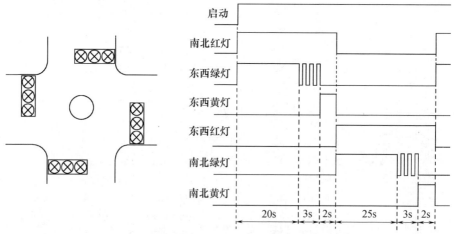

图 10-23　十字路口交通信号灯示意图和工作时序图

表 10-6　I/O 分配表

输入信号（DI）			输出信号（DO）		
接点名称	功能	PLC 地址	负载名称	功能	PLC 地址
SH	工作开关	X0	HGS、HGN	南北绿灯	Y1
			HYS、HYN	南北黄灯	Y2
			HRS、HRN	南北红灯	Y3
			HGE、HGW	东西绿灯	Y4
			HYE、HYW	东西黄灯	Y5
			HRE、HRW	东西红灯	Y6

（2）I/O 接线图

交通灯 PLC 控制 I/O 接线图如图 10-24 所示。

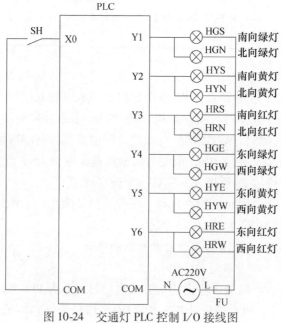

图 10-24　交通灯 PLC 控制 I/O 接线图

（3）交通信号灯 PLC 控制顺序功能图（SFC）、梯形图和指令表

将整个过程按任务要求分解，其中的每个工序均对应一个状态，并分配状态元件。状态分配表如表 10-7 所示。

表 10-7　状态分配表

状态元件	状态说明	转移条件	负载名称	负载功能
S0	初始状态	开关 SH 合上 SH-X0		
S20	南北红灯、东西绿灯	20s 定时器 T1 接通	Y3、Y4	南北红灯、东西绿灯
S21	南北红灯、东西绿灯闪烁	3s 定时器 T2 接通	Y3、Y4	南北红灯、东西绿灯
S22	南北红灯、东西黄灯	2s 定时器 T3 接通	Y3、Y5	南北红灯、东西黄灯
S23	东西红灯、南北绿灯	25s 定时器 T4 接通	Y6、Y1	东西红灯、南北绿灯
S24	东西红灯、南北绿灯闪烁	3s 定时器 T5 接通	Y6、Y1	东西红灯、南北绿灯
S25	东西红灯、南北黄灯	2s 定时器 T6 接通	Y6、Y2	东西红灯、南北黄灯

交通信号灯 PLC 控制顺序功能图（SFC）、梯形图和指令表如图 10-25 所示。

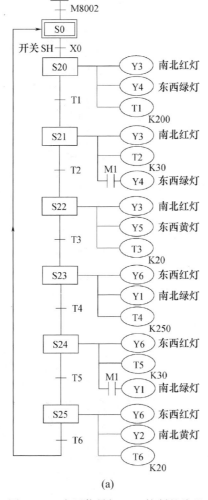

(a)

图 10-25　交通信号灯 PLC 控制的编程

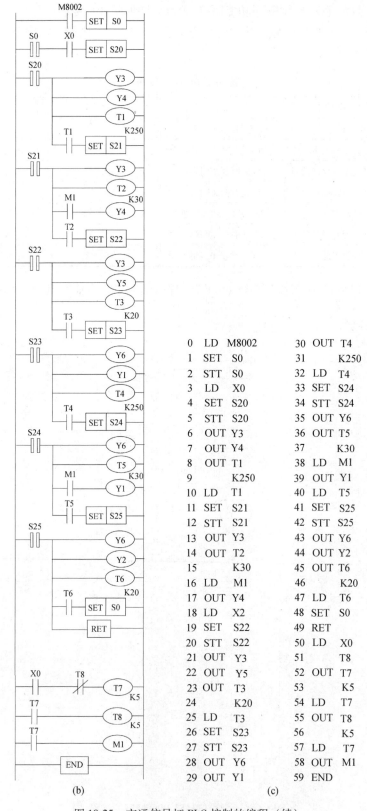

0	LD	M8002	30	OUT	T4
1	SET	S0	31		K250
2	STT	S0	32	LD	T4
3	LD	X0	33	SET	S24
4	SET	S20	34	STT	S24
5	STT	S20	35	OUT	Y6
6	OUT	Y3	36	OUT	T5
7	OUT	Y4	37		K30
8	OUT	T1	38	LD	M1
9		K250	39	OUT	Y1
10	LD	T1	40	LD	T5
11	SET	S21	41	SET	S25
12	STT	S21	42	STT	S25
13	OUT	Y3	43	OUT	Y6
14	OUT	T2	44	OUT	Y2
15		K30	45	OUT	T6
16	LD	M1	46		K20
17	OUT	Y4	47	LD	T6
18	LD	X2	48	SET	S0
19	SET	S22	49	RET	
20	STT	S22	50	LD	X0
21	OUT	Y3	51		T8
22	OUT	Y5	52	OUT	T7
23	OUT	T3	53		K5
24		K20	54	LD	T7
25	LD	T3	55	OUT	T8
26	SET	S23	56		K5
27	STT	S23	57	LD	T7
28	OUT	Y6	58	OUT	M1
29	OUT	Y1	59	END	

(b) (c)

图 10-25　交通信号灯 PLC 控制的编程（续）

（a）顺序功能图（SFC）；（b）梯形图；（c）指令表

当 PLC 由停止→开始运行瞬间 M8002 接通，系统进入初始状态，然后按照控制要求进行状态切换。

思考题与习题

1. 说明步进顺控的编程思想和适用场合。
2. 说明状态三要素和在状态转移图中的表达方法。
3. FX 系列 PLC 的步进指令有几条？其主要用途是什么？
4. 有一个选择性分支状态转移图如图 10-26 所示，请对其进行编程。
5. 有一个选择性分支状态转移图如图 10-27 所示，请对其进行编程。

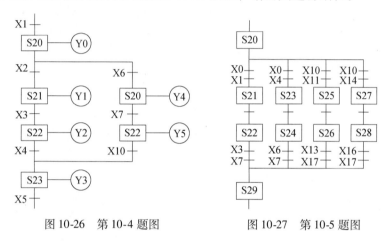

图 10-26　第 10-4 题图　　　　　图 10-27　第 10-5 题图

6. 有一个并行分支状态转移图如图 10-28 所示，请对其进行编程。
7. 有一个状态转移图如图 10-29 所示，请对其进行编程。

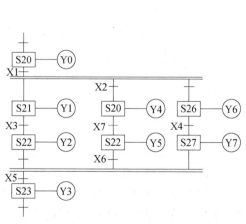

图 10-28　第 10-6 题图

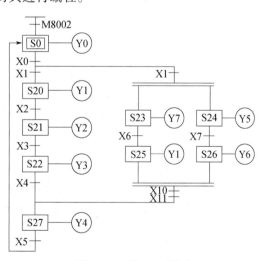

图 10-29　第 10-7 题图

8. 某一冷加工自动生产线有一个钻孔动力头，如图 10-30 所示，动力头的加工过程如下，请设计其状态转移图，并用步进顺控指令进行编程。

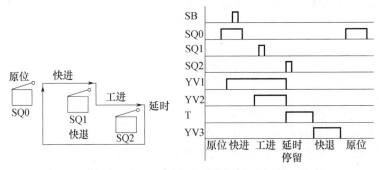

图 10-30　钻孔动力头动作顺序及时序图

（1）动力头在原位，加上启动信号（SB）接通电磁阀 YV1，动力头快进。

（2）动力头碰到限位开关 SQ1 后，接通电磁阀 YV1、YV2，动力头由快进转为工进。

（3）动力头碰到限位开关 SQ2 后，开始延时，时间为 10s。

（4）当延时时间到，接通电磁阀 YV3，动力头快退。

（5）动力头回原位后，停止。

9. 四台电动机 M1～M4 动作时序如图 10-31 所示，M1 的循环动作周期为 34s，M1 动作 10s 后 M2、M3 启动，M1 动作 15s 后，M4 动作，M2、M3、M4 的循环动作周期为 34s，请设计其状态转移图，并用步进顺控指令进行编程。

10. 有一小车运行过程如图 10-32 所示。小车原位在后退终端，当小车压下后限位开关 SQ1 时，按下启动按钮 SB，小车前进，当运行至料斗下方时，前限位开关 SQ2 动作，此时打开料斗给小车加料，延时 8s 后关闭料斗，小车后退返回，SQ1 动作时，打开小车底门卸料，6s 后结束，完成一次动作，如此循环。请用状态编程思想设计其状态转移图。

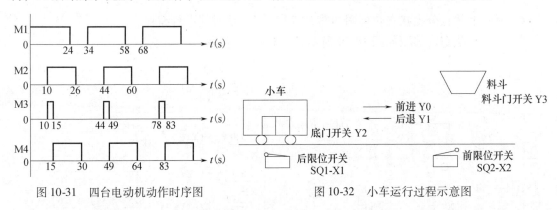

图 10-31　四台电动机动作时序图　　　　图 10-32　小车运行过程示意图

11. 某注塑机，用于热塑性塑料的成型加工。它借助于 8 个电磁阀 YV1～YV8 完成注塑各工序。若注塑模在原点 SQ1 动作，按下启动按钮 SB，通过 YV1、YV3 将模子关闭，限位开关 SQ2 动作后表示模子关闭完成，此时由 YV2、YV8 控制射台前进，准备射入热塑料，限位开关 SQ3 动作后表示射台到位，YV3、YV7 动作开始注塑，延时 10s 后 YV7、YV8 动作进行保压，保压 5s 后，由 YV1、YV7 执行预塑，等加料限位开关 SQ4 动作后由 YV6 执行射台的后退，由 YV2、YV4 执行开模，限位开关 SQ6 动作后开模完成，YV3、YV5 动作使顶针前进，将塑料件顶出，顶针终止限位 SQ7 动作后，YV4、YV5 使顶针后退，顶针后退限位 SQ8 动作后，动作结束，完成一个工作循环，等待下一次启动。请用状态编程思想设计其状态转移图。

第 11 章　三菱 FX 系列 PLC 功能指令及编程实例

早期的 PLC 大多用于开关量控制，基本指令和步进指令已经能满足控制要求。为满足控制系统在模拟量控制、数据通信等方面要求，实现数据处理、算术运算、高速处理等功能，从 20 世纪 80 年代开始，PLC 生产厂家逐步在小型 PLC 上增设了大量的功能指令（也称应用指令），大大拓宽了 PLC 的应用范围，也给用户编制程序带来了极大方便。数据处理比逻辑处理复杂得多，功能指令无论从梯形图的表达形式上还是涉及的机内的种类及信息的数量上都有一定的特殊性。FX 系列 PLC 有多达 100 多条功能指令，由于篇幅的限制，本章仅对比较常用的功能指令做较详细介绍，其余的指令只做简介，读者可参阅 FX 系列 PLC 编程手册。

11.1　功能指令概述

11. 1. 1　功能指令表示格式

功能指令表示格式与基本指令不同。FX 系列可编程序控制器采用计算机通用的助记符形式来表示功能指令。一般用指令的英文名称或缩写作为助记符，功能指令用编号 FNC00 ～ FNC294 表示。

功能指令表示格式如图 11-1 所示。其梯形图由四部分组成：执行条件、功能指令助记符、源操作数、目标操作数。有的功能指令没有操作数，而大多数功能指令有 1～4 个操作数。[S]（Source）表示源操作数，[D]（Destination）表示目标操作数，如果使用变址功能，则可表示为 [S·] 和 [D·]。当源或目标不止一个时，用 [S1·]、[S2·]、[D1·]、[D2·] 表示。用 n 和 m 表示其他操作数，它们常用来表示常数 K 和 H，或作为源和目标操作数的补充说明，当这样的操作数多时可用 n1、n2 和 m1、m2 等来表示。

图 11-1　功能指令表示格式

图 11-1 是一个计算平均值指令，它有三个操作数，源操作数为 D0、D1、D2，目标操作数为 D4Z0（Z0 为变址寄存器），K3 表示有 3 个数，当 X0 接通时，执行的操作为 [（D0）+（D1）+（D2）]/3→（D4Z0），如果 Z0 的内容为 10，则运算结果送入 D14 中。

功能指令的功能号和指令助记符占一个程序步，16 位操作数占 2 步，32 位操作数占 4 步。图 11-1 同时列出了功能指令 MEAN 的指令语句表程序。

11. 1. 2　功能指令执行方式

功能指令有连续执行和脉冲执行两种类型。如图 11-2 所示，指令助记符 MOV 后面有 "P" 表示脉冲执行，仅在 X1 由断开到接通（即由 OFF 到 ON）时执行一次，将 D20 中的数据送到 D24 中；如果没有 "P" 则表示连续执行，即该在 X1 接通（ON）的每一个扫

图 11-2　功能指令执行方式

描周期指令都要被执行。

11.1.3　功能指令数据长度

功能指令可处理 16 位数据或 32 位数据。处理 32 位数据的指令是在助记符前加"D"标志，无此标志即为处理 16 位数据的指令。

如图 11-3 中，助记符 MOV 之前有"（D）"，表示处理 32 位数据，这时相邻的两元件组成元件对，该指令将 D21、D20 中的数据传送到 D25、D24。处理 32 位数据时，为了避免出现错误，建议使用首地址为偶数的操作数。无"（D）"时，表示处理 16 位数据。

注意：32 位计数器（C200～C255）的一个软元件为 32 位，不可作为处理 16 位数据指令的操作数使用。

11.1.4　功能指令数据格式

1. 位元件与字元件

只处理 ON/OFF 状态的软元件称为位元件，例如 X、Y、M 和 S 软继电器。处理数据的软元件称为字元件，如定时器和计数器的当前值 T、C 和数据寄存器 D 等，一个字由 16 位二进制数组成，位元件也可以组成字元件来进行数据处理。

2. 位元件的组合

位元件可以通过组合来使用，相邻的 4 位元件组成一个单元，它由 Kn 加首位元件号来表示，其中 n 为组数，16 位操作数时 n = 1～4，32 位操作数时 n = 1～8。例如 K2M0 表示由 M0～M7 组成的两个位元件组，M0 为数据的最低位（首位）；K4S10 表示由 S10～S25 组成的 16 位数据，S10 为最低位。如果将 16 位数据传送到不足 16 位的位元件组合（n < 4）时，只传送低位数据，多出的高位数据不传送，32 位数据传送也一样。在做 16 位数操作时，参与操作的位元件不足 16 位时，高位的不足部分均做 0 处理，这意味着只能处理正数（符号位为 0），在做 32 位数处理时也一样。被组合的元件首位元件可以任意选择，但为避免混乱，建议采用编号以 0 结尾的元件，如 S10、X0、X20 等。

3. 数据格式

在 FX 系列 PLC 内部，数据是以二进制补码的形式存储的，所有的四则运算都使用二进制数。二进制补码的最高位为符号位，正数的符号位为 0，负数的符号位为 1。

为更精确地进行运算，FX 系列 PLC 中提供了二进制浮点运算和十进制浮点运算，设有将二进制浮点数与十进制浮点数相互转换的指令。二进制浮点数采用编号连续的一对数据寄存器表示。

11.1.5　变址寄存器 V、Z

在传送、比较指令中，变址寄存器 V、Z 用来修改操作对象的元件号，其操作方式与普通数据寄存器一样。在循环程序中常使用变址寄存器。对 32 位指令，V 为高 I6 位，Z 为低 16 位。32 位指令中使用变址指令只需指定 Z，这时 Z 就能代表 V 和 Z。在 32 位指令中，V、Z 自动组对使用。

变址寄存器的使用如图 11-4 所示，图中的 X0、X1、X2 触点接通时，常数 10 送到 V0，常数 20 送到 Z1，ADD 指令完成运算（D5V0）+（D15Z1）～（D40Z1），即（D15）+（D35）→（D60）。

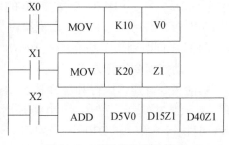

图 11-4　变址寄存器的使用

11.2　功能指令及使用

FX 系列 PLC 有丰富的功能指令，可以分成程序流向控制、传送与比较、算术与逻辑运算、循环与移位、数据处理、高速处理等几类功能指令。

11.2.1　程序流向控制指令 FNC00 ~ FNC09

程序流向控制指令（FNC00 ~ FNC09）包括 CJ（条件跳转）、CALL（子程序调用）、SRET（子程序返回）、IRET（中断返回）、EI、DI（中断允许与中断禁止）、FEND（主程序结束）、WDT（监控定时器刷新）、FOR（循环开始）和 NEXT（循环结束）指令。

1. 条件跳转指令 FNC00

条件跳转指令 CJ（Conditional Jump）和 CJ（P）用于跳过顺序程序中的某一部分，以减少扫描时间，提高程序执行速度。条件跳转指令的功能指令编号为 FNC00，操作数为指针标号 P0 ~ P127，其中 P63 是 END 所在步序，不需要标记。指针标号允许用变址寄存器修改。CJ 和 CJ（P）指令占 3 个程序步，指针标号占一个程序步。

条件跳转指令的使用如图 11-5 所示。当 X0 为 ON 时，程序跳到标号 P8 处；如果 X0 为 OFF，不执行跳转，程序按原顺序执行。跳转时不执行被跳过的那部分指令。

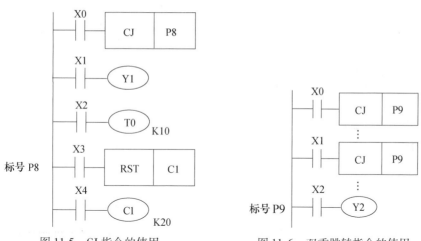

图 11-5　CJ 指令的使用　　　　　图 11-6　双重跳转指令的使用

两条跳转指令可以使用相同的标号，如图 11-6 所示。如果 X0 为 ON，将从这一步跳到标号 P9，如果 X0 为 OFF，而 X1 为 ON，第二条跳步指令起作用，程序从这步跳到标号 P9 处。

条件跳转指令使用说明：

（1）CJ（P）指令是脉冲执行方式。

（2）程序中，一个标号只能出现一次，否则将出错；但标号可以被多次引用，如图 11-6 所示，这种情况也称双重跳转。

（3）标号可以出现在相应跳转指令之前，但是如果反复跳转的时间超过监控定时器的设定时间，会引起监控定时器出错。

（4）在跳转执行期间，即使被跳过程序的驱动条件改变，其线圈（或结果）仍保持跳转前的状态，因为跳转期间根本没有执行这段程序。如 Y、M、S 被 OUT、SET、RST 指令驱动时，跳步期间即使驱动 Y、M、S 的电路状态改变，它们仍保持跳步前的状态。

（5）如果在跳转开始时定时器和计数器已在工作，则在跳转执行期间它们将停止工作，到跳转条件不满足后又继续工作。但对于正在工作的定时器 T192～T199 和高速计数器 C225～C255 不管有无跳转仍连续工作。

（6）若积算定时器和计数器的复位（RST）指令在跳转区外，即使它们的线圈被跳转，但对它们的复位仍然有效。

（7）若跳转指令的执行条件为 M8000 的动合触点，则为无条件跳转指令，因为 PLC 运行时特殊辅助继电器 M8000 总为 ON。

（8）跳转指令与主控指令关系：如果从主令控制区的外部跳入其内部，不管它的主控触点是否接通，都把它当成接通来执行主令控制区内的程序。如果跳步指令在主令控制区内，主控触点没有接通时不执行跳步。

（9）同一编号的线圈可以在不同跳转条件的两个跳转程序（如图 11-7 中的自动程序和手动程序）中分别出现一次，这种情况下允许双线圈输出。

跳步指令可以在很多场合使用，以图 11-7 所示的自动/手动程序的切换为例，当自动/手动开关 X1 为 ON 时，跳步指令 CJ P0 的条件满足，将跳过自动程序，执行手动程序；反之将跳过手动程序，执行自动程序。

2. 子程序调用与子程序返回指令

子程序是为一些特定的控制目的而编写的相对独立的程序块，供主程序调用。子程序调用指令 CALL（Sub Routine Call）的功能指令编号为 FNC01，操作数为 P0～P127，不包括 P63，因为 P63 是 END 所在行的指针。子程序调用指令 CALL 和 CALL（P）占用 3 个程序步，标号占 1 个程序步。子程序可以嵌套调用，最多嵌套 5 级。

子程序返回指令 SRET（Sub Routine Return）的功能指令编号为 FNC02，无操作数，占用 1 个程序步。

子程序调用程序举例如图 11-8 所示，当 X0 为 ON 时，执行 CALL 指令，程序跳到标号为 P8 子程序处，子程序被执行。执行完 SRET 指令后程序返回到 104 步。

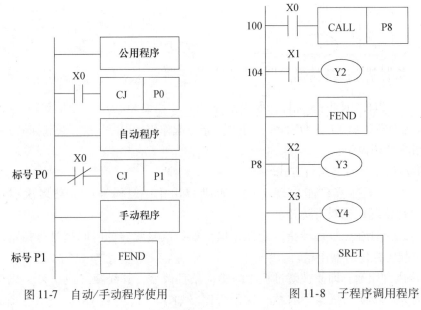

图 11-7 自动/手动程序使用   图 11-8 子程序调用程序

标号应写在 FEND（主程序结束指令）之后，同一标号只能出现一次，CJ 指令中用过的标号不能再用，但同一标号的子程序可以被不同位置的 CALL 指令调用。

图 11-9 中的 CALL（P）P8 指令是脉冲执行指令，仅在 X0 由 OFF 变为 ON 时执行一次。在执行子程序 1 时，如果 X12 为 ON，CALL P10 被执行，程序跳到标号为 P10 处，嵌套执行子程序 2。执行第二条 SRET 指令后，返回子程序 1 中 CALL P10 指令的下一条指令，执行第一条 SRET 指令后返回主程序中 CALL P8 指令的下一条指令。

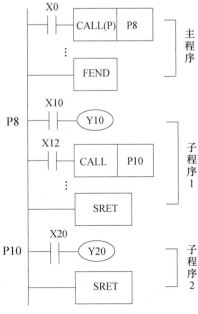

图 11-9　子程序的嵌套调用程序

子程序调用与返回指令使用说明：

（1）转移标号不能重复，也不可与跳转指令的标号重复。

（2）子程序可以嵌套调用，最多可 5 级嵌套。

3．中断指令 FNC03 ~ FNC05

为了提高 CPU 对外设的响应速度，PLC 可以用中断的方式响应外设的请求。中断指令包括中断返回指令 IRET（Interruption Return），其功能指令编号为 FNC03；允许中断指令 EI（Interruplion Enable），其功能指令编号为 FNC04；禁止中断指令 DI（Interruption Disable），其功能指令编号为 FNC05。以上 3 条指令均无操作数，分别占用一个程序步。

FX 系列 PLC 有 6 个外部中断和 3 个定时中断，FX2N 系列 PLC 还有 6 个计数器中断，通过中断指针来定位中断服务程序。

6 个外部中断信号从输入端子 X0 ~ X5 输入，对应的中断指针为 I□0□，第一个□取值为 0 ~ 5，与 X0 ~ X5 相对应。第二个□取值为 0 或 1，为 0 时表示下降沿中断，为 1 时为上升沿中断。

3 个定时器中断对应的中断指针为 I6□□、I7□□、I8□□，低两位□□是以 ms 为单位的定时时间，定时器中断用于高速处理或每隔一定的时间执行的程序。

FX2N 系列 PLC 的 6 点计数器的中断指针为 I0□0（□取值为 1 ~ 6），它们利用高速计数器的当前值产生中断，与 HSCS（高速计数器比较置位）指令配合使用。

PLC 通常处于禁止中断状态，由 EI 和 DI 指令组成允许中断区间。当程序执行到该区间时，如果中断源产生中断，CPU 将停止执行当前的程序，转去执行相应的中断服务程序，执行到 IRET 指令时，返回原断点，继续执行原来的程序。中断指令的使用如图 11-10 所示。

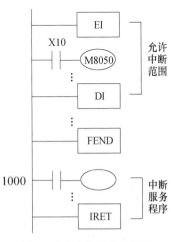

图 11-10　中断指令的使用

中断指令使用说明：

（1）中断有优先级，如果有多个中断信号依次发生，则以发生先后为序，发生越早的级别越高；如果多个中断源同时发出信号，则中断指针号越小优先级越高。

（2）当 M8050 ~ M8058 为 ON 时，禁止执行相应 I0□□ ~ I8□□的中断，M8059 为 ON 时则禁止所有计数器

中断。

（3）无需中断禁止时，可只用 EI 指令，不必用 DI 指令。

（4）执行一个中断服务程序时，其他中断被禁止。如果在中断服务程序中有 EI 和 DI，可实现二级中断嵌套。

（5）如果中断信号在禁止中断区间出现，该中断信号被储存，并在 EI 指令之后响应该中断。

4. 主程序结束指令 FNC06

主程序结束指令是 FEND（First End），其功能指令编号为 FNC06，无操作数，占用一个程序步。FEND 表示主程序结束，执行到 FEND 指令时 PLC 进行输入输出处理、监控定时器刷新，完成后返回第 0 步。

FEND 指令使用说明：

（1）子程序和中断服务程序应放在 FEND 之后；CALL 指令调用的子程序必须用 SRET 指令结束，中断子程序必须以 IRET 指令结束。

（2）子程序和中断服务程序必须写在 FEND 和 END 之间，否则出错。

（3）当程序中没有子程序或中断服务程序时，可以没有 FEND 指令。

5. 监控定时器指令 FNC07

监控定时器指令是 WDT（Watch Dog Timer），其功能指令编号为 FNC07，无操作数，占用一个程序步。

监控定时器又称看门狗，每个扫描周期在执行 FEND 和 END 指令时，监控定时器被刷新复位，PLC 正常工作时扫描周期小于它的定时时间。如果由于外界干扰或程序本身的原因使 PLC 程序跑飞，监控定时器不再被复位，定时时间到，PLC 将停止运行，它上面的出错指示灯 CPU-E 发光二极管点亮。

FX 系列 PLC 的监控定时器缺省值为 200ms，可用 D8000 来设定。如果扫描周期大于它的定时时间，可将 WDT 指令插入到合适的程序步中刷新监控定时器。

如图 11-11 所示，利用一个 WDT 指令将一个 260ms 的程序一分为二，使它们都小于 200ms，则不再会出现报警停机。

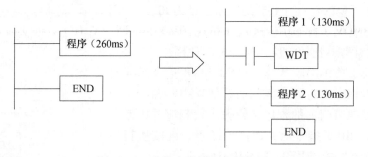

图 11-11　监控定时器指令的使用

WDT 指令使用说明：

（1）如果程序的扫描周期大于监控定时器的定时时间，可将 WDT 指令插入到合适的程序步中刷新监控定时器。

（2）如果在后续的 FOR-NEXT 循环中，执行时间可能超过监控定时器的定时时间，可将 WDT 插入循环程序中。

（3）条件跳转指令 CJ 对应的指针标号在 CJ 指令之前时（即程序往回跳），连续反复跳转可能使程序执行时间超过监控定时器的定时时间，为此可在 CJ 指令与对应标号之间插入 WDT 指令。

6. 循环指令 FNC08、FNC09

循环指令共有两条：循环开始指令和循环结束指令。循环开始指令是 FOR，功能指令编号为 FNC08，16 位指令占用 3 个程序步，它的源操作数用来表示循环次数 N，可以取任意的数据格式。循环次数 N = 1 ~ 32767，如 N 在 – 32 767 ~ 0 之间，当作 N = 1 处理，循环可嵌套 5 层。

循环结束指令是 NEXT，功能指令编号为 FNC09，占用 1 个程序步，无操作数。

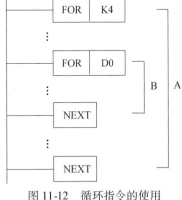

FOR 与 NEXT 之间的程序被反复执行，执行次数由 FOR 指令的源操作数设定。执行完后，再执行 NEXT 后面的指令。

如图 11-12 所示为一个二重嵌套循环，外层循环程序 A 执行 4 次。如果 D0 中的数为 6，外层循环 A 每执行一次则内层循环 B 将执行 6 次。

循环指令使用说明：

（1）FOR 和 NEXT 指令必须成对使用，FOR 在前，NEXT 在后。

图 11-12　循环指令的使用

（2）循环指令可以嵌套使用，FX 系列 PLC 可循环嵌套 5 层。

（3）在循环中可利用 CJ 指令在循环结束前跳出循环体。

（4）NEXT 指令应在 FEND 和 END 之前，否则会出错。

11. 2. 2　传送和比较指令 FNC10 ~ FNC19

数据传送和比较指令是程序中使用最多的功能指令，FX 系列 PLC 有 8 条数据传送指令、2 条数据比较指令。

比较与传送指令的功能指令编号为 FNC10 ~ FNC19。比较指令包括 CMP（比较）和 ZCP（区间比较）两条指令，传送指令包括 MOV（传送）、SMOV（BCD 码移位传送）、CLM（取反传送）、BMOV（数据块传送）、FMOV（多点传送）、XCH（数据交换）、BCD（二进制数转换成 BCD 码并传送）和 BIN（BCD 码转换为二进制数并传送）指令。

1. 比较指令 FNC10

比较指令 CMP（Compare）的功能指令编号为 FNC10，其功能是将源操作数［S1 · ］和［S2 · ］的数据，按照代数规则进行大小比较，并将比较结果送到目标操作数［D · ］中。

图 11-13 中的比较指令将十进制常数 100 与计数器 C20 的当前值比较，比较结果送到 M0 ~ M2。X0 为 OFF 则不进行比较，M0 ~ M2 的状态保持不变。X0 为 ON 时进行比较，如果比较结果为［S1 · ］＞［S2 · ］，M0 为 ON；若［S1 · ］＝［S2 · ］，M1 为 ON；若［S1 · ］＜［S2 · ］，M2 为 ON。

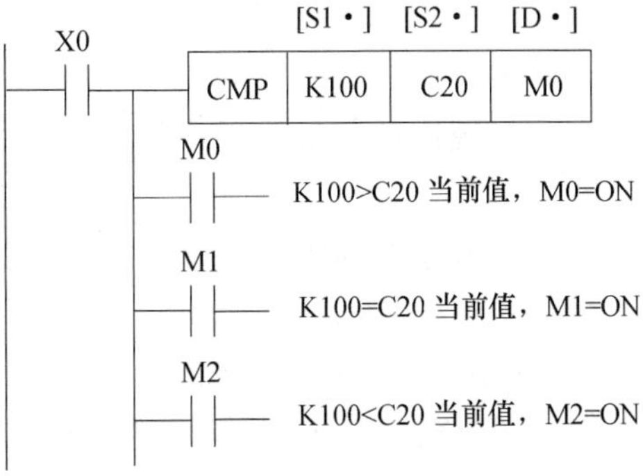

```
          X0            [S1·]  [S2·]  [D·]
     ──┤├──────┤ CMP │ K100 │ C20 │ M0 │
          M0
     ──┤├──── K100＞C20 当前值，M0=ON
          M1
     ──┤├──── K100＝C20 当前值，M1=ON
          M2
     ──┤├──── K100＜C20 当前值，M2=ON
```

图 11-13　比较指令的使用

比较指令使用说明：

（1）源操作数［S1·］和［S2·］可取任意的数据格式，目标操作数［D·］可取 Y、M 和 S，占用 3 个存储单元。

（2）16 位运算占 7 个程序步，32 位运算占 13 个程序步。

（3）指定的元件种类或元件号超出允许范围时将会出错。

2. 区间比较指令 FNC11

区间比较指令为 ZCP（Zone Compare），功能指令编号为 FNC11，其功能是将源操作数［S·］与［S1·］和［S2·］的内容进行比较，比较结果送到目标操作数［D·］中。16 位运算占 9 个程序步，32 位运算占 17 个程序步。

图 11-14 中的 X1 为 ON 时，执行 ZCP 指令，将 C30 的当前值与常数 100 和 120 相比较，比较结果送到 M3～M5。源数据［S1·］不能大于［S2·］，否则运算时按［S2·］取［S1·］的值对待。

区间比较指令使用说明：

（1）源操作数［S1·］、［S2·］和［S·］可取任意的数据格式，目标操作数［D·］可取 Y、M 和 S，占用 3 个存储单元。

（2）16 位运算占 9 个程序步，32 位运算占 17 个程序步。

3. 传送指令 FNC12

传送指令 MOV（Move）的功能指令编号为 FNC12，功能是将源操作数传送到指定的目标操作地址中。

图 11-15 中的 X0 为 ON 时，将［S·］中常数 100 传送到目标操作元件 D10 中，并自动转换为二进制数。当 X0 为 OFF 时，指令不执行，数据保持不变。

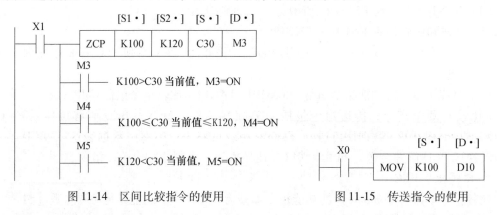

图 11-14　区间比较指令的使用　　　　图 11-15　传送指令的使用

MOV 指令使用说明：

（1）源操作数可取所有数据类型，目标操作数可以是 KnY、KnM、KnS、T、C、D、V、Z。

（2）16 位运算时占 5 个程序步，32 位运算时则占 9 个程序步。

4. 移位传送 FNC13

移位传送指令 SMOV（Shift Move）的功能指令编号为 FNC13，功能是将源操作数［S·］中二进制（BIN）码自动转换为 BCD 码，根据指令中对源操作数指定的起始位号 m1 和移位的位数 m2 向目标操作数中指定的起始位 n 进行移位传送，目标操作数中未被移位传送的

BCD 位，数值不变，然后再自动转换成新的二进制（BIN）码，源操作数为负以及 BCD 码的值超过 9999 将出现错误。移位指令的使用如图 11-16 所示。

移位指令的执行过程如图 11-17 所示。图 11-17 中，X1 为 ON 时，将 D1 中右起第 4 位（m1 = 4）开始的 2 位（m2 = 2）BCD 码移到目标操作数（D2）的右起第 3 位（n = 3）和第 2 位，然后 D2 中的 BCD 码自动转换为二进制码，D2 中的第 1 位和第 4 位不受移位传送指令的影响。

图 11-16　移位传送指令的使用

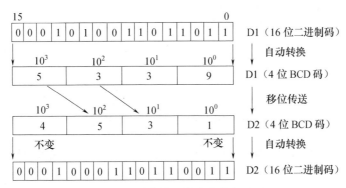

图 11-17　移位传送指令的执行过程

移位传送指令使用说明：

（1）源操作数可取所有数据类型，目标操作数可为 KnY、KnM、KnS、T、C、D、V、Z。

（2）SMOV 指令只有 16 位运算，占 11 个程序步。

5. 取反传送指令 FNC14

取反传送指令为 CML（Complement），功能指令编号为 FNC14，功能是将源操作数元件的数据逐位取反并传送到指定目标。若源数据为常数 K，该数据会自动转换为二进制数。CML 用于 PLC 反逻辑输出时非常方便。

如图 11-18 所示，当 X1 为 ON 时，执行 CML，将 D0 的低 4 位取反后传送到 Y2～Y0 中。

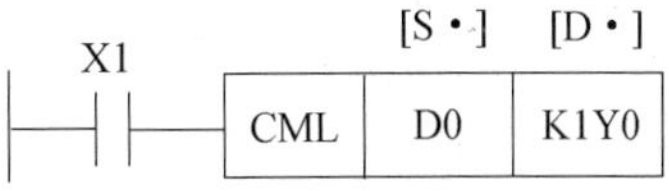

取反传送指令 CML 使用说明：

（1）源操作数可取所有数据类型，目标操作数可为 KnY、KnM、KnS、T、C、D、V、Z，若源数据为常数 K，则该数据会自动转换为二进制数。

图 11-18　取反传送指令的使用

（2）16 位运算占 5 个程序步，32 位运算占 9 个程序步。

6. 块传送指令 FNC15

块传送指令 BMOV（Block Move）的功能指令编号为 FNC15，功能是将源操作数指定的元件开始的 n 个数据组成的数据块传送到指定的目标。如果元件号超出允许的范围，数据仅仅传送到允许的范围。

块传送指令使用说明：

（1）源操作数可取 KnX、KnY、KnM、KnS、T、C、D 和文件寄存器，目标操作数可取 KnY、KnM、KnS、T、C 和 D。

（2）只有 16 位操作，占 7 个程序步。

（3）如果元件号超出允许范围，数据则仅传送到允许范围的元件。

（4）如果用到需要指定位数的位元件，则源操作数和目标操作数的指定位数必须相同。如图 11-19 所示。

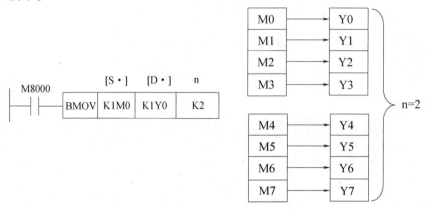

图 11-19　块传送指令使用（指定位数）

（5）传送顺序是自动决定的，以防止源数据块与目标数据块重叠时源数据在传送过程中被改写。如图 11-20 所示，左图和右图的传送顺序不一样。

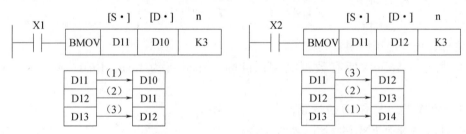

图 11-20　块传送指令的传送顺序

7. 多点传送指令 FNC16

多点传送指令 FMOV（Fill Move）的功能指令编号为 FNC16，其功能是将源操作数中的数据传送到指定目标开始的 n 个元件中，传送后 n 个元件中的数据完全相同。多点传送指令的使用如图 11-21 所示。

图 11-21 中，当 X1 为 ON 时，将常数 0 送到 D0 ~ D9 这 10 个（n = 10）数据寄存器中。

多点传送指令 FMOV 使用说明：

（1）源操作数可取所有的数据类型，目标操作数可取 KnX、KnM、KnS、T、C、和 D，n≤512。

（2）16 位操作占 7 的程序步，32 位操作则占 12 个程序步。

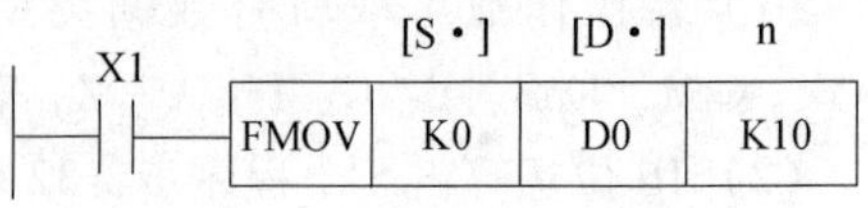

图 11-21　多点传送指令使用

（3）如果元件号超出允许范围，数据仅送到允许范围的元件中。

8. 数据交换指令 FNC17

数据交换指令 XCH（Exchange）的功能指令编号为 FNC17，其功能是将数据在指定的目标元件之间交换。

数据交换指令使用说明：

（1）操作数的元件可取 KnY、KnM、KnS、T、C、D、V 和 Z。

（2）交换指令一般采用脉冲执行方式，否则在每一次扫描周期都要交换一次。

（3）16 位运算时占 5 个程序步，32 位运算时占 9 个程序步。

如图 11-22 所示，当 X1 为 ON 时，将 D1 和 D10 中的数据相互交换。

9. BCD 数据变换指令 FNC18

BCD（Binary Code to Decimal）变换指令的功能指令编号为 FNC18，其功能是将源操作元件中的二进制数转换为 BCD 码并送到目标元件中。16 位 BCD 指令执行的结果超过 0～9999 的范围将会出错。32 位(D)BCD 指令执行的结果超过 0～99999999 的范围也会出错。

BCD 指令常用于将 PLC 中的二进制数变换为 BCD 数后输出到 7 段显示器。

BCD 指令的使用如图 11-23 所示。当 X1 为 ON 时，源操作数 D10 中的二进制数转换成 BCD 码送到目标元件 Y7～Y0 中。

图 11-22　数据交换指令的使用

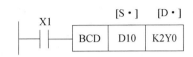

图 11-23　BCD 变换指令的使用

BCD 指令使用说明：

（1）源操作数可取 KnK、KnY、KnM、KnS、T、C、D、V 和 Z，目标操作数可取 KnY、KnM、KnS、T、C、D、V 和 Z。

（2）16 位运算占 5 个程序步，32 位运算占 9 个程序步。

10. BIN 变换指令 FNC19

BIN（Binary）变换指令的功能指令编号为 FNC19，该指令的功能是将源操作元件中的 BCD 码转换为二进制数后送到目标元件中。

BIN 指令的使用如图 11-24 所示。当 X0 为 ON 时，源操作元件 D12 中的 BCD 码转换为二进制数后送到目标元件 Y7～Y0 中。

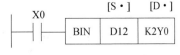

图 11-24　BCD 变换指令的使用

BIN 指令常用于将 BCD 数字开关提供的设定值输入到 PLC 中。

BIN 指令使用说明：

（1）源操作数可取 KnK、KnY、KnM、KnS、T、C、D、V 和 Z，目标操作数可取 KnY、KnM、KnS、T、C、D、V 和 Z。

（2）16 位运算占 5 个程序步，32 位运算占 9 个程序步。

（3）如果源操作元件中的数据不是 BCD 数，将会出错。

（4）常数 K 不能作为本指令的操作元件，因为在任何处理之前它们都会被转换成二进制数。

（5）BCD 码的范围：16 位指令 BCD 码的范围为 0～9999，32 位指令 BCD 码的范围为 0～99999999。

11.2.3　算术运算与逻辑运算指令 FNC20～FNC29

算术运算指令有 ADD、SUB、MUL、DIV、INC、DEC 指令，共 6 条；逻辑运算指令有 WAND、WOR、WXOR、NEG，共 4 条。算术运算与字逻辑运算指令的功能指令编号为 FNC20～FNC29。

1. 加法指令 ADD（FNC20）

加法指令 ADD（Addition）的功能指令编号为 FNC20，其功能是将源操作元件中的二进制数相加，结果送到指定的目标元件中。每个数据的最高位为符号位（0 为正，1 为负）。加减运算为代数运算。

加法指令的使用如图 11-25 所示。当 X1 为 ON 时，执行（D10）+（D12）→（D14）。

加法指令使用说明：

（1）源操作数可取所有数据类型，目标操作数可取 KnY、KnM、KnS、T、C、D、V 和 Z。

图 11-25　加法指令 ADD 的使用

（2）16 位运算占 7 个程序步，32 位运算占 12 个程序步。

（3）数据为有符号二进制数，最高位为符号位（0 为正，1 为负）。

（4）加法指令有三个标志：零标志（M8020）、借位标志（M8021）和进位标志（M8022）。当运算结果为 0 时，零标志 M8020 置 1；运算结果超过 32767（16 位运算）或 2147483647（32 位运算），进位标志 M8022 置 1；运算结果小于 - 32767（16 位运算）或 - 2147483647（32 位运算），借位标志 M8021 置 1。M8023 置 1，执行浮点加法运算，此时要采用双字节。

（5）在 32 位运算中用到字编程元件时，被指定的字编程元件为低位字，下一个编程元件为高位字。为了避免错误，建议指定操作元件时采用偶数元件号。

（6）若源操作元件和目标元件号相同，并采用连续执行的 ADD 指令，每一个扫描周期加法的结果都会改变。

2. 减法指令 SUB（FNC21）

减法指令 SUB（Subtraction）的功能指令编号为 FNC21，功能是将源操作元件［S1·］中的数减去［S2·］中的数，结果送到目标元件［D·］中。

减法指令的使用如图 11-26 所示。当 X1 为 ON 时，执行（D10）-（D12）→（D14）。

图 11-27 是 32 位脉冲减法指令的使用，当 X2 由 OFF 变为 ON 时，执行（D11，D10）- 1 →（D11，D10）。

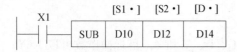

图 11-26　16 位减法指令 SUB 的使用

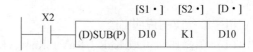

图 11-27　32 位减法指令（D）SUB 的使用

用脉冲执行的加减指令来加 1/减 1 与脉冲执行的 INC（加 1）、DEC（减 1）指令的执行结果相似，其不同之处在于 INC 指令和 DEC 指令不影响零标志、借位标志和进位标志。

减法指令的操作标志等使用说明与加法指令相同，这里不再赘述。

3. 乘法指令 MUL（FNC22）

乘法指令 MUL（Multiplication）的功能指令编号为 FNC22，每个数据的最高位为符号位（0 为正，1 为负）。

（1）16 位乘法运算

16 位乘法指令 MUL 用于将源操作元件［S1·］和［S2·］中的 16 位二进制数相乘，结果（32 位）送到指定的目标元件［D·］中。

16 位乘法指令的使用如图 11-28 所示，当 X1 为 ON 时，执行（D0）×（D2）→（D5，D4），即将 D0 和 D2 中的数相乘，乘积的低位字送到 D4，高位字送到 D5 中。

目标位元件（如 KnM）可用 K1～K8 来指定位数。如果用 K4 来指定位数，只能得到乘积的低 16 位。

（2）32 位乘法运算

32 位乘法运算指令（D）MUL 是将源操作元件［S1·］和［S2·］中的 32 位二进制数相乘，结果（64 位）送到指定的目标元件［D·］中。

如果用位元件作目标元件，则只能得到乘积的低 32 位，高 32 位丢失。在这种情况下，应先将数据移入字元件再进行运算。

用字元件时，不能监控 64 位数据的内容，在这种情况下，建议采用浮点运算。

32 位乘法指令的使用如图 11-29 所示，当 X2 为 ON 时，执行（D1，D0）×（D3，D2）→（D7，D6，D5，D4）。

图 11-28　16 位乘法指令 MUL 的使用　　图 11-29　32 位乘法指令（D）MUL 的使用

乘法和除法指令使用说明：

（1）源操作数可取所有数据类型，目标操作数可取 KnY、KnM、KnS、T、C、D 和 Z，要注意 Z 只有 16 位乘法时能用，32 位时不可用。

（2）16 位运算占 7 程序步，32 位运算为 12 程序步。

（3）32 位乘法运算中，如果用位元件作目标元件，则只能得到乘积的低 32 位，高 32 位将丢失，这种情况下应先将数据移入字元件再运算。

（4）除法运算中如果将位元件指定为目标元件，则无法得到余数，除数为 0 时发生运算错误。

（5）积、商和余数的最高位为符号位。

（6）对于 16 位乘、除法，V 不能用于［D·］，对于 32 位运算，V、Z 不能用于［D·］。

4. 除法指令 DIV（FNC23）

除法指令 DIV（Divsion）的功能指令编号为 FNC23，源操作数［S1·］中为被除数，［S2·］中为除数，商送到［D·］指定的目标元件中，余数送到［D·］的下一个元件中。

图 11-30 为 16 位除法指令的使用，当 X1 为 ON 时，（D0）÷（D2）→（D4），（D4）为商，（D5）为余数。

图 11-31 为 32 位除法指令的使用，当 X2 为 ON 时，（D1，D0）÷（D3，D2）→（D5，D4），（D5，D4）中为商，（D7，D6）中为余数。

图 11-30　16 位除法指令 DIV 的使用

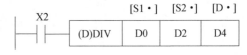

图 11-31　32 位除法指令（D）DIV 的使用

5. 加 1 和减 1 指令 INC、DEC（FNC24，FNC25）

加 1 指令 INC（Increment）和减 1 指令 DEC（Decrment）的功能指令编号分别为 FNC24 和 FNC25，功能是将指定元件［D·］的内容加 1 或减 1。

加 1 和减 1 指令的使用如图 11-32 所示，当 X1 由 OFF→ON 时，（D11）+1→（D11）；当 X2 由 OFF→ON 时，（D12）-1→（D12）。若指令是连续指令，则每个扫描周期均做一次加 1 或减 1 运算。

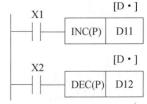

图 11-32　加 1 和减 1 指令的使用

加 1 和减 1 指令使用说明：

（1）指令的操作数可为 KnY、KnM、KnS、T、C、D、V、Z。

（2）16 位运算时为 2 个程序步，32 位运算时为 5 个程序步。

（3）在 INC 运算时，如数据为 16 位，则由 +32767 再加 1 变为 -32768，但标志位不置位；同样，32 位运算由 +2147482647 再加 1 就变为 -2147482648 时，标志位也不置位。

（4）在 DEC 运算时，16 位运算 -32768 减 1 变为 +32767，且标志位不置位；32 位运算由 -2147482648 减 1 变为 2147482647，标志位也不置位。

6. 逻辑运算指令 FNC26 ~ FNNC29

逻辑运算指令有 WAND（字逻辑与）、WOR（字逻辑或）、WXOR（字逻辑异或）和 NEG（求补）指令，它们的功能指令编号是 FNC26 ~ FNNC29。

（1）字逻辑与指令 WAND。WAND 的功能指令编号为 FNC26，其功能是将两个源操作数［S1·］和［S2·］按位进行与操作，结果送指定目标元件［D·］中。

（2）字逻辑或指令 WOR。WOR 的功能指令编号为 FNC27，其功能是将两个源操作数［S1·］和［S2·］按位进行或运算，结果送指定目标元件［D·］中。

（3）字逻辑异或指令 WXOR。WXOR 的功能指令编号为 FNC28，其功能是对源操作数［S1·］和［S2·］按位进行逻辑异或运算，结果送指定目标元件［D·］中。

（4）求补指令 NEG（Negation）。NEG 的功能指令编号为 FNC29，其功能是将［D·］指定的元件内容各位先取反再加 1，将其结果再存入原来的元件［D·］中。求补指令实际上是绝对值不变的变号操作。

逻辑运算指令 WAND、WOR、WXOR 和 NEG 的使用如图 11-33 所示。

逻辑运算指令使用说明：

（1）WAND、WOR 和 WXOR 指令的源操作数［S1·］和［S2·］均可取所有的数据类型，而目标操作数［D·］可取 KnY、KnM、KnS、T、C、D、V 和 Z。

（2）NEG 指令只有目标操作数［D·］，其可取 KnY、KnM、KnS、T、C、D、V 和 Z。

（3）WAND、WOR、WXOR 指令的 16 位运算占 7 个程序步，32 位运算为 13 个程序步，而 NEG 指令的 16 位和 32 位运算分别占 3 和 5 程序步。

（4）WXOR 指令与求反指令 CML 组合使用可以实现"异或非"运算。

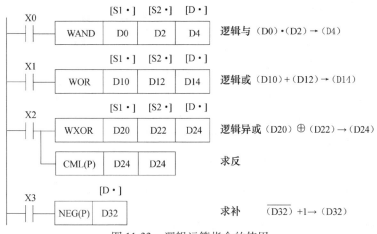

图 11-33　逻辑运算指令的使用

11.2.4　循环移位与移位指令 FNC30～FNC39

FX 系列 PLC 有 10 条循环移位与移位指令，用来实现数据的循环移位、移位及先进先出等功能，其功能指令编号为 FNC30～FNC39。

ROR、ROL 分别是右、左循环移位指令，RCR、RCL 分别是带进位的右、左循环移位指令。SFTR、SFTL 分别是移位寄存器右、左移位指令。WSFR、WSFL 分别是字右移、字左移指令，SFWR、SFRD 分别是先入先出（FIFO）写入和移位读出指令。

1. 循环移位指令（FNC30、FNC31）

右循环移位 ROR（Rotaion Right）和左循环移位 ROL（Rotation Left）指令的功能指令编号分别是 FNC30 和 FNC31。执行这两条指令时，各位的数据向右（或向左）循环移动 n 位，最后一次移出来的那一位同时存入进位标志 M8022 中。循环移动指令的使用如图 11-34 和图 11-35 所示。

若在目标元件中指定位元件组的组数，只有 K4（16 位指令）和 K8（32 位指令）有效，如 K4Y10 和 K8M0。

ROR/ROL/RCR/RCL 指令使用说明：

（1）指令只有目标操作数，可取 KnY、KnM、KnS、T、C、D、V 和 Z。

（2）目标元件中指定位元件的组合只有在 K4（16 位）和 K8（32 位指令）时有效，如 K4Y10 和 K8M0。

（3）16 位指令和 32 位指令中 n 应分别小于 16 和 32。

（4）16 位指令占 5 个程序步，32 位指令占 9 个程序步。

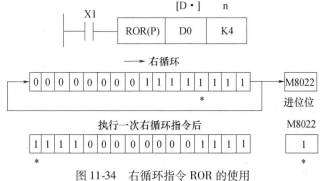

图 11-34　右循环指令 ROR 的使用

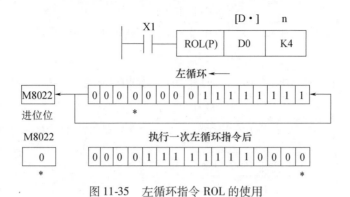

图 11-35　左循环指令 ROL 的使用

2. 带进位的循环移位指令（FNC32、FNC33）

带进位的右、左循环移位指令分别是 RCR（Rotation Right with Carry）和 RCL（Rotation Left with Carry），其功能指令编号分别为 FNC32 和 FNC33。执行这两条指令时，各位的数据与进位位 M8022 一起向右（或向左）循环移动 n 位。在循环中进位标志被送到目标操作数中。带进位的循环移位指令的使用如图 11-36 和图 11-37 所示。

带进位的循环移位指令的使用说明与循环移位指令的相同，这里不再赘述。

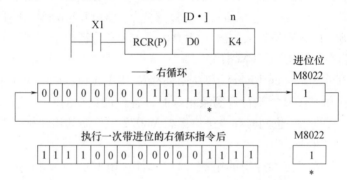

图 11-36　带进位的右循环移位指令 RCR 的使用

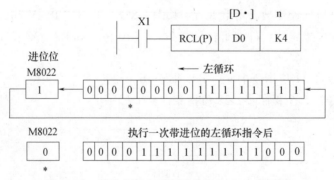

图 11-37　带进位的左循环移位指令 RCL 的使用

3. 位右移和位左移指令（FNC34、FNC35）

位右移 SFTR（Shift Right）与位左移 SFTL（Shift Left）指令的功能相令编号分别为 FNC34 和 FNC35，其功能是使位元件中的状态成组地向右或向左移动，由 n1 指定位元件组的长度，n2 指定移动的位数，n1 和 n2 的关系及范围因机型不同而有差异，一般为 n2 ≤

n1≤1024。对于 FX2N，n2≤n1≤1024。

位右移指令的使用如图 11-38 所示。图中 X1 由 OFF 变为 ON 时，执行位右移指令，按以下顺序移位：M2 ~ M0 中的数溢出，M5 ~ M3→M2 ~ M0，M8 ~ M6→M5 ~ M3，X2 ~ X0→M8 ~ M6。

位左移指令的使用如图 11-39 所示。图中 X1 由 OFF 变为 ON 时，执行位左移指令，按以下顺序移位：M8 ~ M6 中的数溢出，M5 ~ M3→M8 ~ M6，M2 ~ M0→M5 ~ M3，X2 ~ X0→M2 ~ M0。

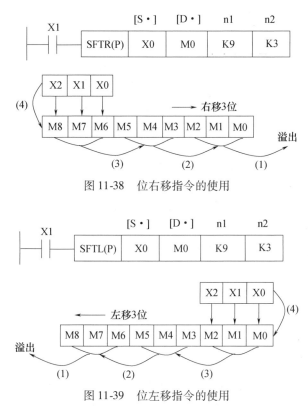

图 11-38　位右移指令的使用

图 11-39　位左移指令的使用

位右移和位左移指令使用说明：

（1）源操作数可取 X、Y、M、S，目标操作数可取 Y、M、S。

（2）只有 16 位操作，占 9 个程序步。

4. 字右移和字左移指令（FNC36、FNC37）

字右移 WSFR（Word Shift Right）和字左移 WSFL（Word Shift Left）指令的功能指令编号分别为 FNC36 和 FNC37，其功能是：以字为单位，将 n1 个字右移或左移 n2 个字。

字右移和字左移指令的使用说明：

（1）源操作数可取 KnX、KnY、KnM、KnS、T、C 和 D，目标操作数可取 KnY、KnM、KnS、T、C 和 D。

（2）字移位指令只有 16 位操作，占用 9 个程序步．

（3）n1 和 n2 的关系为：n2≤n1≤512。

字右移 WSFR 指令的使用如图 11-40 所示。图中 X1 由 OFF 变为 ON 时，字右移指令按以下顺序移位：D2 ~ D0 中的数溢出，D5 ~ D3→D2 ~ D0，D8 ~ D6→D5 ~ D3，T2 ~ T0→D8 ~ D6。

字左移 WSFL 指令的使用如图 11-41 所示。图中 X1 由 OFF 变为 ON 时, 字左移指令按以下顺序移位: D8 ~ D6 中的数溢出, D5 ~ D3→D8 ~ D6, D2 ~ D0→D5 ~ D3, T2 ~ T0→D2 ~ D0。

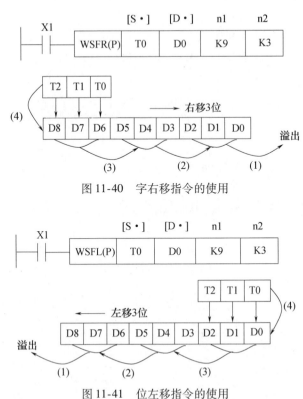

图 11-40　字右移指令的使用

图 11-41　位左移指令的使用

5. 先入先出写入与读出指令 (FNC38、FNC39)

(1) 先入先出写入指令 (FNC38)

先入先出 (First In First Out, FIFO) 写入指令 SFWR (Shift Register Write) 的功能指令编号为 FNC38, 指令的使用如图 11-42 所示。

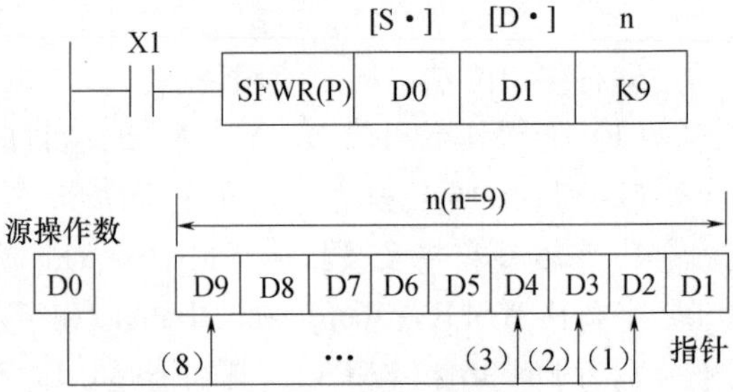

图 11-42 中 X1 由 OFF 变为 ON 时, 源操作数 D0 中的数据写入 D2, 而 D1 变成了指针, 其初值被置为 1 (D1 必须先清 0)。以后如 X1 再次由 OFF 变为 ON, D0 中新的数据写入 D3, D1 中的数变为 2, 依此类推, 源操作数 D0 中的数据依次写入数据寄存器。

数据由最右边的奇存器 D2 开始顺序存入, 源数据写入的次数存入 D1。当 D1 中的数达到 n – 1 后不再执行上述处理, 进位标志 M8022 置 1。

图 11-42　先入先出写入指令的使用

SFWR 指令使用说明:

1) 源操作元件 [S·] 存放要写入的数据, 可取所有的数据类型。

2) 目标操作元件 [D·] 是 FIFO 堆栈的首地址, 也是堆栈的指针, 移位寄存器未装入数据时应将元件 [D·] 清零。目标操作数可取 KnY、KnM、KnS、T、C 和 D。

3）n 是数据的点数（含指针数据），n－1 为指针的最大值，代表写入数据的点数。n 可取数据类型：K、H，2≤n≤512。

4）指令只有 16 位运算，占 7 个程序步。

（2）先入先出读出指令（FNC39）

先入先出读出指令 SFRD（Shift Register Read）的功能指令编号为 FNC39，指令的使用如图 11-43 所示。

图中 X1 由 OFF 变为 ON 时，D2 中的数据写入 D20，同时指针 D1 的值减 1，D3 到 D9 的数据向右移一个字，若用连续指令，每一扫描周期数据都要右移一个字。

数据总是从 D2 读出，指针 D1 为 0 时，不再执行上述处理，零标志 M8020 置 1。执行本指令的过程中，D9 的数据保持不变。

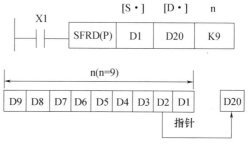

图 11-43　先入先出读出指令的使用

SFRD 指令使用说明：

1）源操作元件［S·］是 FIFO 堆栈的首地址，也是堆栈的指针。源操作数可取 KnY、KnM、KnS、T、C 和 D。

2）目标操作元件［D·］存放要读出的数据，目标操柞数可取 KnY、KnM、KnS、T、C、D、V 和 Z。

3）n 是数据的点数（含指针数据），n－1 为指针的最大值，代表读出数据的点数。n 可取数据类型：K、H，2≤n≤512。

4）指令只有 16 位运算，占 7 个程序步。

11.2.5　数据处理指令（FNC40～FNC49）

数据处理指令有区间复位指令 ZRST、解码指令 DECO、编码指令 ENCO、ON 位数统计指令 SUM，ON 位判别指令 BON、平均值指令 MEAN、报警器置位指令 ANS、报警器复位指令 ANR、平方根指令 SQR、浮点数转换指令 FLT 和高低字节交换指令 SWAP。数据处理指令的功能指令编号为 FNC40～FNC49。

1. 区间复位指令（FNC40）

区间复位指令 ZRST（Zone Reset）也称成批复位指令，其功能指令编号为 FNC40，功能是将［D1·］和［D2·］指定的元件号范围内的同类元件成批复位。

除了 ZRST 指令外，可以用 RST 指令复位单个元件。用多点写人指令 FMOV 将 K0 写入 KnY、KnM、KnS、T、C 和 D，也可以将它们复位。

区间复位指令使用说明：

（1）目标操作元件［D1·］和［D2·］可取 Y、M、S、T、C、D，且应为同类元件，同时［D1］的元件号应小于［D2］指定的元件号，若［D1］的元件号大于［D2］元件号，则只有［D1］指定元件被复位。

（2）ZRST 指令只有 16 位运算，占 5 个程序步，但［D1·］和［D2·］也可以同时指定 32 位计数器。

如图 11-44 所示，当初始化脉冲 M8002 由 OFF→ON 时，位元件 M500～M599 和字元件 C225～C255 成批复位。

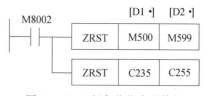

图 11-44　区间复位指令的使用

2. 解码指令（FNC41）

解码指令 DECO（Decode）也称译码指令，其功能指令编号为 FNC41。指令的使用如图 11-45 所示。

图 11-45 中，n=3 表示源操作数［S·］为 3 位二进制数，即为 X0、X1、X2。当其状态为二进制数 011 时相当于十进制 3，则由目标操作数 M7～M0 组成的 8 位二进制数的 M3 被置 1，其余各位为 0。如果源操作数为 000，则 M0 被置 1。用译码指令可通过［D·］中的数值来控制元件的 ON/OFF。

解码指令使用说明：

（1）位源操作数可取 X、T、M 和 S，位目标操作数可取 Y、M 和 S；字源操作数可取 K、H、T、C、D、V 和 Z，字目标操作数可取 T、C 和 D。

（2）若［D·］指定的目标元件是位元件 Y、M、S，则 n=1～8；若是字元件 T、C、D，则 n≤4，目标元件的每一位都受控。n=0 时，不做处理。

（3）解码指令为 16 位指令，占 7 个程序步。

3. 编码指令（FNC42）

编码指令 ENCO（Encode）的功能指令编号为 FNC42，指令的使用如图 11-46 所示。

图 11-46 中的 n=3，当 X1 接通，编码指令执行时，将源操作元件 M7～M0 中为"1"的 M3 的位数 3 编码为二进制数 011，并送到目标元件 D10 的低 3 位。

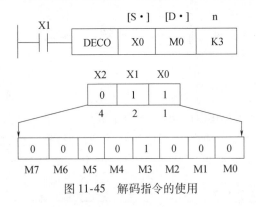

图 11-45 解码指令的使用

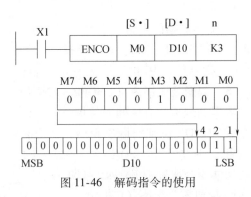

图 11-46 解码指令的使用

编码指令使用说明：

（1）源操作数是字元件时，可以是 T、C、D、V 和 Z；源操作数是位元件，可以是 X、Y、M 和 S。目标元件可取 T、C、D、V 和 Z。

（2）操作数为字元件时应使用 n≤4，为位元件时则 n=1～8，n=0 时不做处理。

（3）若指定源操作数中有多个 1，则只有最高位的 1 有效。若指定源操作数中的所有位均为 0，则出错。

（4）编码指令为 16 位指令，占 7 个程序步。

4. ON 位数统计指令（FNC43）

位元件的值为"1"时称为 ON，用来统计指定元件中 1 的个数的指令为 SUM 指令，其功能指令编号为 FNC43。指令的使用如图 11-47 所示。

图 11-47 中，X1 为 ON 时，执行 SUM 指

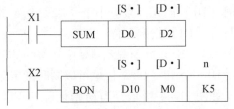

图 11-47 ON 位数统计和 ON 位判别
指令的使用

令，统计源操作数 D0 中为 "1" 的位的个数，并将结果送入目标操作数 D2 中。若 D0 的各位均为 "0"，则零标志 M8020 置 1。如使用 32 位指令，目标操作数的高位字为 0。

SUM 指令使用说明：

（1）源操作数可取所有数据类型，目标操作数可取 KnY、KnM、KnS、T、C、D、V 和 Z。

（2）16 位运算时占 5 个程序步，32 位运算则占 9 个程序步。

5. ON 位判别指令（FNC44）

ON 位判别指令 BON（Bit ON Check）的功能指令编号为 FNC44。其功能是检测指定元件中的指定位是否为 "1"。当检测结果为 1 时，目标操作数为 "1"，否则为 "0"。指令的使用如图 11-47 所示。

图 11-47 中，当 X2 为 ON 时，执行 BON 指令，由 K5 决定检测的是源操作数 D10 的第 5 位，当检测结果为 1 时，目标操作数 M0 = 1，否则 M0 = 0。

BON 指令使用说明：

（1）源操作数可取所有数据类型，目标操作数可取 Y、M 和 S。

（2）16 位运算时，占 7 程序步，n = 0 ~ 15；32 位运算时，占 13 个程序步，n = 0 ~ 31。

6. 平均值指令（FNC45）

平均值指令 MEAN 的功能指令编号为 FNC45，其功能是将 n 个源操作数的平均值送到目标操作数中（n 个源操作数的代数和被 n 除，商保留，余数省略）。指令的使用如图 11- 48 所示。

图 11-48   平均值指令的使用

图 11-48 中，X1 为 ON 时，执行 MEAN 指令，将 [（D0）+（D1）+（D2）]/3 的商送到（D10）中，余数略去。

指令使用说明：

（1）源操作数可取 KnX、KnY、KnM、KnS、T、C 和 D，目标操作数可取 KnY、KnM、KnS、T、C、D、V 和 Z。

（2）若元件超出指定的范围，n 的值会自动缩小，只求允许范围内元件的平均值。若 n 的值超出范围 1 ~ 64，则出错。

（3）16 位运算占 7 个程序步，32 位运算占 13 个程序步，n = 1 ~ 64。

7. 报警器置位指令（FNC46）

报警器置位指令 ANS（Annunciator Set）的功能指令编号为 FNC46。指令的使用如图 11-49所示。

报警器置位指令使用说明：

（1）源操作数取 T0 ~ T199，目标操作数取 S900 ~ S999，m = 1 ~ 32 767（以 100ms 为单位）。

（2）只有 16 位运算，占 7 个程序步。

图 11-49 中，X0 为 ON 的时间超过 1s（m = 10），S900 置 1，若 X0 变为 OFF，定时器复位而 S900 保持为 ON。若 X0 在 1s 内 OFF，定时器复位。

8. 报警器复位指令（FNC47）

报警器复位指令 ANR（Annunciator Reset）的功能指令编号为 FNC47，指令的使用如图 11-49所示。

报警器复位指令使用说明：

指令无操作数，只有 16 位运算，占 1 个程序步。

图 11-49 中，X1 变为 ON 时，S900～S999 之间被置 1 的报警器复位，若超过 1 个报警器被置 1，则元件号最低的那一个报警器被复位。若 X1 再次 ON，下一地址的信号报警器被复位。

9. 二进制平方根指令（FNC48）

二进制平方根指令 SQR（Square Root）的功能指令编号为 FNC48。指令的使用如图 11-50 所示。

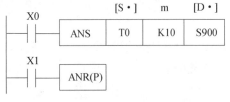

图 11-49　报警器置位与复位指令的使用

图 11-50　SQR 指令的使用

图 11-50 中，当 X1 变为 ON 时，将存放在源操作数 D45 中的数开平方，结果存放在目标操作数 DI23 中。计算结果舍去小数，只取整数。

SQR 指令使用说明：

（1）源操作数［S·］应大于 0，可取 K、H、D，目标操作数为 D。

（2）16 位运算占 5 个程序步，32 位运算占 9 个程序步。

10. 二进制整数转换成二进制浮点数指令（FNC49）

二进制整数→二进制浮点数转换指令 FLT（Float）的功能指令编号为 FNC49。指令的使用如图 11-51 所示。

图 11-51 中，当 X1 由 OFF 变位 ON 时，该指令将存放在源操作数 D10 中的数据转换为浮点数，然后将结果存放在目标寄存器 D13 和 D12 中。

FLT 指令使用说明：

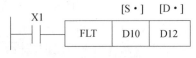

图 11-51　FLT 指令的使用

（1）源操作数和目标操作数均为 D。

（2）16 位运算占 5 个程序步，32 位运算占 9 个程序步。

11. 2. 6　高速处理指令（FNC50～FNC59）

高速处理指令有输入／输出刷新指令 REF、刷新和滤波时间常数调整指令 REFF、矩阵输入指令 MTR、高速计数器比较置位指令 HSCS、高速计数器比较复位指令 HSCR、高速计数器区间比较指令 HSZ、速度检测指令 SPD、脉冲输出指令 PLSY、脉宽调制指令 PWM 和可调速脉冲输出指令 PLSR。

1. 输入／输出刷新指令（FNC50）

输入／输出刷新指令 REF（Refresh）的功能指令编号为 FNC50。

PLC 采用循环扫描、顺序执行的串行工作方式，一个扫描周期分成三个阶段，只有在输入采样阶段才读入输入端子上的数据到输入映像寄存器，只有在输出刷新阶段才将输出映像寄存器的数据通过锁存器送到输出端子上。如果在程序执行阶段某段程序处理时需要最新的输入数据以及希望立即输出结果时则必须使用 REF 指令。

REF 指令的使用如图 11-52 所示，当 X1 接通时，X10 ~ X17 共 8 点将被刷新；当 X2 接通时，则 Y0 ~ Y7、Y10 ~ Y17 共 16 点输出将被刷新。

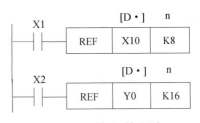

图 11-52　输入/输出刷新指令的使用

使用 REF 指令时应注意：

（1）目标操作数为元件编号个位为 0 的 X 或 Y；n 取 K、H，应为 8 的整数倍。

（2）指令只进行 16 位运算，占 5 个程序步。

2. 刷新和滤波时间常数调整指令（FNC51）

刷新和滤波时间常数调整指令 REFF（Refresh and Filter Adjust）的功能指令编号为 FNC51。

在 FX 系列 PLC 中，X0 ~ X17 使用了数字滤波器，用 REFF 指令可调节其滤波时间，调整的范围为 0 ~ 60ms，由于输入端有 RC 滤波器，所以最小滤波时间常数不少于 50μs。

指令的使用如图 11-53 所示。当 X1 接通时，执行 REFF 指令，滤波时间常数被设定为 2ms。

图 11-53　滤波调整指令说明

REFF 指令使用说明：

（1）REFF 为 16 位运算指令，占 7 个程序步。

（2）当 X0 ~ X7 用作高速计数输入时或使用速度检测指令（FNC56）以及中断输入时，输入滤波器的滤波时间自动设置为 50μs。

3. 矩阵输入指令（FNC52）

矩阵输入指令 MTR（Matrix）的功能指令编号为 FNC52。利用 MTR 指令可以构成连续排列的 8 点输入与 n 点输出组成的 8 列 n 行的输入矩阵。指令的使用如图 11-54 所示。

图 11-54 中，由源操作数〔S·〕指定的 X0 ~ X7 共 8 个输入点与 n（n = 3）个输出点 Y0、Y1、Y2 组成一个输入矩阵。当 X12 为 ON 时，执行 MTR 指令，当 Y0 为 ON 时，读入第一行的输入数据，存入 M30 ~ M37 中；当 Y1 为 ON 时，读入第二行的输入状态，存入 M40 ~ M47。其余类推，反复执行。在第一个读入周期完成后，M8029 置 1。若 X12 为 OFF 时，M30 ~ M57 的状态保持不变，M8029 复位。

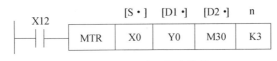

图 11-54　矩阵输入指令的使用

MTR 指令使用说明：

（1）源操作数〔S·〕取元件编号个位为 0 的输入元件 X；目标操作数〔D1·〕取元件编号个位为 0 的晶体管输出元件 Y；目标操作数〔D2·〕可取元件编号个位为 0 的 Y、M 和 S；n 可取 K、H，取值范围是 2 ~ 8。

（2）对于每一个输出，其 I/O 指令采用中断方式，立即执行，间隔时间为 20ms，允许输入滤波器的延迟时间为 10ms。

（3）利用 MTR 指令，只用 8 个输入点和 8 个输出点，就可以输入 64 个输入点的状态。但是读一次 64 个输入点所需的时间为 20ms × 8 = 160ms，所以不适合于需要快速响应的系统。如果用 X0 ~ X17 作输入点，每行的读入时间可以缩短到约 10ms，64 点的输入时间可以减到约 80ms。

（4）指令只有 16 位运算，占 9 个程序步。

4. 高速计数器置位指令（FNC53）

高速计数器比较置位指令 HSCS（Set by High Speed Counter）的功能指令编号为 FNC53，其功能是使高速计数器置位，当计数器的当前值达到预置值时，计数器的输出触点立即动作。它采用中断方式使置位和输出立即执行而与扫描周期无关。指令的使用如图 11-55 所示。

图 11-55 中，[S1·] 为计数器的设定值（100），当高速计数器 C255 的当前值由 99 变 100 或由 101 变为 100 时，Y0 都将立即置 1。

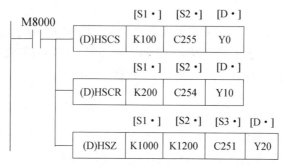

图 11-55　高速计数器指令的使用

5. 高速计速器比较复位指令（FNC54）

高速计速器比较复位指令 HSCR（Reset by High Speed Counter）的功能指令编号为 FNC54。指令的使用如图 11-55 所示。

图 11-55 中，当计数器 C254 的当前值由 199 变为 200 或由 201 变为 200 时，则用中断的方式使 Y10 立即复位。

HSCS 和 HSCR 指令使用说明：

（1）源操作数 [S1·] 可取所有数据类型，[S2·] 可取 C235 ~ C255，目标操作数 [D·] 可取 Y、M 和 S。

（2）只有 32 位运算，占 13 个程序步。

6. 高速计速器区间比较指令（FNC55）

高速计速器区间比较指令 HSZ（Zone Compare for High Speed Counter）的功能指令编号为 FNC55。指令的使用如图 11-55 所示。

图 11-55 中，目标操作数 [D·] 为 Y20、Y21 和 Y22。如果 C251 的当前值 < K1000 时，Y20 为 ON；当 K1000 ≤ C251 的当前值 ≤ K1200 时，Y21 为 ON；若 C251 的当前值 > K1200 时，Y22 为 ON。

高速计速器区间比较指令使用说明：

（1）操作数 [S1·]、[S2·] 可取所有数据类型，[S3·] 可取 C235 ~ C255，目标操作数 [D·] 可取 Y、M、S。

（2）指令为 32 位操作，占 17 个程序步。

7. 速度检测指令（FNC56）

速度检测指令 SPD（Speed Detect）的功能指令编号为 FNC56。它的功能是检测给定时间内来自编码器的脉冲个数，从而计算出速度。

源操作数〔S1·〕为计数脉冲输入元件；源操作数〔S2·〕为计数时间，单位是 ms；目标操作数〔D·〕是计数结果存放地址，占三个目标元件。指令的使用如图 11-56 所示。

图 11-56 中，当 X10 为 ON 时，用 D1 对 X1 的输入脉冲上升沿计数，100ms 后计数结果送入 D0，D1 复位，D1 重新开始对 X1 计数。D2 计算存放计数结束后剩余时间。

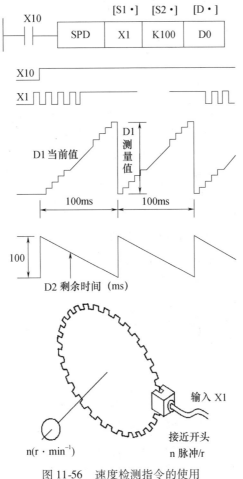

图 11-56　速度检测指令的使用

上述过程反复执行，脉冲个数正比于转速值。

速度检测指令使用说明：

（1）〔S1·〕取 X0 ～ X5，〔S2·〕可取所有的数据类型，〔D·〕可取 T、C、D、V 和 Z。

（2）指令只有 16 位操作，占 7 个程序步。

8. 脉冲输出指令（FNC57）

脉冲输出指令 PLSY（Pulse Output）的功能指令编号为 FNC57，其功能是产生指定数量和频率的脉冲。指令的使用如图 11-57 所示。

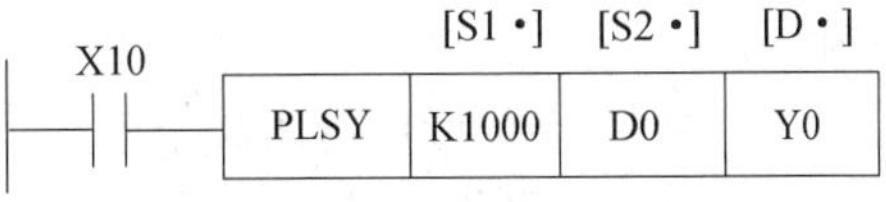

源操作数〔S1·〕用来指定脉冲频率（2 ～ 20000Hz），〔S2·〕用来指定脉冲的个数，16 位指令的脉冲数范围为 1 ～ 32767，32 位指令脉冲数

图 11-57　脉冲输出指令的使用

范围为 1 ～ 2147483647。如果指定脉冲数为 0，则持续产生无穷多个脉冲。目标操作数

［D·］用来指定脉冲输出元件，只能用晶体管输出型 PLC 的 Y0 或 Y1。脉冲的占空比为 50%，脉冲以中断方式输出。指定脉冲输出完后，完成标志 M8029 置 1。

图 11-57 中，当 X10 变为 ON 时，脉冲开始输出；当 X10 由 ON 变为 OFF 时，M8029 复位，停止输出脉冲。当 X10 再次变为 ON 时，脉冲重新开始输出。

脉冲输出指令使用说明：

（1）［S1·］、［S2·］可取所有的数据类型，［D·］取晶体管输出型 PLC 的 Y0 和 Y1。

（2）指令 16 位操作占用 7 个程序步，32 位操作占用 13 个程序步。

（3）指令在程序中只能使用一次。

9. 脉宽调制指令（FNC58）

脉宽调制指令 PWM（Pulse Width Modulation）的功能指令编号为 FNC58，其功能是用来产生指定脉冲宽度和周期的脉冲串。指令的使用如图 11-58 所示。

图 11-58 中，源操作数［S1·］用来指定脉冲的宽度（$t = 0 \sim 32767\text{ms}$），［S2·］用来指定脉冲的周期（$T_0 = 1 \sim 32767\text{ms}$），［S1·］$\leq$［S2·］；目标操作数［D·］用来指定输出脉冲的元件号（晶体管输出型 PLC 的 Y0 或 Y1），输出的 ON/OFF 状态由中断方式控制。

脉宽调制指令使用说明：

（1）［S1·］、［S2·］可取所有的数据类型，［D·］取晶体管输出型 PLC 的 Y0 和 Y1。

（2）指令只有 16 位操作，占 7 个程序步。

（3）［S1·］$\leq$［S2·］。

10. 可调速脉冲输出指令（FNC59）

可调速脉冲输出指令 PLSR 的功能指令编号为 FNC59，该指令可以对输出脉冲进行加速或减速调整。指令的使用如图 11-59 所示。

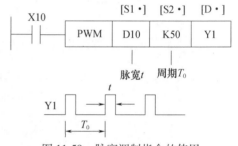

图 11-58　脉宽调制指令的使用

图 11-59 中，源操作数［S1·］用来指定脉冲的最高频率（$10 \sim 20000\text{Hz}$，应为 10 的倍数）；［S2·］用来指定总的输出脉冲数，16 位指令的脉冲数范围为 $110 \sim 32767$，32 位指令的脉冲数范围为 $110 \sim 2147483647$，设定值小于 110 时，不能正常输出脉冲；［S3·］用来设定加减速时间（$0 \sim 5000\text{ms}$），其值应大于 PLC 扫描周期最大值（D8012）的

X10	[S1·]	[S2·]	[S3·]	[D·]
⊣⊢	PLSR	K500	D0	K3600	Y0

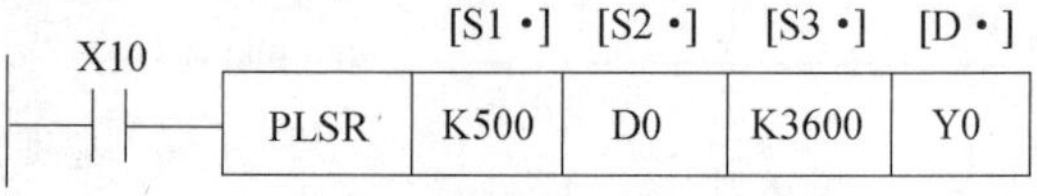

图 11-59　可调速脉冲输出指令的使用

10 倍，加减速的变速次数固定为 10 次；目标操作数［D·］用来指定输出脉冲的元件号（晶体管输出型 PLC 的 Y0 或 Y1）。当 X10 变为 ON 时，指令执行，开始输出脉冲；当 X10 变为 OFF 时，输出中断，当 X10 再次变为 ON 时，则从初始值开始输出。

可调速脉冲输出指令使用说明：

（1）［S1·］、［S2·］、［S3·］可取所有的数据类型，［D·］取晶体管输出型 PLC 的 Y0 和 Y1。

（2）指令 16 位操作占用 9 个程序步，32 位操作占用 17 个程序步。

（3）指令在程序中只能使用一次。

11. 2. 7　其他功能指令 FNC60 ～ FNC246

FX 系列 PLC 的功能指令还有很多条，如下所列，由于篇幅所限，此处不一一介绍，具体用法请参阅三菱公司提供的编程手册。

（1）方便指令（FNC60 ~ FNC69）。

（2）外部 I/O 设备指令（FNC70 ~ FNC79）。

（3）外围设备 SER 指令（FNC80 ~ FNC89）。

（4）浮点运算指令（FNC110 ~ FNC139）。

浮点数运算指令包括浮点数的比较、四则运算、开方运算和三角函数等功能。它们分布在指令编号为 FNC110 ~ FNC119、FNC120 ~ FNC129、FNC130 ~ FNC139 之中。

（5）数据处理 2 指令（FNC140 ~ FNC149）。

（6）定位指令（FNC150 ~ FNC159）。

（7）时钟运算指令（FNC160 ~ FNC169）。

（8）格雷码转换及模拟量模块专用指令（FNC170 ~ FNC179）。

（9）触点比较指令（FNC224 ~ FNC246）。

思考题与习题

1. 什么是功能指令？它的用途是什么？与基本逻辑指令有什么区别？

2. 功能指令中连续执行与脉冲执行有什么区别？如何表示？

3. 数据寄存器有哪些类型？各具有什么特点？32 位数据寄存器如何组成？试简要说明。

4. 什么是变址寄存器？有什么作用？试举例说明。

5. FX 系列 PLC 有哪几类中断？各有几个中断源？

6. 比较子程序和中断服务程序之间的异同？

7. 设计两个数据相减后得到绝对值的程序。

8. 编写程序求 D5、D7、D9 的和并放入 D20 中，求三个数的平均值放入 D30 中。

9. 当 X1 为 ON 时，用定时器中断，每 88ms 将 Y10 ~ Y13 组成的位元件组 K1Y10 加 1，设计主程序和中断子程序。

10. 设计一段程序，当输入条件满足时，依次将计数器 C0 ~ C9 的当前值转换成 BCD 码送到输出元件 K4Y0 中，试画出梯形图。

11. 有 3 台电动机，相隔 5s 顺序启动，各运行 10s 停止，循环往复。请用传送比较指令设计控制程序，画出梯形图。

12. 请用比较指令设计一密码锁控制程序。密码锁有四个按键，按 H65 正确后 2s，开照明灯；按 H87 正确后 3s，开启空调。

13. 设计一个密码（6 位）开机的程序（X0 ~ X11 表示 0 ~ 9 的输入）。要求密码正确时按开机键即开机；密码错误时有 3 次重新输入机会，如 3 次均不正确则立即报警。

14. 设计一个计时报警闹钟，要求精确到秒（注意 PLC 运行时应不受停电的影响）。

15. 路灯定时接通、断开控制要求是 19：00 开灯，6：00 关灯，用时钟运算指令控制，设计出梯形图。

第12章 三菱 FX 系列 PLC 网络通信及编程实例

随着工厂自动化网络的发展和自动化水平的提高，相当多的企业已经在大量地使用 PLC，PLC 与 PLC、PLC 与计算机、PLC 与现场设备或远程 I/O 之间需要进行数据通信，实现大量信息交换。本章主要介绍三菱 FX 系列 PLC 通信及网络方面的基本知识和实现方法。

12.1 PLC 通信概述

当任意两台设备之间有信息交换时，它们之间就产生了通信。PLC 通信是指 PLC 与 PLC、PLC 与计算机、PLC 与现场设备或远程 I/O 之间的信息交换。

PLC 通信的任务就是将地理位置不同的 PLC、计算机、各种现场设备等，如 PLC、工业控制计算机、变频器、机器人、柔性制造系统等，通过通信介质连接起来，按照规定的通信协议，以某种特定的通信方式高效率地完成数据的传送、交换和处理。

12.1.1 通信系统组成

通信系统由信息发送设备、信息接收设备和信息通道（通信介质）组成，按照规定的通信协议，以某种特定的通信方式高效率地完成数据的传送、交换和处理。

通信系统组成框图如图 12-1 所示。

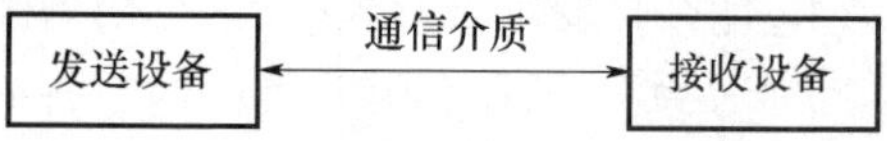

图 12-1 通信系统组成框图

12.1.2 通信方式

数据传输方式有并行通信和串行通信两种方式。

1. 并行通信

传送数据时，一个数据的所有位同时进行传输，以字或字节为单位传送。传输的数据有多少位，就相应地有多少根传输线。

并行通信的特点：

传输速度快，但是传输线的根数多，电路复杂程度增加，成本较高，一般用于短距离的数据通信。

在 PLC 通信方面，并行通信一般用于 PLC 的内部，如 PLC 内部元件之间、PLC 主机与扩展模块之间或近距离智能模块之间的数据通信。

并行通信方式如图 12-2 所示。图中一个 8 位数据，需要 8 根线进行传输，只需传输一次用一个比特时间就可从发送设备传送到接收设备。

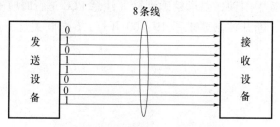

图 12-2 8 位数据并行通信示意图

2. 串行通信

在传送数据时，以二进制的位（bit）为单位进行传送，每次只传送一位，一个数据的各个不同位分时使用同一条传输线，一位接一位按顺序传送。

串行通信的特点：

需要的信号线少，最少的只需要两根线（一根地线，一根数据线），电路简单，适合远距离通信。缺点是串行通信速度比并行通信要慢。

在串行通信中，传输速率常用比特率（每秒传送的二进制位数）来表示，其单位是比特/秒（bit/s）或 bps。常用的标准传输速率有 300、600、1200、2400、4800、9600、19200bit/s 等。

计算机和 PLC 都备有通用的串行通信接口，工业控制中一般使用串行通信，如 PLC 与计算机之间、多台 PLC 之间的数据通信。

串行通信方式如图 12-3 所示。如传送 8 位数据，要先做并/串转换，然后用 8 个比特时间将全部数据发送至接收设备；接收设备每个比特时间接收到 1 位数据，8 个比特时间才接收完，再经串/并转换，完成了 8 位数据的传输。

图 12-3　串行通信示意图

在串行通信中，发送设备与接收设备间要同步，否则会导致通信失败。按同步方式的不同，可将串行通信分为异步通信和同步通信。

3. 异步通信

异步通信：以字符为单位进行传输，字符之间没有固定的时间间隔要求，而每个字符中的各位则以固定的时间传送。收、发双方取得同步的方法是采用在字符格式中设置起始位和停止位。在一个有效字符正式发送前，发送器先发送一个起始位，然后发送有效字符位，在字符结束时再发送停止位，停止位前还可以加一位校验位。起始位至停止位这组数据构成一帧。异步通信各字符之间是异步的，但同一字符内的各位是同步的。异步通信又称起止式通信，是计算机通信中最常用的数据信息传输方式。

异步通信的特点：

通信双方需要对所采用的信息格式和数据的传输速率做相同的约定，通信的发送与接收设备使用各自的时钟控制数据的发送和接收，但不要求收发双方时钟的严格一致，实现容易，设备开销较小。

缺点是每个字符要附加 2～3 位用于起止位，各帧之间还有间隔，因此传输效率不高。

异步通信主要应用于中、低速通信场合。PLC 一般使用异步通信。

异步通信的数据格式如图 12-4 所示。

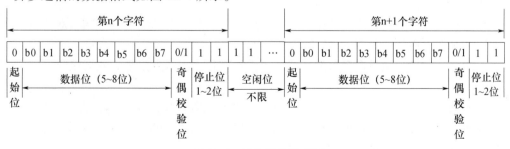

图 12-4　异步通信示意图

图 12-4 中，发送的数据字符由一个起始位、5～8 个数据位、1 个奇偶校验位（可以没有）和 2 位停止位（可以是 1 位、1.5 或 2 位）组成。

异步通信格式说明：

（1）起始位：是持续一个比特时间的逻辑 "0" 电平，标志传送一个字符的开始。

（2）数据位：数据位为 5～8 位，紧跟在起始位之后，是被传送字符的有效数据位。传送时先传送字符的低位，后传送字符的高位。数据位究竟是几位，可由硬件或软件来设定。

（3）奇偶位：奇偶校验位仅占一位，用于进行奇校验或偶校验，也可以不设奇偶位。

（4）停止位：停止位为 1 位、1.5 位或 2 位，可由软件设定。它一定是逻辑 "1" 电平，标志着传送一个字符的结束。

（5）空闲位：表示线路处于空闲状态，此时线路上为逻辑 "1" 电平。空闲位可以没有，此时异步传送的效率为最高。

4. 同步通信

同步通信：把每个完整的数据块作为整体来传输，在传送数据的同时，也传递时钟同步信号，使收发双方达到完全同步。同步传输时，同时传送的字符间不留间隙，既保持位同步关系，也保持字符同步关系，用 1～2 个同步字符表示传输过程的开始，接着是 n 个字符的数据块，由定时信号来实现收发端同步。

收发双方同步方法：在近距离通信时，可以在传输线中设置一根时钟信号线。在远距离通信时，可以在数据流中提取出同步信号，使接收方得到与发送方完全相同的接收时钟信号。

同步通信特点：由于同步通信方式不需要在每个数据字符中加起始位、停止位和奇偶校验位，只需要在数据块（往往很长）之前加一两个同步字符，所以传输效率高，但是对硬件的要求较高，一般用于高速通信。

同步通信数据格式如图 12-5 所示。

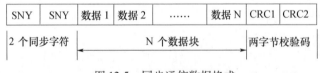

图 12-5 　同步通信数据格式

图 12-5 中，每个数据块（信息帧）由 3 个部分组成：

（1）2 个同步字符作为一个数据块（信息帧）的起始标志。

（2）N 个连续传送的数据。

（3）2 个字节循环冗余校验码（CRC）。

5. 单工通信与双工通信

按信息在设备间的传送方向，串行通信又分为单工和双工通信两种方式。双工通信又分为全双工和半双工通信两种方式。

单工通信：信息只能沿单一方向传输，不能反向传送，或者发送，或者接收，收发不能兼备。

双工通信：信息可沿两个方向传送，每一个设备端既可以发送数据，也可以接收数据，数据的发送和接收分别由两根或两组不同的数据线传送，通信的双方都能在同一时刻接收和发送信息，这种传送方式称为全双工方式。

半双工通信：用同一根线或同一组线接收和发送数据，通信的双方在同一时刻只能发送数据或接收数据，这种传送方式称为半双工方式。

在 PLC 通信中常采用半双工和全双工通信。

单工、双工及半双工通信方式示意图如图 12-6 所示。

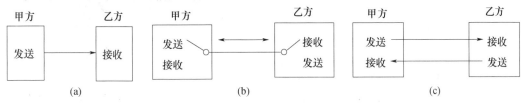

图 12-6　单工、双工及半双工通信方式示意图

(a) 单工；(b) 半双工；(c) 双工

6. 基带传输与频带传输

基带传输：数据转换为数字信号后，按照数字信号原有的波形（以脉冲形式）不经过调制在信道上直接传输。

基带传输的优点是不需要调制解调，设备简单，花费少，可靠性高。缺点是要求信道具有较宽的通频带，通道利用率低，长距离传送衰减大，适用于较小范围的数据传输。

基带传输时，通常对数字信号进行一定的编码，常用数据编码方法有非归零码 NRZ、曼彻斯特编码和差动曼彻斯特编码等。后两种编码不含直流分量且包含时钟脉冲，便于双方自同步，得到了广泛应用。

频带传输：把信号调制到某一频带上，以调制信号进行数据传输的方式。

数据转换为数字信号后，发送端采用调制技术进行某种变换，将代表数据的二进制"1"和"0"变换成具有一定频带范围的模拟信号，以适应在模拟信道上传输；接收端通过解调技术进行相反变换，把模拟的调制信号复原为"1"或"0"。

常用的调制方法有频率调制、振幅调制和相位调制。具有调制、解调功能的装置称为调制解调器，即 Modem。

频带传输的优点是通道利用率高，传送距离较远。缺点是需加调整解调器，成本较高。

PLC 通信中，基带传输和频带传输两种传输形式都有采用，但多采用基带传输。

12.1.3　通信介质

通信介质就是在通信系统中发送端与接收端之间联系的物理通路。通信介质一般可分为导向性介质和非导向性介质。导向性介质为有线传输介质，如双绞线、同轴电缆和光纤等，这种介质将引导信号的传播方向；非导向性介质为无线传输介质，通过空间传播信号，它不为信号引导传播方向，如短波、微波和红外线通信等。

下面简单介绍几种常用的导向性通信介质。

1. 双绞线

双绞线（Twisted Pair）是局域网最基本的有线物理传输介质，由具有绝缘保护层的 4 对 8 线芯组成，因每一线对的两根绝缘的铜线互绞在一起而得名。

双绞线这种螺旋状绞合结构能在一定程度上减弱来自外部的电磁干扰及相邻双绞线引起的串音干扰。不同线对具有不同的扭绞长度，从而能够更好地降低信号的辐射干扰。

双绞线可分为非屏蔽双绞线（Unshilded Twisted Pair，UTP）和屏蔽双绞线（Shielded Twisted Pair，STP）两大类。

（1）非屏蔽双绞线

非屏蔽双绞线是将多对双绞线捆扎在一起，用起保护作用的塑料外皮包裹起来制成电缆。非屏蔽双绞线电缆价格便宜、直径小节省空间、使用方便灵活、易于安装，是目前最常用的通信介质。但由于 UTP 没有屏蔽层，稳定性较差。非屏蔽双绞线如图 12-7 所示。

图 12-7　非屏蔽双绞线

非屏蔽双绞线的种类：

双绞线技术标准是由美国电子工业协会（EIA）和美国电信工业协会（TIA）制定的，EIA/TIA 的布线标准中 568A 与 568B 对双绞线进行了规范的说明，将双绞线电线分成 1、2、3、4、5 和 6 类，不久又提出了 7 类，使用最多的是 3 类或 5 类双绞线。计算机网络中常使用的是第三类、第五类、超五类以及目前的六类非屏蔽双绞线电缆。第三类双绞线适用于大部分计算机局域网络，而第五、六类双绞线利用增加缠绕密度、高质量绝缘材料，极大地改善了传输介质的性质。电缆上通常印有类别标志，如 cat 5 或 category 5（5 类线）。标准规定计算机网络用的双绞线（UTP），每根长度不宜超过 100m。各类双绞线的性能如下：

1）1 类线：用于≤0.1bit/s 传输（适用于语音/低速传输）。

2）2 类线：用于≤4bit/s 传输（适用于语音/低速传输，旧的令牌网）。

3）3 类线：用于≤10bit/s 传输（4 芯，10Mbps 以太网电缆）。

4）4 类线：用于≤16bit/s 传输（基于令牌的局域网和 10BASE-T/100BASE-T）。

5）5 类线：用于≤100bit/s 传输（8 芯，基于双绞铜线的 FDDI 网络和快速以太网）。

6）超 5 类线：用于≤100bit/s 传输（8 芯，最常用的网络电缆，快速以太网）。

7）6 类线：用于≤1000bit/s 传输（百兆位快速以太网和千兆位以太网）。

8）超 6 类线：用于≤1000bit/s 传输（千兆位以太网）。

9）7 类线：用于≤10Gbit/s 传输（万兆位以太网）。

（2）屏蔽双绞线

屏蔽双绞线又分为两类，即 STP（Shielded Twisted Pair）和 FTP（Foil Twisted Pair）。STP 用一层金属箔把电缆中的每对线包起来作为屏蔽层，有的还在外面用金属箔或金属屏蔽层把各对线包起来起到屏蔽作用。而 FTP 则是采用整体屏蔽，只在整个电缆均有屏蔽装置，并且两端正确接地的情况下才起作用。所以使用 FTP 时，要求整个系统全部是屏蔽器件，包括电缆、插座、水晶头和配线架等，同时建筑物需要有良好的地线系统。

由于屏蔽层的存在，使 STP 在数据传输时可减少电磁干扰，稳定性较高，抗干扰能力强，有较高的传输速率，100m 内可达到 155bit/s。但其价格相对较贵，需要配置相应的连接器，使用时不是很方便。屏蔽双绞线电缆如图 12-8 所示。

（3）双绞线的传输距离和带宽

相对于其他有线物理传输介质（如同轴电缆和光纤）来说，双绞线价格便宜，也易于安装使用；但在传输距离、带宽和数据传输速率等方面有其一定的局限性。

双绞线一般用于星型拓扑网络的布线连接，两端安装有 RJ45 头，用于连接网卡与交换机，最大网线长度为 100m。如果要加大网络的范围，可在两段双绞线之间安装中继器，最多可安装 4 个中继器，连接 5 个网段，最大传输范围可达 500m。

双绞线常用于建筑物内局域网数字信号传输。这种局域网所能实现的带宽取决于所用导线的质量、长度及传输技术。只要选择、安装得当，在有限距离内数据传输率达到 10bit/s。当距离很短且采用特殊的电子传输技术时，传输率可达 100bit/s。

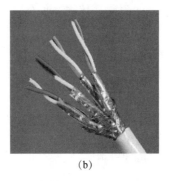

（a）　　　　　　　　　　　　（b）

图 12-8　屏蔽双绞线电缆
（a）FTP；（b）STP

2. 同轴电缆

同轴电缆由内导体铜质芯线（单股实心线或多股绞合线）、绝缘层、金属包皮或网状编织的外导体屏蔽层、绝缘层（有的无）以及保护塑料外层组成。同轴电缆的外层导体不仅能够充当导体的一部分，而且还起到屏蔽作用，一方面能防止外部环境造成的干扰，另一方面能阻止内层导体的辐射能量干扰其他导线。同轴电缆的外形及结构如图 12-9 所示。

与双绞线相比，同轴电缆抗干扰能力强，能够应用于频率更高、数据传输速率更快的场合。同轴电缆广泛应用于有线电视和某些局域网中。

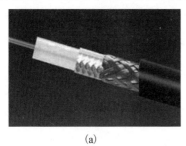
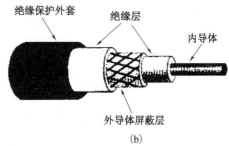

（a）　　　　　　　　　　　　（b）

图 12-9　同轴电缆外形及结构
（a）外形图；（b）结构图

同轴电缆主要有 50Ω 电缆和 75Ω 电缆两种。

50Ω 电缆用于基带数字信号传输，又称基带同轴电缆。电缆中只有一个信道，数据信号常采用曼彻斯特编码方式，数据传输速率可达 20bit/s。

50Ω 同轴电缆有粗缆和细缆。粗缆（直径 1.27cm，简称 AUI）适用于较大局域网的网络干线，布线距离较长，可达 1000m，可靠性较好。细缆（直径 0.26cm，简称 BNC）最大传输距离 185m，网络安装较容易，而且造价较低。细缆网络每段干线长度最大为 185m，适合小型以太网络。

50Ω 同轴电缆主要用于计算机局域网中，总线型以太网就是使用 50Ω 同轴电缆。

75Ω 电缆用于高带宽数据通信，支持多路复用，是 CATV 系统使用的标准，它既可用于传输宽带模拟信号，也可用于传输数字信号。对于模拟信号而言，其工作频率可达 400MHz。若在这种电缆上使用频分复用技术，则可以使其同时具有大量的信道，每个信道都能传输模拟信号。传输带宽可达 1GHz，目前常用 CATV 电缆的传输带宽为 750MHz。

3. 光纤

光纤是光导纤维的简称，传输光信号，是一种性能非常优秀的网络传输介质。

光纤的结构：一般是双层或多层的同心圆柱体，由透明材料做成的纤芯和在它周围采用比纤芯的折射率稍低的材料做成的包层。

光纤的结构如图 12-10 所示。最内层是纤芯，由石英、玻璃或塑料制成，横截面积很小，质地脆、易断裂。纤芯的外面裹有一个包层，它由折射率比纤芯小的材料（玻璃或塑料）制成。由于纤芯与包层之间存在着折射率的差异，光信号能够通过全反射在纤芯中不断向前传播。光纤的最外层是起保护作用的外套，为涂覆层，包括一次涂覆层、缓冲层和二次涂覆层，由分层的塑料及其附属材料制成。一般将多根光纤扎成束并裹以保护层制成多芯光缆。

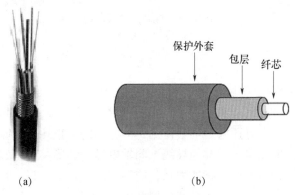

图 12-10　光纤外形和结构

（a）外形图；（b）结构图

（1）光纤的分类

光纤有多种分类方式。根据制作材料的不同，光纤可分为石英光纤、塑料光纤、玻璃光纤等；根据传输模式不同，光纤可分为多模光纤和单模光纤；根据纤芯折射率的分布不同，光纤可分为突变型光纤和渐变型光纤；根据工作波长的不同，光纤可分为短波长光纤、长波长光纤和超长波长光纤。

单模光纤（Single Mode Fiber）的中心纤芯很细（芯径为 8 ~ 10μm，一般为 9 或 10μm），只能传一种模式的光，模间色散很小，传输性能优于多模光纤，多用于长距离、大容量的主干光缆传输系统。但单模光纤价格较贵，还存在着材料色散和波导色散，对光源的谱宽和稳定性有较高的要求，即谱宽要窄，稳定性要好。

多模光纤的中心纤芯较粗，一般为 50μm 或 62.5μm，可传输多种模式的光。但其模间色散较大，而且随距离的增加会更加严重，这就限制了传输数字信号的频率。因此，多模光纤传输的距离比较近，一般只有几千米，一般多在局域网中使用。

单模光纤的带宽最宽，多模渐变光纤次之，多模突变光纤的带宽最窄；单模光纤适于大容量远距离通信，多模渐变光纤适于中等容量中等距离的通信，而多模突变光纤只适于小容量的短距离通信。

（2）光纤特点

1）优点

① 频带宽，信号传输速率高，通信容量大。光纤的频带很宽，可达 1GHz 以上。这个范

围覆盖了红外线和可见光的频谱。从理论上讲，一根仅有头发丝粗细的光纤可以同时传输1000 亿个话路。目前 400Gbit/s 系统已经投入商业使用。

② 传输衰减小，中继器的间距较大。光纤具有极低的衰耗系数（目前商用化石英光纤已达 0.19dB/km 以下），采用光纤传输信号时，信号衰减小，在较长距离（100km 以上）内可以不设置信号放大设备，从而减少了整个系统中继器的数目。

③ 抗电磁干扰能力强。光纤中传输的是光束，不受外界雷电和电磁干扰，同时也不向外辐射，因此它适用于长距离的信息传输及安全性要求较高的场合。

④ 无串音干扰，保密性好，不易被窃听或截取数据。光波在光纤中传输时只在其芯区进行，基本上没有光"泄漏"出去，因此其保密性能极好。

⑤ 体积小，重量轻，便于施工维护。光缆体积小，重量轻，敷设方式方便灵活，既可以直埋、管道敷设，又可以水底和架空。

⑥ 耐腐蚀，可挠性强。光缆环境适应能力强，耐腐蚀，可挠性强（弯曲半径大于 25cm时其性能不受影响）等。

⑦ 原材料来源丰富，潜在价格低廉。制造石英光纤的最基本原材料是二氧化硅即砂子，而砂子在大自然界中几乎是取之不尽、用之不竭的。因此其潜在价格是十分低廉的。

2）缺点

光纤也存在一些缺点，如系统成本较高、不易安装与维护、质地脆易断裂等。

（3）光源发生器及光检测器件

在光纤传输系统中，还需要配置与光纤配套的光源发生器件和光检测器件。常用的光源发生器件有发光二极管（LED）和注入激光二极管（ILD）。

光检测器件是在接收端能够将光信号转化成电信号的器件，常用的有光电二极管（PIN）和雪崩光电二极管（APD），光电二极管的价格较便宜，然而雪崩光电二极管却具有较高的灵敏度。

12.1.4　PLC 常用通信接口

通信接口主要功能是进行数据的并行与串行转换，控制传输速率和字符格式，进行电平转换等。PLC 通信主要采用串行异步通信，其常用的串行通信接口标准有 RS-232C、RS-422A 和 RS-485 等。

1. RS-232C

RS-232C 是美国电子工业协会 EIA（Electronic Industry Association）于 1969 年公布的通信协议，它的全称是"数据终端设备（DTE）和数据通信设备（DCE）之间串行二进制数据交换接口技术标准"，RS（Recommended standard）代表推荐标准，232 是标识号，C 代表RS232 的最新一次修改。RS-232C 接口标准是目前计算机和 PLC 中最常用的一种串行通信接口。

RS-232C 采用负逻辑，用 $-5 \sim -15\text{V}$ 表示逻辑"1"，用 $+5 \sim +15\text{V}$ 表示逻辑"0"。噪声容限为 2V，即要求接收器能识别低至 +3V 的信号作为逻辑"0"，高到 -3V 的信号作为逻辑"1"。

（1）RS-232C 串口引脚定义和功能

RS-232C 可使用 9 针或 25 针的 D 型连接器（即 DB9 或 DB25），表 12-1 列出了 RS-232C 接口各引脚信号的定义以及 9 针与 25 针引脚的对应关系。PLC 一般使用 9 针的连接器 DB9。

表 12-1　RS-232C 接口引脚信号的定义

引脚号（9 针）	引脚号（25 针）	信号缩写	传输方向	信 号 功 能
1	8	DCD	IN	数据载波检测，接收到载波信号时 ON
2	3	RXD	IN	接收数据
3	2	TXD	OUT	发送数据
4	20	DTR	OUT	数据终端装置（DTE）准备就绪，可以发送
5	7	GND		信号地
6	6	DSR	IN	数据通信装置（DCE）准备就绪，可以接收
7	4	RTS	OUT	请求数据发送
8	5	CTS	IN	清除发送。发送请求 RTS 的响应信号
9	22	CI（RI）	IN	振铃指示

（2）RS-232C 串口的连接

RS-232C 只能进行一对一的通信，当通信距离较近时（＜12m），可以用电缆线直接连接标准 RS232 端口 DB9 或 DB25；若距离较远，需附加调制解调器（MODEM）。这里主要介绍近距离的直接接线。

1）典型接线

两台 RS-232C 串口设备距离较近（＜12m），如果通信前需要先握手，然后才能通信，典型接线如图 12-11 所示。

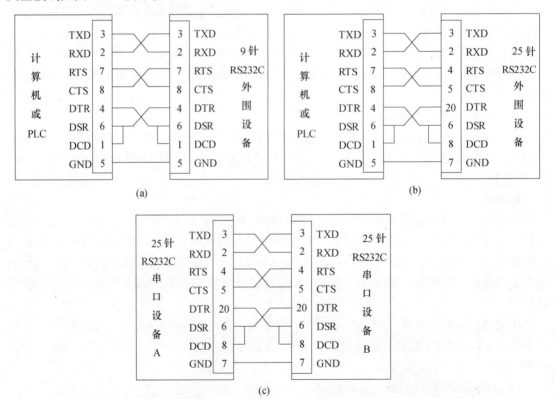

图 12-11　两台 RS–232C 串口设备之间的典型连接（需要先握手）

（a）DB9 与 DB9 端子相连；（b）DB9 与 DB25 端子相连；（c）DB25 与 DB25 端子相连

2）简化的三线制接线

如果两台串口设备通信双方始终处在收发就绪状态下，连线可减至 3 根，变成 RS-232C 的简化方式。典型的三线制接法如图 12-12 所示。

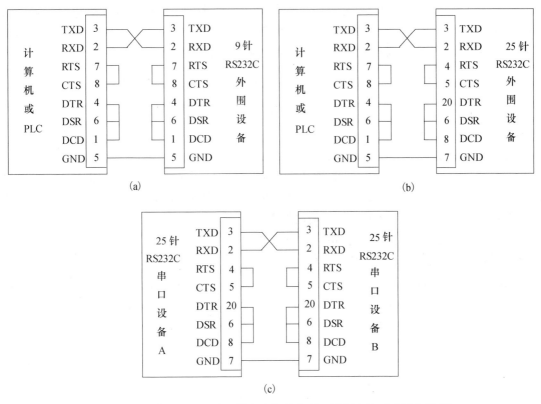

(a)
(b)
(c)

图 12-12　两台 RS-232C 串口设备之间的典型三线制连接（不需先握手）

(a) DB9 与 DB9 端子相连；(b) DB9 与 DB25 端子相连；(c) DB25 与 DB25 端子相连

（3）缺点

1）RS-232C 的电气接口采用单端驱动、单端接收的电路，如图 12-13 所示。由于共地容易产生共模干扰，造成通信距离短，传输速率低，RS-232C 的最大通信距离为 15m，最高传输速率为 20bit/s，只能进行一对一的通信。

图 12-13　单端驱动单端接收的电路

2）RS-232C 规定的逻辑电平与一般微处理器、单片机的逻辑电平（TTL 电平）不一致，在实际应用时，必须使用电平转换电路方能与 TTL 电路连接。

3）RS-232C 接口的信号电平值较高，易损坏接口电路的芯片。

2. RS-422

RS-232C 通信标准的通信距离短，传输速率低，于是美国电子工业协会 EIA 于 1977 年推出了串行通信标准 RS-499，对 RS-232C 的电气特性做了改进，定义了一种平衡总线的通信接口。RS-422A 是 RS-499 的子集，是一种单机发送、多机接收的单向、平衡传输规范，被命名为 TIA/EIA-422-A 标准。

RS-422A 采用平衡驱动、差分接收电路，它与 RS-232C 不同的地方在于传输数据的是两条平衡双绞线，一条线定义为 A，另一条线定位为 B；输出端为双端平衡驱动器，输入端为双端差分放大器，从根本上取消了信号地线，差分接收使共模干扰噪声互相抵消，抑制了共地所带来的共模干扰。平衡驱动、差分接收电路如图 12-14 所示，图中的小圆圈表示反相。

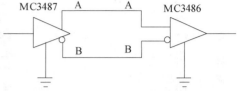

图 12-14　R422 平衡驱动、差分接收电路

（1）逻辑电平

通常情况下，发送驱动器 A、B 之间的正电平在 +2 ~ +6V，是一个逻辑状态，负电平在 -2 ~ 6V，是另一个逻辑状态。另有一个信号地 C，在 RS-485 中还有一个"使能"端，而在 RS-422 中这是可用可不用的。"使能"端是用于控制发送驱动器与传输线的切断与连接。当"使能"端起作用时，发送驱动器处于高阻状态，是有别于逻辑"1"与"0"的第三态。平衡驱动器及逻辑电平如图 12-15 所示。

接收器与发送端通过平衡双绞线将 AA 与 BB 对应相连，当在收端 AB 之间有大于 +200mV 的电平时，输出正逻辑电平，小于 -200mV 时，输出负逻辑电平。接收器接收平衡线上的电平范围通常在 200mV ~ 6V 之间。差动接收器逻辑电平如图 12-16 所示。

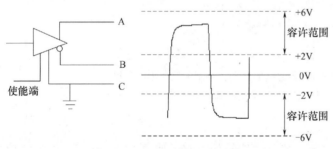

图 12-15　R422 平衡驱动器及逻辑电平

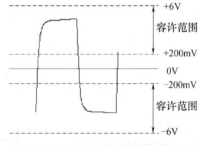

图 12-16　R422 差动接收器逻辑电平

（2）接线

RS-422A 是全双工的，两对平衡差分信号线分别用于发送和接收，所以采用 RS422 接口通信时最少需要 4 根线，加上 1 根信号地线，共 5 根线。

为了避免信号的反射和回波，RS-422/RS485 需要一终端匹配电阻，要求其阻值约等于传输电缆的特性阻抗，与电缆长度无关。RS-422/RS-485 通信线要求采用屏蔽双绞线连接，这样有助于减少和消除 2 根 485 通信线之间产生的分布电容以及来自于通信线周围产生的共模干扰。终端电阻一般介于 100 ~ 140Ω 之间，典型值为 120Ω。在实际配置时，在电缆的两个终端节点上，即最近端和最远端，各接入一个终端电阻，而处于中间部分的节点则不能接入终端电阻，否则将导致通信出错。在近距离（<300m）传输时可不需终接电阻。

一台驱动器可以连接 10 台接收器，其中一个为主设备，其余均为从设备，支持主对从的双向通信，但从设备之间不能通信。RS-422A 全双工发送接收电路如图 12-17 所示。

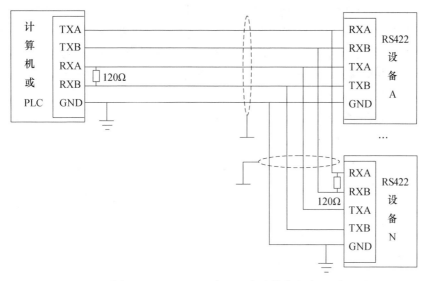

图 12-17　RS-422A 全双工发送接收电路

RS-422 接口一般使用 9 针的 D 型连接器，DB9 端子引脚定义如表 12-2 所示。

表 12-2　RS422 DB9 端子引脚定义

引脚编号	信号缩写	引脚功能
1	GND	地
2	TXA，有时称 TX + 或 A	发送正
3	RXA，有时称 RX + 或 Y	接收正
4		
5		
6	TXB，有时称 TX − 或 B	发送负
7	RXB，有时称 RX − 或 Z	接收负
8		
9	+9V	电源

（3）传输速率和距离

RS-422 在最大传输速率 10bit/s 时，允许的最大通信距离为 12m。传输速率为 100Kbit/s 时，最大通信距离为 1219m（4000ft）。

3. RS-485

RS485 接口是 EIA 于 1983 年在 RS422 接口基础上制定的标准，它们有许多电气规定相似，如同样采用平衡电压传输方式，传输电缆终端都需要接终结电阻等，同时增加了多点、双向通信能力，即允许多个发送器连接到同一条总线上，提高了发送器的驱动能力和冲突保护特性，扩展了总线共模范围。但 RS-485 接口总线能力与 RS-422 接口不同。RS-422A 是全双工，两对平衡差分信号线分别用于发送和接收，所以采用 RS-422 接口通信时最少需要 4 根线。

RS-485 为半双工，只有一对平衡差分信号线，不能同时发送和接收，最少只需两根连线。RS-485 接口与 RS-422 接口的不同还在于其共模输出电压不同。RS-485 接口的共模输

出电压是 −7V ~ +12V 之间，而 RS-422 接口的共模输出电压在 −7V ~ +7V 之间。

RS-485 的逻辑"1"以两线间的电压差为 +（2 ~ 6）V 表示，逻辑"0"以两线间的电压差为 −（2 ~ 6）V 表示。接口信号电平比 RS-232-C 降低了，就不易损坏接口电路的芯片，且该电平与 TTL 电平兼容，可方便与 TTL 电路连接。

RS-485 接口具有良好的抗噪声干扰性能，传输速率高，可达 10bit/s，传输距离远，可以传输 1219m，最多可以接 128 站点，在工业控制中广泛应用。

RS-485 接口一般采用使用 9 针的 D 型连接器。普通微机一般不配备 RS-422 和 RS-485 接口，但工业控制设备基本上都有配置。

使用 RS-485 通信接口和双绞线可组成串行通信网络，构成分布式系统，系统最多可连接 128 个站。采用 RS-485 接口的通信网络连接示意图如图 12-18 所示。

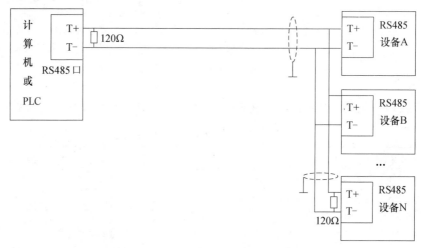

图 12-18　采用 RS-485 接口的通信网络连接示意图

12.1.5　通信协议

通信协议（Communications Protocol）是指通信双方实体完成通信或服务所必须遵循的规则和约定。协议定义了数据单元使用的格式，信息单元应该包含的信息与含义，连接方式，信息发送和接收的时序，从而确保网络中数据顺利地传送到确定的地方。在通信系统中用通信协议来规范收发各方通信行为。国际标准化组织于 1978 年提出了如图 12-19 所示的开放系统互连参考模型 OSI（Open System Interconnection Reference Model，OSI/RM，简称 OSI），它详细描述了软件功能的 7 个层次。七个层次自下而上依次为：物理层、数据链路层、网络层、传输层、会话层、表示层和应用层。每一层都尽可能自成体系，均有明确的功能。最低层是物理层，实际通信

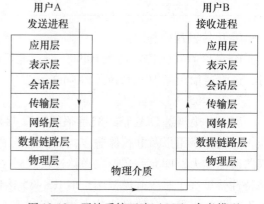

图 12-19　开放系统互连（OSI）参考模型

就是在物理层通过互相连接的媒体进行通信的，常用的串行接口标准 RS-232、RS-422 和 RS-485 等就属于物理层。

在 PLC 网络中配置的通信协议可分为两类：通用协议和公司专用协议。

（1）通用协议

为了实现不同厂家生产的智能设备之间的通信，采用国际标准化组织 ISO 提出的 7 层开放系统互相连模型 OSI。

（2）公司专用协议

公司专用协议一般用于物理层、数据链路层和应用层。使用公司专用协议传送的数据是过程数据和控制命令，信息短，实时性强，传送速度快。FX2N 系列可编程控制器与计算机的通信就是采用公司专用协议。

在计算机通信中，通信协议用于实现计算机与网络连接之间的标准。计算机网络连接最常用的通信协议是 TCP/IP 协议。局域网中常用的通信协议主要包括 TCP/IP、NETBEUI 和 IPX/SPX 三种协议，每种协议都有其适用的应用环境。

12.2　FX 系列 PLC 通信类型

三菱 FX 系列 PLC 提供了 5 种通信方式：并行通信（1 : 1 方式）、N : N 网络通信、计算机与多台 PLC 之间通信（1 : N 方式，用专用通信协议）、无协议通信和可选通信接口。

1. 并行通信（1 : 1 方式）

两台 FX 系列 PLC（包括 FX2N、FX2NC、FX1N、FX、FX2C 和 FX3U）并行连接组成 1 : 1 连接方式，可以实现两者之间的数据交换。并行通信是采用 100 个辅助继电器和 10 个数据寄存器在 1 : 1 基础上来完成的。FX1S 和 FX0N 数据交换是采用 50 个辅助继电器和 10 个数据寄存器进行的。

FX 系列 PLC 可通过以下两种连接方式实现两台 PLC 之间的并行通信：

（1）通过 FX2N-485-BD 内置通信板和专用的通信电缆。

（2）通过 FX2N-CNV-BD 内置通信板、FX0N-485ADP 特殊适配器和专用通信电缆。

两台 PLC 之间的最大有效距离为 50m。

1 : 1 方式的连接详见本章第四节（12.4.1　并行通信方式）。

2. N : N 网络

N : N 网络也称简易 PLC 间连接，用于多台 FX 系列 PLC 之间进行简单的数据交换。N : N 网络特点如下：

（1）网络可以支持最多 8 台 FX 系列 PLC，通过 RS485-BD 通信连接，进行软元件互相链接，其中一台作为主站，其他各台为从站。数据的链接在最多 8 台 FX 系列 PLC 之间自动更新。

（2）网络总延长距离最大可达 500m。

（3）采用半双工通信，波特率固定为 38400bit/s；数据长度、奇偶校验、停止位、标题字符、终结字符以及和校验等也均是固定的。

在采用 RS485 接口的 N : N 网络中，FX2N 系列可编程控制器可以采用以下两种方法连接到网络中。

（1）FX2N 系列可编程控制器之间采用 FX2N-485-BD 内置通信板和专用的通信电缆进行连接。

（2）FX2N 系列可编程控制器之间采用 FX2N-CNV-BD 和 FX_{0N}-485ADP 特殊功能模块和专用的通信电缆进行连接。

N：N 网络的连接详见本章第四节（12.4.2　N：N 网络）。

3. 计算机与多台 PLC 之间通信（用专用通信协议）

计算机与多台 PLC 之间的通信多见于计算机为上位机的系统中，组成 1：N 网络。

通信系统的连接方式可采用以下两种接口：

（1）采用 RS-485 接口的通信系统，一台计算机最多可连接 16 台可编程控制器。

（2）采用 RS-232C 接口的通信系统。

计算机与 PLC 之间通信详见本章第三节（12.3　PC 机与 PLC 之间的通信）。

4. 无协议通信

无协议通信也称为"自由口"通信，即根据公开的通信条件自由设定通信过程的通信。

无协议通信用于 FX 系列 PLC 与计算机或智能设备（如打印机、读码器、变频器等）间的通信。

无协议通信有两种情况：使用串行异步通信指令 RS 实现的通信和使用特殊功能模块 FX2N-232IF 实现的通信。

无协议通信详见本章第五节（12.5　无协议通信）。

5. 可选通信接口

可选端口支持设定的通信协议，例如通过 FX2N-232-BD、FX0N-32ADP、FX1N-232-BD、FX2N-422-BD 和 FX1N-422-BD 模块连接 FX2N、FX2NC、FX1N、FX1S 系列 PLC。

12.3　PC 机与 PLC 之间的通信

个人计算机（以下简称 PC 机）具有丰富的软、硬件资源和较强的数据处理功能，性能和可靠性逐步提高，可以作为优良的软件平台，配备着多种高级语言，开发各种应用系统。随着工业 PC 机的推出，PC 机在工业现场运行的可靠性问题也得到了解决，可以作为上位机，连入到 PLC 应用系统。上位机主要完成数据传输、处理、显示和打印，监视工作状态、网络通信和编制 PLC 程序。PLC 面向现场和设备，进行实时控制。上位机通过与下位机 PLC 的通信实现对现场的监控。

12.3.1　PC 机与 PLC 之间通信的作用

把工业 PC 连入 PLC 应用系统具有以下四个方面作用：

（1）以 PC 为上位机，单台或多台 PLC 为下位机，构成小型集散系统，PC 可以作为操作站或工程师站来使用。

（2）PC 安装 PLC 编程软件后，成为 PLC 编程终端，可通过编程器接口接入 PLC，进行编程、调试及监控。

（3）在 PLC 应用系统中，把 PC 开发成简易工作站或者工业终端，可实现集中显示、集中报警功能。

（4）把 PC 开发成网间连接器，进行协议转换，可实现 PLC 与其他计算机网络的互联。

12.3.2　PC 机与 PLC 通信接口

PLC 厂家为 PLC 配备了专用的通信接口和通信模块，以方便与上位机进行通信，以及 PLC 相互之间进行通信。PC 机与 PLC 之间的通信一般是通过 PC 机上的 RS-232C 接口和 PLC 上的 RS422 或 RS-232C 接口进行的。RS-232C 采用 25 脚 D 型接插件作为通信设备之间的机械连接部件。

小型 PLC 上都有 RS-422A 或 RS-232C 的通信接口，而在中大型的 PLC 上都有专用的通信模块。例如：三菱 FX 系列设有 FX-232AW 接口，RS232C 用通信适配器 FX-232ADP 等。当 PCL 上的通信接口是 RS-422A 时，必须在 PLC 与计算机之间加一个 RS-232C 与 RS-422A 的接口转换器，以实现通信。RS-232C 采用的接口转换模块 FX-232ADP 是一种以无规约方式与各种 RS-232C 设备进行数据交换的适配器。FX-232ADP 转换模块与 PLC 连接好后，根据特殊寄存器 D8120 的设置来交换数据。PLC 的 RS 指令可以设置交换数据的点数和地址。

12.3.3　PC 机与 PLC 互联的结构形式

PC 机与 PLC 的连接可以分为点对点结构和多点结构。

1. 点对点结构

单台 PC 机与单台 PLC 的连接，称为点对点结构，如图 12-20 所示。

PC 机的串行通信接口 RS-232C COM 口与 PLC 的编程器接口（如 FX 系列 PLC 的 SC-09 编程口，为 RS-422 接口）或其他异步通信口之间实现点对点连接。图 12-20（a）中是通过在 PLC 内部安装的通信功能扩展板 FX-232-BD 实现与 PC 机的连接，图 12-20（b）中是通过 FX-232AW 单元进行 RS-232C/RS-422 转换后与 PLC 编程口的连接。

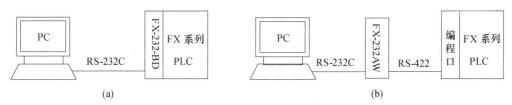

图 12-20　点对点结构

（a）通过 FX-232-BD 与 PC 机连接；（b）通过 FX-232AW 进行 RS-232C/RS-422 转换与 PLC 编程口连接

FX 系列 PLC 与计算机之间的点对点通信采用的是 RS-232C 标准，数据交换方式是字符串的 ASCII 码，采用异步通信格式，由 1 位起始位、7 位数据位、1 位偶校验位及 1 位停止位组成，比特率为 9600bit/s。点对点通信协议与通信程序见本节 12.3.4 和 12.3.5 部分。

2. 多点结构

PC 机与多台 PLC 共同连在同一条串行总线上为多点结构，组成 1：N 网络，如图 12-21 所示。多点结构采用主从式存取控制方法，通常以 PC 为主站，多台 PLC 为从站，通过周期轮询进行通信管理。多点结构多见于计算机为上位机的系统中，采用专用通信协议。

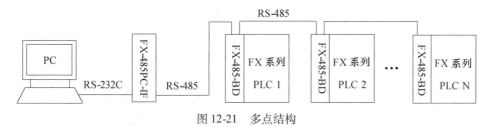

图 12-21　多点结构

（1）接口形式

多点结构通信系统的连接方式可采用以下两种接口：

1）采用 RS-485 接口的通信系统，一台计算机最多可连接 16 台可编程控制器。可采用以下方法：

① FX 系列可编程控制器之间采用 FX-485-BD 内置通信板进行连接或采用 FX-CNV-BD

和采用 FX0N-485-ADP 特殊功能模块进行连接。

② 计算机与 PLC 之间采用 FX-485PC-IF 和专用的通信电缆，实现计算机与多台 PLC 的连接。

如图 12-21 所示，是采用 FX-485-BD 内置通信板和 FX-485PC-IF，将一台通用 PC 机与最多为 16 台 FX 系列 PLC 连接通信。

2）采用 RS232C 接口的通信系统有以下两种连接方式：

① FX2N 系列可编程控制器之间采用 FX2N-485-BD 内置通信板进行连接或采用 FX2N-CNV-BD 和采用 FX0N-232ADP 特殊功能模块进行连接，最大有效距离为 15m。

② 计算机与 PLC 之间采用 FX-232-BD 内置通信板外部接口通过专用的通信电缆直接连接。

（2）通信的配置

PC 机与多台 PLC 通信时，除了线路连接外，还要设置站号、通信格式（FX2N 机型有通信格式 1 及通信格式 4 供选择）等，其中，在 D8120 中设定通信参数，D8121 中设置站号，D8129 中设置发送超时/等待时间（单位为 10ms）。设置好 D8120、D8121、D8129 等后，将 PLC 电源关闭重启，使设置生效。与编程口通信不同，1∶N 计算机链接通信参数不是固定的，可按实际情况自由配置。D8120 各位的定义如表 12-3 所示，PLC 通信参数设置的特殊辅助继电器及寄存器如表 12-4 所示。

表 12-3　D8120 各位的定义

位编号	定义	描述
b0	数据长度	0：7 位　1：8 位
b2b1	校验方式	00：无校验　01：奇校验　11：偶校验
b3	停止位	0：1 位　1：2 位
b7b6b5b4	波特率（b/s）	0011：300　　0111：4800 0100：600　　1000：9600 0101：1200　　1001：19200 0110：2400
b8	起始符设定	0：无起始符　1：起始符由 D8124 设定，默认为 02H（STX），计算机链接时设置为 0
b9	结束符设定	0：无结束符　1：结束符由 D8125 设定，默认为 03H（ETX），计算机链接时设置为 0
b12b11b10	握手控制线	无协议通信：000：模式 1，RS-232C 接口，不使用握手控制信号；001：模式 2，RS-232C 接口，使用握手控制信号，单独发送或接收；010：模式 3，RS-232C 接口互锁模式，为转换适配器，适用于 FX2N V2.0 及以上；011：模式 4，RS-232C、RS-485（RS-422）接口，调制解调器模式 计算机链接通信：000：RS485 接口　　010：RS232C 接口
b13	和校验	0：不附加求和码　1：自动加上求和码
b14	协议选择	0：无协议通信/RS 通信　1：专用通信协议
b15	协议格式选择	0：格式 1（无回车换行符）1：格式 4（有回车换行符），RS 通信时设为"0"

注意：每次修改过 D8120 的参数后要将 PLC 电源关闭重启，使设置生效。

表 12-4 计算机通信用特殊辅助继电器及数据寄存器

辅助继电器	功能描述	数据寄存器	功能描述
M8126	连接标志，置 ON 时表示全体	D8120	通信格式
M8127	握手正确标志，置 ON 时表示握手	D8121	本地站号设置
M8128	握手错误标志，置 ON 时表示通信出错	D8127	数据起始地址设置
M8129	置 ON 时表示字/字节转换	D8128	查询数据长度寄存器
		D8129	数据网络通信超时设定，单位 ms，为 0 时表示 100ms

PC 机与多台 PLC 链接通信协议详见本节 12.3.6 部分。

通信过程要经过连接的建立（握手）、数据的传送和连接的释放这三个阶段。通信程序可使用计算机高级语言的一些控件编写，或者在计算机中运行工业控制组态软件（如组态王、力控组态软件等）来实现通信。

12.3.4 FX 系列 PLC 点对点通信协议

PC 机与 PLC 之间点对点的通信一般采用字符串、双工或半双工、异步串行通信方式。FX 系列 PLC 与计算机之间的通信采用的是 RS-232C 标准，数据交换方式是字符串的 ASCII 码。每组数据的长度可在通信前设定。

FX 系列 PLC 的通信协议如下：

1. 数据格式

FX 系列 PLC 采用异步通信格式，由 1 位起始位、7 位数据位、1 位偶校验位及 1 位停止位组成，比特率为 9600bit/s，字符为 ASCII 码。数据格式如图 12-22 所示。

2. 通信命令

FX 系列 PLC 有 4 条通信命令，分别是读命令、写命令、强制通命令、强制断命令，如表 12-5 所示。

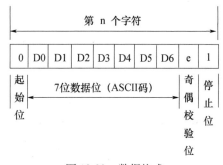

图 12-22 数据格式

表 12-5 FX 系列 PLC 的通信命令表

命令	命令代码	目标软继电器	功能
读命令	"0" 即 ASCII 码 "30H"	X，Y，M，S，T，C，D	读取软继电器状态、数据
写命令	"1" 即 ASCII 码 "31H"	X，Y，M，S，T，C，D	把数据写入软继电器
强制通命令	"7" 即 ASCII 码 "37H"	X，Y，M，S，T，C	强制某位 ON
强制断命令	"8" 即 ASCII 码 "38H"	X，Y，M，S，T，C	强制某位 OFF

3. 通信控制字符

FX 系列 PLC 采用面向字符的传输规程，用到 5 个通信控制字符，如表 12-6 所示。

表 12-6 FX 系列 PLC 通信控制字符表

控制字符	ASCII 码	功能说明
ENQ	05H	PC 机发出请求
ACK	06H	PLC 对 ENQ 的确认回答
NAK	15H	PLC 对 ENQ 的否认回答

续表

控制字符	ASCII 码	功能说明
STX	02H	信息帧开始标志
ETX	03H	信息帧结束标志

注：当 PLC 对计算机发来的 ENQ 不理解时，用 NAK 回答。

4. 报文格式

PLC 与计算机之间大量数据的传输是以帧为单位，每帧包含了多个字符数据以及若干个命令字符。

计算机向 PLC 发送的报文格式如表 12-7 所示。

表 12-7　计算机向 PLC 发送的报文格式

STX	CMD	数据段	ETX	SUMH	SUML

此报文以 STX 开头，ETX 结尾，多个字符数据被包含在两者之间。其中，STX 为开始标志：02H；ETX 为结束标志：03H；CMD 为命令的 ASCII 码；SUMH、SUML 为按字节求累加和，溢出不计。由于每字节十六进制数变为两字节的 ASCII 码，故校验和为 SUMH 与 SUML。

计算机向 PLC 发送的报文数据段格式与含义如表 12-8 所示。

表 12-8　计算机向 PLC 发送的报文数据段格式与含义

字节 1~字节 4	字节 5/字节 6	第 1 数据		第 2 数据		第 3 数据		…		第 N 数据	
软继电器首地址	读/写字节数	上位	下位	上位	下位	上位	下位	…	…	上位	下位

注：写命令的数据段有数据，读命令数据段则无数据。

PLC 向 PC 发的应答报文格式如表 12-9 所示。

表 12-9　PLC 向 PC 发的应答报文格式

STX	数据段	ETX	SUMH	SUML

注：对读命令的应答报文数据段为要读取的数据，一个数据占两字节，分上位下位。

PLC 向 PC 发的应答报文数据段格式与含义如表 12-10 所示。

表 12-10　PLC 向 PC 发的应答报文数据段格式与含义

第 1 数据		第 2 数据		…		第 N 数据	
上位	下位	上位	下位	…	…	上位	下位

对写命令的应答报文无数据段，而用 ACK 及 NAK 作应答内容。

5. 应答过程

PC 与 FX 系列 PLC 间采用应答方式通信，传输出错，则组织重发。其传输应答过程如图 12-23 所示。

PLC 根据 PC 的命令，在每个循环扫描结束处的 END 语句后组织自动应答，无需用户在 PLC 一方编写程序。

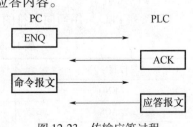

图 12-23　传输应答过程

12.3.5 PLC 与 PC 点对点通信程序的编写

编写 PC 的通信程序可采用汇编语言编写，或采用各种高级语言编写，或采用工控组态软件，或直接采用 PLC 厂家的通信软件（如三菱的 MELSE MEDOC 等）。

下面利用 VB6.0 以一个简单的例子来说明编写通信程序的要点。假设 PC 要求从 PLC 中读入从 D123 开始的 4 个字节的数据（D123、D124），其传输应答过程及报文如图 12-24 所示。

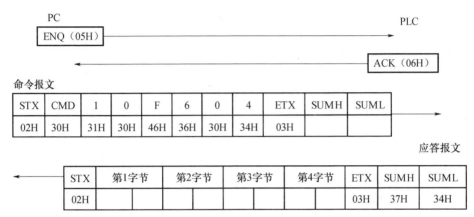

图 12-24　传输应答过程及命令报文

命令报文中 10F6H 为 D123 的地址，04H 表示要读入 4 个字节的数据。校验和 SUM = $30H + 31H + 30H + 46H + 36H + 30H + 34H + 03H = 174H$，溢出部分不计，故 SUMH = 7，SUAIL = 4，相应的 ASCII 码为"37H"、"34H"。应答报文中 4 个字节的十六进制数，其相应的 ASCII 码为 8 个字节，故应答报文长度为 12 个字节。

根据 PC 与 FX 系列 PLC 的传输应答过程，利用 VB 的 MSComm 控件可以编写如下通信程序实现 PC 与 FX 系列 PLC 之间的串行通信，以完成数据的读取。MSComm 控件可以采用轮询或事件驱动的方法从端口获取数据。在这个例子中使用了轮询方法。

1. 通信口初始化

```
Private Sub Initialize()
MSComm1.CommPort = 1
MSComm1.Settings = "9600,E,7,1"
MSComm1.InBufferSize = 1024
MSComm1.OutBuffersize = 1024
MSComm1.InputLen = 0
MSComm1.InputMode = comInputText
MSComm1.Handshaking = comNone
MSComm1.PortOpen = True
End Sub
```

2. 请求通信与确认

```
Private Function MakeHandshaking()As Boolean
Dim InPackage As String
```

```
MSComm1.OutBufferCount = 0
MSComm1.InBufferCount = 0
MSComm1.OutPut = Chr(&H5)
Do
DoEvents
Loop Until MSComm1.InBufferCount = 1
InPackage = MSComm1.Input
If InPackage = Chr(&H6) Then
MakeHandShaking = True
Else
MakeHandshaking = False
End If
End Function
```

3. 发送命令报文

```
Private Sub SendFrame()
Dim Outstring As String
MSComm1.OutBufferCount = 0
MSComm1.InBufferCount = 0
Outstrin = Chr(&H2) + "0" + "10F604" + Chr(&H3) + "74"
MSComm1.Output = Outstring
End Sub
```

4. 读取应答报文

```
Private Sub ReceiveFrame()
Dim Instring As String
Do
DoEvents
Loop Until MSComm1.InBufferCount = 12
InString = MSComm1.Inpult
End Sub
```

12.3.6　PC 机与多台 FX 系列 PLC（1∶N）链接通信协议

计算机与多台 PLC（1∶N）之间的链接通信要使用专用通信协议，计算机和 PLC 之间数据交换和传输（也称数据流）有 3 种情况：计算机向 PLC 写数据、计算机从 PLC 中读数据和 PLC 向计算机写数据。

1. 计算机与多台 PLC 链接数据传输格式

计算机和多台 PLC 之间数据交换和传输的数据格式如表 12-11 所示。

表 12-11　计算机和多台 PLC 之间数据交换和传输的数据格式

控制代码	PLC 站号	PLC 标识号	命令	报文等待时间	数据字符	校验和代码	控制代码 CR/LF

（1）控制代码

控制代码如表 12-12 所示。

表 12-12　控制代码一览表

控制字符	ASCII 代码	代码功能	控制字符	ASCII 代码	代码功能
STX	02H	信息帧开始标志	LF	0AH	换行
ETX	03H	信息帧结束标志	CL	0CH	清除
EOT	04H	发送结束标志	CR	0DH	回车
ENQ	05H	PC 机发出请求	NAK	15H	PLC 对 ENQ 的否认回答
ACK	06H	PLC 对 ENQ 的确认回答			

PLC 接收到单独的控制代码 EOT（发送结束）和 CL（清除）时，将初始化传输过程，此时 PLC 不会做出响应。在以下几种情况时，PLC 将会初始化传输过程：

① 电源接通；

② 数据通信正常完成；

③ 接收到发送结束信号（EOT）或清除信号（CL）；

④ 接收到控制代码 NAK；

⑤ 计算机发送命令报文后超过了超时检测时间。

计算机向 PLC 发送的命令执行完后，必须相隔两个以上 PLC 扫描周期，计算机才能再次发送命令。

（2）PLC 工作站号

PLC 工作站号是计算机要访问的 PLC 的编号，同一网络中各 PLC 的站号不能重复，否则将会出错。但不要求网络中各 PLC 的站号的数字是连续的。在 FX 系列 PLC 中用特殊数据寄存器 D8121 来设定站号，设定范围为 00H ~ 0FH。

（3）PLC 标识号

PLC 的标识号用于识别三菱公司 A 系列 PLC 的 MELSECNET（II）或 MELSECNET/B 网络中的 CPU，用两个 ASCII 字符来表示。FX 系列 PLC 的标识号用十六进制数 FF 对应的两个 ASCII 字符 46H、46H 来表示。

（4）命令

计算机链接中的命令用来指定操作的类型，例如读、写等，如表 12-13 所示。

表 12-13　计算机链接中的命令

命令	功　　能	FX2N、FX2NC、FX1N
BR	以 1 点为单位读出位元件（X、Y、M、S、T、C）组的状态	256 点
WR	以 16 点为单位读出位元件组的状态或读字元件组的值	32 字、512 点
BW	以 1 点为单位写入位元件（X、Y、M、S、T、C）组的状态	160 点
WW	以 16 点为单位，写入位元件的状态	10 字/160 点
WW	以字为单位，写入值到字元件（D、T、C）组	64 点
BT	以 1 点为单位，对多个位元件分别置位/复位（SET/RESET）	20 点
WT	以 16 点为单位，SET/RESET 位元件	10 字/160 点
WT	以字为单位，写入数据到字元件（D、T、C）组	10 字

命令	功能	FX2N、FX2NC、FX1N
RR	远程控制 PLC 运行（RUN）	
RS	远程控制 PLC 停机（STOP）	
PC	读出 PLC 设备型号代码	
GW	置位/复位（SET/RESET）所有连接的 PLC 的全局标志	1 点
—	PLC 发送请求式报文，无命令，只能用于 1 对 1 的系统	最多 64 字
TT	返回式测试功能，字符从计算机发出，又直接返回到计算机	254 个字符

（5）报文时间

计算机在收/发状态转换时，需要一定的延迟时间。报文等待时间是用来决定当 PLC 接收到从计算机发送过来的数据后，需要等待的最少时间，然后才能向计算机发送数据。报文等待时间以 1.0ms 为单位，可以在 0～1.50ms 之间设置，用 ASCII 码表示。

（6）数据字符

数据字符即所需发送的数据报文信息，其字符个数由实际情况决定。

（7）校验和代码

校验和代码是用来校验接收到的信息中数据是否正确。将报文的第一个控制代码与校验和代码之间所有字符的十六进制数形式的 ASCII 码求和，把和的最低两位十六进制数作为校验和代码，并且以 ASCII 码形式放在报文的末尾。

（8）控制代码

D8120 的 b15 位设置为 1 时，选择控制协议格式 4，PLC 在报文末尾加上控制代码 CR/LF（回车、换行符）。

2. 计算机从 PLC 读取数据

计算机从 PLC 读取数据的过程分为 3 步，下面以控制协议格式 4 为例，介绍计算机读取 PLC 数据的过程及数据传输格式。

（1）计算机向 PLC 发送读数据命令报文，数据格式如表 12-14 所示。以控制代码 ENQ（请求）开始，后面是计算机要发送的数据，数据按从左至右的顺序发送。

表 12-14 计算机向 PLC 发送读数据命令报文的数据格式

ENQ	PLC 站号	PLC 标识号	BR/WR	报文等待时间	数据字符	校验和代码	控制代码 CR/LF

（2）PLC 接收到计算机的命令后，向计算机发送计算机要求读取的数据，该报文以控制代码 STX 开始，数据格式如表 12-15 所示。

表 12-15 PLC 向计算机发送计算机要读取的数据报文的数据格式

STX	PLC 站号	PLC 标识号	数据字符	ETX	校验和代码	控制代码 CR/LF

如果 PLC 没有正确接收到计算机命令（例如命令格式不正确，或 PLC 站号不符，或在通信过程中产生错误），发回错误代码，数据格式如表 12-16 所示。

表 12-16 PLC 向计算机发送错误代码报文的数据格式

NAK	PLC 站号	PLC 标识号	错误代码	控制代码 CR/LF

（3）计算机接收到从 PLC 发送来的数据后，向 PLC 发送确认报文，该报文以 ACK 开始，表示数据已收到，数据格式如表 12-17 所示。

表 12-17　计算机向 PLC 发送确认报文的数据格式

ACK	PLC 站号	PLC 标识号	控制代码 CR/LF

如果计算机没有正确接收到 PLC 数据，发回没有正确接收报文，数据格式如表 12-18 所示。

表 12-18　计算机向 PLC 发送不能确认报文的数据格式

NAK	PLC 站号	PLC 标识号	控制代码 CR/LF

3. 计算机向 PLC 写数据

计算机向 PLC 写数据的过程如下：

（1）计算机向 PLC 发送写数据命令，数据格式如表 12-19 所示。

表 12-19　计算机向 PLC 发送写数据命令报文的数据格式

ENQ	PLC 站号	PLC 标识号	BW/WW	报文等待时间	数据字符	校验和代码	控制代码 CR/LF

（2）PLC 接收到写数据命令后，执行相应的操作，执行完成后向计算机发送确认信号，表示写数据操作已完成，数据格式如表 12-20 所示。

表 12-20　计算机向 PLC 发送确认报文的数据格式

ACK	PLC 站号	PLC 标识号	控制代码 CR/LF

（3）如果计算机发送的写命令有错误或者在通信过程中出现了错误，PLC 将向计算机发送以 NAK 开头的报文，通过错误代码告诉计算机产生通信错误的可能原因，数据格式如表 12-21 所示。

表 12-21　PLC 向计算机发送错误代码报文的数据格式

NAK	PLC 站号	PLC 标识号	错误代码	控制代码 CR/LF

12.4　PLC 与 PLC 之间通信

对于多控制任务的复杂控制系统，多采用多台 PLC 连接通信来实现。这些 PLC 有各自不同的任务分配，进行各自的控制，同时它们之间又有相互联系，相互通信达到共同控制的目的。

PLC 与 PLC 之间的通信，只能通过专用的通信模块来实现。FX 系列 PLC 常用的通信模块有用于 RS-485 通信板的适配器 FX-485-BD 和双绞线并行通信适配器 FX-40AW。

按照传输方式，FX 系列 PLC 与 PLC 之间的通信可以分成双机并行连接（1∶1 方式）和 N∶N 网络连接两种。

12.4.1　并行通信（1∶1 方式）

两台 FX 系列 PLC（包括 FX2N、FX2NC、FX1N、FX、FX2C 和 FX3U）并行连接组成 1∶1 连接方式，可以实现两者之间的数据交换。并行通信是采用 100 个辅助继电器和 10 个数据寄存器在 1∶1 基础上来完成的。FX1S 和 FX0N 数据交换是采用 50 个辅助继电器和 10

个数据寄存器进行的。并行通信只需对机内特殊辅助继电器做些必要的设定，不需编制程序安排通信过程，通信由 PLC 自动完成。

FX 系列 PLC 可通过以下两种连接方式实现两台 PLC 之间的并行通信：

（1）通过 FX2N-485-BD 内置通信板和专用的通信电缆。

（2）通过 FX2N-CNV-BD 内置通信板、FX0N-485ADP 特殊适配器和专用通信电缆。

两台 PLC 之间的最大有效距离为 50m。

1. 通信网络的连接

图 12-25 是采用 FX2N-485-BD 通信模块连接两台 FX2N 系列 PLC 的示意图。一台为主站，一台为从站。主站可以对网络中其他设备发出通信请求，从站只能响应主站的请求。

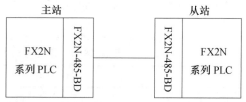

图 12-25　并行连接（1：1 方式）通信示意图

2. 通信网络相关元件的设置

并行通信相关的特殊辅助继电器和寄存器的使用说明如表 12-22 所示。

表 12-22　并行通信相关的特殊辅助继电器和寄存器

元件编号	说明
M8070	M8070 为 ON 时，表示 PLC 为主站
M8071	M8071 为 ON 时，表示 PLC 为从站
M8072	M8072 为 ON 时，表示 PLC 工作在并行通信方式
M8073	M8073 为 ON 时，表示 PLC 在标准并行通信工作方式，发生 M8070/8071 的设置错误
M8162	M8162 为 ON 时，表示 PLC 工作在高速并行通信方式，仅用于 2 个字的读/写操作
D8070	并行通信的警戒时钟 WDT（默认值为 500ms）

通过表 12-22 可以看到，FX2N 系列 PLC 的并行通信有两种方式：标准并行通信和高速并行通信。当采用标准并行通信时，特殊辅助继电器 M8162 = OFF，使用的相关通信元件如表 12-23 所示。当采用高速并行通信时，特殊辅助继电器 M8162 = ON，使用的相关通信元件如表 12-24 所示。

表 12-23　标准并行通信模式下的通信元件

站类别	通信元件类别		说明
	位元件（M）	字元件 D	
主站	M800 ~ M899	D490 ~ D499	主站数据传送到从站所用的数据通信元件
从站	M900 ~ M999	D500 ~ D509	从站数据传送到主站所用的数据通信元件
通信时间			70ms + 主站扫描周期 + 从站扫描周期

表 12-24　高速并行通信模式下的通信元件

站类别	通信元件类别		说明
	位元件（M）	字元件 D	
主站	无	D490 ~ D491	主站数据传送到从站所用的数据通信元件
从站	无	D500 ~ D501	从站数据传送到主站所用的数据通信元件
通信时间			20ms + 主站扫描周期 + 从站扫描周期

3. FX 系列 PLC 并行通信举例

有两台 FX 系列 PLC，要求采用标准并行通信方式通信。一台为主站，一台为从站，要求两台 PLC 之间能够完成如下的控制要求：

（1）将主站的输入端口 X0 ~ X7 的状态传送到从站，通过从站的 Y0 ~ Y7 输出。

（2）当主站的计算值（D0 + D2）≤100 时，从站的 Y10 输出为 ON。

（3）将从站的辅助继电器 M0 ~ M7 的状态传送到主站，通过主站的 Y0 ~ Y7 输出。

（4）将从站数据寄存器 D10 的值传送到主站，作为主站计数器 T0 的设定值。

主站控制程序梯形图如图 12-26 所示，从站控制程序梯形图如图 12-27 所示。

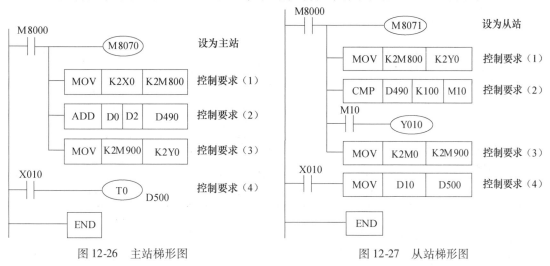

图 12-26　主站梯形图　　　　　　　　　　　　图 12-27　从站梯形图

12.4.2　N：N 网络

N：N 网络也称简易 PLC 间连接，用于多台 FX 系列 PLC 之间进行简单的数据交换。

1. N：N 网络特点

（1）网络可以支持最多 8 台 FX 系列 PLC，通过 FX-485-BD 内置通信板和专用通信电缆连接，其中一台作为主站，其他各台为从站。

（2）网络最大传输距离可达 500m。

（3）采用半双工通信，波特率固定为 38.4bit/s。

N：N 网络通信也和并行通信一样，只需对机内特殊辅助继电器做些必要的设定，不需编制程序安排通信过程，通信由 PLC 自动完成。

2. 通信网络的连接

如图 12-28 所示，4 台 FX2N 系列 PLC 采用 FX2N-485-BD 内置通信板和专用通信电缆连接构成的 N：N 网络。

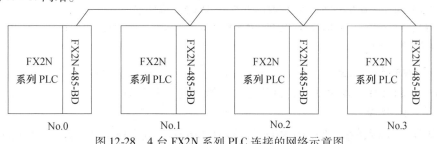

图 12-28　4 台 FX2N 系列 PLC 连接的网络示意图

3. N：N 网络相关的元件

在 N：N 网络系统中，与通信相关的数据元件对网络的正常工作起到了非常重要的作用，只有正确使用才能保证网络的可靠运行。

（1）特殊辅助继电器

在 N：N 网络系统中，通信用特殊辅助继电器的编号和使用说明如表 12-25 所示。

（2）特殊寄存器

在 N：N 网络系统中，通信用特殊寄存器的编号和使用说明如表 12-26 所示。

表 12-25　N：N 网络相关的特殊辅助继电器

继电器编号	用途	说明	响应方式	读/写方式
M8038	网络参数设置	为 ON 时，进行 N：N 网络参数的设置	主站、从站	写
M8063	网络参数错误	为 ON 时，主站参数错误	主站、从站	读
M8183	主站通信错误	为 ON 时，主站通信发生错误[①]	从站	读
M8184 ~ M8190[②]	从站通信错误	为 ON 时，从站通信发生错误[①]	主站、从站	读
M8191	数据通信	为 ON 时，表示正在同其他站通信	主站、从站	读

① 通信错误，不能在各站的 CPU 发生错误状态、各站工作在编程或停止状态下记录。

② 特殊辅助继电器 M8184 ~ M8190 对应的 PLC 从站号为 No. 1 ~ No. 7。

表 12-26　N：N 网络相关的特殊数据寄存器

寄存器编号	用途	说明	响应方式	读/写
D8173	站号存储	存储本站的站号	主站、从站	读
D8174	从站数量	存储网络中从站的数量	主站、从站	读
D8175	刷新范围	存储要刷新的数据范围	主站、从站	读
D8176	站号设置	设置 PLC 的站号，0 为主站，1 ~ 7 为从站	主站、从站	写
D8177	设置从站数量	设置网络中从站的数量（1 ~ 7）	主站	写
D8178	设置刷新范围	设置网络中数据的刷新范围（0 ~ 2）	主站	写
D8179	设置重试次数	设置网络中通信重试次数（0 ~ 10，初始值为 3）	主站	写
D8180	超时时间的设置	设置主站通信超时时间（5 ~ 255，单位为 10ms）	主站	写
D8201	当前网络扫描时间	存储当前网络的扫描时间	主站、从站	读
D8202	最大网络扫描时间	存储网络允许的最大扫描时间	主站、从站	读
D8203	主站发生错误的次数	存储主站发生错误的次数[①]	主站	读
D8204 ~ D8210[②]	从站发生错误的次数	存储从站发生错误的次数[①]	主站、从站	读
D8211	主站通信错误代码	存储主站通信错误代码	从站	读
D8212 ~ D8218[②]	从站通信错误代码	存储从站通信错误代码	主站、从站	读

① 通信错误次数，不能在各站的 CPU 发生错误状态、各站工作在编程或停止状态下记录。

② 特殊数据寄存器 D8204 ~ D8210 对应的 PLC 从站号为 No. 1 ~ No. 7，特殊数据寄存器 D8212 ~ D8218 对应的 PLC 从站号为 No. 1 ~ No. 7。

4. N：N 网络参数设置

当 PLC 电源打开，程序处于运行状态时，所有的设置有效。

（1）站号的设置

将数值 0 ~ 7 写入相应 PLC 的数据寄存器 D8176 中，就完成了站号设置，0 为主站，1 ~

7 为 No. 0 ~ No. 7 从站。

（2）从站数的设置

将数值 1 ~ 7 写入主站 PLC 的数据寄存器 D8177 中，每一个数值对应从站的数量，默认值为 7（7 个从站），这样就完成了网络从站数的设置。该设置不需要从站的参与。

（3）设置数据更新范围

将数值 0 ~ 2 写入主站的数据寄存器 D8178 中，每一个数值对应一种更新范围的模式，默认值为 0，这样就完成了网络数据更新范围的设置。该设置不需要从站的参与。

在三种工作方式下，N∶N 网络中各站对应的位元件号和字元件号如表 12-27 所示。

表 12-27　3 种连接模式对应的辅助继电器和寄存器

站名站号		连接模式					
站名	站号	模式 0		模式 1		模式 2	
		位元件	4 点字元件	32 点位元件	4 点字元件	64 点位元件	8 点字元件
主站	0	—	D0 ~ D3	M1000 ~ M1031	D0 ~ D3	M1000 ~ M1063	D0 ~ D7
从站	1	—	D10 ~ D13	M1064 ~ M1095	D10 ~ D13	M1064 ~ M1127	D10 ~ D17
	2	—	D20 ~ D23	M1128 ~ M1159	D20 ~ D23	M1128 ~ M1191	D20 ~ D23
	3	—	D30 ~ D33	M1192 ~ M1223	D30 ~ D33	M1192 ~ M1255	D30 ~ D33
	4	—	D40 ~ D43	M1256 ~ M1287	D40 ~ D43	M1256 ~ M1319	D40 ~ D43
	5	—	D50 ~ D53	M1320 ~ M1351	D50 ~ D53	M1320 ~ M1383	D50 ~ D53
	6	—	D60 ~ D63	M1384 ~ M1415	D60 ~ D63	M1384 ~ M1447	D60 ~ D63
	7	—	D70 ~ D73	M1448 ~ M1479	D70 ~ D73	M1448 ~ M1511	D70 ~ D73

（4）通信重试次数的设置

将数值 0 ~ 10 写入主站的数据寄存器 D8179 中，每一个数值对应一种通信重试次数，默认值为 3，这样就完成了网络通信重试次数的设置。该设置不需要从站的参与。当主站向从站发出通信信号，如果在规定的重试次数内没有完成链接，则网络发出通信错误信号。

（5）超时时间设置

将数值 5 ~ 255 写入主站的数据 D8180 中，作为通信的超时时间，默认值 5（单位为 10ms），该等待时间是主站和从站通信时引起的延迟等待。

5. N∶N 网络应用举例

如图 12-29 所示，是 3 台 FX2N 系列 PLC 采用 FX2N-485-BD 内置通信板连接，构成的 N∶N 网络。1 台 FX2N-80MT 设置为主站，1 台 FX2N-48MT 和 1 台 FX2N-48MR 设置从站，数据更新采用模式 1，重试次数为 3，通信超时时间为 50ms。

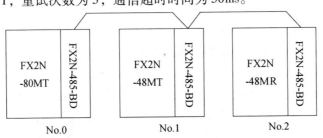

图 12-29　3 台 FX2N 系列 PLC 组成的 N∶N 网络

（1）控制要求

1）主站 No.0 的控制要求

① 将主站的输入信号 X000～X003 作为网络共享资源。

② 将从站 No.1 的输入信号 X000～X003 通过主站的输出端 Y014～Y017 输出。

③ 将从站 No.2 的输入信号 X000～X003 通过主站的输出端 Y020～Y023 输出。

④ 将数据寄存器 D1 的值，作为网络共享资源；当从站 No.1 的计数器 C1 接点闭合时，主站的输出端 Y005 = ON。

⑤ 将数据寄存器 D2 的值，作为网络共享资源；当从站 No.2 的计数器 C2 接点闭合时，主站的输出端 Y006 = ON。

⑥ 将数值 10 送入数据寄存器 D3 和 D0 中，作为网络共享资源。

2）从站 No.1 的控制要求

首先要进行站号的设置，然后完成以下控制任务：

① 将主站 No.0 的输入信号 X000～X003 通过从站 No.1 的输出端 Y010～Y013 输出。

② 将从站 No.1 的输入信号 X000～X003 作为网络共享资源。

③ 将从站 No.2 的输入信号 X000～X003 通过从站 No.1 的输出端 Y020～Y023 输出。

④ 将主站 No.0 数据寄存器 D1 的值，作为从站 No.1 计数器 C1 的设定值；当从站 No.1 的计数器 C1 接点闭合时，使从站 No.1 的 Y005 输出，并将 C1 接点的状态作为网络共享资源。

⑤ 当从站 No.2 的计数器 C2 接点闭合时，从站 No.1 的输出端 Y006 = ON。

⑥ 将数值 10 送入数据寄存器 D10 中，作为网络共享资源。

⑦ 将主站 No.0 数据寄存器 D0 的值和从站 No.2 数据寄存器 D20 的值相加结果存入从站 No.1 的数据寄存器 D11 中。

3）从站 No.2 的控制要求

首先要进行站号的设置，然后完成以下控制任务：

① 将主站 No.0 的输入信号 X000～X003 通过从站 No.2 的输出端 Y010～Y013 输出。

② 将从站 No.1 的输入信号 X000～X003 通过从站 No.2 的输出端 Y014～Y017 输出。

③ 将从站 No.2 的输入信号 X000～X003 作为网络共享资源。

④ 当从站 No.1 的计数器 C1 接点闭合时，从站 No.2 的输出端 Y005 = ON。

⑤ 将主站 No.0 数据寄存器 D2 的值，作为从站 No.2 计数器 C2 的设定值；当从站 No.2 的计数器 C2 接点闭合时，使从站 No.2 的 Y006 输出，并将 C1 接点的状态作为网络共享资源。

⑥ 将数值 10 送入数据寄存器 D20 中，作为网络共享资源。

⑦ 将主站 No.0 数据寄存器 D3 的值和从站 No.1 数据寄存器 D10 的值相加结果存入从站 No.2 的数据寄存器 D21 中。

（2）网络参数配置及主站和从站控制程序设计

根据上述控制要求，分别完成网络参数的设置、通信系统出现错误的提示、主站的控制程序和从站的控制程序。

1）N : N 网络通信参数的设置

主要由主站完成，不需要从站的参与，但站号的设置由每个站自己完成。本例 N : N 网络通信参数的设置如表 12-28 所示。对应的设置程序（写入 FX2N-80MT 主站中）如图 12-30 所示。

表 12-28 通信参数设置

寄存器编号	主站 No. 0	从站 No. 1	从站 No. 2	说明
D8176	K0	K1	K2	PLC 站号的设置
D8177	K2			从站数量设置
D8178	K1			数据的更新范围设置
D8179	K3			网络中通信的重试次数
D8180	K5			主站通信超时时间

2）通信系统的错误报警

由于 PLC 对本身的一些通信错误不能记录，因此程序可写在主站和从站中，但不必要在每个站中都写入该程序。网络通信错误的报警程序如图 12-31 所示。

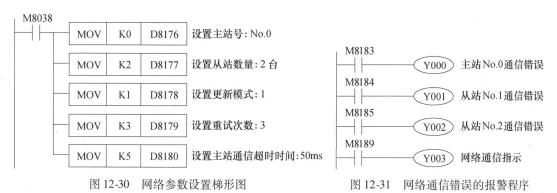

图 12-30 网络参数设置梯形图   图 12-31 网络通信错误的报警程序

3）主站和从站的控制程序

主站 No. 0、从站 No. 1 和 No. 2 的控制程序分别如图 12-32、图 12-33、图 12-34 所示。

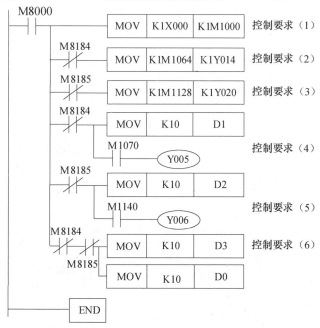

图 12-32 主站控制程序

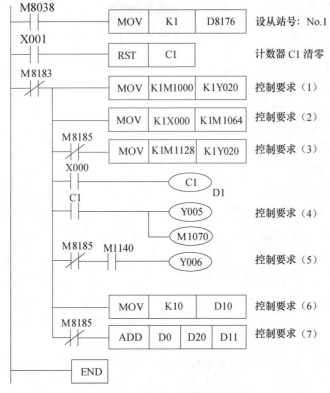

图 12-33　No. 1 从站控制程序

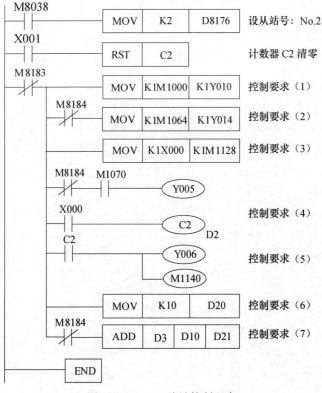

图 12-34　No. 2 从站控制程序

12.5　无协议通信

无协议通信是根据公开的通信条件自由设定通信过程的通信，用于 FX 系列 PLC 与计算机或智能设备（如打印机、读码器、变频器等）间的通信。

无协议通信有两种情况：使用串行异步通信指令 RS 实现的通信和使用特殊功能模块 FX2N-232IF 实现的通信。

1. 使用 RS 指令实现的通信

串行异步通信指令 RS（FNC80）表示格式如图 12-35 所示。图中：

[S·]：发送数据在 PLC 中的起始位置处数据寄存器的编号。

m：常数 K/H，发送数据的长度，允许范围 0 ～ 4096，只接收不发送数据时应设为"0"。

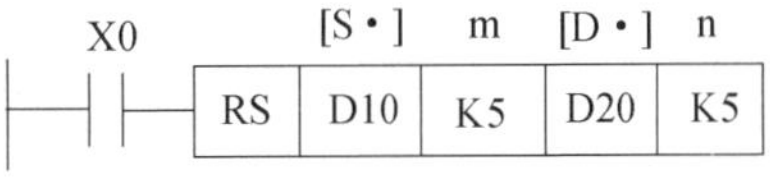

图 12-35　RS 指令表示格式

[D·]：接收数据在 PLC 中的起始位置处数据寄存器的编号。

n：常数 K/H，接收数据的长度，允许范围 0 ～ 4096，只发送不接收数据时应设为"0"。

串行通信指令 RS 实现通信的连接方式有如下两种：

（1）对于采用 RS-232 接口的通信系统，将一台 FX2N 系列 PLC 通过 FX2N-232-BD 内置通信板（或 FX2N-CNV-BD 和 FX0N-232ADP 功能模块）和专用的通信电缆与计算机（或读码器、打印机、变频器等）相连。

（2）对于采用 RS-485 接口的通信系统，将一台 FX2N 系列 PLC 通过 FX2N-485-BD 内置通信板（或 FX2N-CNV-BD 和 FX0N-485ADP 功能模块）和专用的通信电缆与计算机（或读码器、打印机、变频器等）相连。

无协议连接并非通信双方不要协议，只是协议比较简单，PLC 程序也比较简单。使用 RS 指令实现无协议通信时要先通过 M8161 设置数据模式是 8 位还是 16 位，通过 D8120 设置通信格式，通过 RS 指令设置发送及接收缓冲区，并在 PLC 中编制有关程序。设置的数据寄存器和特殊辅助继电器如表 12-29 所示。

表 12-29　用 RS 指令进行无协议通信用特殊辅助继电器及特殊数据寄存器

辅助继电器	功能描述	数据寄存器	功能描述
M8121	数据传送延迟，ON：传送延迟	D8120	通信格式
M8122	数据传送标志 OFF：不传送，ON：传送	D8122	等待发送的数据量
M8123	接收结束标志，OFF：未结束，ON：结束	D8123	已经接收到的数据量
M8124	信号检测标志，OFF：未检测，ON：检测到	D8124	起始字符，缺省值：STX（02H）
M8129	超时判断标志	D8125	结束字符，缺省值：ETX（03H）
M8161	8/16 位区别标志	D8129	数据网络通信超时设定，单位 ms，为 0 时表示 100ms

使用 RS 指令进行无协议通信的基本格式如图 12-36 所示。

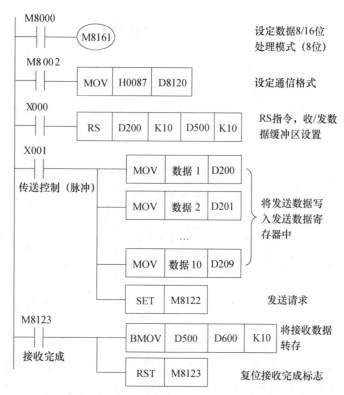

图 12-36　使用 RS 指令进行无协议通信的基本格式

2. 使用 RS 指令进行无协议通信举例

FX 系列 PLC 通过 RS-232C 接口与打印机连接进行无协议通信，由 PLC 发送 ASCII 字符 "Hello!" 给打印机打印，通信要求如下：

通信格式：数据长度 8 位，偶校验，1 位停止位，波特率 9600bit/s，无起始符，无终止符，无控制线，采用 RS-232C 接口，用 RS 指令进行无协议通信。

输入设定：X000 为 RS 指令控制，接通时执行 RS 指令，进行收/发数据缓冲区设置；X001 为打印控制，接通时开始打印。

发送数据存储器地址为 D200 ～ D210。

通信格式：D8120 = 0000 0000 1000 0111 （0087H）。

根据 ASCII 表，查得字符 "Hello!" ASCII 代码依次为 48 65 6C 6C 6F 21。

根据打印机的需要，发送数据时增加了回车和换行符 0D 及 0A。

用 RS 指令控制打印机打印的 PLC 无协议通信程序如图 12-37 所示。

3. 使用特殊功能模块 FX2N-232IF 实现的通信

FX2N 系列 PLC 与计算机（或读码器、打印机、变频器等）之间采用特殊功能模块 FX2N-232-IF 连接，通过 PLC 的通用指令 FROM/TO 实现串行通信。FX2N-232-IF 具有十六进制数与 ASCII 码的自动转换功能，能够将要发送的十六进制转换成 ASCII 码并保存在发送缓冲寄存器当中，同时将接收的 ASCII 码转换成十六进制数，并保存在接收缓冲寄存器中。

图 12-37 用 RS 指令控制打印机打印的 PLC 无协议通信程序

12.6 三菱 PLC 通信网络

12.6.1 PLC 联网通信的意义和联网主要形式

1. PLC 联网通信的意义

在工业控制和生产自动化过程中，计算机、PLC 与控制设备间的通信和联网是不可缺少的重要组成部分，通信联网的意义如下：

（1）PLC 与计算机连接，构成现场总线控制系统。

（2）在复杂的控制系统中，常常需要使用多台 PLC，通过联网通信，可以实现 PLC 之间数据共享。

2. PLC 联网的主要形式

（1）以 PC 机为主站，多台 PLC 为从站，组成集散控制系统。

（2）以一台 PLC 作为主站，其他多台同型号 PLC 作为从站，构成主从式 PLC 网络。

（3）一些公司为自己生产的 PLC 设计的专用的 PLC 网络。

（4）把 PLC 网络通过特定的网络接口接入到大型集散系统中，成为它的子网。

12.6.2　三菱 PLC 通信网络

MELSEC NET 是三菱电机公司为其产品开发的工业控制网络，包括/10、/B、/H 等多种规格，通信介质有同轴电缆、双绞线、光缆等。MELSEC NET 网络采用环形网络结构，在数据通信中有主环和辅环两条通信链路，两者互为冗余。

MELSECNET/10（H）网络（H 为 MELSECNET/10 的更新版）是一种大容量、高速、性能优良的网络，速度可达 25M 或 10M，可使用光纤或同轴电缆，每个网络中最大可连接 64 个站，总距离可达 30km。MELSECNET/10（H）有两种网络类型：PLC to PLC 网络（用于多个 PLC 连接的网络）；远程 I/O 网络（用于连接远程 I/O 站的网络）。MELSECNET/10（H）网络使用令牌传递的通信方式，由于发送权是以循环方式分配的，因此，即使网络上连接的站数增加，数据收发仍可高速稳定地进行。

三菱公司 PLC 网络继承了传统使用的 MELSEC 网络，并使其在性能、功能、使用简便等方面更胜一筹。Q 系列 PLC 提供层次清晰的三层网络，针对各种用途提供最合适的网络产品，如图 12-38 所示。

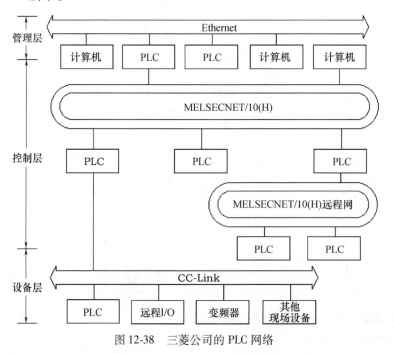

图 12-38　三菱公司的 PLC 网络

1. 管理信息层/Ethernet（以太网）

管理信息层为网络系统中最高层，主要是在 PLC、设备控制器以及生产管理用 PC 之间传输生产管理信息、质量管理信息及设备的运转情况等数据，管理信息层使用最普遍的 Ethernet，它不仅能够连接 Windows 系统的 PC、UNIX 系统的工作站等，而且还能连接各种 FA 设备。Q 系列 PLC 系列的 Ethernet 模块具有了日益普及的因特网电子邮件收发功能，使用户无论在世界的任何地方都可以方便地收发生产信息邮件，构筑远程监视管理系统。同时，利用因特网的 FTP 服务器功能及 MELSEC 专用协议可以很容易地实现程序的上传/下载和信息的传输。

2. 控制层/MELSECNET/10（H）

控制层是整个网络系统的中间层，在是 PLC、CNC 等控制设备之间方便且高速地进行处理数据互传的控制网络。作为 MELSEC 控制网络的 MELSECNET/10，以它良好的实时性、简单的网络设定、无程序的网络数据共享概念，以及冗余回路等特点获得了很高的市场评价。而 MELSECNET/H 不仅继承了 MELSECNET/10 优秀的特点，还使网络的实时性更好，数据容量更大，进一步适应市场的需要。但目前 MELSECNET/H 只有 Q 系列 PLC 才可使用。

　　3. 设备层/现场总线 CC-Link

　　设备层是把 PLC 等控制设备和传感器以及驱动设备连接起来的现场网络，为整个网络系统最低层的网络。设备层采用 CC-Link 现场总线连接，布线数量大大减少，提高了系统可维护性。而且，不只是 ON/OFF 等开关量的数据，还可连接 ID 系统、条形码阅读器、变频器、人机界面等智能化设备，从完成各种数据的通信，到终端生产信息的管理均可实现，加上对机器动作状态的集中管理，使维修保养的工作效率也大大提高。在 Q 系列 PLC 中使用，CC-Link 的功能更好，而且使用更简便。

　　CC-Link 是 Control & Communication Link（控制与通信链路系统）的缩写，在 1996 年 11 月，由三菱电机为主导的多家公司推出，在其系统中，可以将控制和信息数据同时以 10Mbit/s 高速传送至现场网络，具有性能卓越、使用简单、应用广泛、节省成本等优点。其不仅解决了工业现场配线复杂的问题，同时具有优异的抗噪性能和兼容性。CC-Link 是一个以设备层为主的网络，同时也可覆盖较高层次的控制层和较低层次的传感层。CC-Link 总线网络由主站、本地站、备用主站、远程 I/O 站、远程设备站、智能设备站等组成，主站只有一个，可以连接远程 I/O 站、远程设备站、本地站、备用主站、智能设备站等总计 64 个站。

　　在三菱的 PLC 网络中进行通信时，不会感觉到有网络种类的差别和间断，可进行跨网络间的数据通信和程序的远程监控、修改、调试等工作，而无需考虑网络的层次和类型。

　　MELSECNET/H 和 CC-Link 使用循环通信的方式，周期性自动地收发信息，不需要专门的数据通信程序，只需简单的参数设定即可。MELSECNET/H 和 CC-Link 是使用广播方式进行循环通信发送和接收的，这样就可做到网络上的数据共享。

　　对于 Q 系列 PLC 使用的 Ethernet、MELSECNET/H、CC-Link 网络，可以在 GX Developer 软件画面上设定网络参数以及各种功能，简单方便。

　　另外，Q 系列 PLC 除了拥有上面所提到的网络之外，还可支持 PROFIBUS、Modbus、DeviceNet、ASi 等其他厂商的网络，还可进行 RS-232/RS-422/RS – 485 等串行通信，通过数据专线、电话线进行数据传送等多种通信方式。

思考题与习题

　　1. 数据传输方式有几种？各有什么特点？

　　2. 同步通信和异步通信的特点和应用场合是什么？

　　3. 常用的通信介质有几种？各有什么特点和应用场合是什么？

　　4. 简述 RS-232C、RS-422A 和 RS-485 串行通信接口标准的原理、性能上的区别和接线方法。

　　5. PLC 采用什么通信方式？其通信特点是什么？

　　6. 带 RS-232 接口的计算机怎样与带 RS-485 接口的 PLC 连接？

　　7. FX 系列 PLC 与 PC 机如何进行通信？

　　8. PLC 网络中常用的通信方式有哪几种？

　　9. FX 系列 PLC 与 PLC 之间的通信方式和特点是什么？

第5篇　PLC 控制系统设计与应用实例

第 13 章　PLC 控制系统设计与应用实例

13.1　PLC 控制系统设计原则与流程

13.1.1　设计原则

任何一种电气控制系统都是为了实现被控对象的要求，以提高生产效率和产品质量。在 PLC 的系统设计时也应该把这个问题放到首位。PLC 系统设计应当遵循以下原则。

1. 满足要求

最大限度地满足被控对象的控制要求，是设计控制系统的首要前提。这也是设计中最重要的一条原则。这就要求设计人员在设计前就要深入现场进行调查研究，收集控制现场的资料，收集控制过程中有效的控制经验，收集与本控制系统有关的先进的国内、国外资料，进行系统设计。同时要注意和现场的工程管理人员、工程技术人员、现场工程操作人员紧密配合，拟定控制方案，共同解决设计中的重点问题和疑难问题。

2. 安全可靠

设计者要考虑控制系统长期运行中能否达到安全、可靠、稳定，是设计控制系统的重要原则。为了能达到这一点，要求在系统设计上、器件选择上、软件编程上要全面考虑。例如，在硬件和软件的设计上，应该保证 PLC 程序不仅在正常条件下能正确运行，而且在一些非正常情况（如突然掉电再上电，按钮按错）下，也能正常工作。程序能接受并且只能接受合法操作，对非法操作，程序能予以拒绝等。

3. 经济实用

经济运行也是系统设计的一项重要原则。一个新的控制工程固然能提高产品的质量，提高产品的数量，从而为工程带来巨大的经济效益和社会效益。但是，新工程的投入、技术的培训、设备的维护也会导致工程的投入和运行资金的增加。在满足控制要求的前提下，一方面要注意不断地扩大工程的效益，另一方面也要注意不断地降低工程的成本。这就要求，不仅应该使控制系统简单、经济，而且要使控制系统的使用和维护既方便又成本低。

4. 适应发展

社会在不断地前进，控制系统的要求也一定会不断地提高和完善。因此，在设计控制系统时要考虑到今后的发展、完善。这就要求在选择 PLC 机型和输入/输出模块时，要适应发展的需要，要适当留有裕量。

13.1.2　设计流程

1. 设计内容

（1）根据生产工艺过程，分析控制要求并设计任务书，确定控制方案。

（2）选择输入设备（如按钮、开关、传感器等）和输出设备（如继电器、接触器、指示灯等执行机构）。

（3）选定 PLC 的型号（包括机型、容量、I/O 模块和电源等）。

（4）分配 PLC 的 I/O 点，绘制 PLC 的 I/O 硬件接线图。

（5）编写程序并调试。

（6）设计控制系统的操作台、电气控制柜等以及安装接线图。

（7）编写设计说明书和使用说明书。

PLC 系统设计流程图如图 13-1 所示。

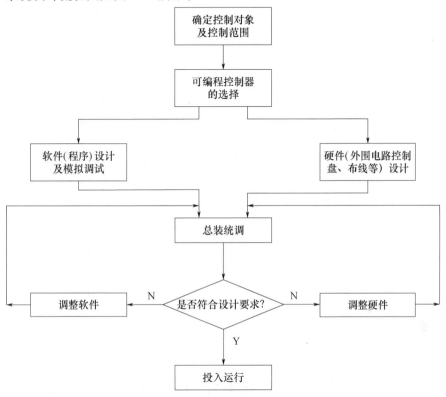

图 13-1 PLC 系统设计流程图

2. 设计步骤

（1）工艺分析

深入了解控制对象的工艺过程、工作特点、控制要求，并划分控制的各个阶段，归纳各个阶段的特点和各阶段之间的转换条件，画出控制流程图或功能流程图。

（2）选择合适的 PLC 类型

在选择 PLC 机型时，主要考虑下面几点：

① 功能的选择。对于小型的 PLC 主要考虑 I/O 扩展模块、A/D 与 D/A 模块以及指令功能（如中断、PID 等）。

② I/O 点数的确定。统计被控制系统的开关量、模拟量的 I/O 点数，并考虑以后的扩充（一般加上 10% ~ 20% 的备用量），从而选择 PLC 的 I/O 点数和输出规格。

③ 内存的估算。用户程序所需的内存容量主要与系统的 I/O 点数、控制要求、程序结构长短等因素有关。一般可按下式估算：存储容量 = 开关量输入点数 × 10 + 开关量输出点数

×8 + 模拟通道数 ×100 + 定时器/计数器数量 ×2 + 通信接口个数 ×300 + 备用量。

（3）分配 I/O 点并绘制 I/O 硬件接线图。分配 PLC 的输入/输出点，编写输入/输出分配表并画出输入/输出端子的接线图。然后可以进行 PLC 程序设计，同时进行控制柜或操作台的设计和现场施工。

（4）程序设计。对于较复杂的控制系统，根据生产工艺要求，画出控制流程图或功能流程图，然后设计控制程序，并对程序进行模拟调试和修改，直到满足控制要求为止。

（5）控制柜或操作台的设计和现场施工。设计控制柜及操作台的电器布置图及安装接线图；根据图纸进行现场接线，并检查。

（6）PLC 控制系统整体调试。如果控制系统由几个部分组成，则应先做局部调试，然后再进行整体调试；如果控制程序的步序较多，则可先进行分段调试，然后连接起来总调。

（7）编制技术文件。技术文件分两大部分：设计说明书和使用说明书。具体包括可编程控制器的外部接线图、电器布置图、电器元件明细表、顺序功能图、带注释的梯形图和说明、用户手册等。

13.1.3　控制对象和范围的确定

首先要详细分析被控对象、控制过程与要求，熟悉了解工艺流程后列出控制系统的所有功能和指标要求，对 PLC 控制系统、继电器控制系统和工业控制计算机进行比较后加以选择。

如果控制对象的工业环境较差，而安全性、可靠性要求特别高，系统工艺复杂，输入输出以开关量为多，而用常规的继电器、接触器难以实现，现场控制对象及工艺流程又要经常变动，那么用 PLC 进行控制是合理的。

根据控制对象特点，PLC 的控制范围也要进一步明确。一般而言，能够反映生产过程的运行情况、能用传感器进行直接测量的参数，用人工进行控制工作量大、操作容易出错或者操作过于频繁、人工操作不容易满足工艺要求，往往由 PLC 控制。另外一些情况，如紧急停车，是由 PLC 控制还是手动控制，不同的控制方式和硬件设计与编程关系密切。

13.2　PLC 控制系统总体设计

13.2.1　PLC 控制系统硬件设计

PLC 硬件设计包括：PLC 及外围线路的设计、电气线路的设计和抗干扰措施的设计等。

选定 PLC 的机型和分配 I/O 点后，硬件设计的主要内容就是电气控制系统的原理图的设计、电气控制元器件的选择和控制柜的设计。电气控制系统的原理图包括主电路和控制电路。控制电路中包括 PLC 的 I/O 接线和自动、手动部分的详细连接等。电器元件的选择主要是根据控制要求选择按钮、开关、传感器、保护电器、接触器、指示灯、电磁阀等。

13.2.2　PLC 控制系统软件设计

软件设计包括系统初始化程序、主程序、子程序、中断程序、故障应急措施和辅助程序的设计，小型开关量控制一般只有主程序。首先应根据总体要求和控制系统的具体情况，确定程序的基本结构，画出控制流程图或功能流程图，简单的系统可以用经验法设计，复杂的系统一般用顺序控制设计法设计。

13.2.3　PLC 控制系统调试

1. 模拟调试

软件设计好后一般先做模拟调试。模拟调试可以通过仿真软件来代替 PLC 硬件在计算机上调试程序。如果有 PLC 硬件，可以用小开关和按钮模拟 PLC 的实际输入信号（如启动、停止信号）或反馈信号（如限位开关的接通或断开），再通过输出模块上各输出位对应的指示灯，观察输出信号是否满足控制要求。需要模拟量信号 I/O 时，可用电位器和信号发生器配合进行。在编程软件中可以用状态图或状态图表监视程序的运行或强制某些编程元件。

硬件部分的模拟调试主要是对控制柜或操作台的接线进行测试。可在操作台的接线端子上模拟 PLC 外部的开关量输入信号，观察对应 PLC 输入点的状态。用编程软件将输出点强制 ON/OFF，观察对应的控制柜内 PLC 负载（指示灯、继电器、接触器等）的动作是否正常，以及对应的接线端子上的输出信号的状态变化是否正确。

2. 联机调试

把编制好的程序下载到现场的 PLC 中。调试时，一定要断开主电路电源，只对控制电路进行联机调试。通过现场的联机调试，还会发现新的问题或对某些控制功能的改进。

这种方法对简单的控制系统是可行的，比较方便，但对较复杂的控制电路，就不适用了。

13.3　PLC 程序设计方法

PLC 程序设计常用的方法主要有经验设计法、继电器控制电路转换为梯形图法、逻辑流程图设计法、步进顺控设计法等。

13.3.1　经验设计法

经验设计法即在一些典型的控制电路程序的基础上，根据被控制对象的具体要求，运用自己或别人的经验进行选择组合。多数是设计前先选择与自己工艺要求相近的程序，把这些程序看成是自己的"试验程序"。结合自己工程的情况，对这些"试验程序"逐一修改，使之适合自己的工程要求。这里所说的经验，有的是来自自己的经验总结，有的可能是别人的设计经验，有的也可能是来自其他资料的典型程序。要想使自己有更多的经验，就需要日积月累，善于总结。这种方法无规律可循，设计所用的时间和设计质量与设计者的经验有很大的关系，所以称为经验设计法。

13.3.2　继电器控制电路转换为梯形图法

继电器控制系统经过长期的使用，已有一套能完成系统要求的控制功能并经过验证的控制电路图，而 PLC 控制的梯形图和继电器控制电路图很相似，因此可以直接将经过验证的继电器控制电路图转换成梯形图。主要步骤如下：

（1）熟悉现有的继电器控制线路。

（2）对照 PLC 的 I/O 端子接线图，将继电器电路图上的被控器件（如接触器线圈、指示灯、电磁阀等）换成接线图上对应的输出点的编号，将电路图上的输入器件（如传感器、按钮开关、行程开关等）触点都换成对应的输入点的编号。

（3）将继电器电路图中的中间继电器、定时器，用 PLC 的辅助继电器、定时器来代替。

（4）画出全部梯形图，并予以简化和修改。

这种方法对简单的控制系统是可行的，且比较方便，但对较复杂的控制电路，就不适合。

13.3.3　逻辑流程图设计法

这种设计法是用逻辑框图表示 PLC 程序的执行过程，反映输入与输出的关系。逻辑流程图设计法是把系统的工艺流程，用逻辑框图表示出来形成系统的逻辑流程图。这种方法编制的 PLC 控制程序逻辑思路清晰、输入与输出的因果关系及联锁条件明确。逻辑流程图会使整个程序脉络清楚，便于分析控制程序，便于查找故障点，便于调试程序和维修程序。有时对一个复杂的程序，直接用语句表和用梯形图编程可能觉得难以下手，则可以先画出逻辑流程图，再为逻辑流程图的各个部分用语句表和梯形图编制 PLC 应用程序。

13.3.4　步进顺控设计法

步进顺控设计法是在顺控指令配合下设计复杂的控制程序。一般比较复杂的程序，都可以分成若干个功能比较简单的程序段，一个程序段可以看成整个控制过程中的一步。从这个角度来看，一个复杂系统的控制过程是由这样若干个步组成的。系统控制的任务实际上可以认为在不同时刻或者在不同进程中去完成对各个步的控制。为此，不少 PLC 生产厂家在自己的 PLC 中增加了步进顺控指令。在画完各个步进的状态流程图之后，可以利用步进顺控指令方便地编写出控制程序。

13.4　PLC 控制系统应用实例

13.4.1　S7-200 PLC 与 FX$_{2N}$-32MR PLC 自由口通信实例

1. 控制要求

有两套装置，装置 1 的控制器是西门子 S7-200 CPU226CN，装置 2 的控制器是三菱 FX$_{2N}$-32MR，两者通过自由口通信实现控制。当装置 1 接在西门子 S7-200 CPU226CN 输入端子 I0.0 上的启动按钮按下时，装置 2 接在三菱 FX$_{2N}$-32MR 输出端子 Y0 上的 KA1 线圈通电，继而由其间接控制的电动机运转；当装置 1 接在西门子 S7-200 CPU226CN 输入端子 I0.1 上的停止按钮按下时，装置 2 接在三菱 FX$_{2N}$-32MR 输出端子 Y0 的上 KA1 线圈失电，则由其控制的电动机停转。

硬件配置如下：1 台 CPU 226CN 和 1 台 FX$_{2N}$-32MR，1 根屏蔽双绞电缆（含 1 个网络总线连接器）；1 台 FX$_{2N}$-485-BD；每台 PLC 的编程电缆各 1 根。

2. 电路设计

S7-200PLC 与 FX$_{2N}$-32MR 的电路接线如图 13-2 所示。

网络接线方法具体说明如下：

（1）CPU226CN 的 PORT0 口可以进行自由口通信，其 9 针的接头中，1 号管脚接地，3 号管脚为 RXD +/TXD +（接收 +/发送 +）公用，8 号管脚为 RXD-/TXD-（接收 -/发送 -）公用。

（2）FX$_{2N}$-32MR 的编程口不能进行自由口通信，因此，另外配置了一块 FX$_{2N}$-485-BD 模块，此模块可以进行双向 RS-485 通信（可以与两对双绞线相连），但由于 CPU 226CN 只能与一对双绞线相连，因此，FX$_{2N}$-485-BD 模块的 RDA（接收 +）和 SDA（发送 +）短接，SDB（接收 -）和 RDB（发送 -）短接。

（3）由于采用的是 RS-485 通信，所以当传送距离较远时，两端需要接终端电阻，均为 110Ω，CPU 226CN 端未画出（和 PORT0 相连的西门子网络连接器自带终端电阻）。

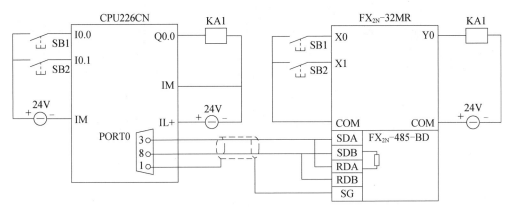

图 13-2 S7-200 PLC 与 FX$_{2N}$-32MR 的电路接线

3. 编写控制程序

(1) 西门子 S7-200 控制程序

CPU 226CN 中的主程序如图 13-3 所示,子程序如图 13-4 所示,中断子程序如图 13-5 所示。

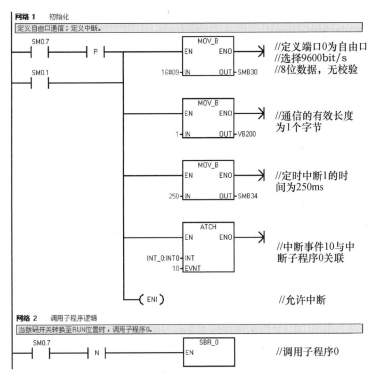

图 13-3 CPU 226CN 主程序

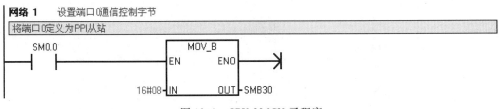

图 13-4 CPU 226CN 子程序

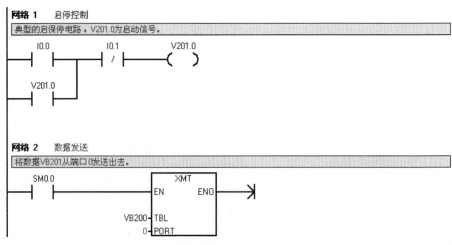

图 13-5　CPU 226CN 中断子程序

自由口通信每次发送的信息最少是一个字节，本例中将启停信息存储区 VB201 的 VB201.0 位发送出去。VB200 存放的是发送有效数据的字节数。

（2）三菱 FX_{2N}-32MR 控制程序

1）无协议通信简介

RS 指令格式如图 13-6 所示。其中：S 表示发送数据的起始地址；m 表示发送数据的个数；D 表示接收数据的起始地址；n 表示接收数据的个数。

$$\begin{array}{cccc} S & m & D & n \\ [RS \quad D100 & D0 & D200 & D1 \quad] \end{array}$$

图 13-6　RS 指令格式

无协议通信中用到的软元件如表 13-1 所示。

表 13-1　无协议通信中软元件作用

元件编号	名称	内容	属性
M8122	发送请求	置位后，开始发送	读/写
M8123	接收结束标志	接收结束后置位，此时不能再接收数据，需人工复位	读/写
M8161	8 位处理模式	在 16 位和 8 位数据之间切换接收和发送数据，为 ON 时为 8 位模式；为 OFF 时为 16 位模式	写

D8120 的通信格式如表 13-2 所示。

表 13-2　D8120 的通信格式

位编号	名称	内容	
		0（位 OFF）	1（位 ON）
b0	数据长度	7 位	8 位
b1b2	奇偶校验位	b2，b1 （0，0）：无 （0，1）：奇校验（ODD） （1，1）：偶校验（EVEN）	

续表

位编号	名称	内容	
		0（位 OFF）	1（位 ON）
b3	停止位	1 位	2 位
b4b5b6b7	波特率（bit/s）	b7, b6, b5, b4 (0, 0, 1, 1)：300　　b7, b6, b5, b4 (0, 1, 0, 0)：600　(0, 1, 1, 1)：4800 (0, 1, 0, 1)：1200　(1, 0, 0, 0)：9600 (0, 1, 1, 0)：2400　(1, 0, 0, 1)：19200	
b8	报头	无	有
b9	报尾	无	有
b10b11b12	控制接口	无协议　　b12, b11, b10 (0, 0, 0)：无 < RS-232C 接口 > (0, 0, 1)：普通模式 < RS-232C 接口 > (0, 1, 0)：相互链接模式 < RS-232C 接口 > 计算机链接　(0, 1, 1)：调制解调器模式 < RS-232C 接口 > (1, 1, 1)：RS-485 通信 < RS-485/RS-422 接口 >	
b13	和校验	不附加	附加
b14	协议	无协议	专用协议
b15	控制顺序（CR、LF）	不使用 CR，LF（格式1）	使用 CR，LF（格式4）

2）编写程序

FX_{2N}-32MR 控制程序如图 13-7 所示。程序是单向传递数据即数据只从 CPU 226CN 传向 FX_{2N}-32MR，因此程序相对而言比较简单，若要数据双向传递，则必须注意 RS-485 通信是半双工的，编写程序时要保证在同一时刻同一个站点只能接收或者发送数据。

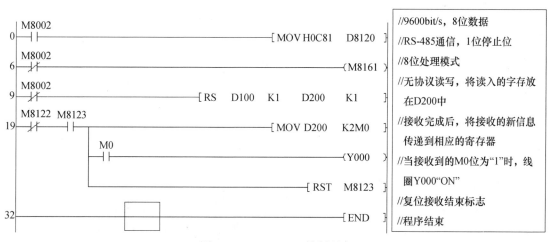

图 13-7　FX_{2N}-32MR 控制程序

实现不同品牌的 PLC 的通信，要求读者对两种品牌的 PLC 通信都比较熟悉。其中有两个关键点，一是读者一定要把通信线接对，二是与自由口（无协议）通信的相关指令必须要弄清楚，否则通信是很难建立的。

13.4.2　S7-200 PLC 之间的 PPI 通信

1. PPI 通信简介

PPI 是一种主-从协议，PPI 网络可以有多个主站。PPT 并不限制与任意一个从站通信的主站数量，但是在一个网段中，通信站不能超过 32 个。

S7-200 上集成的通信口支持 PPI 通信，不隔离的 CPU 通信口支持的标准 PPI 通信距离为 50m，如果使用一对 RS-485 中继器，最远通信距离可以达到 1100m。PPI 支持的通信速率为 9.6kbit/s、19.2kbit/s 和 187.5kbit/s。

运行编程软件 STEP 7-Micro/Win 的计算机也是一个 PPI 主站。要获得 187.5kbit/s 的 PPI 通信速率，必须有 RS-232/PPI 多主站电缆或 USB/PPI 多主站电缆作为编程接口，或者使用西门子的编程卡（CP 卡）。

PPI 通信还是最容易实现的 S7-200 CPU 之间的网络数据通信。只需要编程设置主站通信端口的工作模式，然后就可以用网络读/写指令（NETR/NETW），读/写从站的数据。

2. 控制要求

现有 2 台 S7-200 系列 PLC，两者之间通过 RS-485 电缆，组成一个使用 PPI 协议的通信网络，通过通信网络实现两台 PLC 之间的数据交换。

具体控制要求：将主站的 I0.0 ~ I0.7 的状态映射到从站的 Q0.0 ~ Q0.7，将从站的 I0.0 ~ I0.7 的状态映射到主站的 Q0.0 ~ Q0.7。

硬件和软件平台：S7-200 PLC 2 台（CPU226），RS-485 通信电缆 1 条，用于网络连接；PC/PPI 编程电缆 1 条，用于程序下载；1 台带 RS-232 串口 PC 机，在该 PC 上安装 Micro/Win 软件。

3. 硬件设计

S7-200 PLC 的 PPI 网络连接如图 13-8 所示。通信电缆可以使用专门的串口通信线，或者使用 PROFIBUS-DP 总线连接器，如果 DP 总线连接器带编程接口，还可以把 PC 机连接到这个 PPI 通信网络中。PPI 主站 PLC 的 Port 0 口与从站 PLC 的 Port 0 口相连接。两台 PLC 的PPI 通信线进行连接时，Port 0 口和 Port 1 口虽然可以任意选定，但必须与系统块配置中的端口设置一致。

图 13-8　PLC 的 PPI 网络

4. 网络通信配置和编程

在 Micro/Win 编程环境中，单击浏览条下的系统块，在"系统块"对话框中，对两台 PLC 进行系统配置。通过系统块将主站端口 0 地址设置为 2；而将从站端口 0 的地址设置为 3，如图 13-9 所示。注意主站和从站的地址不能冲突，且各站的通信速率必须相同。

在 Micro/Win 编程环境下，双击左侧指令树"向导"中的 NETR/NETW（网络读/网络写）；对主站进行通信组态。如图 13-10 所示。

在这个窗口中来确定这个通信过程读写操作的项目数，因为需要网络读和网络写各一次，故需要 2 次操作。单击"下一步"按钮会弹出如图 13-11 所示的端口及子程序配置窗口。

　　PLC 端口配置应该与图 13-9 中主站端口一致。单击"下一步"按钮会弹出如图 13-12 所示的配置窗口。该窗口对操作类型、数据大小、远程 PLC 地址和数据地址进行定义和配置。将从站的 I0.0 ~ I0.7 的状态映射到主站的 Q0.0 ~ Q0.7，对主站来说，是执行读操作（NETR）。单击"下一项操作"，将主站的 I0.0 ~ I0.7 的状态映射到从站的 Q0.0 ~ Q0.7，对主站来说，应该是执行写操作（NETW）。数据均为 1 字节，远程 PLC（即从站 PLC）地址为 3，数据存取位置分别为 QB0 和 IB0。

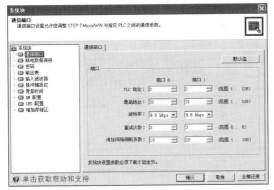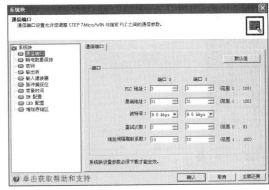

图 13-9　主站和从站通信端口配置

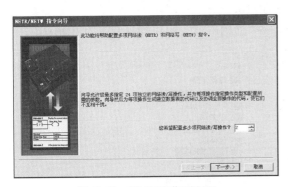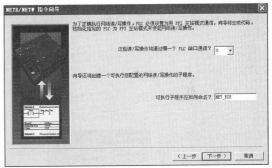

图 13-10　读/写操作项配置　　　　　　　图 13-11　PLC 通信口配置

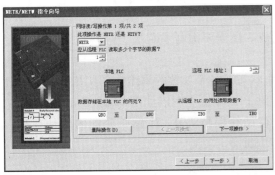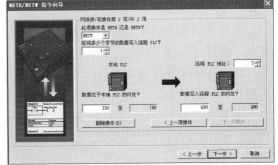

图 13-12　网络读写操作数据配置

单击"下一步"按钮会弹出如图 13-13 所示的存储区配置窗口。在 S7-200 PLC 中实现远程读/写是通过 NETR/NETW 指令完成，这两个指令都是需要一个参数列表，在参数列表中会详细包含地方的 PPI 地址、发送读/写数据量及地址单元等，在向导中需要对这个参数列表分一个地址范围。可以通过"建议地址"按钮改变存储区范围的配置。

单击"下一步"按钮会弹出如图 13-14 的配置窗口。该窗口不需要更改，向导会自动生成一个子程序和全局符号表，这个子程序和全局符号表属于加密状态，用户无法阅读到具体内容，但是可以在程序块和符号表中找到该子程序和符号表，在以后的编程中需要调用子程序。

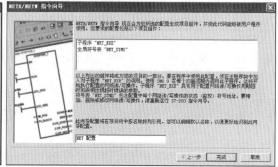

图 13-13　存储区配置　　　　　图 13-14　子程序和全局符号表配置窗口

单击"完成"按钮，弹出完成向导配置确定窗口，如图 13-15 所示。单击"是"按钮则完成 NETR/NETW 通信组态。左侧指令树 NETR/NETW 下一级菜单会出现"NET 配置"，如图 13-16 所示，"起始地址"、"网络读写操作"、"通信端口"可以通过双击重新配置。

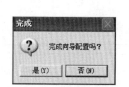

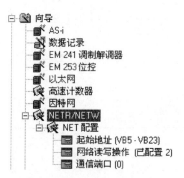

图 13-15　完成向导配置　　　　图 13-16　NET 配置子菜单

主站 NETR/NETW 通信组态到此已全部完成。还需要编写主程序。打开组态时自动生成的子程序"NET EXE"，如图 13-17 所示。

仔细阅读子程序及其变量声明表，了解配置状态及各个参数的具体含义。在主程序中编写程序，并通过 PC/PPI 电缆将该项目下载到主站 PLC 中。主程序如图 13-18 所示。

正常通信时，Cycle 会不断变化，而 Error 位始终保持为 0。注意所分配的地址 V2.1、V2.2 不能与组态过程中分配的 V 存储区地址范围重叠。

5. 调试

主要检测网络配置是否正确，数据传输是否符合要求，从而对网络参数和程序进行不断优化和调整。调试步骤如下：

	符号	变量类型	数据类型	注释
	EN	IN	BOOL	
LW0	Timeout	IN	INT	0 = 不计时；1-32767 = 计时值（秒）。
		IN		
		IN_OUT		
L2.0	Cycle	OUT	BOOL	所有网络读/写操作每完成一次时切换状态。
L2.1	Error	OUT	BOOL	0 = 无错误；1 = 出错（检查 NETR/NETW 指令缓冲区状态字节以获取错误代码）。
		OUT		
		TEMP		

此 POU 由 S7-200 指令向导的 NETR/NETW 功能创建。
要在用户程序中使用此配置，请在每个扫描周期内使用 SM0.0 在主程序块中调用此子程序。

NETR　操作第 1 条共 2 条
本地 PLC 数据缓冲区　　远程 PLC = 3　　操作状态字节
QB0 - QB0　　　←　　IB0 - IB0　　　NETR1_Status:VB8
数据长度：1 个字节

NETW　操作第 2 条共 2 条
本地 PLC 数据缓冲区　　　　　　　远程 PLC = 3　　操作状态字节
IB0 - IB0　　→　　　QB0 - QB0　　　NETW2_Status:VB16
数据长度：1 个字节

要修改此配置的网络读/写操作，请重新运行 NETR/NETW 向导。要监视网络写操作的状态，请创建一个包含以上显示的操作状态字节符号名的状态表。可参考在线帮助中有关 NETR 和 NETW 指令的错误信息说明。

◄ ► ► ▎ 主程序 ∖ SBR_0 ∖ INT_0 ∖ NET_EXE ∕　　◄ ▎

图 13-17　子程序及其变量声明表注释

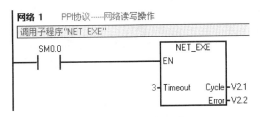

图 13-18　主站主程序

（1）在线监控 PLC 运行状态。

（2）测试主站向从站传送数据，即网络写操作是否正常。将主站 PLC 输入端子的 I0.0、I0.1、…、I0.7 分别接通，能观察到其对应输入点指示灯应为 ON。

（3）观察从站 PLC 输出端子上对应的 Q0.0、Q0.1、…、Q0.7 的指示灯状态。若网络配置及控制程序正确，从站 Q0.0、Q0.1、…、Q0.7 输出状态应为 ON。

（4）测试从站向主站传送数据，即网络读操作是否正常。将从站 PLC 输入端子的 I0.0、I0.1、…、I0.7 分别接通，能观察到其对应输入点指示灯应为 ON。

（5）观察主站 PLC 输出端子上对应的 Q0.0、Q0.1、…、Q0.7 的指示灯状态。若网络配置及控制程序正确，主站 Q0.0、Q0.1、…、Q0.7 输出状态应为 ON。

在调试过程中，若出现通信异常现象，应重点排查通信线连接是否正确以及 PLC 通信端口配置是否正确，例如，各站的地址设置是否冲突，通信波特率是否相同以及主站主程序中"Cycle"和"Error"变量分配的地址是否与通信组态过程中自动分配的 V 存储区地址范围重叠等。

13.4.3　烘干箱 PID 温度控制

1. S7-200 PLC PID 功能简介

PID 是闭环控制系统的比例-积分-微分控制算法。PID 控制器根据设定值（给定）与被控对象的实际值（反馈）的差值，按照 PID 算法计算出控制器的输出量，控制执行机构去调整被控对象状态。PID 控制是负反馈闭环控制，能够抑制系统闭环内各种因素所引起的扰动，使反馈跟随给定变化。S7-200 CPU 最多可以支持 8 个 PID 控制回路（8 个 PID 指令功能块）。在 S7-200 中，PID 功能是通过 PID 指令功能块实现的。通过定时（按照采样时间）执行 PID 功能块，按照 PID 运算规律，根据当时的给定、反馈、比例-积分-微分数据，计算出控制量。

2. 控制要求

有一台烘干箱采用电阻丝加热，通过接触器控制电阻丝通断时间比例，达到控制烘干箱温度的目的。要求将烘干箱的温度控制在一定的范围内，当温度过高或过低时，报警指示灯亮。当将温度控制切换到自动状态时，由 PLC 根据温度设定值对烘干箱温度进行控制；当将温度控制切换至手动状态时，由数据面板 TD400C 或者通过转换开关来选择设定值，实现手动控制电阻丝通电时间比例。烘干箱的温度传感器采用热电阻或热电偶，经变送器转换后，将温度信号转换为 0 ~ 10V 的电压信号。接触器线圈由数字量输出控制，通过时间比例方式，实现 PWM 脉宽控制，进而达到烘干箱恒温控制。

3. PLC I/O 配置及硬件接线图

（1）PLC I/O 配置

根据控制要求，首先确定 I/O 点数，进行 I/O 分配。需要 2 个数字量输入点、3 个数字量输出点和 1 个模拟量输入通道，如表 13-3 所示。因为要用到模拟量输入，故采用型号为 CPU 224XP AC/DC/继电器的一个基本模块即可，另外，还需通过通信电缆连接 TD400C 数据面板，进行温度设定控制。

表 13-3　PLC 的 I/O 配置

图形符号	PLC 符号	I/地址	功能
SA1	手/自动切换	I0.0	手/自动切换，1 = 自动
SA2	接通_断开	I0.1	手动接通或断开晶闸管
ST	温度输入	AIW0	电炉温度输入信号
KA	温度控制	Q0.0	控制晶闸管通/断
HL1	温度低报警	Q0.1	温度低报警指示
HL2	温度高报警	Q0.2	温度高报警指示

（2）硬件接线图

根据 I/O 配置，可以画出如图 13-19 所示电路图。

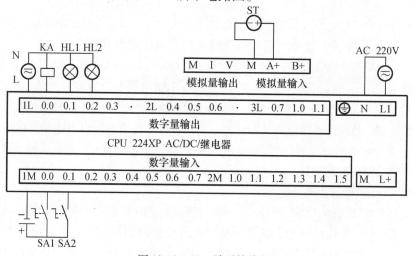

图 13-19　PLC 端子接线图

4. PID 指令向导

有两种方法可以使用 S7-200 的 PID 功能，一种方法是通过使用 S7-200 提供的 PID 回路指令，另一种方法是通过指令向导生成 PID 子程序，利用 PID 子程序实现 PID 功能。

使用 PID 回路指令进行 PID 控制比较麻烦，特别是回路表不容易填写，在使用上易出错，这里不做详细介绍。为了方便用户使用，STEP 7-Mirco/Win 软件中提供了 PID 指令向导，利用 PID 指令向导可以很容易地编写 PID 控制程序。下面就利用 PID 指令向导生成 PID 子程序，完成对任务要求的程序编写。

（1）选择 PID 回路。在 Micro/Win 编程环境下，双击左侧指令树"向导"中的"PID"，弹出如图 13-20 所示画面，进行 PID 回路配置，选择的回路号为"0"，然后单击"下一步"按钮。

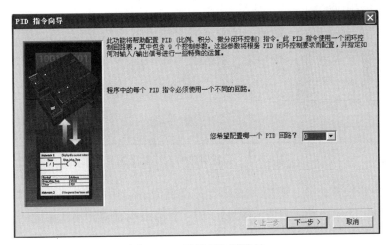

图 13-20　配置 PID 回路号

（2）设置回路参数。如图 13-21 所示，给定值范围的低限和高限默认值为 0.0 和 100.0，表示给定值的取值范围占过程反馈量程的百分比。此例中给定值范围的低限为 10.0，高限为 90.0，比例增益为 5.0，积分时间为 1.00min，微分时间为 0.10min，采样时间为 5s。然后单击"下一步"按钮。

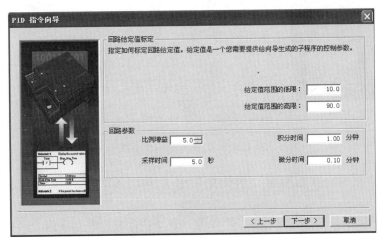

图 13-21　设置回路参数

（3）设置回路输入及输出选项。如图 13-22 所示，在此例中，温度信号为 0 ~ 10V，所以选择单极性，过程变量低限为 0，高限为 32000。回路输出类型为数字量，占空比周期为 8s。由于 PLC 选用的输出器件类型为继电器输出，而主电路器件为接触器，故其动作频率不高，不能频繁通电或断电切换，占空比周期时间就不能太短，以免出现控制异常和器件使用寿命缩短的现象。然后单击"下一步"按钮。

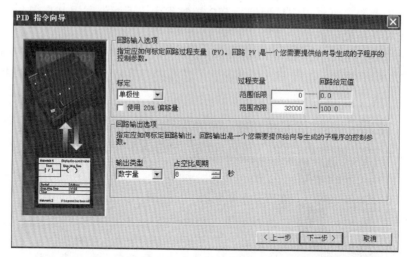

图 13-22　设置回路输入及输出选项

（4）设置回路报警选项。此例中需要有温度低限和高限报警，所以选择使能低限报警和高限报警选项，低限报警值为输入温度的 10%，高限报警值为输入温度的 90%，如图 13-23 所示。

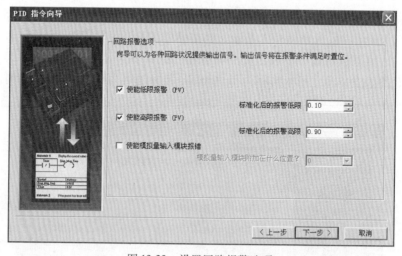

图 13-23　设置回路报警选项

（5）为 PID 回路分配存储区。本例中使用 VB0 至 VB119 的 V 存储区，如图 13-24 所示。

（6）PID 子程序命名。在向导中，可以为 PID 子程序和中断程序修改名称，默认名称为 PID0 INIT 和 PID0 EXE。此例中需要用到 PID 手动控制功能，因此选择"增加 PID 手动控制"复选框，如图 13-25 所示。

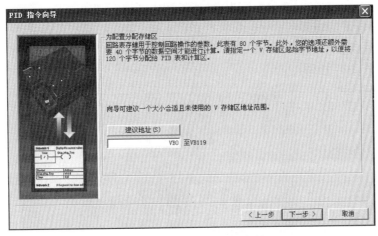

图 13-24　为 PID 回路分配存储区

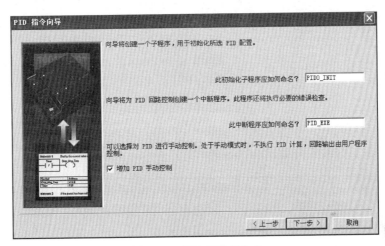

图 13-25　PID 子程序命名

（7）生成 PID 代码。如图 13-26 所示，设置完成后单击"完成"按钮，向导自动生成 PID 子程序。

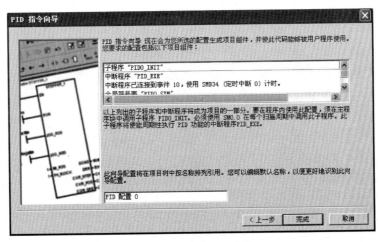

图 13-26　生成 PID 代码

通过 PID 指令向导，生成子程序 PID0_INIT 和中断程序 PID EXE。子程序 PID0_INIT 根据在 PID 向导中设置的输入和输出选项执行 PID 功能，每次扫描均需调用该子程序。中断程序 PID_EXE 由系统自动调用，不必在主程序中调用。自动创建的子程序 PID0 INIT 的参数声明及注释如图 13-27 所示。

	符号	变量类型	数据类型	注释
	EN	IN	BOOL	
LW0	PV_I	IN	INT	过程变量输入：范围从 0 至 32000
LD2	Setpoint_R	IN	REAL	给定值输入：范围从 0.0 至 100.0
L6.0	Auto_Manual	IN	BOOL	自动/手动模式 (0 = 手动模式，1 = 自动模式)
LD7	ManualOutput	IN	REAL	手动模式时回路输出期望值：范围从 0.0 至 1.0
		IN		
		IN_OUT		
L11.0	Output	OUT	BOOL	PWM 输出：周期以秒为单位 (在配置时设置)
L11.1	HighAlarm	OUT	BOOL	过程变量 (PV) > 报警高限 (0.90)
L11.2	LowAlarm	OUT	BOOL	过程变量 (PV) < 报警低限 (0.10)
		OUT		
LD12	Tmp_DI	TEMP	DWORD	
LD16	Tmp_R	TEMP	REAL	
		TEMP		

此 POU 由 S7-200 指令向导的 PID 功能创建。
要在用户程序中使用此配置，请在每个扫描周期内使用 SM0.0 在主程序块中调用此子程序。此代码配置 PID 0。在 DB1 中可以找到从 VB0 开始的 PID 回路变量表。此子程序初始化 PID 控制逻辑使用的变量，并启动 PID 中断程序 "PID_EXE"。PID 中断程序会根据 PID 采样时间被周期性调用。如需 PID 指令的完整说明，请参见《S7-200 系统手册》。注意：当 PID 位于手动模式时，输出应该通过写入标准化的数值(0.00 至 1.00)至手动输出参数来控制，而不是直接改动输出。这将使 PID 返回至自动模式时保持输出无扰动。

图 13-27   子程序 PID0_INIT 的参数声明及注释

5. 编写程序

根据 I/O 配置，建立程序符号表，如图 13-28 所示。VD800 为 PID 的设定值，VD804 为 PID 的手动给定值，VD808 为 TD400C 数据面板设定值。

			符号	地址	注释
1			手动自动切换	I0.0	转换开关，1=自动
2			手控设定值切换	I0.1	转换开关，选择设定值
3			面板给定使能	M10.0	数据面板设定值有效
4			加热通断控制	Q0.0	接触器控制
5			温度下限报警	Q0.1	温度超下限报警指示
6			温度上限报警	Q0.2	温度超上限报警指示
7			自控设定值	VD800	PID设定值
8			手控设定值	VD804	手动控制输出值
9			面板设定值	VD808	数据面板设定值
10			温度检测	AIW0	烘干箱温度值

图 13-28   程序符号表

根据控制要求，编写 PLC 程序，如图 13-29 所示。在网络 1 中，每个扫描周期都必须调用 PID 子程序 PID0_INIT。在网络 2 中，当将切换开关切换至手动接通时，将 1.0 赋值给手动给定 VD804。在网络 3 中，当将切换开关切换至手动断开时，将 0.0 赋值给手动给定 VD804。在网络 4 中，当将手自动切换开关切换至手动，且数据面板给定值使能位有效时，将面板设定值传送到手动给定 VD804 中。手动给定 VD804 中的值，只有在 PID 切换至手动模式时才有效。PLC 采用的是时间比例（占空比）方式控制烘干箱温度。当 PID 在手动模式时，如果手动给定 VD804 为 1.0，占空比为 100%，加热通断控制 Q0.0 常为 ON，即接触器一直通电；如果手动给定 VD804 为 0.0，占空比为 0%，加热通断控制 Q0.0 常为 OFF，即接触器一直断电。

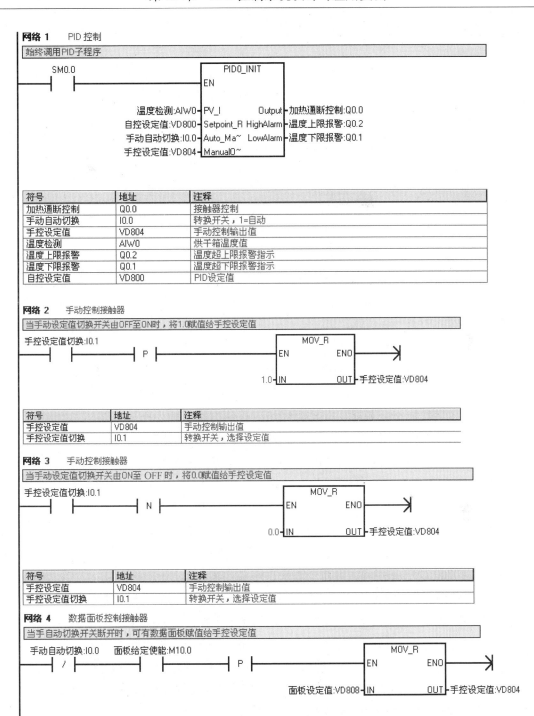

图 13-29　烘干箱 PID 控制程序

13.4.4　变频恒压供水控制

1. 控制要求

变频恒压供水控制系统通过监测管网压力，控制变频器的输出频率，实现管网的恒压供水。当系统开始工作时，如果管网压力低于设定值，PLC 启动一台泵，并通过程序控制变频器的运行频率，使其逐渐上升，当管网压力升至设定值时，水泵在此频率下稳定运行，保持水压恒定；若水泵频率达到电网工频时，水压还未达到设定值，此时控制系统自动将此泵切换至工频电网，然后启动第二台水泵，并调速至水压达到设定值，使水压恒定。第三台泵一般作为备用泵。当用水量变化，如夜间用水量很低，水压超过设定值时，PLC 控制变频器，逐渐降低输出频率，当变频器输出频率降低至频率下限时，PLC 关闭此台泵，将另一台工频运行的水泵切换到变频运行，调节水压至设定值。

2. 设计方案

变频恒压供水控制系统采用一台变频器控制三台水泵，首先用变频器启动一台水泵，当水泵达到工频时，将水泵切换至工频运行，然后用变频器启动下一台水泵。当变频器输出为下限频率时，停止水泵，然后将工频运行的水泵切换至变频运行，由变频器控制。水管压力设定值由文本显示器 TD400C 设定。

水泵由变频切换至工频时，采用先切后投的控制方式。即先停止变频器，使水泵自由停车，然后断开变频器与水泵间的接触器，再接通水泵与工频间的接触器，完成变频到工频的切换。水泵由工频切换至变频时，也采取先切后投的方式。即先断开水泵与工频间的接触器，使电动机处于自由停车状态，然后接通水泵与变频器间的接触器。使用变频器的捕捉再启动功能，使变频器可以跟踪电动机转速，直至变频器输出频率与电动机转速同步，再将电动机调节至设定速度。

变频器选用西门子 MM430 水泵、风机专用变频器。PLC 通过数字量输入、输出和模拟量输入、输出控制变频器的启动、停止和调速。因为 PLC 需要控制变频器的启/停及调速，变频器中除了设置电动机参数外，还需设置以下几个参数：

（1）将 P0700［0］设为 2，即命令源来自外端子输入。

（2）将 P0701［0］设为 1，即由数字量输入端子 1 控制变频器的启动和停止。

（3）将 P0702［0］设为 9，即由数字量输入端子 2 复位变频器故障。

（4）将 P0703［0］设为 3，即由数字量输入端子 3 控制变频器自由停车。

（5）将 P0731［0］设为 52.3，即由数字量输出端子 1 输出变频器故障信号。

（6）将 I/O 板上左侧的 DIP 开关拨至 OFF 状态，即模拟量输入 1 为 0～10V 信号。

（7）将 P0756［0］设为 0，即模拟量输入 1 为 0～10V 信号。

（8）将 P1000［0］设为 2，即频率值由模拟量输入 1 给定。

（9）将 P2000［0］设为 50，即基准频率为 50Hz。

根据任务要求，首先确定 I/O 的个数，进行 I/O 分配。此例中需要 11 个数字量输入点、16 个数字量输出点、1 个模拟量输入和 1 个模拟量输出，如表 13-4 所示。因为所用 I/O 点数较多，采用 CPU 224XP DC/DC/DC 和 EM222 的 8 点输出 24V DC 两个基本模块。水管压力传感器采用 0～10V 信号，量程为 0～5MPa。

表 13-4　PLC I/O 配置

图形符号	PLC 符号	I/O 地址	功能
SA1	手/自动切换	I0.0	手/自动切换按钮，ON = 自动，OFF = 手动
SA2	一号泵启/停	I0.1	一号泵手动启/停旋钮，ON = 启动，OFF = 停止
SA3	二号泵启/停	I0.2	二号泵手动启/停旋钮，ON = 启动，OFF = 停止
SA4	三号泵启/停	I0.3	三号泵手动启/停旋钮，ON = 启动，OFF = 停止
KH1	一号泵故障	I0.4	一号泵故障信号
KH1	二号泵故障	I0.5	二号泵故障信号
KH3	三号泵故障	I0.6	三号泵故障信号
SF	变频器故障	I0.7	变频器故障信号
SB1	故障复位	I1.0	故障复位信号
SB2	自动启动	I1.1	在自动时，启动供水系统
SB3	自动停止	I1.2	在自动时，启动供水系统
SP	管道压力	AIW0	管道压力信号
KM1	一号泵变频	Q0.0	一号泵变频运行
KM2	一号泵工频	Q0.1	一号泵工频运行
KM3	二号泵变频	Q0.2	二号泵变频运行
KM4	二号泵工频	Q0.3	二号泵工频运行
KM5	三号泵变频	Q0.4	三号泵变频运行
KM6	三号泵工频	Q0.5	三号泵工频运行
HL1	一号泵运行灯	Q0.6	一号泵运行指示灯
HL2	二号泵运行灯	Q0.7	二号泵运行指示灯
HL3	三号泵运行灯	Q1.0	三号泵运行指示灯
HL4	一号泵故障灯	Q1.1	一号泵故障指示灯
HL5	二号泵故障灯	Q2.0	二号泵故障指示灯
HL6	三号泵故障灯	Q2.1	三号泵故障指示灯
HL7	变频器启动	Q2.2	变频器故障指示灯
KA1	变频器启动	Q2.3	ON = 变频器启动，OFF = 变频器停止
KA2	变频器故障复位	Q2.4	复位变频器故障
KA3	水泵自由停车	Q2.5	停止变频器输出，使水泵自由停车
SQ	变频器频率	AQW0	变频器频率设定值

3. 电路设计

变频恒压供水系统的电气主电路原理图如图 13-30 所示，CPU 224XP DC/DC/DC 模块端子接线如图 13-31 所示，EM222 的 8 点输出 24V DC 模块端子接线如图 13-32 所示，MM430 变频器端子接线如图 13-33 所示。

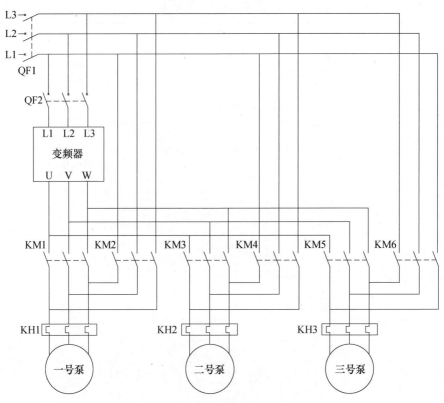

图 13-30　变频恒压供水主电路

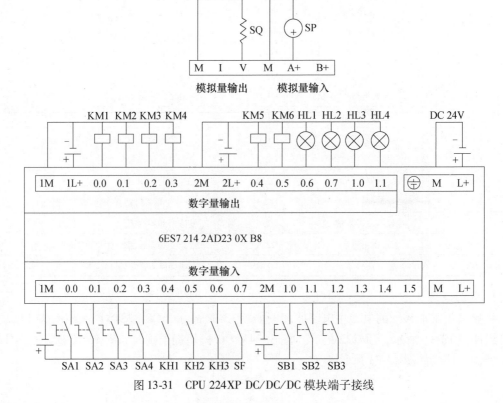

图 13-31　CPU 224XP DC/DC/DC 模块端子接线

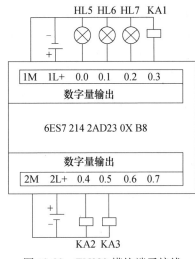

图 13-32　EM222 模块端子接线

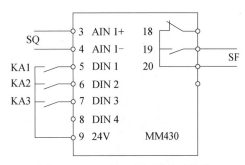

图 13-33　MM430 变频器端子接线

4. 编写程序

根据 I/O 配置和任务要求，程序中除了用到表 13-4 所示的 I/O 点外，还需用到一些变量，VD120 是管道压力设定值，由文本显示器 TD400C 设定。VD124 为 PID 手动输入值，当 PID 为手动时，用 VD124 控制 PID 的输出。V128.0 是 PID 的手动和自动切换标志，当 V128.0 为 1 时，PID 为自动控制；当 V128.0 为 0 时，PID 为手动控制。VD130 为当前管道压力值，显示在文本显示器 TD400C 上。MB0 为当前泵号，分别用 1、2、3 代表三台泵。T37 为断开变频延时定时器，用于在水泵自由停车后，延时断开变频器与水泵间的接触器。T38 为接通工频延时定时器，用于在水泵断开变频后，延时接通工频接触器。T39 为自由停车延时定时器，用于当变频器达到 50Hz 时，延时停止水泵，防止水泵误动作。T40 为断开工频延时定时器，用于延时断开水泵与工频间的接触器。T41 为接通变频延时定时器，用于在水泵断开工频后，延时接通变频器。T42 为停泵延时定时器，用于在变频器输出为 0 时，延时停止水泵，防止水泵误动作。

根据控制要求，编写 PLC 程序。首先利用指令向导功能，生成 PID 子程序。PID 回路给定值和回路参数如图 13-34 所示。因为压力传感器的量程为 0～5MPa，所以 PID 给定值范围

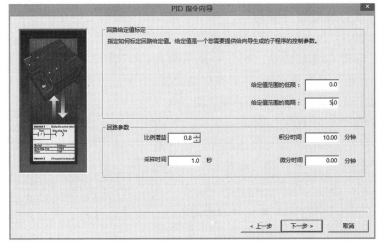

图 13-34　PID 回路给定值和回路参数

的低限为 0.0, 高限为 5.0。PID 的采样时间为 1.0s, 比例增益为 0.8, 积分时间为 10min, 微分时间为 0, 即不使用微分。PID 回路的输入参数和输出参数如图 13-35 所示。PID 指令向导为 PID 子程序指定存储区, 本例中使用 VB0~VB119 的存储区, 在用户程序中不能再次使用此存储区。

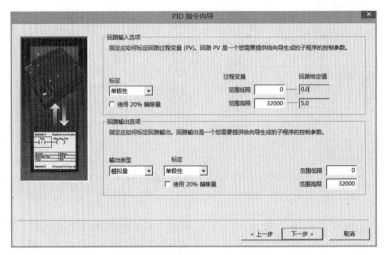

图 13-35　PID 回路的输入参数和输出参数

　　因为管道当前压力需在文本显示器 TD400C 上显示, 管道设定压力也需在 TD400C 上设定, 所以利用文本显示向导配置文本显示器 TD400C, 操作步骤从略。

　　PLC 程序由一个主程序和五个子程序组成。五个子程序分别是手动程序 (SBR0)、自动程序 (SBR1)、运行及故障指示灯程序 (SBR2)、PID0＿INIT (SBR3) 和 TD CTRL 325 (SBR4), 其中子程序 PID0 INIT (SBR3) 和 TD CTRL 325 (SBR4) 是由向导自动生成的。在主程序中调用这五个子程序。

　　手动程序 (SBR0) 子程序如图 13-36 所示。在网络 1 中, 在手动方式下, 断开变频器与所有电动机间的接触器。在网络 2 中, 若一号泵启/停旋钮旋至启动位置, 并且一号泵没有变频启动, 则一号泵工频启动。在网络 3 中, 若二号泵启/停旋钮旋至启动位置, 并且二号泵没有变频启动, 则二号泵工频启动。在网络 4 中, 若三号泵启/停旋钮旋至启动位置, 并且三号泵没有变频启动, 则三号泵工频启动。

　　自动程序 (SBR1) 子程序如图 13-37~图 13-41 所示。图 13-37 是自动启动和自动停止程序。在网络 1 中, 在自动方式下, 当按下自动启动按钮时, 启动变频器, 吸合变频器与一号水泵间的接触器, 并将 1 赋值给当前泵号 MB0。在网络 2 中, 在自动方式下, 当按下自动停止按钮时, 断开所有水泵的工频和变频接触器, 停止变频器, 并将 0 赋值给当前泵

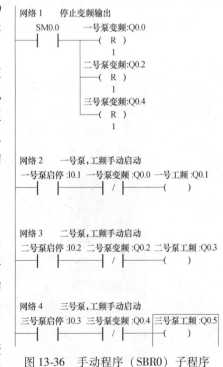

图 13-36　手动程序 (SBR0) 子程序

号 MB0。

图 13-38 是变频向工频切换准备程序。在网络 3 中，当 PID 输出为 100%，即变频器的频率达到 50Hz，并且当前泵号小于或等于 2 时，启动自由停车延时 T39。在网络 4 中，如果变频器的频率达到 50Hz 持续超过 1s，则自由停车延时定时器 T39 计时到，置位水泵自由停车输出。此时，变频器不输出电流，水泵处于自由停车状态。在网络 5 中，水泵自由停车后，启动断开变频延时定时器 T37。

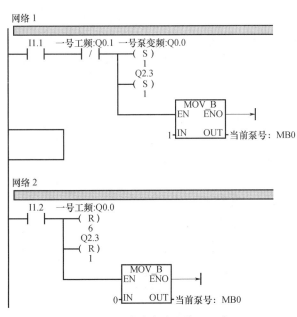

图 13-37　自动启动和停止程序

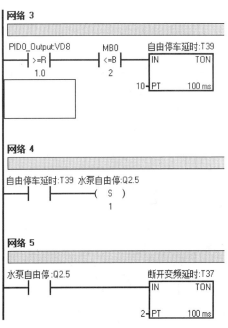

图 13-38　变频向工频切换准备程序

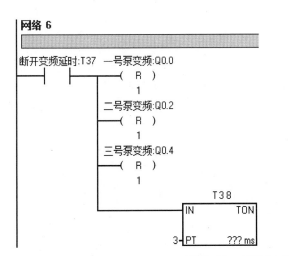

图 13-39　变频向工频切换完成程序

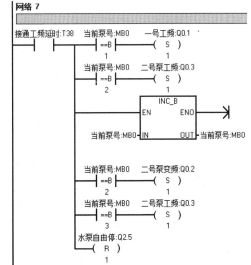

图 13-39 是变频向工频切换完成程序。在网络 6 中，当断开变频延时定时器 T37 计时到

时，断开变频器与所有水泵间的接触器，并启动接通工频延时定时器 T38。在网络 7 中，当接通工频延时定时器 T38 计时到时，接通当前水泵的工频接触器，并将当前泵号 MB0 加 1，然后接通下一台水泵的变频接触器，并复位水泵自由停车输出。

图 13-40 是工频向变频切换准备程序。在网络 8 中，当 PID 输出为 0.0%，即变频器的频率为 0，并且当前泵号大于或等于 2 时，启动停泵延时定时器 T42。在网络 9 中，当停泵延时定时器 T42 计时到时，置位水泵自由停车输出，断开变频器与所有水泵间的接触器，并将当前泵号 MB0 减 1。

图 13-41 是工频向变频切换完成程序。在网络 10 中，当水泵停止后，启动断开工频延时定时器 T40。在网络 11 中，当断开工频延时定时器 T40 计时到时，断开相应水泵的工频接触器，并启动接通变频延时定时器 T41。在网络 12 中，当接通变频延时定时器 T41 计时到时，接通相应水泵的变频接触器，并复位水泵自由停车输出。

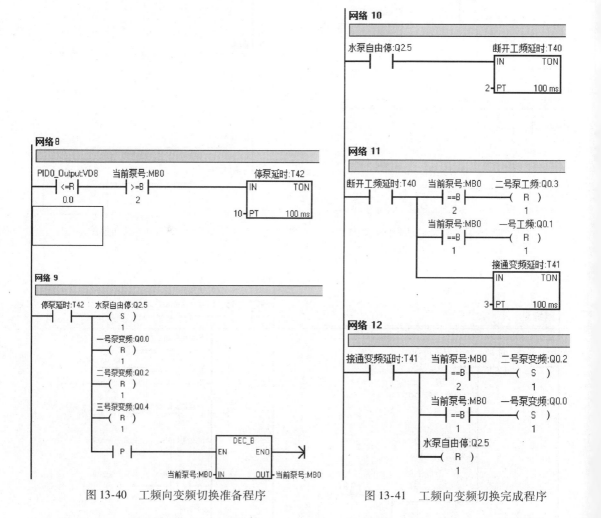

图 13-40　工频向变频切换准备程序　　　　图 13-41　工频向变频切换完成程序

运行及故障指示灯（SBR2）子程序如图 13-42～图 13-44 所示。图 13-42 是三台水泵运行指示灯程序。在网络 1 中，当一号水泵变频运行或工频运行时，一号水泵运行指示灯亮。在网络 2 中，当二号水泵变频运行或工频运行时，二号水泵运行指示灯亮。在网络 3 中，当三号水泵变频运行或工频运行时，三号水泵运行指示灯亮。

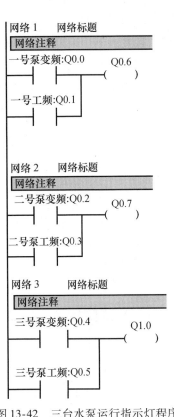

图 13-42　三台水泵运行指示灯程序

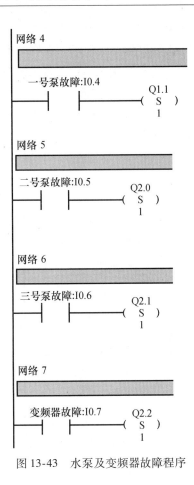

图 13-43　水泵及变频器故障程序

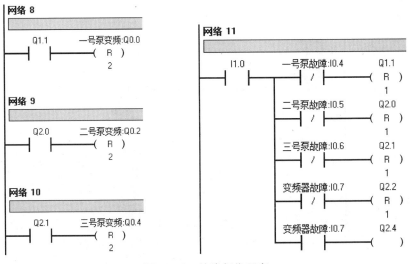

图 13-44　故障复位程序

图 13-43 是水泵及变频器故障程序。在网络 4 中，当一号水泵有故障时，一号水泵故障指示灯亮。在网络 5 中，当二号水泵有故障时，二号水泵故障指示灯亮。在网络 6 中，当三号水泵有故障时，三号水泵故障指示灯亮。在网络 7 中，当变频器有故障时，变频器故障指

示灯亮。

　　图 13-44 为故障复位程序。在网络 8 中，当一号水泵有故障时，断开一号水泵的变频和工频接触器。在网络 9 中，当二号水泵有故障时，断开二号水泵的变频和工频接触器。在网络 10 中，当三号水泵有故障时，断开三号水泵的变频和工频接触器。在网络 11 中，复位三台水泵和变频器的故障指示灯，如果变频器有故障，同时复位变频器故障。

　　主程序如图 13-45 ~ 图 13-47 所示。图 13-45 是调用手动和自动程序。在网络 1 中，当手/自动切换旋钮切换至手动时，执行手动程序。在网络 2 中，当手/自动切换旋钮切换至自动时，执行自动程序。

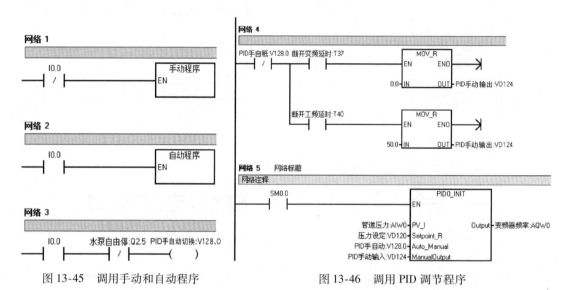

图 13-45　调用手动和自动程序　　　　　　　图 13-46　调用 PID 调节程序

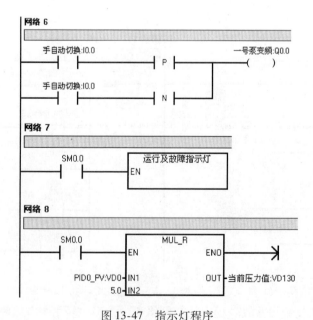

图 13-47　指示灯程序

　　图 13-46 是调用 PID 调节程序。在网络 3 中，当手/自动切换旋钮切换至自动，并且

没有水泵自由停车输出时，PID 调节为自动方式，否则 PID 调节为手动方式。在网络 4 中，当 PID 为手动方式，由变频转为工频时，将 0 赋值给 PID 手动输入。因为从变频切换至工频，在切换完成时，上一台水泵变为工频运行，变频器需从 0Hz 开始启动下一台水泵；由工频转为变频时，将 50 赋值给 PID 手动输入。因为在工频切换为变频时，水泵是以工频运行的，切换到变频后，水泵仍有很高的转速，所以需使变频器从 50Hz 开始调节水泵转速，达到设定的管道压力。在网络 5 中，每个扫描周期都需调用 PID 调节子程序 PID0 INIT。

图 13-47 是指示灯程序。在网络 6 中，在手动切换为自动或自动切换为手动时，断开三台水泵的变频及工频接触器。在网络 7 中，每个扫描周期都要调用"运行及故障指示灯"子程序。在网络 8 中，计算管道的当前压力值，作为文本显示器显示用。

13.4.5　液体混合搅拌控制

1. 控制要求

液体混合搅拌系统如图 13-48 所示。系统有三个液面传感器，H 为液体 B 液面检测传感器，I 为液体 A 液面检测传感器，L 为最低液面检测传感器。当液面达到传感器的位置后，传感器送出 ON 信号，低于传感器位置时，传感器为 OFF 状态。

系统有三个电磁阀，X1 为液体 A 输入电磁阀，X2 为液体 B 输入电磁阀，X3 为混合液体输出电磁阀。电磁阀为 ON 状态时阀门打开，X1、

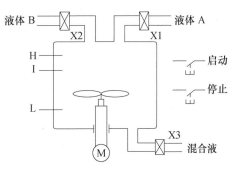

图 13-48　搅拌控制系统示意图

X2 分别送入液体 A 与液体 B，X3 放出搅拌好的混合液。电磁阀为 OFF 状态时，阀门关闭。M 为搅拌电动机，M = OFF 时，搅拌电动机停止；M = ON 时，搅拌电动机运行。

2. 初始状态及操作工艺

启动搅拌器之前，容器是空的，各阀门关闭（X1 = X2 = X3 = OFF），传感器 H = I = L = OFF，搅拌电动机 M = OFF。搅拌器开始工作时，先按下启动按钮，阀门 X1 打开，开始放入液体 A。当液面经过传感器 L 时使 L = ON，并继续注入液体 A，直至液面达到 I 时，I = ON，使 X1 = OFF，X2 = ON，即关闭阀门 X1，停送液体 A，打开阀门 X2，开始送入液体 B。当液面达到 H 时，关闭阀门 X2，启动搅拌电动机 M，即 X2 = OFF，M = ON。开始搅拌 60s，搅拌均匀后，停止搅拌，即 M = OFF，打开阀门 X3，即 X3 = ON，开始放出混合液体，当液面低于传感器 L，即 L = OFF，经延时 10s，容器中的液体放空，关闭阀门 X3，即 X3 = OFF，自动开始下一个操作循环。若在工作中按下停止按钮，搅拌器不立即停止工作，只有当前混合操作处理完毕后，才停止操作，即停在初始状态上。

3. 硬件设计

这是一个单机控制的小系统，没有特殊的控制要求，开关量输入点有 5 个（启动、停止和 H、I、L），开关量输出点有 4 个（X1、X2、X3 与 M），输入输出点数共为 9 个。粗估内存容量约为 90 个地址单元（9 × 10 = 90）即可。据此，可以选用一般中小型控制器 S7-200（CPU221 ~ CPU226）。现选用 S7-200 的 CPU222，输入/输出点总数为 14 个，其中输入点 8 个，输出点 6 个，如图 13-49 所示搅拌系统 PLC 接线图。I/O 及内存变量分配如表 13-5 所示。

表 13-5　I/O 及内存变量分配表

序号	名称	地址	注释
1	启动	I0.0	上升沿有效
2	停止	I0.1	上升沿有效
3	H 检测	I0.2	上升沿有效
4	I 检测	I0.3	上升沿有效
5	L 检测	I0.4	下降沿有效
6	阀 X1	Q0.0	"1" 有效
7	阀 X2	Q0.1	"1" 有效
8	阀 X3	Q0.2	"1" 有效
9	电动机 M	Q0.3	"1" 有效
10	（搅拌计时器）	T101	时基 = 100ms，TON 定时器
11	（排空延时器）	T102	时基 = 100ms，TON 定时器
12	（原始标志）	M0.0	"1" 有效
13	（液位最低标志）	M0.1	"1" 有效

4. 控制流程图

控制流程图如图 13-50 所示，在此程序设计中没有涉及手动控制部分，只考虑自控部分。

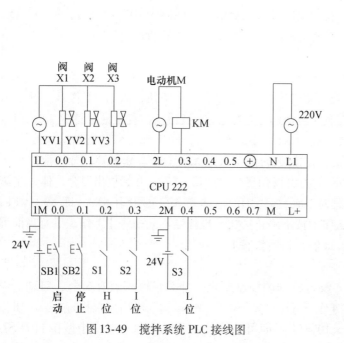

图 13-49　搅拌系统 PLC 接线图

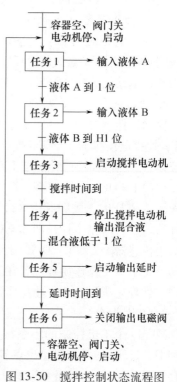

图 13-50　搅拌控制状态流程图

此控制的原始条件是搅拌器内没有液体（L = 0），所有阀门均为关闭状态（X1 = X2 = X3 = 0），搅拌电动机为停止状态（M = 0）。

这时如果按下启动按钮（I0.0 = 1），系统被启动，执行控制任务 1，输入液体 A 到搅拌器（打开阀门 X1 = 1）。

当液体 A 的液位达到 1（I = 1）时，执行控制任务 2，液体 A 停止输入，开始输入液体 B（X1 = 0，X2 = 1）。

当液体 B 的液位达到 H（H = 1）时，执行控制任务 3，液体 B 停止输入，启动搅拌电动机，启动搅拌定时器（X2 = 0，M = 1，启动 T101）。

当搅拌时间到，执行控制任务 4，停止搅拌电动机，输出混合液（M = 0，X3 = 1）。

当液面低于 L 时，执行控制任务 5，启动输出延时定时器（启动 T102）。

当输出延时时间到，执行控制任务 6，关闭输出电磁阀，等待再一次启动（X3 = 0）。

为了便于编制和阅读程序，可以采用 S7-200 符号表进行程序设计。符号表的作用是建立输入输出变量的符号名称与变量地址的对应关系。有了符号表，就可以用符号表的名称代替变量的实际地址进行编程。符号表中的名称可以是英文，也可以是中文。实际中，用英文书写比较快捷。此程序中，为了便于读者阅读，采用中文建立符号表。控制系统的内存变量分配表（符号表）如表 13-5 所示。

表中用括号标明的名称，没有写入 PLC 的符号表，在编程时还应该使用元件的实际地址。

为了便于阅读程序，此程序采用语句表和梯形图两种语言表示。事实上，用编程软件编写程序，在一般情况下，可以利用编程软件实现各种编程语言之间的转换。

5. 程序设计

（1）语句表程序

·OBl·

```
Network 1                //搅拌器没液体(L=0),阀门关闭,搅拌机停止
LDN    L 检测            //L 检测 = I0.4
AN     阀 X1             //阀 X1 = Q0.0
AN     阀 X2             //阀 X2 = Q0.1
AN     阀 X3             //阀 X3 = Q0.2
AN     电动机 M          //电动机 M = Q0.3
 =     M0.0             //原始标志 = M0.0
Network 2                //执行控制任务1,输入液体 A 到搅拌器(X1=1)
LD     M0.0             //原始标志 = M0.0
A      启动              //启动 = I0.0
AN     停止              //停止 = I0.1
EU                      //上升沿有效
S      阀 X1,1          //阀 X1 = Q0.0
Network 3                //执行控制任务2,液体 A 停止、输入液体 B(X1=0,X2=1)
LD     阀 X1             //阀 X1 = Q0.0,输入液体 A,Q0.0 = 1
A      I 检测            //I 检测 = I0.3,液体 A 到位,I0.3 = 1
EU                      //上升沿有效
R      阀 X1,1          //阀 X1 = Q0.0,停止输入液体 A,Q0.0 = 0
S      阀 X2,1          //阀 X2 = Q0.1,输入液体 B,Q0.1 = 1
```

Network 4		//执行控制任务 3,停液体 B,启动搅拌电动机(X2 =0M =1)
LD	阀 X2	//阀 X2 =Q0.1,输入液体 B,Q0.1 =1
A	H 检测	//H 检测 =I0.2,液体 B 到位,I0.2 =1
EU		//上升沿有效
R	阀 X2,1	//阀 X2 =Q0.1,停止输入液体 B,Q0.1 =0
S	电动机 M,1	//电动机 M =Q0.3,启动搅拌电动机 Q0.3 =1
Network 5		//启动搅拌定时器(启动 T101)。
LD	电动机 M	//电动机 M =Q0.3,搅拌电动机运行 Q0.3 =1
TON	T101, +600	//搅拌计时 =T101,启动搅拌定时器
Network 6		//执行控制任务 4,停止搅拌电动机、输出混合液(M =0,X3 =1)
LD	T101	//搅拌计时 =T101,搅拌定时到,T101 =1
EU		//上升沿有效
R	电动机 M,1	//电动机 M =Q0.3,停止搅拌,Q0.3 =0
S	阀 X3,1	//阀 X3 =Q0.2,打开输出阀,Q0.2 =1
Network 7		//检测液位低于 L,置标志 M0.1(M0.1 =1)
LD	阀 X3	//阀 X3 =Q0.2,输出混合液,Q0.2 =1
A	L 检测	//L 检测 =I0.4,混合液全部输出,I0.4 =0
ED		//下降沿有效
S	M0.1,1	//液位最低标志 =M0.1
Network 8		//执行控制任务 5,启动输出延时定时器(启动 T102)
LD	M0.1	//液位最低标志 =M0.1,液位最低,M0.1 =1
TON	T102, +100	//液体排空计时 =T102
Network 9		//执行控制任务 6,关闭输出电磁阀等待再一次启动(X3 =0)
LD	T102	//液体排空计时 =T102,液体排空,T102 =1
R	阀 X3,1	//关闭阀 X3 =Q0.2
R	M0.1,1	//清除液位最低标志 =M0.1
Network 10		//执行停止操作
LD	停止	//停止按钮 =I0.1,按下停止按钮,I0.1 =1
EU		//上升沿有效
R	阀 X1,4	//复位输出阀 X1 =Q0.0
Network 11		//错误处理
LD	启动	//启动和停止按钮同时按下的错误
A	停止	//
LD	阀 X1	//阀 X1 和阀 X2 同时打开的错误
A	阀 X2	//
OLD		
LD	阀 X1	//阀 X1 和阀 X3 同时打开的错误
A	阀 X3	
OLD		
LD	阀 X2	//阀 X2 和阀 X3 同时打开的错误

A　　　阀 X3

OLD

STOP　　　　　　　　　　//系统停止

（2）梯形图程序

如图 13-51 所示，其中输入元件和输出元件地址，使用了符号表的名称。

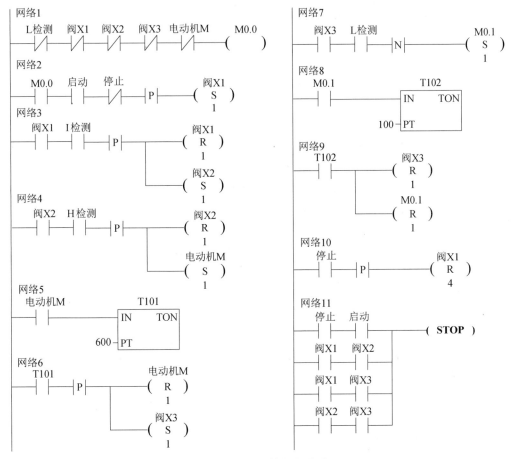

图 13-51　混合液体控制梯形图

参 考 文 献

［1］ Siemens AG. S7-200 可编程控制器系统手册［Z］. 2007.

［2］ 李江全. 西门子 PLC 通信与控制应用编程实例［M］. 北京：中国电力出版社，2011.

［3］ 崔继仁. 电气控制与 PLC 应用技术［M］. 北京：中国电力出版社，2010.

［4］ 姜建芳. 西门子 S7-200 PLC 工程应用技术教程［M］. 北京：机械工业出版社，2013.

［5］ 廖常初. 西门子人机界面（触摸屏）组态与应用技术［M］. 北京：机械工业出版社，2012.

［6］ 刘凤春，王林，周晓丹. 西门子人机界面（触摸屏）组态与应用技术［M］. 北京：机械工业出版社，2012.

［7］ 王永华. 现代电气控制及 PLC 应用技术［M］. 北京：北京航空航天大学出版社，2003.

［8］ 韩战涛. 西门子 S7-200 PLC 编程与工程实例详解［M］. 北京：电子工业出版社，2013.

［9］ 张政，郭会平，赵春生，罗艳丽. PLC 编程技术与工程应用［M］. 北京：机械工业出版社，2011.

［10］ 李江全，王玉巍，刘姣娣，等. 三菱 PLC 通信与控制应用编程实例［M］. 北京：中国电力出版社，2012.

［11］ 邓则名，程良伦，谢光汉. 电器与可编程控制器应用技术［M］. 北京：机械工业出版社，2011.

［12］ 董爱华. 可编程控制器原理及应用［M］. 北京：中国电力出版社，2009.

［13］ 范永胜，徐鹿眉. 可编程控制器应用技术［M］. 北京：中国电力出版社，2010.

［14］ 许翏，王淑英. 电器控制与 PLC 应用技术［M］. 北京：机械工业出版社，2006.

［15］ 三菱 FX 系列 PLC 编程手册（中文版）［Z］. 三菱电机株式会社.

［16］ 三菱电机株式会社. 三菱 FX 通讯用户手册［Z］. 2001.

［17］ 范国伟，刘一帆. 电气控制与 PLC 应用技术［M］. 北京：人民邮电出版社，2014.

［18］ 初航. 三菱 FX 系列 PLC 编程及应用［M］. 北京：电子工业出版社，2011.

［19］ 秦长海，董昭，张玮玮，等. 可编程控制器原理及应用技术［M］. 北京：北京邮电大学出版社，2009.

［20］ 张万忠，刘明芹. 电气控制与 PLC 应用技术［M］. 北京：化学工业出版社，2012.

［21］ 吴启红. 可编程序控制系统设计技术（FX 系列）［M］. 北京：机械工业出版社，2012.